洁净室的检测与运行管理
（第二版）

Testing and Running Management
for Cleanroom
（second edition）

涂　有　涂光备　编著

中国建筑工业出版社

图书在版编目（CIP）数据

洁净室的检测与运行管理：Testing and Running Management for Cleanroom (second edition) / 涂有，涂光备编著 .—2 版 .—北京：中国建筑工业出版社，2020.12

ISBN 978−7−112−25664−8

Ⅰ. ① 洁…　Ⅱ. ① 涂… ② 涂…　Ⅲ. ① 洁净室-运营管理　Ⅳ. ① TU834.8

中国版本图书馆 CIP 数据核字（2020）第 237798 号

责任编辑：张文胜
责任校对：赵　菲

洁净室的检测与运行管理
（第二版）

Testing and Running Management for Cleanroom
（second edition）

涂　有　涂光备　编著

*

中国建筑工业出版社出版、发行（北京海淀三里河路9号）

各地新华书店、建筑书店经销

北京建筑工业印刷厂制版

河北鹏润印刷有限公司印刷

*

开本：787毫米×1092毫米　1/16　印张：27¼　字数：677千字
2020年12月第二版　　2020年12月第二次印刷
定价：**82.00元**
ISBN 978-7-112-25664-8
（36041）

第 二 版 序

近十多年,是中国洁净室及相关受控环境科技进步最快的年代,尤其在电子信息产业领域更是业绩斐然。与此同时,在制药和医疗行业、宇航技术、精密制造等方面也有很大的发展。以电子行业为例,中国现今已成为全球最大的薄膜液晶显示面板(TFT-LCD,Thin Film Transistor Liquid Crystal Display)生产基地,同时也是全球最大的显示器市场。中国集成电路产业在国际强权长期遏制下,力争"弯道超车",获得明显成效。至2015年年底全国已建成15条8英寸,8条12英寸芯片生产线。据国际半导体设备与材料协会(Semiconductor Equipment and Materials International)预测,2017~2020年间全球投产的62座半导体晶圆厂,其中26座设在中国,占全球总量的42%。从2016年中国生产了22.6亿部手机、2.9亿台计算机和1.7亿台彩电的统计值来看,中国无疑是全球规模最大、增速最快的集成电路市场。

而这一切都与洁净室及相关受控环境技术密切相关。中国洁净市场的规模演变,也清晰地印证了这种发展势头。据测算,2008~2010年中国洁净室市场徘徊于年均250亿~300亿元/年的规模,预计2020年将递增到700亿元/年,其增幅远高于GDP的增长。

为适应科技及工业对洁净室及相关受控环境技术不断增高的需求,洁净室及相关受控环境技术的产业体系已快速稳健地形成,并日益完善。从洁净室的规划设计到洁净室建材设备生产,从仪表仪器制作标定、专业检测认证到售后运行维护、洁净室用品供应,从洁净技术研发到标准制订,都已形成规模并有机衔接。中国洁净技术行业正在加快步伐走向世界。

这些进步与成绩,是几十年来中国洁净技术众多从业人员共同奋斗的结果,这其中也有两位涂教授的努力与奉献。多年来他们结合教学要求,带领研究生及教师团队参与了不少洁净工程项目的设计与咨询、验收、检测和科研课题。教学之余,他们还积极参与了中国电子学会洁净技术分会等组织的国际交流、国内培训活动。他们先后出席了国际污染协会联盟(ICCCS,International Confederation of Contamination Control Society)召开的米兰(1986年)、洛杉矶(1988年)、苏黎世(1990年)、洛杉矶(2002年)、波恩(2004年)、莫斯科(2005年)、北京(2006年)等多次国际会议。参与编制了洁净室及相关受控环境的 GB/T 25915.1—2010、GB/T 25915.3—2010、GB/T 29469—2012、GB/T 33556.1—2017、GB/T 35428—2017、GB/T 36370—2018、T/CIE 028—2017、T/CIE 029—2017 等十多项标准,主审了 GB 51110—2015、GB 50591—2010 等标准。近十多年来,还在国内外相关刊物上发表了 50 多篇相关论文，总结和汇报他们科研和工程实践的心得、介绍国外洁净室及相关受控环境技术的研究进展，及相关标准制定情况。总之，他们一直兢兢业业地工作，为中国洁净技术的进步在持续贡献力量。

十多年前，本人曾为此书第一版作序，向洁净行业的同仁推荐了此书，蒙洁净行业同仁及众多高校师生认可与关爱，此书广为传播。根据近十多年洁净技术的快速发展，今由涂有教授担纲，涂光备教授断后，父子两位密切配合，对全书做了较大幅度的增删，以适应洁净技术新形势的需要。在目前新冠肺炎疫情肆虐全球的严峻情况下，涂光备教授以耄耋之年仍坚持工作实在难能可贵、精神可嘉。

期盼此书能对国内洁净室的运行维护与管理起到进一步的促进作用。

王尧

2020 年 4 月 5 日

第 一 版 序

洁净技术在中国大地蓬勃发展、开花结果，已有了半个世纪的历史。这几十年来洁净技术行业在中国从无到有，日益发展，已形成了年产值几百亿的产业链，洁净技术的设计、科研工作者、施工及运行管理人员也发展壮大至十几万人的队伍，洁净技术涉及的领域也从初始单一的半导体行业扩展到电子、航天、制药、医疗、冶金、化工、纺织、食品、化妆品等行业，而且也应用到遗传基因、生物安全等众多与现代科技密切关联的研究部门。现今的洁净室无论从洁净度级别、规模和工程技术水平，都与20世纪六、七十年代不可同日而语。近年来，国内洁净技术、设备的自主研发、理论研究水平也都有了长足的进步。

洁净室技术应用日益广泛，技术水准不断提高的同时，本行业也确实存在着国内许多行业的通病：**重建设轻管理，关注硬件而怠慢运行**，以致设施的功效发挥不全，寿命期缩短，而维护费用高，产出比低。与国外同类洁净室相比，存在较大差距。

总结洁净技术多年发展的经验，越来越深切认识到，对于洁净室这类受控环境，其设计与建设固然是基础，理应到位；而做好检测、监测与运行管理则是保证其持续受控、超常发挥功效和节约运营成本的重要环节。但国内这方面的资讯却恰恰十分匮乏，缺少较系统的参考文献。为了配合洁净室工程师国际认证培训的需要，中国洁净室教育委员会（CCEB）委托天津大学涂光备教授、燕山大学涂有副教授编写了"洁净室检测与运行管理"一书，在做培训教学参考书的同时，又作为促进国内强化洁净室等受控环境的"检测与运行管理"的一份资讯，期盼引起洁净行业同仁的更多关注，起到"抛砖引玉"的作用。

本书作者涂光备教授，在洁净室行业从事教学、科研、工程设计与检测工作近40年，有多项科研获省部级科技成果奖，获准持有多项国家专利，在国内外发表了200余篇相关研究文章，特别是直接参与了SAE、CITS、MOTOROLA、华北制药、哈尔滨制药、毛里求斯制药厂、天津第一中心医院手术部、天津第三中心医院手术部、武汉同济医科大学动物实验房等几十项工程的咨询、设计与检测，对洁净室建设全过程有较丰富的经验。

本书另一作者涂有副教授，在天津大学建筑系毕业后，曾参与SAE、荣威、本鲁克斯等大面积高级别洁净室的设计工作，在香港理工大学屋宇设备工程系担任研究助理（RA）及攻读硕士、博士学位的九年间，参与导师约翰·伯奈特及周志坤、赵汝恒、陈维田教授等负责的室内环境科研课题，与香港环保署、美国国家环保局合作，对香港室外环境及封闭交通工具、公建、住宅的悬浮颗粒物、CO、CO_2、有机挥发物等与空气品质相关的参数进行了大量的实验、测试与分析。因而熟悉检测科学、统计分析与相关仪器设备。

由他们合作完成此书的编写，实有珠联璧合、相得益彰的效果。

本书结合国际、国内新标准及作者的经验对洁净室检测的目的、要求与方法、适用的仪器、使用要点及检测报告，对洁净室维护与管理等众多方面都作了较为详尽的论述，是一本可读性高、实用性强的好书，特此向洁净行业的同仁们推荐。

中国电子学会洁净技术分会　主任委员

全国洁净室及相关受控环境标准化技术委员会 SAC/TC319　主任委员

中国制冷空调工业协会洁净室技术委员会　主任委员

王尧

第二版前言

进入 21 世纪以来的近二十年，中国洁净室及相关受控环境领域，在科技方面进步显著。仅从相关标准与规范的修订和创建这一个侧面，就可以看到其发展变化的深入。

"规范"与"标准"是各个科技领域的运作指南，是与其他领域沟通、协调的章法，同时，也是国际交流、贸易往来的准绳。近十多年来，国际、国内洁净行业为适应洁净技术的发展，总结推广新经验、新技术、新概念，其主要标准几乎全盘更新。这也正是这本书改版，适应行业需要的原由。

本书除配合近年出台的各相关规范与标准，对第一版书中原依据旧标准撰写的内容，进行了全面修订，并根据近些年的实践经验对一些内容予以调整与更新之外，另增添了"表面粒子污染及其控制""洁净室及受控环境空气化学污染的控制"及"隔离装置的检测与运行管理"等几章新内容，以配合近年新出台标准的应用。

这十多年来，中国洁净室及相关受控环境行业在前期艰难探索所奠定的基础上，又攀升到了一个更高的新层面。其最具有说服力的成效，主要反映在两个方面：

一是基本完善了洁净室及相关受控环境技术的产业链。从规划、设计，到洁净室建设所需各种设备、材料的配套生产；从施工组织管理和专业认证、综合性能评价，到检测、监测的各类仪器、仪表的制作与校验、标定；从洁净室及相关受控环境的运行、维护和监测系统，到洁净室各类用品的生产供应。无论从洁净室及相关受控环境相关的哪个方面考核，中国已形成了整齐完备的体系。

另一个重要方面是，国内涉及洁净室及相关受控环境的科学研究工作正广泛开展，相关标准陆续出台，日益完整，而且和世界科技先进国家协调一致，国际间的技求合作也日益多样化。

本书的第二版就是紧跟洁净技术发展的形势，把这些进步和成果反映出来，供相关从业人员和准备入行的学者查阅、参考。正因为如此，作者除整理归纳近十多年来所参与的十多项国家标准的制定、审查，所参与的多项国际标准研讨与审议的心得外，本书撰写之前，作者与洁净室及相关受控环境行业的各个方面，并具有一定代表性的单位、企业进行了广泛的接触与交流。从他们所在单位的业绩、新产品和新技术中，学习和了解了本行业近十多年的深刻变化与发展，为本书的修订铺垫了立足本土、紧跟国际的基础。在本书的一些相应章节中也介绍了国内这些单位和企业的实践经验和新技术、新产品。

本书撰写过程中得到苏州市华宇净化设备有限公司高正经理，上海斐而瑞机电科技有限公司朱楠城经理，苏州美那物业服务有限公司李娜董事长、卜政文经理等多家企业负责人的支持，他们提供了许多产品信息和工作经验。这些资讯在一定程度上反映了目前国内的水平，也让本书更接地气并丰富了本书的内容。对他们的支持表示谢意。

本书还得到天津安美环境科技工程有限公司赵长斌董事长、王晨技术总监的帮助，给我们提供了一些国外的最新资讯，对他们的支持表示感谢。

本书的新版也得到新加坡赛狮技术私人有限公司［Cesstech（s）Pte Ltd］总裁王炎财先生的鼎力支持，他是新加坡洁净行业的元老级人物，也是我父亲和我们全家三十多年的老朋友。为了支持本书改版，他改签机票变更行程和我们在苏州进行了交流，并委托该公司在国内的分支净微（苏州）科技有限公司的周薛峰工程师，为本书提供了一份较完整的NEBB检测报告作为实例，为本书增色不少。在此向王炎财先生、周薛峰工程师特别致谢。

本书撰写过程中得到中国电子工程设计院陈霖新总工，中国电子学会洁净技术分会王大千先生和杨新宇工程师的诸多帮助，在此一并向他们致谢。

本书修订过程中得到洁净行业的领军人物、中国电子工程设计院原院长王尧先生的鼓励与支持，他以八十高龄，在疫情严峻的环境下还拨冗为本书作序，我深为感激。一定不辜负他的嘉勉，继续努力，为中国洁净室及相关受控环境的科技发展贡献绵薄之力。

本书定稿过程中，承中国建筑工业出版社相关同志认真细致地审校，纠正了不少错漏，保证了本书的质量。十分敬佩他们在新冠肺炎疫情肆虐的艰辛条件下坚守岗位、忠于职守的精神，特此致谢。

天津大学仁爱学院　涂有

2020 年 4 月 1 日

第一版前言

按照国际标准化组织（ISO）领导的洁净室技术委员会 ISO/TC209 所编写的国际标准 ISO14644"洁净室及相关受控环境"的第一篇中，关于洁净室的定义是这样叙述的：洁净室是"悬浮颗粒浓度受控的房间，该房间的建造和使用方法使得进入室内的及室内产生和滞留的颗粒物最少，同时室内的温度、湿度和压力等相关参数也按需要受控"。这也就是说洁净室（cleanroom）或洁净区（clean zone）的实质是"空气中悬浮颗粒物受控的空间"。对于一个按需要与标准建成的洁净室（区）既是一个"受控环境"或空间，其"受控"的状态或效果就必须通过检测、监测予以检验，同时也必然需要一整套运行管理的方法，以维持需要受控环境的各项参数与指标。

正是为了保证洁净室（区）这样一个特殊的受控环境或空间符合生产或科研的需要，达到设计的目标，在国际、国内的相关标准、规范和指南中制定了一系列有关洁净室（区）检测、监测及运行管理的方法和规章，这些文献既是指导与规范进行此项工作的理论依据，同时也是实施具体工作的指南。因此理解、熟悉这些文献十分必要；除此之外，了解、掌握相关的检测仪器、仪表的功能、检测的方法、步骤以及测量数据的归纳整理与检测报告的规范化，都是本书关注的方面。

洁净室（区）的日常运行和维护管理是保障其受控状态持续的重要条件。因此，国内外相关的标准、规范和指南中也对运行和维护管理制定了各种基本模式与要求，提供了一系列可参照的章程和方法，为洁净室（区）的管理建立了依据。

此外，在洁净室诞生以来的半个多世纪，国内外在设计、建设与运行管理过程中，经历了许多失误，也积累了不少宝贵经验，这些同样也是本书关注的内容。

为便于读者阅读，本书将上述内容归纳为上下两篇，上篇（第1～6章）主要论述洁净室的检测，下篇（第7～11章）主要介绍洁净室的运行与管理。

国际标准化组织（ISO—the International Organization for Standardization）所制定的 ISO 14644、ISO 14698 系列标准是本书的主要参考文献与依据，为此，将这些标准中所定义的名词、术语的中、英文汇集一起附录于后，以供读者在阅读本书时查看。

在每章最后，给出了概括该章主要内容的复习思考题。考虑到本书可能面向不同层次的读者，或以本书作为参考教材时所面对的培训对象不同，因此，一些似乎是众所周知的道理也列为复习思考题，供不同需要者选用。

本书可用作大专院校选修课教材。本书的上篇可供相关研究机构、检测验证机构作为员工培训参考资料,下篇可作为洁净室管理人员、运行人员、生产人员的培训教材,也可作为制定洁净室相关管理制度、章程的参考资料。

本书的某些内容尚待进一步推敲,特别是洁净室运行的节能问题颇受业内人士关注,但限于时间与精力,只可放在再版时作增补。同时期盼读者不吝赐教,尤其欢迎从事洁净室管理工作的工程技术人员、主管人员结合自身的经验,对本书内容多提宝贵意见。

本书编写过程中得到新加坡 Cesstech 公司、美国哈希公司北京代表处、日本高砂热学香港分公司、天津龙川净化公司、广州蓝谷洁净技术有限公司等单位鼎力相助,提供了一些重要资料,并得到洁净技术学会王尧主任和多位业内资深专家自始至终的支持、鼓励,促进了本书的撰写。

本书编写工作还得到天津海光空调净化咨询公司的热情帮助,王顺刚经理、周安娜高工、肖蕾、杨涛、张帆、董琳等多位工程师协助完成本书的文案整理工作,在此一并致谢。

目　　录

第1章 洁净室及相关受控环境的
检测类别与项目

    洁净室及相关受控环境（Cleanroom and associated controlled environments）包括各类运行与使用中对空气污染敏感的建筑环境。这类建筑环境需要采用控制空气污染的各种技术和措施，使其环境符合科学研究、生产工艺和医疗效果等各方面的需求。洁净室及相关受控环境是航天、微电子、核技术、精密制造等国防、医疗卫生行业，以及与生命科学相关的制药、生物安全和食品等部门维持正常运作的必需条件。其建造、运行与维护费用高、能耗大，有别于其他一般建筑工程，具有自身的特点。尽管任何建筑工程都包括设计、交竣、日常维修等环节，而对于洁净室及相关受控环境而言，其设计与建设固然重要，但从某个角度来看，工程建设只是提供了基本的"硬件"。"硬件"的性能是否适用，需要通过严格的调试、检测和综合评价予以确认，绝不可草率行事，匆匆投入运营。而更重要的是必须建立一整套运行管理机制等"软件"，来保障其"受控"状态的持续。

    洁净室及相关受控环境工程是工艺设计与布局，建筑平面与结构，建筑装饰与材料，动力与冷热源，空调净化系统，自动控制系统，给水排水系统，电气设施，消防安全设施以及防静电设施、屏蔽设施、防微振设施、特种气体供应系统等多工种有机的构成。各工种相互衔接、紧密配合与相互依存。本书主要出发点是服务于空气净化系统管理与运行人员，从他们实际工作需要来讨论洁净室及相关受控环境的检测与运行管理。空气净化系统的很多方面往往与空调通风系统组合在一起，不可分割。因此，洁净室及相关受控环境的管理与运行人员还需要了解或掌握与空调通风系统运行相关的冷源、热源、风机、水泵、压缩空气等机械设备以及自动控制系统等方面的知识，这些方面内容的书刊很多，本书未予涉及。

1.1 洁净室及相关受控环境检测的类别

    从空调净化系统的视角来看，"洁净室及相关受控环境"技术主要包括：设计与建造；调试与检测；运行、维护与监测几个方面。

    这三部分有机地组合成一体，构成了完整的、相互关联的洁净室及相关受控环境技术，其架构与关联见图1-1。

    由图1-1可以清楚地看出，一个洁净室及相关受控环境的建成和持续运行，首先是根据建设方从生产、科研对洁净室及相关受控环境的需要出发，按照现行的国内、国际规范的约束与指南，吸取同类或相近工程的经验进行设计。其主要内容有：

    科学选址和总平面布置；合理规划建筑平面和工艺流程；选择满足洁净室及相关受控环境特点的建筑构造与材料；特别在洁净室及相关受控环境的选址上要格外慎重，应对可选地址做多方面的比较。近些年，国家对各地区大气环境加强监测，获得了大量宝贵的数据，这些是选址的重要依据。在同一地域不同位置上，其大气含尘、含菌浓度差异也较大，而外界环境将对洁净室及相关受控环境的正常运行和维护工作，在建设投入和维持费用方面影响很大。

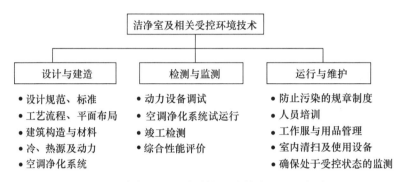

图 1-1　洁净室及相关受控环境技术的有机构成

在上述工作的基础上，空调净化设计部门的工作主要有：

（1）依据当时当地的能源供应背景，选定可靠和经济的动力及冷、热源；

（2）划分和布置空调净化送、排风系统；

（3）确定室内的气流组织方案；

（4）选择相应的空调净化通风设备等。

无论是新建还是改建的洁净室及相关受控环境，都应根据业主的需求，依照相关标准规范和施工验收的要求来建造。这是洁净室及相关受控环境的基础，是"硬件"的实施阶段。

当洁净室及相关受控环境工程施工结束后，面临的问题是建设方、承包商、工程监理单位、设计单位如何共同检验并认定洁净室及相关受控环境的设计、施工质量是否符合建设方的需求，为此，按照惯例要进行"工程验收"。工程验收一般分为两个阶段进行：

第一个阶段是竣工验收；

第二个阶段是洁净室及相关受控环境综合性能评价。

此外，对于一个正常使用中的洁净室及相关受控环境，为确保其始终处于设计所要求的"受控状态"，就必须进行定期或连续的监测，考核其相关技术参数，以判定是否符合规定的"受控状态"。与其相关的一整套运行管理与体系，则是保障洁净室及相关受控环境持续正常运营的"软件"。

1.2　洁净室及相关受控环境的竣工验收

通常由建设方牵头，承包商、工程监理单位、设计单位等各方共同参与进行工程质量的全面检查、系统调试和检测，为工程全面验收铺垫基础。以此为目的进行的检测称之为"洁净室及相关受控环境竣工验收检测"。

竣工验收应在各项工程经外观检查、单机试运转、系统联合试运转后进行。

1.2.1 竣工验收的外观检查

洁净室及相关受控环境各部分工程的外观检查，是竣工验收工作的第一步工作。由建设方、承包商和工程监理部门组成验收小组对各项工程逐一检查。除观测外观、检查施工记录，核对设计图、变更图外，对一些调节设备的灵活性，可操作性应予以关注。外观检查工作均应有文字记录及参与人签字。

洁净室及相关受控环境中，与空调净化系统相关的各项工程的外观检查应符合以下要求：

（1）各种管道、自动灭火装置及净化空调设备（空调器、风机、净化空调机组、高效空气过滤器和空气吹淋室等）的安装应正确、牢固、严密，其偏差应符合有关规定；

（2）高、中效空气过滤器与支撑框架的连接及风管与设备的连接处应有可靠密封；

（3）各类调节装置应严密、调节灵活、操作方便；

（4）净化空调器、静压箱、风管系统及送、回风口无灰尘；

（5）内墙面、吊顶表面和地面，应光滑、平整、色泽均匀，不起灰尘，地板无静电现象；

（6）送、回风口及各类末端装置、各类管道、照明和动力线路配管以及工艺设备等穿越洁净室及相关受控环境时，穿越处的密封处理应严密可靠；

（7）室内各类配电盘、柜和进入洁净室及相关受控环境的电气管线，管口应密封可靠；

（8）各种刷涂、保温工程应符合有关规定。

《洁净室施工及验收规范》GB 50591—2010 及《洁净厂房施工质量验收规范》GB 51110—2015 对这些方面均有较详细的规定，可根据工程具体情况参照执行。此外还应符合相关的其他现行国家标准，如《通风与空调工程施工质量验收规范》GB 50243 等。

1.2.2 竣工验收的调试工作

（1）凡有试运转要求的设备的单机试运转，均应符合设备技术文件的有关规定。属于机械设备的共性要求，还应符合国家相关规定和机械设备施工安装方面的有关行业标准。

通常洁净室及相关受控环境需进行单机试运转的设备有：空调机组、送风增压风机箱、排风设备、净化工作台、静电自净器、洁净干燥箱、洁净储物柜等局部净化设备，以及空气吹淋室、余压阀、真空吸尘等清扫设备。

（2）在单机试运转合格后需对送风系统、回风系统、排风系统的风量、风压调节装置进行设定与调整，使各系统的风量分配达到设计要求。这个阶段的检测目的主要是服务于空调净化系统的调节与平衡，往往需要反复进行多次。此项检测主要由承包商负责，建设方的维护管理人员宜于跟进，以便熟悉系统。在此基础上再进行包括冷、热源在内的系统联合试运转，时间一般不少于 8h。要求系统中各项设备部件，包括净化空调系统、自动调节装置等的联动运转与协调，过程中应动作正确无异常现象。

1.2.3 竣工验收所需文件

洁净室及相关受控环境中，与空调净化系统相关工程竣工验收所需文件，主要由工程承包商提供，设计与工程监理单位配合。竣工验收所需文件包括：

（1）设计文件、设计变更的证明文件及有关协议、竣工图；

（2）主要材料、设备和调节装置、自动控制系统等的出厂合格证书或检验文件；

（3）各项工程质量自检检验评定表；

（4）开工、竣工报告，土建隐蔽工程系统和管线隐蔽工程系统封闭记录，设备开箱检查记录，管道压力实验记录，管道系统吹洗（脱脂）记录，风管漏风检查记录，中间验收单和竣工验收单；

（5）各单机试运转、系统联合试运转以及 1.2.4 节所列项目的调整检测记录。

竣工验收工作最后应由承包商提出书面报告，并得到建设方、监理方及相关部门认可。

1.2.4　竣工验收的检测项目

洁净室及相关受控环境的下述项目的检测结果，均应符合设计要求后方可进行竣工验收。各检测项目的结果与报告均应有建设方、工程承包商、监理公司等相关部门参与人签字，连同相关细节记录存档，以备查验。

（1）通风机的风量及转速检测；

（2）风量测定及系统平衡；

（3）室内静压的检测与相应调整；

（4）自动调节系统联动运转；

（5）高效过滤器的检漏；

（6）室内洁净度级别；

（7）室内温度、湿度；

（8）室内噪声、照度；

（9）振动（一般由建设方特别提出此项要求）。

除以上基本检测项目外，根据不同情况，洁净室及相关受控环境的空调净化通风系统竣工验收工作，还可以根据建设方与承包商的相关协议，增添其他的检测项目。例如：洁净手术室、医疗器械制造、药厂、食品、化妆品等洁净室及相关受控环境要求检测空气中的细菌浓度、表面杂菌浓度等。又如，电子工业的某些车间需要控制空气中的化学污染物及表面静电，要增加相应的检测项目等。

1.3　洁净室及相关受控环境综合性能评价

洁净室及相关受控环境竣工验收工作完成后，一般应由具有相关资质或相关授权；具有洁净室及相关受控环境检测经验；拥有完备的计量检定合格的仪器、仪表的第三方来主持洁净室及相关受控环境的检测工作。建设方、设计、施工、监理单位应在现场配合，以完成对洁净室及相关受控环境的综合性能评价。

通常认为洁净室及相关受控环境综合性能评价具有两方面的功能：

（1）由第三方主持验证新建或改建的洁净室及相关受控环境是否达到设计要求，能否正常运行并满足所规定的污染控制标准，其结论较竣工验收报告更具有公正性和权威性；

（2）所测定的洁净室及相关受控环境的初始性能，将作为该洁净室及相关受控环境性能的"基准"。将来不论是例行检测还是出现问题时进行的测试，均可得出与初始测试结果的偏差。由此便于找出洁净室及相关受控环境性能不达标或出现其他问题的原因。

国内外的相关标准规范对综合性能全面评定的检测项目都有各自的规定，但大同小异。所列测试项目也并非所有的洁净室及相关受控环境的都要进行测试。同时也可能根据建设方的需要增添其他测试项目，这一切由建设方与承包商等协商决定。

现列举国内外具有代表性的标准、规范中关于洁净室检测项目的相关规定如下：

1.3.1　国内相关标准所规定的测试项目

《洁净厂房施工质量验收规范》GB 51110—2015、《洁净室施工及验收规范》GB 50591—2010 所规定的洁净室测试项目如表 1-1 和表 1-2 所列。

《洁净厂房施工质量验收规范》GB 51110—2015 所列检测项目　　　表 1-1

序号	测试项目	单向流	非单向流	测试方法及仪器
1	空气洁净度等级	检测	检测	
2	风量	检测	检测	
3	平均风速	检测	n	
4	风速不均匀度	必要时测	n	
5	静压差	检测	检测	
6	过滤器安装后的检漏	检测	检测	
7	超微粒子	必要时测	必要时测	
8	宏粒子	必要时测	必要时测	
9	气流目测	检测	检测	
10	浮游菌、沉降菌	必要时测	必要时测	
11	温度	检测	检测	
12	相对湿度	检测	检测	
13	照度	检测	检测	
14	照度均匀度	必要时测	必要时测	
15	噪声	检测	检测	
16	微振动	必要时测	必要时测	
17	静电测试	必要时测	必要时测	
18	自净的时间	n	检测	
19	粒子沉降测试	必要时测	必要时测	
20	密闭性测试	检测	n	

注：n 表示不检测。检测方法及仪器可查阅该规范的附录 C

《洁净室施工及验收规范》检测项目的规定 GB 50591—2010　　表 1-2

序号	项目	单向流		非单向流
		1～4 级	5 级	6～9 级
1	风口送风量（必要时系统总送风量）	不测		必测
2	房间或系统新风量	必测		
3	房间排风量	负压洁净室必测		
4	室内截面风速	必测		不测
5	风速不均匀度	必测	必要时测	必要时测
6	送风口或特定边界的风速	不测		必要时测
7	静压差	必测		
8	开门后门内 0.6m 处洁净度	必测		不测
9	洞口风速	必要时测		
10	房间甲醛浓度	必测（必测还是必要时测待定）		
11	房间氨浓度	必要时测		
12	房间臭氧浓度	必要时测		
13	房间二氧化碳浓度	必要时测		
14	送风高效过滤器扫描检漏	必测		
15	排风高效过滤器扫描检漏	生物洁净室必测		
16	空气洁净度级别	必测		
17	表面洁净度级别	必要时测		不测
18	温度	必测		
19	相对湿度	必测		
20	温湿度波动范围	必要时测		
21	区域温度差与区域湿度差	必要时测		
22	噪声	必测		
23	照度	必测		
24	围护结构严密性	必要时测		
25	微振	必要时测		
26	表面导静电	必要时测		
27	气流流型	不测		必要时测
28	定向流	不测		必要时测

序号	项目	单向流		非单向流
		1~4级	5级	6~9级
29	流线平行性	必要时测		不测
30	自净时间	必要时测		
31	分子态污染物	必要时测		
32	浮游菌或沉降菌	有微生物浓度参数要求的洁净室必测		
33	表面染菌密度	必要时测		
34	生物学评价	必要时测		

《洁净室施工及验收规范》GB 50591—2010实施的年代稍早，有些内容是参考 ISO 14644-1:1999、ISO 14644-2:2000以及 ISO 14698-1:2003等标准编写。此外，表1-2 中罗列的检测项目较多，其中有些条款似乎分列偏细。例如，将单向流型分为洁净度1-4 级和5级两列，而在35项检测项目中，仅风速不均度一项1~4级规定为必测，5级为必 要时测。作者认为对于单向流，都应属于必测项目。至于非单向流洁净区送风量较大时， 静态检测也可达到洁净度5级则是另外的问题。

又如，在《洁净厂房施工质量验收规范》GB 51110—2015规定的测试风量，其中涵 盖了送风、排风与新风，在 GB 50591—2010中，分列为三项。此外，GB 50591—2010 中将甲醛、臭氧、氨等多项属于 IAQ 范畴的项目列为"必要时测"项目，也是该标准较 GB 51110—2015检测项目多的原因。

不论参照哪个标准，都应根据工程实际需要认真筛选，所选检测项目既应满足工程应 用要求，又不宜扩大范围增添不必要的项目。

1.3.2　《洁净室及相关受控环境　第3部分：检测方法》ISO 14644-3规定的检测项目

国际标准化技术委员会（ISO/TC 209）近年来陆续对《洁净室及相关受控环境》ISO 14644系列标准进行了修订。如：《洁净室及相关受控环境　第1部分：空气洁净度等级》 ISO 14644-1:1999及《洁净室及相关受控环境　第2部分：证明持续符合 ISO 14644-1的 检测与监测技术条件》ISO 14644-2:2000，已分别被《按粒子浓度划分空气洁净度等级》 ISO 14644-1:2015（Classification of air cleanliness by particle concentration）及《按粒子浓 度监测洁净室空气洁净度》ISO 14644-2:2015（Monitoring to provide evidence of cleanroom performance related to air cleanliness by particle concentration）所替代。《洁净室及相关受控 环境　第3部分：计量和测试方法》ISO 14644-3:2005（Test methods），被2019年8月颁 发的新版本 ISO 14644-3:2019所替代。

GB/T 25915.3—2010《洁净室及相关受控环境　第3部分：检测方法》是依 ISO 14644-3:2005版本制订，现仍为现行标准。该标准将检测项目按必测项目和可选项目分列为两 表。如表1-3和表1-4所列。

GB/T 25915.3—2010（等同 ISO 14644-3：2005）的必测项目　　表 1-3

必测项目	GB/T 25915.3—2010 的对应条目			提及处
	原理	规程	仪器	
洁净度分级以及洁净室和空气净化装置的检测	4.2.1	B.1	C.1	GB/T 25915.1、GB/T25915.2（ISO 14644-1、ISO 14644-2）

GB/T 25915.3—2010 可选检测项目（等同 ISO 14644-3：2005）　　表 1-4

可选检测项目	GB/T 25915 及 ISO 14644 标准
空气超微粒子计数[①]	GB/T 25915.1—2010、（ISO 14644-1：2005）
空气大粒子计数	GB/T 25915.1—2010、（ISO 14644-1：2005）
气流检测	GB/T 25915.1，GB/T 25915.2—2010、（ISO 14644-1：2005，ISO 14644-2：2005）
压差检测	GB/T 25915.1，GB/T 25915.2—2010、（ISO 14644-1：2005，ISO 14644-2：2005）
已装过滤系统检漏	GB/T 25915.2—2010、（14644-2：2005）
气流方向检测与显形检查	GB/T 25915.2—2010、（14644-2：2005）
温度检测	
湿度检测	
静电与离子发生器检测	
粒子沉积检测	
自净检测	GB/T 25915.2—2010、（14644-2：2005）
隔离检漏[②]	GB/T 25915.1，ISO 14644-2：2010、（ISO 14644-1，ISO 14644-2：2005）

注：这里列出的建议测试不是按重要性排列的。可根据具体文件的要求或客户与供应商的一致意见确定测试排序。
　① 按照 2015 年 12 月修订并颁发的新版《第 1 部分：按粒子浓度划分空气洁净度等级》ISO 14644-1：2015，明确其适应范围为：只有阈值粒径在 0.1 ～ 5μm 范围内呈累积分布的粒子总体才可用于分级。根据 ISO 14644-1：2015，原 ISO 14644-1：2005 中所定义的小于 0.1μm 的超微粒子（ultrafine particle）已不属于本标准范围。超微粒子将归入新制定的纳米粒子空气洁净度新标准中。该标准是《Cleanroom and associated controlled environment—Part 12 Specification for monitoring air cleanliness by nanoscale particle concentration》ISO 14644-12。（作者注）
　② ISO 14644-3：2005，ISO 14644-3：2015 中，该原文为：Containment leak test，GB/T 25915—2010 中译为"隔离检漏"欠妥，宜为"气密性检测"或"密封泄漏检测"。否则与 ISO 14644-3：2019 中的"隔离检测"（Segregation test）相冲突。（作者注）

　　2019 年 8 月颁发的新版本 ISO 14644-3：2019 中，关于检测项目有一些新的提法，可供国内相关标准在将来修订时作为参考。该标准在前言和总则中做了如下表述：本文件提供了辅助（或后援）洁净室和洁净区按空气洁净度分级，或按其他洁净度属性和相关受控条件进行运行的检测方法。本文件不适用于洁净室、洁净区或隔离装置内的产品或工艺的测量。ISO 14644-1：2019 规定了洁净室或洁净区按空气悬浮粒子浓度的分级，并规定需要时按可附加的洁净属性分级，见表 1-5 所列可选择项目。所附各相关标准包括了依据特殊属性的测试方法的解说，测试数据评价和测试仪器说明。

洁净室和洁净区附加洁净属性测试（attribute tests）ISO 14644-3∶2019 表 1-5

一般类别	引用文献
按粒子浓度的表面洁净度水准	ISO 14644-9
按化学浓度的空气洁净度水准	ISO 14644-8
按化学浓度的表面洁净度水准	ISO 14644-10
按纳米粒子浓度的空气洁净度监测	ISO 14644-12

ISO 14644-3∶2019 中，把除洁净度测试之外的其他辅助和保障洁净室和相关受控环境正常运行的各有关项目的测试，称之为辅助或后援测试（supporting tests），如表 1-6 所列。

洁净室和洁净区洁净辅助测试（supporting tests）ISO 14644-3∶2019 表 1-6

辅助测试	引自 ISO 14644-3∶2019		
	原理	方法	仪器
空气压差测试	4，2.1	B.1	C.2
气流测试	4，2.2	B.2	C.3
气流方向测试和流型检查	4，2.3	B.3	C.4
自净测试（Recovery test）	4，2.4	B.4	C.5
温度测试	4，2.5	B.5	C.6
湿度测试	4，2.6	B.6	C.7
已安装过滤系统检漏	4，2.7	B.7	C.8
密封泄漏检测	4，2.8	B.8	C.9
静电和离子发生器检测	4，2.9	B.9	C.10
粒子沉降检测	4，2.10	B.10	C.11
隔离检测（Segregation test）	4，2.11	B.11	

注：以上的这些辅助测试项目，并未按照重要性或时间顺序排列。测试顺序可根据业主与供应商议定的文件执行。粒子沉降测试可视作为对运行状态下洁净室性能的测试。

比较表 1-4 和表 1-6，可以看到，表 1-4 共计 12 项检测，比表 1-6 多了"超微粒子测量"和"大粒子测量"两项；而表 1-6 共计 11 项，比较表 1-4 多了"隔离检测（Segregation test）"一项。其余 10 项两个表相同。

需要特别指出的是，表 1-4 中的最后一项，写的是"隔离检漏"。作者查对 ISO 14644-1∶2005 原文为："Containment leak test"，应译为"密封检漏"为妥。与表 1-6 中所列的第 8 项完全一致。而表 1-6 中的最后一项检测项目"隔离检测"（Segregation test）则是在 ISO 14644-3∶2019 中首次明确规定的。

按照 ISO 14644-3：2019 第 4.2.8 条，对密封泄漏测试"Containment leak test"的解释是：此项测试的目的是为确定是否有未经过滤的外部空气通过围护结构的接缝、加压天花板、门道侵入洁净室或洁净区。与表 1-1 所列检测项目第 20 项"密闭性测试"及表 1-2 的第 24 项"围护结构严密性"的概念一致。

而 ISO 14644-3：2019 标准中的"隔离检测"（Segregation test），按照该标准第 4.2.11 条的解释是：该测试是在级别较低区域产生实验颗粒物，同时测定在另一侧被隔离的保护区的颗粒浓度，其目的是用以评估特定气流所达到隔离的效果。

隔离检测显然对于洁净气流罩、洁净气幕等设备是必要的，不能与密闭性测试混为一谈。

1.3.3　美国国家环境平衡局（NEBB）所规定的检测项目

美国国家环境平衡局 NEBB（National Environmental Balancing Bureau）实际上是一个创办于 1971 年的民营机构，它得到美国供暖、制冷、空调工程师协会（ASHRAE，American Society of Heating Refrigerating and Air Conditioning Engineers）、美国环境科学与技术学会（IEST，Institute of Environmental Science and Technology）、北美照明工程协会（IESNA，Illuminating Engineering Society of North America）、半导体设备与材料学会（SEMI，Semiconductor Equipment and Materials Institute）等众多美国协会、学会的支持。至 2019 年年底，它在世界上已拥有 32 个分社和 6 百多个持证的检测团队。分布在美国、加拿大、德国、英国、丹麦、法国、澳大利亚、以色列、约旦及亚洲的韩国、新加坡、马来西亚、泰国等地。

近 50 年来，NEBB 以其高质量、高标准的检测和认证模式赢得了建设单位、承包商、工程技术人员的信赖，使其业务范围和规模才有可能从美国本土扩展到海外，成为暖通空调、洁净室等相关专业一个著名的认证品牌。如同在药品、保健品等行业的美国食品药品管理局（FDA）的认证在全球各地畅通无阻那样，被世界大多数国家认可。某个洁净室如果获得了 NEBB 的认证，从某种意义上说，在该洁净室生产的产品就得到了进入美国或其他认同 NEBB 认证的国家市场的基本条件。这也正是为什么不少企业为进入越来越受到建设方重视的认证行业，因此重金委派技术人员前往美国凤凰城 NEBB 培训基地接受培训和考试，以期得到 NEBB 的认证资质。

关于洁净室性能测试（CPT，Cleanroom Performance Testing）所规定的测试项目如下：

（1）气流速度和均匀性测试（Airflow Velocity and Uniformity Tests）；

（2）高效空气过滤器装置的检漏测试（HEPA Filter Installation Leak Tests）；

（3）房间尘粒数测试（Room Particle Count Tests）；

（4）隔断压差（Enclosure Pressurization Tests）；

（5）温、湿度均匀性测试（Temperature and Humidity Uniformity Tests）；

（6）噪声及振动测试（Noise and Vibration Tests）；

（7）照度及均匀性测试（Light Level and Uniformity Tests）；

（8）自净测试（Recovery Tests）；

（9）电导率测试（Conductivity Tests）；

（10）粒子沉积测试（Particle Fallout Count Tests）；

（11）静电测试（Electrostatic Tests）。

与表1-6所列的检测项目相对照，除缺少"密封泄漏测试"和"隔离检漏"两项，并多了一项"噪声及振动测试"外，其余均一致。

1.4　洁净室的性能监测

为了在洁净室运行过程中，及时了解与判定洁净室所处状态是否依然符合设计要求和满足生产的需要，洁净室应定期对其主要技术性能指标进行周期性监测，某些高级别洁净室对一些关键指标甚至设置了连续巡查的装置，以便及时判定洁净室的受控状态。

国际、国内相关标准与规范，对洁净室的性能监测时间间隔等给出了相应的规定。

1.4.1　国家标准《洁净室及相关受控环境　第2部分：证明持续符合GB/T 25915.1 的检测与监测技术条件》GB/T 25915.2—2010 关于性能监测的规定

《洁净室及相关受控环境　第2部分：证明持续符合 GB/T 25915.1 的检测与监测技术条件》GB/T 25915.2—2010 与国际标准 ISO 14644-2：2005《洁净室及相关受控环境　第2部分：为证实始终符合 ISO 14644-1 要求进行的测试和监测技术条件》是等同的。对监测项目及时间间隔的规定如表 1-7 所列。

除表 1-7 规定的标准测试外，GB/T 25915.2—2010 和 ISO 14644-2：2000 还给出了可选项目的测试，表 1-8 所列的任选项目测试也可包括在测试项目中。

证实持续符合粒子浓度限值的检测周期　　　　　　　　　　　表 1-7

等级	最长周期	检测方法
≤ ISO 5 级	6 个月	GB/T 25915.1—2010，附录 B
> ISO 5 级	12 个月	GB/T 25915.1—2010，附录 B

注：一般是按规定的 ISO 等级在动态下进行粒子计数检测，但也可在静态下进行。

适用于所有洁净度等级的其他检测周期　　　　　　　　　　　表 1-8

检测参数	最长间隔时间	检测方法
风量[①]或风速	12 个月	GB/T 25915.3—2010，B.4
压差[②]	12 个月	GB/T 25915.3—2010，B.5

注：一般可按指定的 ISO 等级在动态或静态条件下进行以上检测。
　　① 可用风速或风量测量得出风量数据。
　　② 此项检测不适用于非封闭洁净区。

GB/T 25915.2—2010 和 ISO 14644-2，对洁净室监测还做出了如下一些补充规定：

（1）除表 1-7 所列的标准监测项目外，用户与承包商可共同商定增添其他的测试项目（见表 1-9）。

（2）如果洁净室装置了悬浮粒子浓度和压差的监测仪表，并连续或频繁地进行监测，且监测结果始终处于规定的限值以内，则可延长表 1-7 所列的时间间隔。

（3）如果监测数据出现超过规定限值的情况，表明洁净室不符合要求，要及时采取适当的补救措施。补救措施完成后应对洁净室进行再认定。若符合要求，就可以恢复例行监测。

（4）悬浮粒子浓度及其他参数的例行监测一般是在动态下进行。

（5）悬浮粒子的监测计划是根据洁净室的风险分析与评估制定的。该计划中应该包括的内容有：预先设定的采样位置、每个空气样本的最小采样量、采样的时间长短、采样的时间间隔、测量的粒径、计数的许可限值。如果需要还可包括报警值（count alert）、行动限值（action limits）、漂移值（excursion limits）。

可选检测的周期　　　　　　　　　　　　　　表 1-9

检测项目	等级	最长周期建议值	检测方法
已安过滤器检漏	所有等级	24 个月	GB/T 25915.3—2010，B.6
气流可视检查	所有等级	24 个月	GB/T 25915.3—2010，B.7
自净	所有等级	24 个月	GB/T 25915.3—2010，B.13
隔离检漏	所有等级	24 个月	GB/T 25915.3—2010，B.14

GB/T 25915.2—2010 及等同的 ISO 14644-2：2000 还规定，洁净室及相关受控环境配置有持续或频繁监测空气悬浮粒子浓度和压差（若适用）的仪器时，如果连续监测或频繁监测的结果未超过规定限值，则表 1-7 中的最长周期还可延长。

所检测其他可选项目，当配置有持续或频繁监测相关参数的仪器，如果连续监测或频繁检测的结果未超过规定限值，则表 1-8 中的最长周期还可延长。

应予关注的是，检测用仪器必须按现行工业规范对检测用仪器进行校准。

若检测结果处在规定限值之内，则洁净室及相关受控环境持续达到要求。若有任何检测结果超出规定限值，则未达到要求，应采取适当的补救措施。补救措施完成后，应对洁净室及相关受控环境进行再查验。

发生下述任何一种情况，应对洁净室及相关受控环境进行再查验。

（1）为纠正不符合要求的状况实施了补救措施。

（2）现行的技术性能指标发生了显著变化，如动态运行的变化。变化的显著程度，应由需、供双方商定。

（3）气流运行出现严重中断，影响设施的运行。中断的严重程度应由需、供双方应商定。

（4）进行的特定维护工作对设施有显著影响（例如更换末端过滤器）。影响的显著程度应由需、供双方商定。

1.4.2　国际标准《洁净室及相关受控环境　第 2 部分》ISO 14644-2 关于性能监测的规定

《洁净室及相关受控环境　第 2 部分：为证实始终符合 ISO 14644-1 要求进行的测试和监测技术条件》ISO 14644-2：2000 已被《洁净室及相关受控环境　第 2 部分：按粒子浓度

监测洁净室空气洁净度》ISO 14644-2：2015 所替代。但有关监测的各项规定基本相同，见表 1-10 和表 1-11。

按粒子浓度监测洁净室空气洁净度的测试时间间隔 表 1-10

测试参数		最长时间间隔	测试程序
悬浮粒子	≤ ISO 5 级	6 个月	ISO 14644-1：1999，附件 B
	> ISO 5 级	12 个月	ISO 14644-1：1999，附件 B
气流量① 与风速		12 个月	ISO 14644-3：2005，附录 B.4
压差②		12 个月	ISO 14644-3：2005，附录 B.5

注：这些测试可按照规定的 ISO 等级在动态或静态条件下进行。
　　① 气流量可用风速或风量测量方法测得。
　　② 本项测试不适用于非全封闭的洁净区。

任选项目测试的时间间隔 表 1-11

测试参数	等级	最长间隔建议	测试程序
安装已过滤器检漏	全部等级	24 个月	ISO 14644-3：2005，附录 B.6
气流目检	全部等级	24 个月	ISO 14644-3：2005，附录 B.7
自净测试	全部等级	24 个月	ISO 14644-3：2005，附录 B.13
隔断泄漏测试	全部等级	24 个月	ISO 14644-3：2005，附录 B.146

1.5　洁净室测试时所处的状态

ISO 14644 遵循多年来洁净室及相关受控环境在检测时所处状态或占用情况（occupancy states）分类的惯例，仍将洁净室及相关受控环境所处状态分为三类。测试工作可根据不同需要或供需双方的协议，决定在洁净室及相关受控环境处于何种占用情况下进行。

这三类洁净室及相关受控环境所处状态或占用情况如下：

1. 空态（as built）

已全部建成的、设施齐备的洁净室及相关受控环境中，全部管线接通并运行，但无生产设备、材料及生产人员。

2. 静态（at rest）

已全部建成的、设施齐备的洁净室及相关受控环境中，全部生产设备安装完成并试运转，但场内无生产人员的状态；或已投入正常运行的洁净室及相关受控环境处于休息的状态。

3. 动态（operational）

洁净室及相关受控环境中设施处于按规定方式运行的状态，并有规定数量的人员在场以规定的方式工作的状态。ISO 14644-3：2019 中对于各个项目的测试，宜处于洁净室及相关受控环境的何种状态未作规定。认为"测量可在空态、静态、动态任何一种状态下进行"，具体在何种状态下进行哪个项目的测试，由供需双方商定。

国家标准《洁净厂房设计规范》GB 50073—2013 对洁净室检测的各个项目宜处于何种状态下进行未作具体规定，但总的原则是与国际接轨，即等同于 ISO 14644。

目前国际上关于洁净室检测项目所处状态可参考的标准由美国环境科学学会 IES（Institute of Environmental Science，现更名为环境科学与技术学会 IEST，Institute of Environmental Science and Technology）所提出。根据美国环境科学与技术学会标准 IES-RP-CC006.2—1993 所推荐的洁净室测试状态，如表 1-12 所列。

美国国家环境平衡局（NEBB）在其《洁净室认证测试程序性标准》（1996 第二版）（Procedural Standards for Certified Testing of Cleanrooms—Second Edition 1996）中采纳了这个推荐表，并沿用至今。

洁净室测试状态推荐表　　　　　　　　　　　　表 1-12

测试项目	单向流	非单向流	混合流
风量与均匀度 风速与均匀度	1，2，3 1，2，3	1，2，3 OPT	1，2，3 OPT
过滤器检漏	1，2	1，2	1，2
尘粒数	1，2，3	1，2，3	1，2，3
正压	1，2，3	1，2，3	1，2，3
平行度	1，2	N/A	OPT（1，2 only）
气密性（围护结构）	1，2	1，2	1，2
自净	N/A	1，2	1，2
尘粒沉降	1，2，3	1，2，3	1，2，3
照度	1，OPT（2，3）	1，OPT（2，3）	1，OPT（2，3）
噪声	1，2，3	1，2，3	1，2，3
温度均匀性 湿度均匀性	1，2，3 OPT	1，2，3 OPT	1，2，3 OPT
振度	OPT	OPT	OPT

注：N/A：不适用；
　　OPT：可依要求随意决定；
　　1—适于空态检测；2—适于静态检测；3—适于动态检测。

复习思考题

1. 为什么说洁净室属于"受控环境"？
2. 洁净室技术主要涵盖哪些方面？
3. 洁净室的工程验收为什么要分两阶段完成？

4. 竣工验收前应完成哪些主要工作？

5. 竣工验收的主要检测项目有哪些？

6. 洁净室综合评价的目的是什么？

7. 什么是隔离检漏？

8. 什么是密封泄漏检测？

9. 为什么要进行洁净室性能的监测？

10. 哪些情况下应对洁净室及相关受控环境进行再查验？

11. 什么是洁净室及相关受控环境的静态检测？

12. 为什么测试时需要明确洁净室所处的状态？

第2章 洁净室及相关受控环境的风量、压差等基础测试项目

洁净室及相关受控环境是依靠空气调节、空气净化、气流组织、压差控制和微振、噪声、静电防止等一系列技术来构成和保障的。受控环境的气流状态、洁净度、温湿度、压差等参数是检验洁净室及相关受控环境是否符合要求的主要依据。但只有在风量、气流和压差等参数达标后才能检验最重要的指标：空气洁净度。为此，先在本章介绍受控环境的一些基础测试项目的检验方法，再在后续的章节讨论与洁净度关联的各个方面。

2.1 洁净室及相关受控环境的风速与风量测定

洁净室及相关受控环境的空气悬浮颗粒物的洁净度，或化学的、生物的等其他空气污染物的洁净度，主要是靠送入经过滤等手段处理的、足够量的洁净空气，以置换（displacement）及稀释（dilution）室内在生产、科研过程中所散发的相应污染物来实现的。此外，洁净室及相关受控环境普遍有所要求的：相邻、相通处的空气压差、气流流向，以及环境的温度、湿度和噪声、振动等，都与这些场所送入的和排走的空气量有关。为此，测定洁净室及相关受控环境的送风量、平均风速、送风均匀性、气流流向及流型（air pattern）等项目十分必要。

洁净室及相关受控环境的气流流型可分为单向流（unidirectional airflow）和非单向流（non-unidirectional airflow）。它们的送风、回风所构建的气流流型，与空调通风行业所称的气流组织（air distribution）方案有所不同，净化空气的方式也不尽相同。单向流流型主要是依靠洁净气流向外推挤、替换室内、区内的污染空气以维持室内、区内的洁净度。因此，其送风断面风速及送风均匀性是影响洁净度的重要参数。较高、较均匀的断面风速能更快、更有效地排除室内工艺过程产生的污染物，所以是主要关注的检测项目。而非单向流净化环境的方式，主要是靠送入的洁净空气冲淡、稀释并从所服务的环境中带走空气污染物，以维持环境洁净度。所以非单向流净化环境的气流流型合理、换气次数较多，稀释效果就越显著，洁净度也相应提高。因此洁净度级别越高的非单向流净化环境，其换气次数一般也越大，所以送风量及相应的换气次数是其主要关注的气流测试项目。某些洁净室及相关受控环境的空间内，既有洁净级别要求较低的部位采用非单向流气流流型，同时又有洁净级别要求较高的部位采用单向流气流流型，对这类空间的气流模式通常称之为混合流。

2.1.1 单向流洁净室或设施的风速测定

洁净室及相关受控环境中，单向流流型是指室内送、回风所构成的气流流线基本平

行，且横断风速大致均匀的流型。1988年9月在美国洛杉矶召开的第9届国际污染控制协会联盟（ICCCS，International Confederation of Contamination Control Society）研讨大会[①]之前的近40年，在国际洁净行业内，这种室内气流流型被称之为层流（laminar flow），而与其不同的常规气流流型则被称之为紊流或乱流（turbulence flow）。但从水力学严格的定义来考核，无论是单向流还是非单向流流型，都属于水力学的紊流范畴。

空调净化行业过去将这种室内气流流型称之为"层流"，与水力学所定义的"层流"概念差别很大。所以，大会决定应予以正名为"单向流"以避免概念混淆。大会还特别规定，现代概念的洁净室的英文名称为"cleanroom"，将clean与room两个单词连为整体，以区别于医学传统概念的"clean room"。遗憾的是时至今日，已过去30多年"cleanroom"这个词仍未被字典所正式接纳。

单向流流型主要有，气流流向与地面成直角的垂直单向流（vertical unidirectional airflow，又常简称为down flow）和气流流向与地面平行的水平单向流（horizontal unidirectional airflow，又常简称为cross flow），其风速测定方法如下：

1. 单向流的风速测定

通常选择垂直于送风气流的某个断面A（以平方米计）作为测定风速的基准面。如果是在末级过滤器下风向测定风速，测定断面一般距过滤器出风面150～300mm，如果选择工作平面高度作为风速测定的基准面，通常选取距地面高度800mm处。测风速时通常把测定断面均匀分成若干个面积相等的格子，格子数即测点数i。其数量依照的规定，可按$10A$的平方根计算，即$i=\sqrt{10A}$，还要求不少于4个测点。而此前ISO 14644-3:1999的规定是$i>\sqrt{A}$，但不得少于3个测点即可。也就是说，GB/T 25915.3—2010及等同的ISO 14644-3:2005将单向流风速测定的网格划分更小，测点数量较旧标准增加了3倍多。此外还指出，每个过滤器出风口或每个风机过滤器机组（FFU，Fan Filter Unit）出风口面至少有5个测点。ISO 14644-3:1999规定，为保证测值的可靠在每个格子的中心测定风速时，测量时间至少要持续10s。GB/T 25915.3—2010及等同的ISO 14644-3:2005则对测量时间未予具体规定，但强调测量时间要足够长，以保证测值读数的重复性。必要时还应记录下平均值，最大值和最小值。

单向流洁净室或设施的总风量可按下式计算：

$$Q_{st}=\Sigma(v_c\times A_c) \tag{2-1}$$

式中　Q_{st}——洁净室及相关受控环境的总风量，m^3/s；

　　　v_c——每个格子中心风速，m/s；

　　　A_c——各个格子的面积，m^2。

国内近年的相关规范《洁净厂房施工质量验收规范》GB 51110—2015、《洁净室施工

[①] ICCCS成立于1972年，可以说是欧、美、日等发达国家在洁净技术领域的"会所"。该组织每隔一年在美、欧等国召开一届研讨大会及产品、技术展览会。1986年天津大学（涂光备等3人）和中国军事医学研究院（戴景林）等共4人，代表中国首次出席了ICCCS在意大利米兰市召开的第8届大会，并在会上宣读了4篇论文。同年，中国电子学会洁净技术分会以中国污染控制协会（CCCS，Chinese Contamination Control Society）的对外名称，加入了ICCCS。当时该组织中仅有巴西和中国属于发展中国家，以后又增加了印度。1988年由原电子部正式组团，参加了第九届ICCCS研讨大会（9th International Symposium on Contamination Control，Los Angeles，America）。本书作者之一（涂光备）随团参加该会，并被大会任命为执行主席（Co-Chairman），是ICCCS首次聘任中国学人担任研讨大会此项职务。

及验收规范》GB 50591—2010，对单向流风速测定方面在测点布置与数量的规定上与国外标准略有区别，具体规定如表 2-1 所列。

两个国家施工验收规范的比较　　　　　　　　　　　　　　表 2-1

	《洁净室施工及验收规范》GB 50591—2010		《洁净厂房施工质量验收规范》GB 51110—2015
	垂直单向流	水平单向流	垂直单向流；水平单向流
测定截面选取	距地面 0.8m；如有阻隔面，抬高至其上 0.25m 处	距送风出口面 0.5m	高效过滤器出风面 0.15～0.3m，宜取 0.3m；垂直于气流的平面
测点布置	间距≤ 1m，一般取 0.3m；均匀布置		不大于 0.6m，均匀布置
最少测点数	20 点（算术平均值）		3 点（算术平均值），每点测定时间≥ 10s
仪器	热球式风速仪或超声波三维风速计		未具体规定
评定标准	应大于设计风速，且不超过 15%；不均匀的均方根差额不大于 25%		不均匀的均方根差额不大于 25%

从表 2-1 可以看出，两个国家施工验收规范所规定单向流风速测量方法的最大差别在测定截面的选取上。GB 50591—2010 选取常规的工作面高度平面作为测定垂直单向流风速的测定截面，而 GB 51110—2015 以靠近出风面与气流垂直的平面为风速的测定截面。两个标准不同的方法各有其一定的依据。在实际工程应用中，宜根据具体情况选定。ISO 5 级的单向流洁净环境可能高效过滤器的满布率较低，如无整体式出风阻尼层时，采用靠近出风面的截面测定单向流风速有欠合理，但对于更高洁净级别的单向流洁净环境一般应无问题。GB 50591—2010 的方法对于某些层高大的洁净厂房可能不适用，在工作面高度的认定以及测定截面积的范围确定上，需要根据工程使用状况另行予以商定。

2. 国内外标准关于单向流风速测定分格划分的比较

单向流风速测定的测点数国内外各相关标准差别较大。以一个 100m² 的 ISO 4 级洁净室为例。

ISO 14644-3：1999 给出的最少检测点数为 $\sqrt{100}$，即 10 点。GB/T 25915.3—2010 及等同的 ISO 14644-3：2005 增加为 $\sqrt{10 \times 100}$，约 33 个测点。

国家标准 GB 50591—2010 要求测点布置间距≤ 1m（参见表 2-1），因此最少检测点数为：$10 \times 10 = 100$ 个测点。

国家标准 GB 51110—2015 要求测点布置间距不大于 0.6m（参见表 2-1），因此最少检测点数为 $17 \times 17 = 289$ 点。

NEBB《洁净室评价测试程序标准》（第二版）对单向流风速测定给出了要求更高的规定。根据上述标准第 5.22 款条："单向流风速测试程序"的要求，所划分的"过滤器出风净面积单点测试分格不大于 1ft²，即不大于 0.09m²"。换句话说，要求测点布置间距不大于 0.3m。因此 100m² 满布高效过滤器的 ISO 4 级单向流洁净室，风速测点数为 $34 \times 34 = 1156$ 点。

NEBB 的上述同一款规定中，还指出：当采用其他型式的仪器，如列管式敏感元件

（tube array sensor），测试分格不超过 4ft²，即不大于 0.37m²，此时，100m² 单向流洁净室的最少风速测点数为 16×16 = 256 点。

新加坡 Cesstech 公司（苏州净微公司是其国内下属公司）、新加坡 Quest 公司、日本高砂热学工业株式会社香港公司的多份 NEBB 检测报告，的确单向流洁净室的测定风速测点数很多。通常是每个 2 英尺 ×4 英尺的高效空气过滤器布置 4～8 个测点，即每个测试分格为 0.07～0.15m²，分别小于 NEBB 的两个建议值，即 0.07 < 0.09 < 0.15 < 0.37。4 个测点时，分格为矩形测点，长边间距为 51cm，短边间距为 25cm，对角线间距为 58cm。8 个测点时，分格为正方形，测点间距为 36cm，对角线间距为 50cm。由于测点数多，用于单向流洁净室风速与均匀性的测试工作量相当大，仅次于高效空气过滤器的检漏测试。

3. 关于单向流风速及均匀性测试的建议

单向流洁净室的风速及均匀性是其重要的技术指标，而上述国内、外标准有关风速最少测点数的规定出入较大，在没有更权威的标准出台前，实际工作中如何执行为妥，笔者建议如下：

（1）风速均匀性直接关系到单向流的气流方向与流型，特别是风机过滤器单元（FFU，Fan Filter Unit）使用越来越普遍，而影响 FFU 断面出风风速均匀性的因素又较多，洁净室风速测点数量偏少时，难于判定其风速不均匀程度。因此，笔者认为风速测点数宜按上述国内、外标准中规定较严格的方法执行。

（2）按照亚洲几家持有 NEBB 资质的公司的检测习惯，一般是在每台 2 英尺 ×4 英尺的高效空气过滤器出风口下风向均布 4 点或 8 点测风速。洁净室面积较大时，每台 FFU 测 4 点，洁净室面积较小时，每台 FFU 测 8 点。按此习惯计算上述 100m² ISO 4 级单向流洁净室，当满布率为 80% 时测点数为 426 点或 852 点，满布率为 70% 时测点数为 372 点或 744 点，满布率为 60% 时测点数为 320 点或 640 点，满布率为 50% 时测点数为 266 点或 532 点。可见，每台 FFU 布置 4 个测点时与其较为接近的是 NEBB 较为宽松的另一个规定所要求的最少测点数。但此款规定所使用的仪器不是通常使用的翼形风速仪、热球式或热线式风速仪，而是带有多个感受风压孔洞的十字形或其他形式的排管，它类似于风罩流量计的测速装置。因此，其测值代表了一个小范围的风速平均值。

目前所知，ISO 5 级以上的各级单向流洁净室，其出风面的高效过滤器满布率一般都在 50% 以上，通常洁净级别越高，满布率也越大。根据这些数据来分析，笔者认为，尽管增加测点数、增大测试工作量，但为求可靠评定风速均匀性，足够的测点数量和密度是必要的。与此同时，合理降低测点数以压缩检测工作量，也是必须考虑的因素。因此，建议划分单向流洁净室风速测定均布测点的等分格，宜在 0.09～0.36m² 范围内取值，即测点间距宜在 0.3～0.6m 范围内。高级别的单向流洁净室等分格面积宜取小值，稍低级别的宜取大值。

究竟如何决定风速测点数更科学，尚待更多实测分析资料提供理论依据。

2.1.2 非单向流洁净室及相关受控环境的风量测定方法

如前所述，对于非单向流来说，风量和换气次数是所需要掌握的最重要参数，其主要测定方法分为风口法和风管法。一般认为风管法测定较准确，但在现场往往难以找到足够长的气流稳定管段。因此风口法使用更普遍，多用于高效过滤器末端风口风量。

1. 采用风罩法测量风量

通常需要测定所测环境各个送风口的送风风速以确定各风口的送风量及总风量。非单向流送风口一般设有散流器或扩散孔板，因此，风向往往不明、风速不均匀、出风口面积也难以确定，所以不便用风速计准确测定。目前普遍采用工厂化生产的、带流量计的风罩测定各风口的风量，反映各终端过滤器或送风散流器流量的，风罩出风口相应的出风风速为：

$$v_s = \frac{Q_s}{A_s}$$（2-2）

式中 v_s——风罩出风口的平均送风风速，m/s；

Q_s——各终端过滤器或送风散流器的送风量，m^3/s；

A_s——风罩出风口出风面积，m^2。

一些风罩直接给出了所测风口的风量 Q_s，$Q_s = v_s \times A_s$。

非单向流洁净室或设施的换气次数按下式计算：

$$AC = \frac{\Sigma Q_s}{V} \times 3600$$（2-3）

式中 AC——洁净室或设施的每小时换气次数，h^{-1}；

ΣQ_s——洁净室或设施各风口送风量之和，m^3/s；

V——洁净室或设施的容积，m^3。

GB/T 25915.3—2010 及等同的 ISO 14644:2005 规定如果必须直接测量送风口风速，则应将送风口散流器或扩散孔板拆除，测量平面定在距过滤器出风面 150～300mm 距离上，并将测试平面划分成若干个等面积的格子，每个格子尺寸最大不超过 600mm×600mm，一般采用尺寸更小的格子以保证测值可靠。在每个格子中心测量风速后，按下式计算各终端过滤器或送风口的风量：

$$Q_s = \Sigma(v_c \times A_c)$$（2-4）

式中 Q_s——洁净室或设施中某个送风口的出风量，m^3/s；

v_c，A_c——某个送风口测定断面上各测点的风速及相应的分格面积，m/s，m^2。

某洁净室及相关受控环境的总风量等于所有送风口送风量之和 ΣQ_s，其换气次数计算同式（2-3）。

2. 非单向流洁净室的其他风量测定方法

非单向流洁净室及相关受控环境的风量也可以用风口法或风管法测量。

（1）风口法测量风量

国内通常采用以下两种方法：对于安装有过滤器的风口，根据风口形式可选用辅助风管，即用硬质板材做成与风口内截面相同、长度等于 2 倍风口边长的直管段，连接于过滤器风口外部，在辅助风管出口平面上，按最少测点数不少于 6 点均匀布置测点，用热球式风速仪测定各点风速，以风口截面平均风速乘以风口的净截面积以确定风量。GB 51110—2015 和 GB 50591—2010 都推荐了类似的方法。

对于装有同类扩散板的风口，可以根据扩散板的风量阻力曲线（出厂风量阻力曲线或现场实测风量阻力曲线）和实测扩散板阻力（孔板内静压与室内压力之差），查出风量。

测定时用微压计和毕托管，或用细胶管代替毕托管，但都必须注意保持胶管孔口平面与气流方向平行。在实践中由于扩散板周边往往漏风，加上孔板品种很多，这种方法在实际上误差较大，已较少采用。

GB/T 25915.3—2010 及等同的 ISO 14644-3:2005 还规定，如果在送风系统中已安装了文丘里管或孔板等类的流量计，可依据压降直接测定流量，或是在管道上适当的位置已预留有测量孔也可采用毕托管和压差计或风速仪，把管道测定断面均分为若干等面积分格，分别测定各分格中心的速度，再计算断面平均风速及风量，用此方法确定洁净室及相关受控环境的送风量。

（2）风管法测量风量

风管法常用于总管及分支管风量量测，风口法多用于高效过滤器末端风口风量及房间换气次数的测定，因为此时往往难于选择足够的稳定管段。

对于风口上风侧有较长的支管段，且已经或可以钻孔时，可用风管法测定风量。

测定截面位置和测定截面内测点数：测定截面的位置原则上选择在气流比较均匀稳定的地方。与局部阻力部件的距离：在局部阻力部件前不少于 3 倍风管管径长度；在局部阻力部件后不少于 5 倍管径或长边长度。

对于矩形风管，将测定截面分成若干个相等的小截面，尽可能接近正方形，边长最好不大于200mm，其截面积不大于 0.05m²，测点在各个小截面的中心处，但整个截面测点数不宜小于 3 个，测点布置见图 2-1。

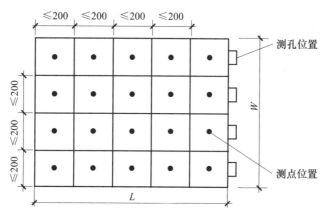

图 2-1 矩形风管测点位置示意
（单位：mm）

对于圆形风管截面，应按等面积圆环法划分测定截面和确定测点数；即根据管径大小将圆管截面分成若干个面积相等的同心圆环，及一个同心圆。如图 2-2 所示，将圆形管道分为面积相等的两个圆环和一个同心圆。这三个面积均为：

$$\frac{1}{3} \times \frac{\pi D^2}{4}$$

处于中心的同心圆取 5 个测点，中心一点，其余 4 个测点分布为一个环形，相对的两个测点与中心测点在一直线上，另两个测点与中心测点构成的直线与之垂直。其他圆环上也各有 4 个测点，这些测点应与中央同心圆的测点在同一直线上，即在相互垂直的两个直径上，测点的布置如图 2-2 所示。

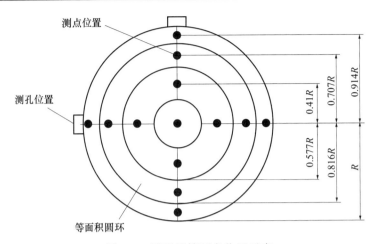

图 2-2　圆形风管测点位置示意

等面积同心圆环和同心圆半径按式（2-5）、式（2-6）确定：

同心圆与各圆环的面积

$$f_m = \frac{\pi D^2}{4m}$$

（2-5）

圆或圆环半径按式（2-6）计算，圆环划分数按表 2-2 确定。

$$R_n = R\sqrt{\frac{n}{m}}$$

（2-6）

式中　　D——测量风管的圆截面直径，mm；

　　　　R——测量风管的圆截面半径，mm；

　　　　m——圆环的序数（由中心算起）；

　　　　n——圆环的数量。

圆形风管划分环数　　　　　　　　　　　表 2-2

风管直径（mm）	< 200	200～400	400～700	> 700
圆环个数	3	4	5	> 6

　　例如图 2-2 将圆截面分为面积相等的一个圆和两个圆环，除中心测点外，其余测点分布在 3 个同心圆上，与其划分的等面积数相同，通常也简称为划分成 3 个圆环。

　　当圆风管测定截面分为 3 个等面积的圆和圆环时，其测点距中心的距离分别为 0.41R，0.707R 和 0.914R，如图 2-2 所示。所划分的 3 个等面积，分别是半径为 0.577R 的圆面积及内径为 0.577R、外径为 0.816R 的第一个圆环及内径为 0.816R、外径为 R 的第二个圆环，如图 2-2 所示。

　　各测点距风管中心的距离 R'_n 按式（2-7）计算：

$$R'_n = R\sqrt{\frac{2n-1}{2m}}$$

（2-7）

式中　　R'_n——从圆风管中心至第 n 个测点的距离，mm；

　　　　n——测点分布圆环的序数（由中心算起）；

　　　　m——测点分布圆环的总数。

各测点距离测孔（即风管壁）的距离 L_1、L_2（见图 2-3）按式（2-8）、式（2-9）计算。

$$L_1 = \frac{D}{2} - R'_m \qquad (2\text{-}8)$$

$$L_2 = \frac{D}{2} + R'_m \qquad (2\text{-}9)$$

式中　D——风管直径，mm；

　　　L_1——由风管内壁到某一圆环上最近的测点之距离；

　　　L_2——由风管内壁到某一圆环上最远的测点之距离。

表 2-3 给出了圆截面风速测定的分环布置各测点位置及测点数。

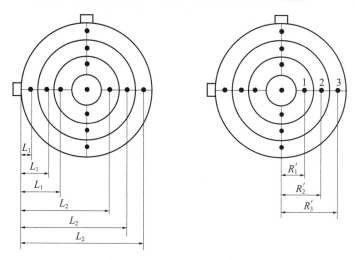

图 2-3　圆形风管测点距离

圆截面风速测定分环布置的测点位置及测点数　　表 2-3

等面积或圆环个数	圆或圆环的外径	测点圆环距圆心的半径	测点总数
3	0.557D	0.410R	13
	0.816D	0.707R	
	D	0.914R	
4	0.500D	0.351R	17
	0.707D	0.612R	
	0.866D	0.791R	
		0.935R	
5	0.447D	0.316R	21
	0.632D	0.548R	
	0.775D	0.707R	
	0.894D	0.837R	
	D	0.949R	
6	0.408D	0.289R	25
	0.577D	0.500R	
	0.707D	0.645R	
	0.816D	0.764R	
	0.913D	0.866R	
	D	0.957R	

风管内送风量的测定，送风量按式（2-10）计算：

$$Q=\bar{v}\times F\times 3600 \qquad (2\text{-}10)$$

式中 Q——风管内送风量，m^3/h；

F——风管的测定截面面积，m^2；

$\bar{v}$——风管截面平均风速，m/s。

风速可以通过热球式风速仪直接测量，然后取平均值；也可以利用毕托管和微压计测量风管上的平均动压，通过计算求出平均风速。当风管的风速超过 2m/s 时，用动压法测量比较准确。

平均动压和平均风速的确定：

1）算术平均法

$$H_{dp}=\frac{H_{d1}+H_{d2}+\cdots\cdots+H_{dn}}{n} \qquad (2\text{-}11)$$

2）均方根法

$$H_{dp}=\left(\frac{\sqrt{H_{d1}}+\sqrt{H_{d2}}+\cdots\cdots+\sqrt{H_{dn}}}{n}\right)^2 \qquad (2\text{-}12)$$

3）平均风速

$$\bar{v}=\sqrt{\frac{2H_{dp}}{\rho}} \qquad (2\text{-}13)$$

式中 H_{d1}、H_{d2}、$\cdots\cdots H_{dn}$——测定各点的动压值，Pa；

H_{dp}——平均动压值，Pa；

ρ——空气密度，kg/m^3；

$\bar{v}$——平均风速，m/s。

各点测定值读数应在 2 次以上取平均值，各点动压值相差较大时，用均方根法比较准确。

风管法常用于总管及分支管风量量测，风口法多用于高效过滤器末端风口风量及房间换气次数的测定，因为此时往往难于选择足够的稳定管段。

此外，也可以采用经专业检测部门认可的其他方法。

风量在测风速时宜用支架固定测夹，不得不用手持风速仪时，手臂要尽量伸直使测头尽量远离身体（侧方或下游），以减少人身干扰。

GB/T 25915.3—2010 及等同的 ISO 14644-3:2005 还规定，如果在送风系统中已安装了文丘里管或孔板等类的流量计，可依据压降直接测定流量，或是在管道上适当的位置已预留有测量孔也可采用比托管和压差计或风速仪，把管道测定断面均分为若干等面积，分别测定各分格中心的速度，再计算断面平均风速及风量，用此方法确定洁净室及相关受控环境的送风量。

2.1.3 风速、风量测试评定标准

1. 国家标准

国家标准《洁净室施工及验收规范》GB 50591—2010 和《洁净厂房施工质量验收规范》GB 51110—2015 规定单向流洁净室及相关受控环境风速测试结果，应符合以下要求：

（1）实测室内平均风速应大于设计风速，但不应超过 15%。

（2）风速不均匀度，按式（2-14）计算，结果不应大于 0.25。

$$\beta_v = \frac{\sqrt{\dfrac{\sum(v_i - \bar{v})^2}{K-1}}}{v} \leqslant 0.25 \tag{2-14}$$

平均风速

$$\bar{v} = \frac{\sum_{i=1}^{n} v_i}{K} \tag{2-15}$$

式中　　v_i——各测点的风速，m/s；

　　　　K——测点数。

《洁净室施工及验收规范》的旧版本（JGJ 71—90）的规定与新标准略有差异，原规定实测室内平均风速应大于设计风速，但不应超过20%，并有"总实测新风量和设计新风量之差，不应超过设计新风量的10%"的要求。GB 50591—2010已将此款取消。

GB 50591—2010规定非单向流洁净室及受控环境检测结果应符合以下要求：

（1）系统的实测风量应大于各自的设计风量，但不应超过20%；

（2）室内各风口的风量与各自设计风量之差均不应超过设计风量的±15%。

2. 国际标准

ISO 14644-3：2005未对单向流流速的均匀性等给予具体规定。

按照NEBB的规定（2007年第3版）给出了以下3点要求：

（1）所测得的平均气流速度应与设计值或承包商和业主议定的值，偏差不超过±5%。

（2）所测得的洁净室平均或总流量应与设计值或承包商和业主的议定的值，偏差不超过±5%。

（3）气流速度的相对标准偏差 RSD（Relative Standard Deviation）或均匀性应不大于15%，如承包商和业主另有议定，则按议定的值要求。

NEBB关于风速均匀性计算程序如下：

（1）计算各测点的算术平均值

$$v_{am} = (v_1 + v_2 + \cdots\cdots + v_N)/N \tag{2-16}$$

式中　　　　　　v_{am}——算术平均风速，m/s；

　　v_1、v_2、$\cdots\cdots v_N$——各测点的风速测值，m/s；

　　　　　　　　N——测点或读值数。

（2）计算风速测值的标准偏差

$$SD_v = \sqrt{\frac{(v_1 - v_{AM})^2 + (v_2 - v_{AM})^2 + \cdots\cdots (v_N - v_{AM})^2}{N-1}} \tag{2-17}$$

式中　　SD_v——风速的标准偏差，m/s。

（3）计算风速的相对标准偏差（均匀性）

$$RSD = SD_v / v_{AM} \times 100\% \tag{2-18}$$

式中　　RSD——风速的相对标准偏差，%。

比较式（2-14）及式（2-18）可知，国内标准所指的风速不均匀度 β_v，实际就是NEBB所说的风速的相对标准偏差 RSD，只不过NEBB所规定的限制为不大于15%，较国内标准所规定的 $\beta_v \leqslant 25\%$ 更为严格。国内标准关于风速、风量的实测值与设计值的允许偏差范围与国外标准相比也过于宽松，其后果可能是环境质量保证率低，或是能耗量偏大、室间的规定压差难以满足。国内标准的相关规定在今后的修订中宜于收紧允许偏差范围。在未修订前，测试工作执行者应认真细致地调节送、回风系统，仔细测量风速、风量，从严控制允许偏差范围。

2.1.4 单向流风速测定结果分析

单向流气流流型之所以能有效地控制环境洁净度，与其气流流线平行、断面风速均匀、气流中涡流少等特点直接相关。单向流曾被形象地比喻成活塞流，像活塞一样把空间的污染物紧压出去。以下例题就是为了更好地理解单向流风速分布的不均匀性与其离散程度的关系。从两个例题的具体数据可以更清楚地认识，仅靠断面算术平均速度不足以反映单向流的运动特性。所列洁净手术室天花出风面平均风速测值相等的两个例题，它们的风速相对标准偏差，或风速不均匀相差较大，对洁净环境的控制效果与能力也大不相同。

【例题 1】某局部垂直单向流，天花出风口面积为 2.6m×2.8m，均布 32 个测点测定风速，每个测点测定 3 次风速值，32 个测点的风速平均值（m/s）如表 2-4 所列。

（1）各测点的算术平均值

$$v_{am} = \sum v / N = 8.73 / 32 = 0.273 \text{ m/s}$$

（2）风速测值的标准偏差

$$SD_v = \sqrt{\frac{(0.26-0.273)^2 + (0.28-0.273)^2 + (0.27-0.273)^2 + \cdots\cdots + (0.25-0.273)^2}{32-1}}$$

$$= \sqrt{\frac{0.009341}{31}} = \sqrt{0.0003013} = 0.0174 \text{ m/s}$$

（3）风速测值的相对标准偏差

$$RSD = \frac{0.0714}{0.273} \times 100\% = 6.3\% < 15\%$$

各测点风速平均值（单位：m/s） 表 2-4

行＼列	1	2	3	4	5	6	7	8
I	0.26	0.28	0.27	0.26	0.27	0.29	0.26	0.24
II	0.27	0.29	0.30	0.28	0.28	0.30	0.28	0.25
III	0.25	0.27	0.28	0.29	0.30	0.31	0.29	0.26
IV	0.26	0.26	0.25	0.26	0.28	0.27	0.29	0.25

上述计算结果表明，所测某出风面积为 2.6m×2.8m 的局部垂直单向流，其算术平均风速为 0.273m/s，其出风均匀性或相对标准偏差，不仅符合 $\beta_v \leqslant 0.25$ 的要求，也满足 NEBB $RSD < 15\%$ 的要求。

【例题 2】与上例同样的情况，但测定数据有所差别，其测定数据如表 2-5 所列。

（1）各测点的算术平均值

$$v_{am} = \sum v / N = 8.73 / 32 = 0.273 \text{ m/s}$$

与例题 1 的结果完全相同。

（2）风速测值的标准偏差

$$SD_v=\sqrt{\frac{(0.23-0.273)^2+(0.24-0.273)^2+(0.32-0.273)^2+\cdots\cdots+(0.21-0.273)^2}{32-1}}$$

$$=\sqrt{\frac{0.06165}{31}}=\sqrt{0.0019888}=0.0446\ \text{m/s}$$

（3）风速测值的相对标准偏差

$$RSD=\frac{0.0446}{0.273}\times100\%=16.3\%>15\%$$

各测点风速平均值（单位：m/s） 表 2-5

列 行	1	2	3	4	5	6	7	8
Ⅰ	0.23	0.24	0.32	0.29	0.29	0.30	0.23	0.21
Ⅱ	0.24	0.25	0.33	0.33	0.33	0.33	0.25	0.22
Ⅲ	0.22	0.24	0.32	0.32	0.34	0.34	0.25	0.22
Ⅳ	0.23	0.23	0.27	0.29	0.33	0.30	0.25	0.21

尽管从例题 2 的测值分布情况来看已是相当不均匀，虽然只是略超过 NEBB 的单向流风速分布均匀性的标志值 $RSD<15\%$，但距国内现行标准所规定的 $\beta_v\leqslant0.25$ 仍有较大距离。看来国内关于单向流风速均匀性的标准似乎偏低，有待在标准修订时向国际标准靠齐。例题 1、例题 2 的风速分布直方图如图 2-4 所示。

从图 2-4 可以清楚看到，例题 1 的测点大部分靠近平均值 0.273m/s，即风速分布的相对集中，比较均匀。而例题 2 的断面平均风速虽然也是 0.273m/s，但各测点风速分布范围较宽，特别是较平均风速数值偏高或数值偏低的测点数占较大份额。换句话说就是风速分布离散度大。因此，断面出风均匀性差，必然在相邻测点风速差异较大的空间有涡流出现，污染物在其中滞流的时间将较长，相对加大了污染物与敏感部位接触的机会，对手术而言感染的机率可能增加。

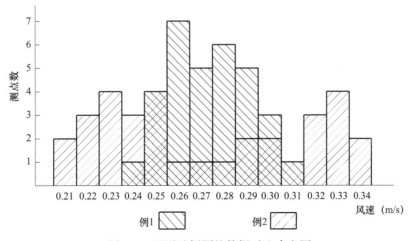

图 2-4　两测试例题的数据对比直方图

2.2　压差测试

对于多数洁净环境来说，为防止空气中悬浮的颗粒污染物透过围护结构缝隙侵入室内，洁净室及相关受控环境的围护结构，应有良好的气密性，同时相对于清洁度较低的周边环境要维持一定的正压差。但对于微生物安全实验室（microbiological safety laboratory）、负压隔离病房（negative pressure isolation ward）等受控环境而言，其主要功能是防止经空气传播的病原微生物，或是有潜在风险的重组 DNA 等向受控环境之外扩散，给人类带来危害。对于主要任务是保护受控空间周围的外部环境不受污染的场所，这类受控环境相对于周边则处于负压状态。洁净室及相关受控环境相对于周边的正压压差或负压压差，主要是靠送风 Q_s、回风 Q_r 和排风 Q_e 的差值实现的。

当洁净室及相关受控环境相对于周边环境具有 ΔP 的正压差，则通过受控环境的缝隙、开孔外溢的气流量 Q_l 为：

$$Q_l = Q_s - (Q_r + Q_e) \qquad (2\text{-}19)$$

此时，洁净室及相关受控环境相对周围的正压 ΔP 为：

$$\Delta P = \xi \frac{\rho v^2}{2} \qquad \text{Pa} \qquad (2\text{-}20)$$

式中　ξ——空气流过缝隙或孔口的局部阻力系数；

v——空气流过缝隙或孔口的流速，m/s；

ρ——空气密度，kg/m³。

由式（2-20）可以得，

$$v = \sqrt{\frac{2\Delta P}{\xi \rho}} \qquad \text{m/s} \qquad (2\text{-}21)$$

则维持 ΔP 正压时的泄漏风量为：

$$Q_l = \sum f \cdot \sqrt{\frac{2\Delta P}{\xi \rho}} \qquad \text{m}^3/\text{s} \qquad (2\text{-}22)$$

式中　f——缝隙或孔口的过流面积，m²。

如果采用全新风系统，即所谓直流式通风系统，此时 Q_r 为 0，送风量 Q_s 应为排风量 Q_e 及渗漏出风量 Q_l 之和。如送风量不足或排风量偏大都可能造成受控环境相对于周边的正压值偏低的情况。

当洁净室及相关受控环境相对于周边具有 ΔP 的负压差，则通过受控环境的缝隙、开孔渗入的气流量 Q_l 为：

$$Q_l = Q_s - (Q_r + Q_e) \qquad (2\text{-}23)$$

由式（2-23）可知，维持的正压值越高，缝隙或孔口的合计面积（$\sum f$）越大，则泄漏风量也越多。过多的无效泄漏风量或过多的渗入风量都将增大受控环境的能耗，因此应关注其气密性，在维持必要压差条件下降低其泄漏或渗入的风量。值得注意的是，根据上述分析，在进行洁净室压差检测之前，必须先验证在洁净室及相关受控环境处于正常工作状态下，应该关闭的门全部关闭。送风量与回、排风量与规定风量相符。在此前提下，再逐一测定封闭的洁净室和周围附属环境之间、周围附属环境与外部环境间的压差。如周围无附属环境，则测定与记录下封闭的洁净室与外部环境之间的压差。

如果洁净室及相关受控环境中包括多个洁净室，则应从最里面的房间，通常也就是其中洁净度级别最高的房间与其紧邻的房间之间压差测起。如此继续下去，直至测得最靠外的洁净室与周围附属环境之间，与室外环境之间的压差。

通常使用电子微压计、倾斜式微压计或机械式压差计来测定区间的压差。

按照《洁净厂房设计规范》GB 50073—2013 的规定：不同等级洁净室及洁净区与非洁净区之间的压差应不小于 5Pa，洁净区与室外的压差应不小于 10Pa。

国家标准《洁净室施工及验收规范》GB 50591—2010 规定：不同等级洁净室及洁净区与非洁净区之间的压差应不小于 5Pa，洁净区与室外的压差应不小于 12Pa。此外还规定，对 ISO 5 级以上的单向流洁净室当处于开门状态时，在出入口的室内侧 0.6m 处不应测出超过室内级别的上限浓度。

负压隔离病房、生物安全实验室等受控环境的负压控制的特殊要求，可查看国内相关标准，如：《医院负压隔离病房环境控制要求》GB/T 35428—2017；《生物安全实验室建筑技术规范》GB 50346—2011 等。

ISO 14644-3：2005 则认为，具体的压差值由用户与承包商根据实际需要议定，不作统一规定。

《洁净室设计要素》（Consideration in Cleanroom Design）IEST-RP-CC012.2—2007 中指出：相邻区间的压差通常范围是 5～10Pa（0.02～0.04in w.c.），并认为洁净室与周围环境保持 12.5Pa（0.05 in w.c.）的压差，一般足以消除颗粒物的迁移。当压差超过 25Pa 时会给门的开关带来困难，同时空气在许多小孔的高速渗漏会产生噪声。这就提醒调试人员，并非是压差越大越安全，适度为宜，不然也有许多负面因素。

2.3 高效空气过滤器的检漏

此项检测的目的是确认空气过滤系统安装合格，运行中无明显渗漏。高效空气过滤器是空气净化系统中的关键装置，通过此项检测用以验证高效空气过滤器不存在影响空气洁净度的渗漏。

目前市场销售的高效过滤器（HEPA）、超高效过滤器（ULPA），其过滤核心基本上是采用超细玻璃纤维滤纸折叠而成。超细玻璃纤维滤纸本身相当脆弱、易受损伤。此外，在滤纸芯与过滤器成型框架间的密封也是结合强度相对较差的部位。在运输和安装过程中，过大的振动和碰撞很可能造成裂隙。出厂合格的过滤器可能因运输或安装受损，以致在现场渗漏未经过滤的空气，从而降低空气过滤器的效率，以至影响洁净室的洁净度。同时，高效空气过滤器与支撑框架周边的密封也是容易发生空气泄漏的部位，往往由于高效过滤器支撑框架刚性差、接触端面不平整或是密封胶条的缺陷，以致密封效果差而泄漏未经高效过滤器过滤的空气。因此，对洁净室及相关受控环境安装完毕后的高效、超高效空气过滤器本身及其与支撑框架的密封周边，逐台地进行检漏是十分必要的。

值得注意的是，正常穿透高效空气过滤器的粒子，粒径一般是 0.5μm、0.3μm 或更小，而经缝隙泄漏的粒子，则往往和高效空气过滤器上风向空气中颗粒物的粒径分布相同，即含有 1μm、2μm、5μm 甚至更大的粒子。检漏时除发现异常的粒子数量外，所测得粒子的粒径分布也是判断是否存在泄漏的重要方面。

安装完成的高效空气过滤器装置体系的检漏，与高效空气过滤器在生产厂制造完成后所进行的效率测试、检漏测试是不同的概念，不应混淆。此处所谈的高效空气过滤器装置的检漏工作用于洁净室及相关受控环境处于空态或静态的状况下。对新建洁净室进行调试时，或现有洁净室更换终端高效空气过滤器后，都要进行此项测试。

为了提高检测的可靠性，一般要在高效空气过滤器装置的上风向引入较高浓度的测试气溶胶，并立即在其下风向采用离散粒子计数器或其他仪器，对高效过滤器本身及固定它的支撑框架周边进行扫描检漏。

对某些洁净室及相关受控环境，有可能认为检漏所用的测试气溶胶会对洁净室环境造成不能接受的微粒污染或分子污染。对使用气溶胶可能带来的安全问题，国内、外洁净室相关标准目前均未具体涉及。在检测工作开始前，应由用户负责咨询有关测试气溶胶的合理选择问题，并提出适宜的安全准则、风险分析及对浓度限值的规定。

2.3.1　高效过滤器安装在吊顶、墙上或设备上时的检漏测试

根据检漏测试采用的仪器不同，检漏的主要方法可具体分为使用气溶胶光度计（aerosol photometer）与使用离散粒子计数器（DPC，Discrete-Particle Counter）两种不同情况。国家标准《洁净室及相关受控环境　第 3 部分：检测方法》GB/T 25915.3—2010 与国际标准 ISO 14644-3：2005 对此给出了较详尽的规定。

1. 采用气溶胶光度计进行检漏的情况

（1）通常适用于自带小型空气处理系统的洁净室及相关受控环境，在管路系统上已预留有孔洞或者有可能在合适位置开孔，以注入能达到规定的高浓度的测试气溶胶（challenge aerosol），供检漏测试使用。

（2）比较适合于 ISO 5 级或者洁净级别更低的洁净室及相关受控环境，这类洁净环境装置的末级过滤器，通常对最易穿透粒径（MPPS，Most Penetration Particle Size）的整体穿透率（integral penetrations）限值为 ≥ 0.003%。而此前的国内、外相关标准所规定的整体穿透率限值为 ≥ 0.005%

（3）应考虑到检测所用的、带有挥发性油基的测试气溶胶，可能有少量沉积在空气过滤器和管道上，当其缓释时对洁净室及相关受控环境的产品或工艺可能有害。

由于采用气溶胶光度计法与采用离散粒子计数器法相比，对于同等级的高效空气过滤器，它所要求的测试气溶胶浓度要高 100～1000 倍。因此采用更为灵敏的离散粒子计数器，对于洁净空调系统和洁净环境所造成的污染要小。

2. 使用气溶胶光度计扫描检漏的要求与方法

所使用的气溶胶材料通常有邻苯二甲酸盐（DOP，diocty l phthalate）、癸二酸二酯（DEHS，di-2-ethy l hexy l sebacate）和聚烯烃（PAO，poly-alpha olefin）。

测试的一些相关注意问题如下：

（1）气溶胶分散度及浓度：使用合适的气溶胶发生器，将所产生的多分散气溶胶掺入到高效空气过滤器上风向，使其达到需要的气溶胶浓度，所产生的测试气溶胶一般粒子质量中值径（MMD，Mass Median Diameter）为 0.5～0.7μm，其几何标准偏差约为 1.7。

上风向测试气溶胶的浓度通常在 $10\sim100\mathrm{mg/m^3}$ 之间，浓度低于 $20\mathrm{mg/m^3}$ 时，检漏灵敏度将降低；浓度高于 $80\mathrm{mg/m^3}$ 时，长时间的测试可能造成过滤器污染。

（2）气溶胶浓度分布：应采用适当的措施保证掺入的气溶胶在高效空气过滤器的上风向与送风混合均匀，要求无论在任何时刻或是任何位置上的气溶胶浓度，其比值不应超过 $2:1$。以上风向各点的平均浓度作为上风向的气溶胶浓度。

（3）检漏探头入口尺寸：应以其入口风速与高效空气过滤器出风风速相近为原则来确定。采样管入口一般为正方形或长宽比不大于 6 的长方形，检漏探头尺寸按下式确定：

$$D_\mathrm{p}=\frac{F_\mathrm{u}}{vW_\mathrm{p}} \tag{2-24}$$

式中　D_p——与扫描方向平行的探头尺寸，cm；
　　　F_u——光度计实际采样流量，$\mathrm{cm^3/s}$；
　　　v——高效空气过滤器实际出风面风速，cm/s；
　　　W_p——与扫描方向垂直的探头尺寸，cm。

在实际操作中，允许采样探头的入口风速与高效空气过滤器实际出风面风速，相差 $\pm20\%$。

例如：采样流量为 28.3L/min（$473\mathrm{cm^3/s}$）的气溶胶光度计，当空气过滤器出口风速为 0.5m/s 时（50cm/s）时，如果检漏探头 W_p 为 10cm，则按式（2-24）可得矩形探头的另一尺寸。

$$D_\mathrm{p}=\frac{472}{50\times10}=0.944\mathrm{cm}$$

此时，$W_\mathrm{p}/D_\mathrm{p}=10/0.944=10.6>6$ 大于要求的比值，如果检漏探头的 W_p 改为 7cm，则

$$D_\mathrm{p}=\frac{472}{50\times7}=1.35\mathrm{cm}$$

此时，$W_\mathrm{p}/D_\mathrm{p}=7/1.35=5.2<6$，符合要求。

可考虑采用 $W_\mathrm{p}=7\mathrm{cm}$，$D_\mathrm{p}=1.4\mathrm{cm}$ 的探头，此时，探头入口风速为 $\frac{472}{7\times1.4}=48.2\mathrm{cm/s}$ 或 0.482m/s，与 0.5m/s 的高效空气过滤器实际出风面风速相差 -4%，接近于检测空气的流速。

（4）检漏探头扫描速度

采用 3cm×3cm 方形探头进行横断面扫描时，其速度不应超过 5cm/s，而矩形探头最大面积扫描速率不应超过 $15\mathrm{cm^2/s}$。

以前述矩形探头计算所得入口净尺为 7cm×1.4cm 为例，其有效入流面积为 $9.8\mathrm{cm^2}$。如果沿扫描方向每秒进行 2cm，则扫描速率为 7cm×2cm = $14\mathrm{cm^2/s}<15\mathrm{cm^2/s}$，符合上述要求，那么 610mm×610mm 的高效空气过滤器从左至右扫描一行所需时间约为 35s，整个过滤器往复逐行扫描（共需 9 次）所需时间为 9×35s = 315s，即 4.5min。

其检测方法如下：采用扫描法对高效过滤器安装接缝和主断面进行检测，检测点应距离被测表面 20～30mm，探头以 5～20mm/s 的速度移动，对被检过滤器整个断面、封胶和安装框架处进行扫描，如图 2-5 所示。粒子计数器的最小采样量大于 1L/min。

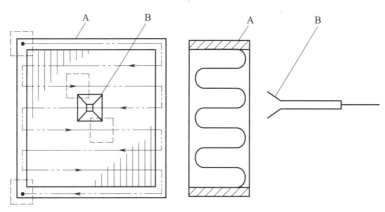

图 2-5　扫描方法示意

A—高效过滤器；B—粒子计数器检测口

（5）扫描检漏程序及验收标准

在扫描检漏前，应先检验高效过滤器出风风速是否在规定风速，其最大允许差值为 ±20%，并确认出风均匀性；然后检验上风向气溶胶浓度及其分布均匀性；扫描范围要包括过滤器框与安装支撑框架间的密封；如果扫描时仪器显示出有等于或大于限值的泄漏，则应把探头停在泄漏处，在光度计上显示最大测值的探头位置，即为泄漏位置所在；在检漏扫描工作之间及最后，应检验上风的气溶胶浓度，以确定其稳定性。

通常认定高效空气过滤器泄漏的标准是光度计的显示值超过上风向浓度的 10^{-4}，即 0.001%。按 ISO 14644 规定验收标准也可由用户与承包商、供应商协商确定。国内目前因气溶胶光度计仪器不普遍，很少采用光度计检漏方法。

3. 离散粒子计数器适用于检漏测试的情况

（1）装有小型或大型空气处理系统的洁净室及相关受控环境；

（2）所装置空气过滤器对最易穿透粒径的穿透率低至 0.0000005% 或更低；

（3）不允许使用在空气过滤器和管道上沉积带挥发性油基的测试气溶胶，在这种限制下，可以考虑使用固态气溶胶。

离散粒子计数器较气溶胶光度计的测试灵敏度要高很多倍，用它来检测穿透率很低的超高效空气过滤器既有精度又有速度，也就是说更方便、可靠。因此，使用离散粒子计数器现场检漏是目前国内外较广泛采取的方法。

4. 使用离散粒子计数器扫描检漏的要求与方法

在具体检测过程中应注意如下问题：

（1）与采用气溶胶光度计方法相同，在被测过滤器上风向引入人工发生的多分散测试气溶胶，并达到规定的浓度与均匀分布的要求。常用的气溶胶尘源仍然是邻苯二甲酸盐（DOP）、聚烯烃（PAO）、癸二酸二酯（DEHS）或者是与上述物质具有相近性质的液态或固态材料，例如聚苯乙烯乳胶（PSL，polystoyrens latex），测试气溶胶的选择同样也是以考虑气溶胶是否对产品造成危害为原则。西方国家目前出于安全理由不主张使用邻苯二甲酸盐（DOP）测试过滤器，美国还对聚烯烃（PAO）测试过滤器作了具体限制。

用离散粒子计数器扫描检漏时还应符合以下一些要求：

采用气溶胶发生器产生的测试气溶胶的平均当量中值径，应在 0.1～0.5μm 之间。所使用离散粒子计数器的粒径阈值（threshold size of the DPC）应等于或小于上述气溶胶粒子中值径。如果离散粒子计数器在阈值尺寸与 0.5μm 之间多于一个粒径档时，应选择上游粒子测值中最大的那个。

气溶胶平均当量中值直径尺寸应恰好选择在所用离散粒子计数器最敏感的粒径的中间尺寸点。

（2）与使用气溶胶光度计不同的是，由于离散粒子计数器有一定的采样浓度限制，高浓度时不仅测值误差大，而且对仪器本身也污染严重，影响使用。因此在上风向通常要配置离散粒子计数器采样稀释装置，以保证采样气溶胶浓度不至于高到超过离散粒子计数器允许浓度（concentration tolerance of the DPC），在每个使用期的开始和结束时都应对所使用稀释系统的性能予以验证。

（3）检漏采样探头尺寸的确定

扫描检漏采样探头尺寸的确定方法与使用气溶胶光度计时相同，同样也要满足探头入口风速与所检测过滤器出风风速相近的原则。实际上只要满足下述关系，也就达到了等速采样的要求，即

$$(v+30\%) \geqslant v_s \geqslant (v-10\%) \tag{2-25}$$

式中　v——现场过滤器出风风速，m/s；

　　　v_s——检漏采样探头入口风速，m/s。

（4）检漏的扫描速率和采样时间

检漏探头进行来回扫描的速度可按下式计算确定：

$$S_r \leqslant \frac{F_s \cdot C_c \cdot P_s \cdot K \cdot D_p}{N_p} \tag{2-26}$$

式中　S_r——检漏探头扫描速度，m/s；

　　　F_s——离散粒子计数器的标准采样空气量，m³/s；

　　　D_p——与扫描方向平行的探头尺寸，cm；

　　　C_c——被测高效空气过滤器上风向气溶胶浓度，cm⁻³；

　　　P_s——被测过滤器最易穿透粒径（MPPS）的最大允许整体穿透率（the maximum allowable integral MPPS penetration）；

　　　K——被测过滤器的最大允许泄漏（P_L）可能比 P_s 大多少的某个因数，根据用户与承包商或供应商的协议，从表 2-6 选择 K；

　　　N_p——预期的表现出泄漏特征的粒子计数数量，可按用户与供应商间的协议选择 N_p，N_p 值较低则扫描较快，但会增加虚显示的可能性。

因数 K 的计算　　　　　　　　　　　　　表 2-6

最易穿透粒径的整体穿透率 P_s	因数 K	计算出的泄漏穿透率 P_L
≤ 0.05%	10	≤ 0.5%
≤ 0.005%	10	≤ 0.05%
≤ 0.0005%	30	≤ 0.015%
≤ 0.00005%	100	≤ 0.005%
≤ 0.000005%	300	≤ 0.0015%

（5）具有规定泄漏特征的粒子计数实际数量 N_{pa}

按照 ISO 14644 对高效空气过滤器泄漏判定的定义是，在 0.1～0.5μm 范围内的任何粒径超过 $P_L = K \times P_s$ 的穿透率，据此可以得到具有规定泄漏特征的粒子计数实际数量 N_{pa} 的计算式：

$$N_{pa} = C_c \times P_s \left[\frac{K \cdot F_s \cdot D}{S_r + F_a \times T_s} \right] \tag{2-27}$$

式中　F_a——离散粒子计数器的实际采样空气量，cm^3/s；

T_s——采样时间，s　$T_s \geqslant D_p/S_r$。

在实际操作中往往无需具体计算 N_{pa} 值，而是根据可接受的观测计数 C_a 来判定有无泄漏，C_a 与 N_{pa} 的关系式如下（详细内容可查阅 ISO 14644-1 附件 F "顺序采样法"）：

$$C_a \leqslant -3.96 + 1.03 \times N_{pa} \tag{2-28}$$

式（2-28）的关系也可用表 2-7 来表示。

可接受观测计数　　　　　　　　　　　　　　　　　　　　　　表 2-7

N_{pa}	$3.9 \leqslant N_{pa} < 4.9$	$4.9 \leqslant N_{pa} < 5.8$	$5.8 \leqslant N_{pa} < 6.8$	$6.8 \leqslant N_{pa} < 7.8$	$7.8 \leqslant N_{pa} < 8.7$
C_a	0	$\leqslant 1$	$\leqslant 2$	$\leqslant 3$	$\leqslant 4$

如果在采样时间 T_s 内所得到的观测计数值 C 等于或小于 C_a，则可认为扫描过的区域无泄漏，如果观测计数值超过 N_{pa}，则应在此位置进行至少 3 次测量。

所给出的式（2-28）实际上是顺序采样法的判定下限，同样还可以给出其判定上限，即引入排除标准 N_{pa}，如式（2-29）：

$$C_r \geqslant 3.9 + 1.03 \times N_{pa} \tag{2-29}$$

如果检测过程中在采样时间 T_s 的时间段内，获得的观测计数 C 等于或大于 C_r，则可认为所扫描过的区域上存在泄漏，而无需进行更多的探测。

2.3.2　高效过滤器安装在管道或空气处理机上时的过滤器的整体检漏

这种情况下，检漏的灵敏度较前面所给的方法一般要差，这种方法可用于安装在管道上最易穿透粒径穿透率 > 0.005% 的过滤器的整体泄漏检验，也可用于多级过滤器设施整体的泄漏检测，而无需对各级过滤器单独测试。对处在设施中非单向流的区域所安装的终端过滤器也可采用此方法。ISO 14644-3:2005 给出检测与评估的步骤如图 2-6 所示。

此方法注意点如下：

（1）进行泄漏测试之前，应确认系统风速在规定风速的 ±30% 范围内，并确认其均匀性。

（2）从过滤器的上风向引入测试气溶胶（通常这些过滤器距洁净区有一定距离），测试气溶胶的浓度应确保下风向可测得具有统计意义的读数。正式测试前需要用测试仪表气溶胶光度计或离散粒子计数器，确定其浓度及均匀性。然后测量管道中或空气处理机中经过滤器过滤后的空气中的粒子浓度，并把它与上风向的浓度作比较，计算出过滤器的整体过滤效率或总穿透率。对于装在终端的过滤器，如果设有散流装置，检测前应拆除。

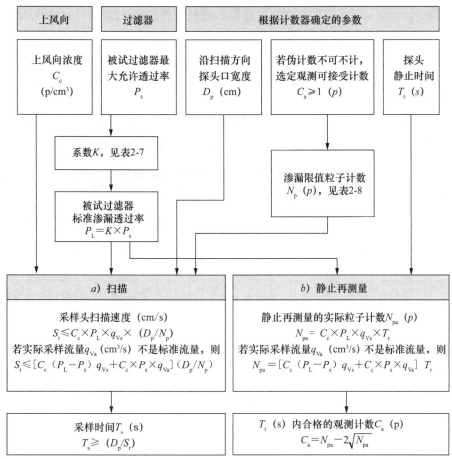

图 2-6 预估计算与评估流程图

（3）在过滤器上风向气溶胶混合均匀的前提下，在每个过滤器下风向至少设一个测量点测量气溶胶浓度，如果上风向混合不理想则应在过滤器下风向 30~100cm 处的某个与气流垂直的平面上，把该平面分成若干面积相等的格子，在格子中央测试下风向气溶胶浓度，若在管道中测点应距管壁 2.5cm。

（4）在测试过程中，应在适当时间间隔重复测试上风向的粒子浓度，以确认测试气溶胶源的稳定性。根据下风向各测点的穿透率以确定总穿透率。当采用离散粒子计数器时，所测得的点穿透率不应大于 5 倍最易穿透率，当采用气溶胶光度计时其穿透率不应超过 10^{-4}（0.01%）。

【例题】根据用户与承包商、供应商的协议，规定所检测的高效空气过滤器的标准最大允许泄漏 $P_L = 5 \times 10^{-4}$，该高效空气过滤器的最易穿透粒径（MPPS）的最大允许整体穿透率 $P_s = 5 \times 10^{-5}$。因此 $K = \dfrac{P_L}{P_s} = \dfrac{5 \times 10^{-4}}{5 \times 10^{-5}} = 10$。

当上风向气溶胶浓度 $C_c = 70 \mathrm{cm}^{-3}$，扫描检漏探头的宽度 $D_p = 2 \mathrm{cm}$ 时，检测过程中如何判定泄漏与否？

（1）确定预期的表现出泄漏特征的粒子计数数量 N_p，根据 95% 置信限值的表 2-8 可确定粒子计数期值 N_p。

95% 置信限值的观测计数与具有泄漏特征的粒子计数数量　　　　　表 2-8

C_a	0	1	2	3	4	5	6
N_{pa}	≥ 3.7	≥ 5.6	≥ 7.2	≥ 8.8	≥ 10.2	≥ 11.7	≥ 13.1
C_a	7	8	9	10	11	12	13
N_{pa}	≥ 14.4	≥ 15.8	≥ 17.1	≥ 18.4	≥ 19.7	≥ 21.0	≥ 22.3
C_a	14	15	16	17	18	19	20
N_{pa}	≥ 24.8	≥ 26.0	≥ 27.2	≥ 28.4	≥ 29.6	≥ 29.6	≥ 30.8

当观测计数数量大于 20 时，C_a 与 N_{pa} 的关系如下式：

$$C_a = N_{pa} - 2\sqrt{N_{pa}} \qquad (2\text{-}30)$$

如果虚计数可忽略不计，建议选用 $N_p = 3.7$，如果不能忽略不计，则宜选用 $N_p \geqslant 5.6$，本例中选择 $N_p = 3.7$。

（2）计算探头的扫描速度 S_r（cm/s）：

根据式（2-26）可得：

$$S_r \leqslant \frac{F_s \cdot C_c \cdot P_s \cdot K \cdot D_p}{N_p} = \frac{472 \times 2 \times 70 \times 5 \times 10^{-5} \times 10}{3.7} = 8.9 \mathrm{cm/s}$$

一般经验 S_r 不宜高于 8cm/s，本例中按 8cm/s 选用。

（3）计算实际的 N_{pa} 值：

根据式（2-27），得：

$$S_r \leqslant \frac{F_s \cdot D_p \cdot C_c \cdot P_s \cdot K}{N_p} = \frac{F_s \cdot D_p \cdot C_c \cdot P_L}{S_r} = \frac{472 \times 70 \times 5 \times 10^{-4} \times 2}{8.0} = 4.1$$

从表 2-7 可以查到，按 $C_a \leqslant -3.96 + 1.03 N_{pa}$ 的计算结果，当 $N_{pa} = 4.1$ 时，则可接受的观测计数 $C_a = 0$，即可判定无泄漏存在。

（4）如果有大于 C_a 的观测计数，则需停留进行持续探测。

例如选择 $T_r = 6 \mathrm{s}$，则

$$N_{pa} = 472 \times C \times P_L \times T_r = 472 \times 7 \times 5 \times 10^{-4} \times 6 = 99$$

则 C_a 按式（2-29）计算得到：$C_a = 99 - 2\sqrt{99} = 65$。

2.3.3 检漏测试报告

根据用户与供应商、承包商的协议，在测试报告中应将以下内容记录在案：

（1）项目所采用的测试方法及相关标准。

（2）所用各个测量仪器的型号及校准情况。

（3）所检测洁净室的洁净级别及其所处状态。

（4）用户与供应商、承包商一致同意的与标准规定的常规方法不同之处或特殊条件。

（5）上风向气溶胶采样点位置及其测得的浓度与相应测量时间。

（6）计算出上风向气溶胶平均浓度及浓度分布。

（7）采样流量如用离散粒子计数器测量，应注明其粒径档范围。

（8）计算出在下风向测量时的验收标准（参考计算举例）。

（9）报告各规定位置最后测试结果。

如果没有泄漏，则通过测试；如有泄漏，则报告泄漏位置、修理方法以及重新在该位置测试的结果。

2.4 送风的气流目检

气流目检的目的是确认洁净室及相关受控环境中气流的空间与时间特性，以判定工程完工后实际气流状况与用户要求、设计方案是否吻合，对于单向流的环境尤为重要。这也是整个测试程序的组成部分。

为了有效稀释或排走室内空气的悬浮污染物，从而防止室内的污染积累，以维持其所需的洁净度，因此室内合理的气流流型以及充分的气流流动至关重要。

为保证关键区域达到最洁净的水平，其送风直接来自高效过滤器出风口，但设备、照明灯具所产生的热量有可能干扰气流，障碍物会妨碍送风进入关键区；障碍物或工艺设备的外形，可使单向流变成紊流等。通过目检气流的运动状况，可以发现是否存在上述相关情况，可以发现可能在某些部位形成涡流不利于污染物排除。

目前国际、国内相关规范都没有规定计算流体力学（CFD，Computational Fluid Dynamics）作为预测和分析室内气流组织的工具。但随着计算机技术的普及、流体力学计算机软件的进步，未来可能以模拟气流组织的CFD计算结果作为辅助资料，更有目的和重点地进行目检。

2.4.1 气流目检的主要方法

可以用以下三种方法进行气流目检：

（1）示踪线法（tracer thread method）。

（2）示踪剂注入法（tracer injection method）。

（3）用图像处理技术检测气流的方法（airflow visualization method by image processing techniques）。

第（1）、（2）种方法实际上是用置于流场的纤维显示气流踪迹，或运用引入流场的示踪微粒物质作为目检洁净室及相关受控环境中气流的流向，用摄像机、化学膜、磁盘或磁带记录下各不同位置气流的分布图。

目检中所采用的纤维示踪线或示踪微粒应对洁净室无污染，同时能确切地跟随、反映气流的流线。因重力作用，国外认为纤维示踪线法对水平单向流不适用。

第（3）种方法适用于要求量化洁净室或设施内气流速度分布的情况，这种方法是基于示踪粒子的计算机图像处理技术，对检测设备的要求较高。

2.4.2　气流目检的具体操作

无论采用下述何种方法，在检测中都要格外注意防止操作者干扰正在进行勘察的气流。各种方法具体操作如下：

1. 示踪线法

通常把单根尼龙纤维、丝线或塑料薄膜带等轻柔物质固定在支撑杆的尖顶置于气流中或装在处于气流中的细钢丝网格的交叉点处，就可以观察出气流的方向和因干扰引起的波动。为观察方便，清晰较强的照明是必要的。

国家标准《洁净室施工及验收规范》GB 50591—2010 中作了如下规定：

垂直单向流洁净室选择纵、横剖面各一个，以及距地面高度 0.8m、1.5m 的水平面各一个；水平单向流洁净室选择纵剖面和工作区高度水平面各一个，以及距送、回风墙面 0.5m 和房间中心处 3 个横剖面。所有面上的测点间距均为 0.2～1m。

非单向洁净室选择通过代表性送风口中心的纵、横剖面和工作区高度的水平面各 1 个。剖面上测点间距为 0.2～0.5m 水平面上测点间距为 0.5～1m，两个风口之间的中心线上应有测点。

国家标准《洁净室及相关受控环境　第 3 部分：检测方法》GB/T 25915.3—2010 与等同采用的国际标准 ISO 14644-3:2005 对此未给出较具体的规定。

《洁净室检测》（Cleanroom Testing）IEST-RP-CC 006.3—2004 中有如下规定方法可供参考：

（1）将检测区分成 3m×3m（10ft×10ft），或业主规定的其他尺寸网格。

（2）使用带水平支持杆和指针的可调支架，在距支架立杆 0.6～0.9m（2～3 ft）处的横杆上系一根长 1.2m（4 ft）的纤维。

（3）调整支架高度，使纤维下端垂至工作面或稍低，若附近没有可用作基准的工作面，令纤维下端垂至距地面 61～76cm（24～30 in）处。

（4）使用铅垂确定与拴纤维处对应位置的垂直点作为参考点。

（5）设置支架上的指针位置，将指针对准纤维下端，指示偏移方向。

（6）确定纤维端点偏移垂线参考点的距离。

2. 示踪剂注入法

通常采用去离子（DI）水（deionized water）、喷雾法或化学法生成乙醇/正二醇（alcohol/glycol）等材料的示踪粒子，要求示踪剂对环境特别是对表面无污染，同时便于形成合适的粒子尺寸。过小液滴尺寸不利于图像处理技术的图像质量，过大的液滴尺寸又可能在运动过程中，受重力和其他作用力效应的影响而偏离所观测的气流。测试中靠高强度光源在随气流运动的示踪粒子表面形成的反射，以便于测试者用眼睛来观察或用设备形成图像，来判定气流的方向和均匀性。

《洁净室检测》IEST-RP-CC 006.3—2004 中有如下规定方法可供参考：

与采用纤维检测的方法相同，将检测区分成 3m×3m（10ft×10ft），或业主规定的其他尺寸网格。设置气溶胶源时，喷管指向与气流方向一致，喷口位于工作区进风面上的网格中心。气溶胶的生成处应远离喷口。

在出风面上确定一个单向流的参照点。垂直单向流时与采用纤维检测的方法相同，使用铅锤定向，水平单向流时使用水平仪。在喷管出口引出一条与单向流流向平行的直线以确定参照点。在注入气溶胶时应与气流等动力，同时尽可能达到等热力条件。目测程序和方法与示踪线法类似。

若有必要可用摄像机记录气溶胶流线的最大偏移情况。

3. 用图像处理技术检测气流的方法

采用上述示踪剂注入法得到的在摄像机或膜上的粒子图像数据，靠所配置的、有适用接口的计算机和数字处理软件，用计算机记录相关资料，并在屏幕上可观看气流特性，如辅以激光光源等装置可以提高其空间分辨率。

2.4.3 气流测试报告

按照用户与供应商、承包商的协议，在报告中提供以下资料和数据：

（1）测试单位的名称、通信资料，测试人姓名、测试日期。

（2）所测洁净室及相关受控环境的名称及毗邻区域的名称、测试点坐标。

（3）参照的相关标准编号、版本日期，指定的性能标准及洁净室所处状态。

（4）由双方认可的所采用的测试方法与常规方法不同之处或特殊条件。

（5）测试仪器的名称及其校准状态。

（6）测试类型、目检的方法和测试条件。

（7）目检点位置。在所测空间示意图上记录所有网格测点的位置。

（8）记录各测点上的偏移距离，用箭头指出偏移方向。

（9）计算偏移角 θ。θ 的正切值等于理想的直线流偏移距离除以进出风面间的理想直线流的距离。角度 θ 等于其反正切函数。

（10）报告所有超过 14° 的 θ 值。若进出风面垂直距离 120cm（48 in），当偏移距离超过 30cm（12 in）时，则其偏移角 θ 大于 14°。

（11）按规定记录在照片或录像带上的图像采用图像处理技术或速度分布测量时各次测量的原始数据。

2.5 温度与湿度测试

这项测试内容的目的是验证洁净室及相关受控环境的空调系统在被测区域内维持空气温度、湿度指标是否在用户与供应商、承包商事前商定的控制限制范围内。

洁净室及相关受控环境温、湿度测定，通常分为几种情况：一种是工艺对环境的温、湿度并无很严格的要求，满足工作人员的卫生和舒适条件即可；另一种是工艺对环境有恒温、恒湿的需要，不同的工艺所规定的平面或空间允许波动范围或允许精度也不同。所以对温湿度的要求分为两个档次，测试的要求也不同。此外，从项目验收的角度，对环境温湿度的考核又可分为一般测试和综合测试。一般测试适用于竣工验收测试，测试环境通常处在空态或静态；综合测试则适用于动态，用以考核在正常工艺或工作情况下，因工艺设备产热、产湿的情况，对室内温度、湿度及分布状况的综合性能检验测试。这类测试一般适用于对温度、湿度性能要求比较严格的场合。

2.5.1　一般温、湿度测试

此项测试应该在气流均匀性测试完成，空调系统的控制装置调节完成后进行。测试工作应该在空调系统稳定运行的状况下进行。

按国家标准《洁净室施工及验收规范》GB 50591—2010 的具体要求：洁净室及相关受控环境无恒温恒湿要求时，在进行温、湿度测定前，空调系统应已连续运行至少 8h。有恒温恒湿要求时，至少连续运行 12h。

《洁净厂房施工质量验收规范》GB 51110—2015 则要求：温度测试应在洁净室（区）进行调试，气流均匀性测试完成，并在净化空调系统连续运行 24h 以上后进行。

两个标准对开始检测前热湿稳定时间的规定相差较多，笔者认为可能是因为两个标准所服务的对象不同所致。GB 50591—2010 偏重于实验室、洁净手术室等中小面积洁净室及相关受控环境，空调系统及受控环境在系统启动运行后，达到稳定状态的时间相对较短。而 GB 51110—2015 偏重于微电子、精密制造、宇航等高大空间洁净室及相关受控环境，其空调净化系统容量大、线路长，所服务的环境平面布局也可能较复杂，因此受控环境达到稳定状态的时间相对也较长。

除参考上述两个标准的规定外，笔者建议测试人员应根据测试季节、所测环境的建筑构造、空调系统和所测环境的热容量、热惰性等方面因素，予以具体确定。

关于测点位置和数量由用户与供应商、承包商约定，各温度控制区至少要测一点温、湿度，一般布置在以下各处（所有测点宜在同一高度，一般离地面 800mm，也可根据空间大小分别布置在离地面不同的高度的几个平面上，测点距离外窗、外墙表面应大于 500mm）：

（1）送、回风口处。

（2）无恒温要求的系统通常仅在房间中心的位置测试，大面积车间则宜根据空调送风系统布局划分为多个范围，在各区域中心位置测试。

1）恒温工作区内具有代表性的地点，如沿着工艺设备周围布置或等距离布置。

2）温、湿度敏感元件设置处。

测试工作应该至少 1h，至少每 6min 读一次温、湿度，并记录下来。

2.5.2　综合温、湿度测试

此项测试建议在有严格的环境控制要求的场合进行。

该测试应在空调系统已经运转，状况已经稳定至少 1h 后进行。

应该把工作区划分成等面积的格子，格子数量按 ISO 14644-3:2005 规定是由用户与供应商、承包商协定，但至少要有 2 个。

温、湿度测试元件应设置在工作高度，距吊顶、墙和地面不少于 300mm，同时还要适当考虑到热源的存在。按 GB/T 25915.3—2010 及 ISO 14644-3:2005 的规定，测量前空调系统应该至少已运行 1h，测量时间至少 5min，每分钟读一次值并记录下来。

《洁净室施工及验收规范》GB 50591—2010 对室内有温、湿度精度要求时的测点数则作了规定，如表 2-9 所示。

测点数   表 2-9

波动范围	房间面积≤ 50m²	每增加 20～50m²
±0.5～±2℃ ±0.5～±10%RH	5	增加 3～5
≤ 0.5℃ ≤ | 5 | %RH	点间距不应大于 2m，点数不应少于 5 个	

此外，还要求进行较长时间的连续测量，具体规定为：根据对温度和相对湿度波动范围的要求，测量宜连续进行 8～48h，每次测定间隔不大于 30 min。

2.5.3 温度、湿度测试报告

除去与前述测试报告相同的一些常规内容外，还应包括以下内容：
（1）测试仪器操作者姓名或数据采集装置的名称。
（2）测试仪器的名称及其校准状况。
（3）测试类型及测量条件，洁净室或洁净设施所处状态。
（4）测点位置。
（5）按规定所进行各次测量的原始数据。

2.6 密封检漏测试

国家标准《洁净厂房施工质量验收规范》GB 51110 将此项目称之为"密闭性测试"，与 GB/T 25915.3—2010 及 ISO 14644-3：2005 的规定的"密封检漏"（Containment leak test）完全一致。而国内现行其他标准均未正式规定此项检测。ISO 14644-3：2005 指出，特别是对于 ISO 1～5 级的高级别洁净室，此项测试应该有效地进行。

此项测试的目的是测定有无受污染空气从周围具有相同或不同静压的受控区或非受控区侵入到洁净室及相关受控环境，以评估洁净室受周边污染的风险，为采取相应措施提供依据。可采用离散粒子计数器或气溶胶光度计进行此项测试，测试具体方法如下：

2.6.1 使用离散粒子计数器测试污染渗漏

（1）测量紧靠被评估洁净室及相关受控环境外部的粒子浓度。该浓度应该比洁净室浓度高出 10^4 倍，并且其浓度至少等于 $3.5×10^6$ 个待测粒径的粒子，如果浓度小于该值，为保证测试可靠性，应使用气溶胶发生器生成气溶胶，以提高空气中悬浮粒子的浓度。
（2）检查通过施工接缝或裂缝的渗漏情况时，要在洁净室及相关受控环境内，离待测缝隙或啮合面 5～10cm 距离上进行扫描，其扫描速度约为 5cm/s。
（3）在检查敞开门廊处的侵入情况时，应在洁净室内距开敞门口 0.3～3.0m 的距离上测量。

（4）记录并报告较所测得的外部气溶胶粒子浓度大于 10^{-3} 倍的读值。

本测试的测试点数和位置通常由用户与供应商、承包商协商确定。

2.6.2　使用气溶胶光度计测试污染渗漏

按照本章 2.3.1 节在现场检漏高效空气过滤器时，相同的要求在洁净室及相关受控环境处生成足够高浓度的气溶胶，通常达到 0.1% 设定值。超过 0.01% 就表明有渗漏。其他现场操作方法同 2.3 节中的描述。

记录并报告所有超过气溶胶光度计 0.01% 标度的读数。

2.6.3　隔离检漏测试报告

除去测试报告常规的各项内容外，应特别报告：

（1）数据采集方法及相关细节。

（2）测量点的位置。

（3）测量工作在洁净室所处何种状态下进行。

2.7　噪声、微振动与照度的测试

由于洁净室及相关受控环境对排除室内污染物的高要求，因此较一般空调房间的通风换气量要大很多。ISO 1～ISO 5 级等高级别洁净室的通风换气次数，甚至高达几百次之多，是普通舒适性空调房间换气次数的几十倍。正因为需要很大的通风换气量，从节省驱动能耗及送回风管路沿程的热损耗出发，往往要尽可能拉近与机房的距离。这也正是近年来广泛采用装置在洁净室及相关受控环境空间内，以自循环方式净化空气的风机过滤器机组（FFU，Fan-Filter Unit）盛行的原因之一。但这样一来，由于室内环境装置大量的风机过滤器机组，机械设备运转造成的振动与噪声，以及空调净化系统较高的静压值及系统中气流引起的噪声与微振动等，都较一般空调系统更为突出。因此洁净室及相关受控环境的背景噪声与微振动成为其性能的关注目标之一。洁净室及相关受控环境内，一般的生产操作和设备都十分精细，过高的噪声与微振动将影响工作效率及产品成品率。

《洁净室设计要素》IEST-RP-CC 012.2—2007 中指出：噪声不仅影响语言交流和舒适性，还会干扰洁净室中设备的运行。扫描电镜（SEM）、透射电镜（TEM）、扫描探针显微镜（SPM）、原子力显微镜（AFM）等测量设备，对噪声特别敏感，应避免在噪声大的洁净室环境中使用这些设备。

IEST-RP-CC 012.2—2007 中指出：洁净室内往往装有对振动敏感的设备和工艺，特别是对支撑设备的楼板的振动敏感。对振动敏感的设备包括：电子和光学显微设备、光刻设备、探针系统、测微天平以及其他的微计量系统。此外，步进扫描投影光刻机（扫描仪）、光掩膜图形生成仪等设备对设备基础的振动限制更加严格。

还特别指出：由于仪器对包括振动和噪声在内的环境污染越来越敏感，设计应具有某种灵活性，以适应将来仪器的要求。

由此也可见噪声、微振检测工作的重要性。

同样，多数洁净室及相关受控环境对照度也有较高要求，这也与其产品与工艺的细微有关。

2.7.1 相关的标准与规定

洁净室的噪声、微振动与照度相关国际规范，例如在 ISO 14644 等国际标准中均未作具体要求，而是根据用户与供应商、承包商依照其他相关标准协商一致的办法在合同中规定。在工程竣工时依合同规定进行检验。

1. 洁净室内的噪声声级

国家标准《洁净厂房设计规范》GB 50073—2013 对噪声的限制值规定如下：

洁净室处于"空态"状况时，非单向流洁净室不应大于 60dB（A），单向流、混合流洁净室不应大于 65dB（A）。各频带声级不宜大于表 2-10 中的规定。

噪声频谱限制值（空态） 表 2-10

倍频程声压级［dB（A）］ 中心频率（Hz） 洁净室分类	63	125	250	500	1000	2000	4000	8000
非单向流	79	70	63	58	55	52	50	40
单向流、混合流	83	74	68	63	60	57	55	54

《洁净室设计要素》IEST-RP-CC 012.2—2007 中，仅对 ISO 3 和 ISO 5 级洁净室给予建议，所选噪声标准宜为噪声曲线 NC 55～NC 65。

2. 洁净室的容许振动值

应由所设置精密设备、精密仪器、仪表的设备制造厂商和生产工艺部门提供，当用户和相关部门不能提供容许振动值，国家标准 GB 50073—2013 建议，可参照《隔振设计规范》GBJ 22 执行。具体指标在检测工作开展之前仍需与用户及供应商、承包商确定。

3. 洁净室的照度

国家标准 GB 50073—2013 对洁净室的照度有如下规定：无采光窗的洁净室（区）的生产用房间的一般照明的照度值，宜为 200～500Lx，辅助用房、人员净化和物料净化用室、气闸室、走廊等宜为 150～300 Lx。洁净室内一般照明的不均匀度不应小于 0.7。

《洁净室设计要素》IEST-RP-CC 012.2—2007 中建议：为防止眩光和眼睛疲劳，洁净室工作高度的照度一般应保持在 770～880 Lx（70～80 烛光），并具有均匀性。

国内外标准关于照度的要求相差较大，与日常生活习惯多少有些关系。国内标准可能未包括在洁净室内进行精细操作时需要额外的补充照明在内。

2.7.2 噪声、微振动与照度的检测

1. 噪声测试

按照国家标准《洁净室施工及验收规范》GB 50591—2015 的规定，洁净室面积在 15m² 以下时，可在房间中心位置测量房间噪声，大于 15m² 时，一般按 5 个测点采样，除房间两对角线相交的房间中心位置外，另在房间四角对角线上对称的选取 4 点，距侧墙各 1m。测点高度一般距地面 1.1m。

一般采用带倍频程分析的声级计在规定位置测定噪声，通常仅测 A 声级（A-Weighted sound level）的数值，必要时测倍频程（Octave Band）声压级。

对于噪声有更严格要求的场所，需要测定噪声标准曲线 NC（Noise Criterion Curves）或房间标准曲线 RC（Room Criterion Curves），可参考 NEBB 所编写的《洁净室评价测试的学习课程》（Study Course for Certified Testing of Cleanrooms）第 11 章 D 节 "声音与振动测试"（Lesson 11D，Sound and Vibration Tests）。

2. 微振动测试

微振动测试专业性较强，与工艺关系密切，不同的设备与工艺又千差万别，此项测试需要与设备及工艺操作人员密切配合进行。

国内标准建议测点选在房间中心地面和认为有必要测试振动的位置和地面上，各壁板装配式洁净室则为每个独立壁板表面的中心处。

应分别测出室内全部空调净化设备处于正常运转和停止运转两种情况下 X、Y、Z，即长轴、横向和垂直轴三个方向上的振幅值，并应特别注意测定同转动设备的转速相对应频率下的振幅。

选用振动分析计测定微振时，要注意其检测精度能否满足测试要求。

3. 照度测试

室内照度必须在室温已趋稳定，光源光输出趋于稳定的条件下进行，一般要求新安日光灯已有 100h，新安白炽灯已有 10h 使用期；旧日光灯必须点亮 15min，旧白炽灯已点燃 5 min 后进行测试。

一般规定洁净室照度只测特殊照明除外的一般照明，国内标准规定，测点平面离地面 0.8m，按 1～2m 间距布置测点离墙面 0.5～1.0m。

NEBB 要求将房间划分为 0.6m（2 英尺）见方的小面积，在离地面 760mm（30 英寸）的中心位置测照度关于照度平均值的获得还有一系列规定与方法。详见 NEBB 的《洁净室评价测试的学习课程》第 11 章 C。

2.8　静电测试

洁净室内往往存在着不容忽视的静电危害，是导致电子器件、电子仪器和设备损坏或性能下降的重要因素之一，对芯片制造影响尤为严重。此外还是洁净室在生产过程中有易燃易爆气体或粉尘产生导致爆炸、火灾的元凶以及存在电击伤人的隐患，洁净室静电对尘埃的吸附效应也造成生产环境和产品各个壁面的尘埃聚集影响洁净室的环境和产品被污染。

2.8.1　相关的规范规定

洁净室相关规范对静电防护问题从设计到运行都有具体的规定。例如，洁净室设施应该选用那些既不会产生也不能蓄积大量静电的建筑材料，为保护对静电敏感的设备、器件，地面电阻应该在 $R_E = 10^4\Omega \sim 10^7\Omega$ 范围内，表面聚集电荷的限定值应小于 2kV 等。

国家标准《洁净厂房设计规范》GB 50073—2013 规定：洁净室地面层应具有导电性能并应保持长时间稳定，其地面表层应采用静电耗散性材料，其表面电阻应为 $1.0 \times 10^5 \sim$

$1.0\times10^{12}\Omega$ 或体积电阻率为 $1.0\times10^{4}\sim1.0\times10^{11}\Omega\cdot cm$。地面应设有导电泄放措施和接地构造,其对地泄放电阻应为 $1.0\times10^{5}\sim1.0\times10^{9}\Omega$ 等。不同标准在具体限值的数量上或略有差异,测试前宜与业主商定达标的限值。

2.8.2　静电测试方法

静电测试通常包括两部分内容:一是静电测试本身,其目的是掌握产品表面上的静电电荷和地面、工作台面或其他设施的静电电压的耗散率(Static-dissipative property);二是离子生成器测试(ion generator test),其目的是通过监测器测量初始充电的放电时间,和通过测定隔开来的监测板的补偿电压来评估其性能。上述两部分测量结果都能反映清除或中和静电荷的效率和产生的正负离子量间的不稳定性。

1. 表面电压水平的测量

通常采用静电压计(electrostatic voltmeter)或场强计(electrostatic field meter)测定设备和产品表面的正负静电荷,具体方法是把静电电压计或场强计的输出调节为0,按仪器说明书规定,让探测器面朝接地的金属板,探测头保持使测孔平行于所规定的某个距离处放置的板,记录静电压计的读值。

2. 静电耗散性的测量

通过测量表面上不同位置之间的电阻——表面电阻和表面和地面之间的电阻——漏电电阻来评定静电耗散特性。一般采用高阻欧姆计(high resistance ohm meter)来测量。

采用有足够重量和尺寸适当的电极来测量表面电阻和漏电电阻。测量表面电阻时,要注意电极位置与表面保持正确的距离。

3. 离子生成器测试

本项测试的目的是用以评估双级离子生成器的性能,测试内容为测试放电时间(discharge time)和补偿电压(offset voltage),放电时间将用以计算离子生成器消除电荷的效率,补偿电压将用以评估在离子生成器生成的离子化气体中正负离子的饿不稳定性。离子的不稳定性会造成不利的残余电压。

测量工作由称之为"充电板监测器"(charged plate monitor)的设备完成,该设备由导电监测板、静电电压计、计时器和电源等构成。

4. 放电时间的测量

采用已知电容,例如20pF的绝缘导电板(isolated conductive plates)作为监测板,开始时用电源给监测板充电并达到已知的正或负电压,随后将监测板暴露在被评估的双级离子生成器离子化的气体中,用静电电压计测量板上的静电荷,同时以计时器配合测量板上电压随时间的变化。

放电时间的定义是监测板上的静电荷减少到100%初始电压所需的时间。由用户和供应商协商确定作为验收标准的测试点的位置和测定结果。

5. 补偿电压的测量

采用类似的监测板装在绝缘器上,用静电电压计监测绝缘板上的电荷,以测量补偿电压。

开始时,将板接地去除残余电压,确认板上的电压为0,随后把板暴露在离子化的气体中,直到电压计的指示值达到稳定为止,该值即为所测的补偿电压。

至于离子生成器的允许补偿电压取决于工作区的物体对静电荷的敏感性，所以允许的补偿电压应由用户与供应商协商确定。

6. 测试报告

测试报告需要包括的内容应有：

（1）仪器使用者或数据收集设备的名称；

（2）测试仪器的名称及其校准状态；

（3）测试和测量类型和测量条件；

（4）温度、湿度和环境数据；

（5）测点位置；

（6）洁净室所处的状态。

2.9　隔离测试（B.11）

如前所述，2019 年 8 月颁发的 ISO 14644-3：2019 修订版，正式列入了此项测试。虽然目前国内标准尚无此项测试，估计将来也会相应增添此项目。现按该标准 B.11 的原文，将其内容粗略翻译如下，供需用者参考。

2.9.1　总则（B.11.1）

该测试叙述了对于特定的隔离气流，评估其保护效果所需的程序和设备。可在级别较高的区域或因特殊目的有别于周围区域的门道或整个周边进行测试。测量在级别较低的区域生成的空气悬浮气溶胶量，将其作为参考浓度以计算穿过被保护区域周边的颗粒浓度。此项测试可沿周边的各个选定位置进行。在进行该测试之前，应先按照粒子测试对周围以及保护区的空气分级，以确定粒子浓度水平基线。用以测试的粒子浓度应足以评估保护因子。可以进行气流方向测试和可视化，以了解被保护区域周边。

2.9.2　程序（B.11.2）

1. 参考浓度的生成（B.11.2.1）

为了测试周边的保护气流，应生成足够数量的颗粒物。所推荐的试验气溶胶粒子，如 C.5.3 所述。其平均粒径应大于或等于 0.5μm。除非客户和供应商之间同意其他替代尺寸。

应满足以下几点：

（1）依照约定，验证所有洁净室系统是否在议定的占用状态正常运行；

（2）创建试验浓度，应基于待验证的保护作用所预期的粒子浓度计算实验粒子的数量。此预期浓度至少应以被验证点基线的 10 倍计。

2. 设备尺寸（B.11.2.2）

应确定测试设备的几何形状。保护区内的探头不应超过距所确定的空气屏障 0.1 m 以上。在较低级别区域的测试浓度探头，距所确定的空气屏障（气溶胶发生器与空气屏障之间）的距离不应超过 1 m。气溶胶发生器应位于测试浓度探头 1～1.5 m 处。确定保护效果的位置和数量，取决于保护区的周长、形式，以及客户和供应商之间的协议。

3. 测量程序（B.11.2.3）

（1）采样时间应根据 ISO 14644-1：2015 的 A.4.4 确定。

（2）在空气屏障的较低级别的一侧开始生成颗粒，以确保离开测试设备的实验动量不会超过空气屏障。

（3）记录各个探头在较低级别区域内的颗粒浓度，最少 3 个。应各测量 1min。注意测量高浓度时可能需要稀释装置。

（4）记录每个探头在保护区域中的颗粒浓度，最少 3 个，应各测量 1min。

4. 计算保护指数（B.11.2.4）

保护指数用式（2-31）（B.16）计算：

$$PIX = -\log(CX/CRef) \qquad (2\text{-}31)(B.16)$$

式中　$CRef$——≥ 0.5μm 颗粒的参考颗粒浓度，以 p/m³ 表示（实验浓度）最接近的粒子计数器的参考浓度（指导值：> $5\times10^6/m^3$）；

　　　CX——颗粒在测量点 x 处的 ≥ 0.5μm 平均颗粒浓度，p/m³；

　　　PIX——保护指数。

2.9.3　测试报告（B.11.3）

根据客户与供应商之间的协议，应按以下 5 条将信息和数据进行记录：

（1）所指定使用的每种测量仪器的类型及其校准状态；

（2）数据采集技术；

（3）测量点位置；

（4）占用状态；

（5）测量结果。

复习思考题

1. 为什么说室内送回气流流型对洁净室及相关受控环境格外重要？
2. 国际与国内标准对测定单向流洁净室断面风速的测点数目都有何规定？
3. 如何在矩形风道上测定风量？应该注意哪些问题？
4. 在圆形管道上测定风量时，采用什么方法布置测点？
5. 测得均布于某断面多点的动压值后，如何计算该断面平均风速？
6. 何谓气流速度的均匀性或相对标准偏差？国内、国外对此有何规定？
7. 通风系统通过何种方法来维持某空间相对于周围的正压或负压？
8. 某空间与外界仅有一个连通孔口，当保持室内、外 ΔP 压差时，流过该孔口的风量是多少？
9. 为什么高效过滤器安装后应予检漏？
10. 对被检漏高效过滤器上风向所注入的人工气溶胶有哪些要求？
11. 高效过滤器扫描检漏探头及其扫描速度应符合哪些规定？
12. 对高效过滤器进行扫描检漏时应注意哪些问题？
13. 对安装在管道等中的高效过滤器机组进行整体检漏时应注意哪些问题？

14. 有哪些种气流目检方法？气流流型的测点如何布置？

15. 温、湿度测试时有哪些相应规定？

16. 测定污染渗漏的方法和注意的问题是什么？

17. 如何测试洁净室噪声、照度？有哪些注意事项？

18. 洁净室静电测试一般包括哪些项目？

19. 什么是隔离测试？应如何操作？

20. 洁净室检测报告通常应该包含哪些相关条目和内容？

第3章 空气中悬浮粒子的测试

对于洁净室及相关受控环境来说，空气中悬浮粒子的测试无疑是最重要的检测项目，所以本书将其与其他的一般测试项目分列，独立成章。测定洁净室及相关受控环境空气中粒径分布在 0.1～5.0μm 范围内的悬浮粒子浓度，其目的无外乎是：对洁净室及相关受控环境或洁净设备进行检验（Certify）或验证（Verify）。国际标准《洁净室及相关受控环境 第 1 部分：按粒子浓度划分空气洁净度等级》（Classification of air cleanliness by particle concentration）ISO 14644-1:2015，规定了判断洁净环境所属洁净等级的具体标准和检验方法。国际标准《洁净室及相关受控环境 第 2 部分：按粒子浓度监测洁净室空气洁净度》（Monitoring to cleanroom air cleanliness by particle concentration）ISO 14644-2:2015，规定了对洁净环境运行状态进行定期监测（periodic measurement），以验证该环境持续符合规定的洁净状态。至于测试状态则根据需要和洁净室及相关受控环境实际占用情况决定，可能是空态、静态和动态中的任何一种。

现行国家标准《洁净厂房设计规范》GB 50073—2013，及《洁净室及相关受控环境 第 2 部分：空气洁净度等级》GB/T 25915.1—2010（等同采用 ISO 14644-1:1999《空气洁净度等级》，Classification of air cleanliness）、《证明持续符合 GB/T 25915.1 的检测与监测条件》GB/T 25915.2—2010（等同采用 ISO 14644-1:2000《证明持续符合 ISO 14644-1 的检测与监测条件》，Specifications for testing and monitoring to prove continued with ISO 14644-1）等，与上述的国际标准新版本的主要准则基本上是一致的。但 ISO 14644-1:2015 和 ISO 14644-2:2015 这两个新版本，从标题到一些内容细节都有所变更。修订的用意既是总结过往 10 多年执行本标准的经验，也是适应科技进步的需要。

本章将对新版本的修订内容予以述评，在国内现行标准未做出相应修订前，供读者参考。同时本章仍然保留目前国家标准的相关规定与方法，以便读者近期引用。

3.1 空气洁净度等级

《空气洁净度等级》ISO 14644-1:2015 对其适用范围界定为："本标准规定了按洁净室、洁净区、隔离装置（净化空气工作台、手套箱、隔离器和微环境）中空气悬浮粒子的浓度，划分其空气洁净度等级。"其目的是为设计、选用和运行管理的需要提供科学依据。

3.1.1 现行国家标准

现行国家标准《洁净厂房设计规范》GB 50073—2013，及《洁净室及相关受控环境 第 1 部分：空气洁净度等级》GB/T 25915.1—2010 所规定的空气洁净度等级，等同采用 ISO 14644-1:1999 标准，如表 3-1 所列。所以，与表 3-2 所列的 ISO 14644-1:1999 的规定是完全一致的。

洁净室及洁净区空气悬浮粒子洁净度等级（GB 50073—2013）　　表 3-1

空气洁净度等级（N）	大于或等于表中粒径的最大浓度限值（pc/m³）					
	0.1μm	0.2μm	0.3μm	0.5μm	1μm	5μm
1	10	2				
2	100	24	10	4		
3	1000	237	102	35	8	
4	10000	2370	1020	352	83	
5	100000	23700	10200	3520	832	29
6	1000000	237000	102000	35200	8320	293
7				352000	83200	2930
8				3520000	832000	29300
9				35200000	8320000	293000

注：1. 每个采样点应至少采样 3 次。
　　2. 本标准不适用于表征悬浮粒子的物理性、化学性、放射性及生命性。
　　3. 根据工艺要求确定 1～2 种粒径。
　　4. 各种要求粒径 D 的粒子最大允许浓度 C_n 由式（3-1）确定。

$$C_n = 10^N \left[\frac{0.1}{D}\right]^{2.08}\qquad(3-1)$$

式中　C_n——大于或等于要求粒径的最大允许浓度，pc/m³，C_n 是以四舍五入至相近的整数，有效位数不超过 3 位数；

　　　　N——洁净度等级，数字不超出 9，洁净度等级整数之间的中间数可以按 0.1 为最小允许递增量，即 1.1 级至 8.9 级；

　　　　D——要求的粒径，μm；

　　　　0.1 常数，其量纲为 μm。

洁净室及洁净区空气洁净度 ISO 等级（ISO 14644-1∶1999）　　表 3-2

ISO 等级序数（N）	大于或等于表中所示粒径的粒子最大浓度限值（pc/m³）					
	0.1μm	0.2μm	0.3μm	0.5μm	1μm	5μm
ISO 1 级	10	2				
ISO 2 级	100	24	10	4		
ISO 3 级	1000	237	102	35	8	
ISO 4 级	10000	2370	1020	352	83	
ISO 5 级	100000	23700	10200	3520	832	29
ISO 6 级	1000000	237000	102000	35200	8320	293
ISO 7 级				352000	83200	2930

续表

ISO 等级序数 （N）	大于或等于表中所示粒径的粒子最大浓度限值（pc/m³）					
	0.1μm	0.2μm	0.3μm	0.5μm	1μm	5μm
ISO 8 级				3520000	832000	29300
ISO 9 级				35200000	8320000	293000

注：由于涉及测量过程的不确定性，故要求用不超过 3 个有效的浓度数字来确定等级水平。

3.1.2 国际新标准

《洁净室及相关受控环境 第 1 部分：空气洁净度等级》ISO 14644-1：1999 问世十多年来，从全球多国广泛使用反馈的经验来看，特别是在高级别洁净环境的检测效率等方面普遍认为有待改善。为此，洁净室及相关受控环境标准化技术委员会（ISO /TC 209）的专家们进行了较深入的探讨，对原有版本做出了一些重要修订。修订后的新版本《洁净室及相关受控环境 第 1 部分：按粒子浓度划分空气洁净度等级》ISO 14644-1：2015 中关于空气洁净度等级的表述如表 3-3 所列。

按粒子浓度划分的空气洁净度 ISO 等级（ISO 14644-1：2015） 表 3-3

ISO 等级序数 （N）	大于或等于表中所示粒径的粒子最大浓度限值 [a]（pc/m³）					
	0.1μm	0.2μm	0.3μm	0.5μm	1μm	5μm
ISO 1 级	10[b]	[d]	[d]	[d]	[d]	[e]
ISO 2 级	100	24[b]	10[b]	[d]	[d]	[e]
ISO 3 级	1000	237	102	35[b]	[d]	[e]
ISO 4 级	10000	2370	1020	352	83[b]	[d, e, f]
ISO 5 级	100000	23700	10200	3520	832	29
ISO 6 级	1000000	237000	102000	35200	8320	293
ISO 7 级	[c]	[c]	[c]	352000	83200	2930
ISO 8 级	[c]	[c]	[c]	3520000	832000	29300
ISO 9 级 [g]	[c]	[c]	[c]	35200000	8320000	293000

a 表中的浓度值都是累积值。例如，ISO 5 级，0.3μm 挡的最大浓度限值 10200pc/m³，是指包含所有粒径大于等于 0.3μm 粒径的粒子。

b 该浓度值需要大量空气采样，可以使用序贯采样法（序贯采样法适合于空气洁净度期望达到 ISO 4 级或更洁净的环境。对于以很低的粒子浓度限值进行洁净度分级的洁净受控环境，采用序贯采样法虽然能减少采样量和采样时间，但是序贯采样法也有其局限——每次采样测量要求借助计算机，自动进行辅以监测和数量分析；此外，由于减少了采样量，对粒子浓度的测定不如常规采样法精确）。更多资料见《用于洁净室和洁净区空气粒子洁净度分级的序贯采样方案》IEST-G-CC1004—1999。

c 表格的这一区域，因相应粒径的粒子浓度太高，浓度限值不适用。

d 受采样和统计方法的制约，在粒子浓度低时不适用于分级。

e 因采样系统可能发生对粒径大于 1μm 的低浓度粒子的损耗，此粒径不适合分级之用。

f 为在 ISO 5 级中表述此粒径，可采用大粒子 M 描述符，但至少要结合另一个粒径一起使用。用 LSAPC（光散射空气悬浮粒子计数器，Light Scattering Airborne Particle Counter）测量粒径≥5μm 悬浮粒子浓度为 29 pc/m³，其表达形式为"ISO M（29；≥5μm）；LSAPC"。
用 LSAPC 测量粒径≥5μm 悬浮粒子浓度为 20 pc/m³，其表达形式为"ISO M（20；≥5μm）；LSAPC"。

g 该级别只适用于动态。

3.1.3　国际标准 ISO 14644-1 新旧版本的异同

如前所述，国内关于空气洁净度等级的现行标准，是与 ISO 14644-1:1999 相一致的。所以表 3-2 和表 3-3 的对照，不仅是 ISO 14644-1 的 1999 年的旧版本与 2015 年的新版本的比较，同样也反映了国内现行标准与国际新标准 ISO 14644-1:2015 的异同。ISO 14644-1 的 1999 年旧版本与 2015 年新版本在空气洁净度等级方面的主要异同如下：

（1）新、旧版的洁净度等级 N，数字都不超出 9，但 ISO 14644-1:1999 规定整数等级之间的中间数，可以按 0.1 为最小允许递增量［见式（3-1）］。即洁净度的非整数中间等级可从 1.1 级连续递增至 8.9 级，连同 1～9 的整数等级，共可划分出多达 91 个洁净等级。实践证明，无论从实际运用中是否需要，还是能否以技术措施对这么多等级予以区别，以及实际测量中还可能在数字上存在不确定等方面来衡量，完全没有必要划分这么多个洁净等级。为此 ISO 14644-1:2015 规定：非整数的洁净等级，其允许递增量为 0.5。即非整数等级连同整数等级较 ISO 14644-1:1999 大为减少，总共只有 17 个空气洁净等级。新版本的非整数空气洁净等级如表 3-4 所列。

按粒子浓度划分的非整数空气洁净度 ISO 等级（ISO 14644-1:2015）　　表 3-4

ISO 等级序数（N）	大于或等于表中所示粒径的粒子最大浓度限值 a（pc/m³）					
	0.1μm	0.2μm	0.3μm	0.5μm	1μm	5μm
ISO 1.5 级	32[b]	d	d	d	d	e
ISO 2.5 级	316	75[b]	32[b]	d	d	e
ISO 3.5 级	3160	748	322	111[b]	d	e
ISO 4.5 级	31600	7480	3220	1110	263[b]	e
ISO 5.5 级	316000	74800	32200	11100	2630	e
ISO 6.5 级	3160000	748000	322000	111000	26300	925
ISO 7.5 级	c	c	c	1110000	263000	9250
ISO 8.5 级	c	c	c	11100000	2630000	92500

注：表中注释与表 3-2 相同。

（2）新版本在空气洁净等级整数级别的划分上，与旧版本一致，各相应级别关注粒径的最大允许浓度都按式（3-1）计算。所以，ISO 14644-1 整数级别的空气洁净度等级限值图，新旧版本完全相同。如图 3-1 所示。

（3）ISO 14644-1:2015 明确说明本标准不适用于表征空气悬浮粒子的物理性、化学性、放射性、活性或其他特性。明确规定本标准不涉及 0.1～5μm 粒径范围以外粒子群体的分级。小于 0.1μm 的超微粒子归属于纳米尺度范围，已经考虑另制订相关标准。原在 ISO 14644-1:1999 中可用 U 描述符引述超微粒子，在 ISO 14644-1:2015 中已被取消，但大于 5μm 粒径的大粒子的总体量化，与 14644-1:1999 相同，仍用 M 描述符表示。

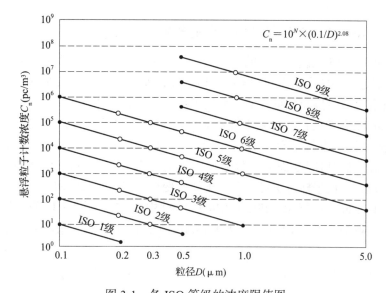

图 3-1　各 ISO 等级的浓度限值图

注：1.C_n表示大于或等于所选粒径的悬浮粒子最大允许浓度（p/m³）；

N 表示规定的 ISO 级别数字。

表 3-4 所列 ISO 14644-1：2015 标准规定的非整数级别，可以平行线形式插入相应的相邻级别线之间。

（4）值得特别关注的是，表 3-3 和表 3-4 中 ISO 14644-1：2015 所给出的注释 d。该注释指出：对于这些高级别的洁净环境，在表格中注释有 d 的相应粒径因受采样和统计方法的制约，在粒子浓度低时不适用于分级。例如，ISO 1 级其 0.2μm 档，ISO 14644-1：1999 规定其最大允许浓度限值为 2 pc/m³；又如，ISO 2 级，其 0.5μm 档，ISO 14644-1：1999 规定其最大允许浓度限值为 4 pc/m³。但在 ISO 14644-1：2015 中，均认为上述粒径所相应的允许粒子浓度偏低，不宜作为该级别分级的依据。也就是说，在表格中注释有 d 的相应粒径，不适用于该级别定级。这样一来，ISO 1 级应以 0.1μm 的最大允许浓度限值为 10 pc/m³ 判定级别；ISO 2 级应以 0.3μm 的最大允许浓度限值为 10 pc/m³ 判定级别。验证测试时每一测点的最小单次采样量，ISO 1 级从 10000L 减少为 2000L；ISO 2 级从 5000L 减少为 2000L。单次采样所需时间分别缩短了 5 倍和 2.5 倍，有利于提高检测效率。

（5）ISO 14644-1：2015 规定了不同于 ISO 14644-1：1999 的测试采样点数的确定方法。但要求至少有 90% 的所划分的洁净环境的测试网格面积，其空气悬浮粒子的浓度，不超过规定的空气洁净度等级的允许浓度限值。那么，所得出的测试结果其置信度为 95%，也就是说，取消了 ISO 14644-1：1999 所规定的当采样点少于 10 个时，需要计算 95% 置信上限 UCL（upper confidence limit）的办法。

3.2　采样点数量及位置

为科学判定洁净环境的空气洁净度级别，其测点及位置至关重要。采样点的数量应该满足统计学的要求，以保证测试结果的可信性，又希望采样点不宜过多以至影响测试效率。

3.2.1　ISO 14644-1:2015 有关采样点的规定

ISO 14644-1:2015 在证实等级的检测方法中有关采样点位置及数量方面与 ISO 14644-1:1999 有较大变动。按照 ISO 14644-1:2015 在引言中的说法，本版最显著的变化是对采样位置的选择和在数量以及数据评估中采用了更加一致的统计方法。

ISO 14644-1:2015 又指出：要求在有限样本中无重复的采样，并应该允许每一个采样点可以单独对待，也就是至少可以在 95% 的置信水平上独立处理，而在 ISO 14644-1:1999 中强调的是"房间断面粒子数遵循同样的正态分布"的假设。ISO 14644-1:2015 则不再做此假设，以便采样方法可用于粒子数量变化形态更复杂的房间。

ISO 14644-1:2015 还指出：ISO 14644-1:1999 中的 95% 置信上限的应用，既不恰当也不一致。因此取消了 ISO 14644-1:1999 中测点数不足 10 个时，采用 95% 置信上限的计算方法。

与 ISO 14644-1:1999 所规定的按洁净室或洁净区面积（A），以公式 $\sqrt{A}$ 计算最少采样点数的方法不同，ISO 14644-1:2015 在附录 A 表 A.1 直接给定了以采样模型技术实际应用为依据的最小采样点数，如表 3-5 所示。

ISO 14644-1:2015 空气洁净度测试采样点数目与洁净室面积的关系　　表 3-5

洁净室面积（m²） （小于或等于）	最小采样点数（N_L）	洁净室面积（m²） （小于或等于）	最小采样点数（N_L）
2	1	76	15
4	2	104	16
6	3	108	17
8	4	116	18
10	5	148	19
24	6	156	20
28	7	192	21
32	8	232	22
36	9	276	23
52	10	352	24
56	11	436	25
64	12	636	26
68	13	1000	27
72	14	> 1000	见式（3-2）

ISO 14644-1:2015 表 A.1 仅列出了洁净室面积 1000m² 以下的最小采样点数，依照其规定大于 1000m² 时，则按照以下公式计算：

$$N_L = 27 \times \left(\frac{A}{1000} \right) \tag{3-2}$$

式中 N_L——待测的最少采样点数，向下进位取整数；

  A——洁净室的面积，m^2。

3.2.2 ISO 14644-1 新旧标准有关采样点的规定比较

笔者依据 ISO 14644-1:1999 与 ISO 14644-1:2015 有关最小采样点数的不同规定，将两个版本不同洁净室面积的最小采样点数，分别绘制在双对数坐标纸上予以比较，如图 3-2 所示。

按照 ISO 14644-1:2015 所给出的式（3-2），计算所得的洁净室面积大于 $1000m^2$ 时的最少采样点数，与按 ISO 14644-1:1999 所规定的相应最少采样点数对比情况如表 3-6 所列。

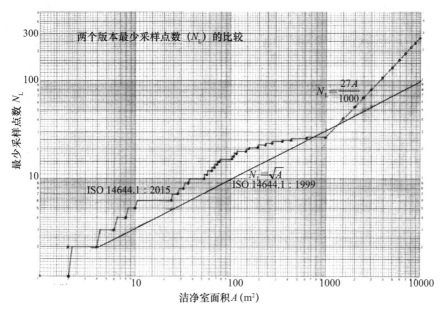

图 3-2 ISO 14644-1:2015 与 ISO 14644-1:1999 所规定按洁净室面积的最少采样点数的比较

洁净室面积大于 $1000m^2$ 时，新旧最少采样点数的不同规定   表 3-6

洁净室面积（m^2）	ISO 14644-1:2015	ISO 14644-1:1999
1500	41	39
2000	54	45
2500	68	50
3000	81	55
5000	135	71
8000	216	89
10000	270	100

洁净室面积大于 $1000m^2$ 时，ISO 14644-1:1999 与 ISO 14644-1:2015 的最少采样点的

比值为：

$$\frac{(N_L)_{1999}}{(N_L)_{2015}}=\frac{\sqrt{A}}{27\times\left(\dfrac{A}{1000}\right)}=\frac{37}{\sqrt{A}} \tag{3-3}$$

当 $A = 1372\text{m}^2$ 时，$\dfrac{(N_L)_{1999}}{(N_L)_{2015}}=1$

也就是说，新旧两个不同规定的版本在洁净室面积约为 1372m^2 时最少采样点数都是 37 个。当洁净室面积大于该值后，ISO 14644-1:2015 的最少采样点数将较 ISO 14644-1:1999 逐渐增多，并且增幅显著。

由表 3-5（即 ISO 14644-1:2015 附录 A 中的表 A.1）可以看到，当洁净室面积约小于 650m^2 时，除去 6m^2 以下的洁净室（区）外，ISO 14644-1:2015 所规定的最少采样点数均多于 ISO 14644-1:1999，而洁净室面积在 $650\text{ m}^2 < A < 1372\text{ m}^2$ 区间内，ISO 14644-1:2015 规定的最少采样点数又少于 ISO 14644-1:1999。

作者依据 ISO 14644-1:1999 与 ISO 14644-1:2015 有关最小采样点数的不同规定，将两个版本不同洁净室面积的最小采样点数，分别绘制在双对数坐标纸上予以比较。

按照新旧两个版本最少采样点数随洁净室面积变化的不同规定，绘制在以洁净室面积为横坐标，以最少采样点数为纵坐标的双对数坐标图上，如图 3-2 所示。

图 3-2 中的实线显示了 ISO 14644-1:1999 所规定的最少采样点数，$N_L=\sqrt{A}$ 的走势，采样点数只可能是整数值，因此，随洁净室面积不同，按 $N_L=\sqrt{A}$ 的计算结果取整数后，图中的实线实际是锯齿形的。图中断续的折线当 $A < 1000\text{m}^2$ 时是按表 3-5（见 ISO 14644-1:2015 附录 A）所给定的最少采样点数绘制，折线上的圆点即为 ISO 14644-1:2015 的给定值。$A > 1000\text{m}^2$ 时是按 ISO 14644-1:2015 给定的公式［式（3-2）］计算结果绘制。

如前所述，在双对数坐标图上，$N_L=\sqrt{A}$ 的直线与折线在 $A = 632\text{ m}^2$ 和 $A = 1372\text{ m}^2$ 两处相交，除去洁净室面积在 $A = 632\text{ m}^2$ 至 $A = 1372\text{ m}^2$ 范围内 ISO 14644-1:2015 所规定的最少采样点数少于 ISO 14644-1:1999 外，其他面积时均多于 ISO 14644-1:1999。

针对上述情况，讨论如下：

（1）以图 3-2 显示的 N_L 随 A 变化的折线来看，ISO 14644-1:2015 所规定的洁净室验证检测，随洁净室面积不同的最少采样点数的确定方法可能存在缺陷。从多次参与 ISO 14644-1 修订方案讨论的中国专家处获知，主持这部分内容修订的英国学者高登是位制药行业专家，可能根据自身的工作经历，主要关注点放在较小面积的洁净室上。在小面积的采样方面作了较多统计分析探讨，对于面积通常在数百以至几千上万平方米电子洁净厂房，他自己表示接触较少、关注不够。这或许是 ISO 14644-1:2015 在这部分内容上可能欠妥的因素之一。笔者认为：从统计学角度似乎很难解释，何以在 632 m^2 至 1372 m^2 之间最少采样点数会出现拐点，也不好解释为什么自洁净室面积大于 1372 m^2 之后，随着面积变化的最少采样点数的增长规律发生演变。

（2）根据国内近十年来在众多大面积厂房验证中，遵循 ISO 14644-1:1999 的规定所确定最少采样点的经验来看，对于洁净室面积 $A > 1000\text{m}^2$ 的大空间，按 $N_L=\sqrt{A}$ 取值是可行的。从表 3-6 可以看到，对于面积 $A > 1000\text{m}^2$ 的洁净室，如果改用 ISO 14644-1:2015 的规定，5000m² 的洁净厂房采样点数将较 ISO 14644-1:1999 的规定，增多近 1 倍，10000m² 的洁净厂房采样点数则增加 2.7 倍，是否有此必要？对于大面积洁净室，由于采样点数众多，从统计学角度，其样本量应能反映全貌。

（3）综合以上情况，建议洁净室面积在 600m² 以下，按 ISO 14644-1:2015 给定的具体数值确定最少采样点数，如表 3-6 所列。面积在 600m² 以上则宜维持 ISO 14644-1:1999 的规定，按 $N_L=\sqrt{A}$ 计算最少采样点数。此问题可能需要国内外专家进一步研讨分析后给出定论，企盼相关国家标准今后修订时能作出规定。

3.3 各个采样点的最少单次采样量

各个采样点的单次采样量大小，既关系到采气速率不同的测试仪器的选择，也影响单次采样所需时间。各个采样点的单次采样时间的长短，通常是影响洁净环境空气洁净度测试效率高低的主要因素。

3.3.1 各个采样点单次采样量的确定原则

根据统计学原理，国内外的新旧标准关于各个采样点的单次采样空气量的规定，都是相同的。

也就是说，国家标准《洁净厂房设计规范》GB 50073—2013，《洁净室及相关受控环境 第 1 部分：空气洁净度等级》GB/T 25915.1—2010 和《洁净室及相关受控环境 第 2 部分：证明持续符合 GB/T 25915.1 的检测与监测条件》GB/T 25915.2—2010，以及国际标准 ISO 14644-1:1999《洁净室及相关受控环境 第 1 部分：空气洁净度等级》及其新版本 ISO 14644-1:2015《洁净室及相关受控环境 第 1 部分：按粒子浓度划分空气洁净度等级》和 ISO 14644-2:2000《洁净室及相关受控环境 第 2 部分：证明持续符合 ISO 14644-1 的检测与监测条件》等国内外标准，关于各个采样点的单次采样空气量的规定，都是按照下述统一的原则确定的。

从统计学角度认定，当所选最大粒径的粒子浓度处于指定的相应等级分级限值时，要保证在每个采样点的单次采样空气量中，至少能检测出 20 个粒子，这才能认定测量的可靠性，并以此判定单次采样量是否符合基本需要。此外，从采样空气量和采样时间测定的可靠性考虑，也给定了下限值。

各采样点的最少单次采样量按下式确定：

$$V_s = \frac{20}{C_n} \times 1000 \qquad (3\text{-}4)$$

式中　V_s——每个采样点单次最少采样量，L；

　　　C_n——相关等级规定的所选最大粒径的等级限值，pc/m³；

　　　20——假如粒子浓度处于空气洁净度等级限值，应被仪器测得的最少粒子数，pc。

关于采样量还应注意以下 3 点：

（1）为保证采样量及采样时间测定的可靠性，规定每个采样点的采样量至少为 2L，采样时间最少为 1min。当按式（3-4）计算的 V_s 或仪器的采样时间不满足上述要求时，以上述下限值为准。

（2）当洁净室、洁净区仅有一个采样点时，则最少在该点采样 3 次。

（3）国内外标准都建议，如果 V_s 值很大时，所需采样时间偏长，则应考虑采用序贯采样程序（sequential sampling method），以减少所需采样量及采样时间。

单次采样量计算举例如下：

由本章表 3-1 至表 3-3，可以查到各洁净度等级相应粒径的粒子浓度限值。

以 ISO 4 级为例，若以 0.3μm 为准，$C_N = 1020 \text{ pc/m}^3$，$V_s = \dfrac{20}{1020} \times 1000 = 19.6\text{L}$；若以 0.1μm 为准，$C_N = 10000 \text{ pc/m}^3$，$V_s = \dfrac{20}{10000} \times 1000 = 2\text{L}$。

计算结果表明，若以 0.3μm 粒径为检测依据，则 ISO 4 级每测点单次采样量为 19.6L，而若以 0.1μm 为准，则单次采样量为 2L。

如果是 ISO 5 级，若以 0.3μm 为准，$C_n = 10200 \text{ pc/m}^3$，$V_s = \dfrac{20}{10200} \times 1000 = 1.96\text{L}$；

若以 0.5μm 为准，$C_n = 3520 \text{ pc/m}^3$，$V_s = \dfrac{20}{3520} \times 1000 = 5.68\text{L}$。

ISO 5 级的计算结果表明，若以 0.3μm 为准，各测点单次采样量应大于 1.96L，而若以 0.5μm 为准，则单次采样量应大于 5.68L。

3.3.2　ISO 14644-1 新旧标准采样时间的差异

ISO 14644-1:2015 与 ISO 14644-1:1999 相比较，在 ISO 5 级以上的高级别洁净环境的各测点单次采样时间上有了较大变动。因为国内现行标准 GB 50073—2013、GB/T 25915.1—2010 等都与 ISO 14644-1:1999 相一致，所以与国际新标准同样出现了差异。

如前所述，国际国内的新旧标准关于各个采样点的单次采样空气量的规定，都是按照统一的原则确定的。那么何以单次采样的时间产生较大差异？其原因是：

从表 3-3、表 3-4 可以看到在表格中被注释有 d 的相应粒径，ISO 14644-1:2015 新标准认为，该粒径粒子受采样和统计方法的制约，因其粒子浓度很低不适用于分级。因此与表 3-2 相比较，新标准 ISO 14644-1:2015 认为：

$\geqslant 0.2$μm 的粒径不适用于 ISO 1 级和 ISO 1.5 级洁净环境的分级；

$\geqslant 0.5$μm 的粒径不适用于 ISO 2 级和 ISO 2.5 级洁净环境的分级；

$\geqslant 1$μm 的粒径不适用于 ISO 3 级和 ISO 3.5 级洁净环境的分级；

$\geqslant 5$μm 的粒径不适用于 ISO 5 级洁净环境的分级。

这样一来，按照 ISO 14644-1:1999 规定，ISO 1 级的洁净环境，若将 0.2μm 粒子作为关注粒径，则各测点的单次采样量应为：

$$V_s = \frac{20}{2} \times 1000 = 10000\text{L}$$

单次采样量按粒子计数器采样流量 28.3 L/min 计，各测点的单次采样时间应为：

$$\frac{10000\text{L}}{28.3\text{L/min}} = 353\text{min}$$

按照 ISO 14644-1:2015 的规定，ISO 1 级的洁净环境，宜将 0.1μm 粒子作为关注粒径，则各测点的单次采样量应为：

$$V_s = \frac{20}{10} \times 1000 = 2000L$$

单次采样量同样按 28.3 L/min 计，各测点的单次采样时间应为：

$$\frac{2000L}{28.3L/min} = 71min$$

按照上述方法计算，ISO 14644-1:2015 的新规定，ISO 1.5 级各测点的单次采样时间，按 ISO 14644-1:2015 为 22min，按 ISO 14644-1:1999 的规定，各测点的单次采样时间为 88min；其他各个级别各测点的单次采样时间比较如下：

ISO 2 级各测点的单次采样时间，分别为：71 min（2015 版）和 176 min（1999 版）；
ISO 2.5 级各测点的单次采样时间，分别为：22 min（2015 版）和 64 min（1999 版）；
ISO 3 级各测点的单次采样时间，分别为：20 min（2015 版）和 88 min（1999 版）；
ISO 3.5 级各测点的单次采样时间，分别为：7 min（2015 版）和 27 min（1999 版）；
ISO 4 级各测点的单次采样时间，分别为：9 min（2015 版）和 9 min（1999 版）；
ISO 4.5 级各测点的单次采样时间，分别为：3 min（2015 版）和 3 min（1999 版）。

从 ISO 14644-1:2015 与 ISO 14644-1:1999 所规定的各测点单次采样量的比较，可以清楚地看到，新标准较旧标准在高级别洁净环境测试时，所规定的测点单次采样量和相应的时间大幅减少，有利于节省测试时间、提高效率。

3.4 测试前的准备工作

测试前应验证洁净室及相关受控环境的各种设施都是完备的，而且可正常运行，并符合设计的技术性能要求。

3.4.1 测试前的预测试工作

（1）空气流量或风速测试；
（2）隔断结构气密性测试；
（3）空气压差测试；
（4）已安装好的空气过滤器检漏测试。

严格执行以上各点，在此基础上才能顺利进行空气洁净度等级的测试。按照 ISO 14644-1:2015 的规定，要求至少有 90% 的所划分的洁净环境的测试网格面积，其空气悬浮粒子的浓度不超过规定的空气洁净度等级的允许浓度限值。应该允许每一个采样点可以单独对待，也就是至少可以在 95% 的置信水平上独立处理。因此，在空气洁净度检测之前，对空气过滤器的检漏等工作尤为重要。

如前所述，空气中悬浮粒子的测试是与洁净室及相关受控环境所处的状态密切关联的。通常"空态"适用于新建或新改造的洁净工程竣工验收。完成"空态"下的测试后，再在洁净室及相关受控环境中将实验设备、工艺装置安装调试完毕，可进行正式工作、生产的情况下，在洁净环境处于"静态"或"动态"进行达标测试。而对洁净环境空气中悬浮粒子的监测一般都是在动态条件下进行的。

3.4.2　洁净室空气中悬浮粒子浓度检测采样时应注意问题

（1）国家标准 GB 50073—2013 规定，应使用采样量大于 1L/min 的光学粒子计数器。目前此类仪器大多数采用激光光源。

通常所指的光散射空气悬浮粒子计数器（LSAPC，Light Scattering Airborne Particle Counter）其光散射部件（light-scattering device）具有粒径鉴别能力，能够显示或记录空气中离散粒子的数目和粒径，通常称为：光散射离散式空气悬浮粒子计数器（LSDAPC，Light Scattering Airborne Discrete Particle Counter）用以检测所选级别相应粒径范围内的粒子的总浓度。

（2）所选用的光学粒子计数器必须在仪器校准的有效使用期内。校准的频度和方法应符合现行公认的规范，通常每年校准一次。一般由仪器生产厂商或供应商设定的检验校准专点进行校验后，给出校验证书。

（3）使用光学粒子计数器采样时，采样探头的入口应位于气流中并朝向气流，如果气流方向并未受控或不可预测时，如在非单向流洁净室，则采样探头的入口应垂直向上。

（4）每个采样点可按所计算确定的最小采样量采样空气。但一般根据所使用粒子计数器的采样流量及时间设定，通常实际采样量都可能高于最小采样量。

3.4.3　ISO 14644-1∶2015 对确定空气洁净度的测试采样点位置的规定

国家标准 GB 50073—2013 和 ISO 14644-1∶1999，与 ISO 14644-1∶2015 除对采样点数目有不同的规定外，其他要求大体一致。ISO 14644-1∶2015 的有关规定如下：

（1）采用 ISO 14644-1∶2015 时，可从表 3-5 查到，或按式（3-2）计算得到最小采样点数目 N_L（若采用国家标准 GB 50073—2013 时，按 $N_L = \sqrt{A}$ 计算采样点数目）。

（2）将被测洁净室划分为面积相等的 N_L 份。

（3）在所划分的每个小面积中，按 ISO 14644-1∶2015 的要求，应选择一个代表性的位置作为采样位置（而国家标准 GB 50073—2013 和 ISO 14644-1∶1999，对测点在小面积中的位置无明确要求，一般置于小面积的中心），并规定在此位置上将粒子计数器探头置于工作面高度，或其他适宜的指定高度位置。

（4）关键位置可另外增加采样点，其数量与位置需商定。额外增加的采样点和标准规定的采样点应计入总采样点数目内，以便将洁净室面积划分为相等的部分。

（5）非单向流洁净室，位于无气流扩散装置的送风口正下方的采样点，不具有代表性。

3.5　空气中悬浮粒子浓度的采样及数据整理

如前所述，ISO 14644-1∶2015 规定了不同于 ISO 14644-1∶1999 的测试采样点数的确定方法。但要求至少有 90% 的所划分的洁净环境的测试网格面积，其空气悬浮粒子的浓度不超过规定的空气洁净度等级的允许浓度限值，其所得的测试结果的置信度为 95%，由此简化了测试数据的处理。各测点测值的数学平均值即为被测环境的空气粒子浓度，可以此值判定洁净室的空气洁净度等级。

现行国家标准《洁净厂房设计规范》GB 50073—2013，及《洁净室及相关受控环境 第1部分：空气洁净度等级》GB/T 25915.1—2010 与 ISO 14644-1:1999 版本粒子浓度的统计计算相一致，与 ISO 14644-1:2015 不同。因是现行国家标准，在其修订版实施前，仍宜遵循以下原则进行数据处理：

根据现行国家标准，当采样点数多于9个时，洁净室空气中悬浮粒子浓度即为各采样点粒子浓度的算术平均值，与 ISO 14644-1:2015 的方法相一致。但当采样点多于1个，而少于10个时，则按下述程序计算平均中值，标准偏差（standard deviation）和 95% 置信上限 *UCL*（Upper Confidence Limit）。

如果在每个采样点测得的粒子浓度平均值以及计算所得的 95% 置信上限都未超过所检测洁净室或洁净区的浓度限值，则认为该洁净室或洁净区达到了规定的洁净度级别。

如果测试计算结果未能满足规定的洁净度级别，可增加均匀分布的新采样点进行测试，对包括新增采样点数据在内的数据重新计算的结果，就是确定的结论。

如果 95% 置信上限的计算结果未达到规定的等级是由于测量差错，或空气中粒子浓度异常低的值，则该值可以不计（参看 2.5.2 节例题）。

3.5.1　空气中悬浮粒子浓度的统计计算原则

现行国家标准《洁净厂房设计规范》GB 50073—2013，及《洁净室及相关受控环境 第1部分：空气洁净度等级》GB/T 25915.1—2010 与 ISO 14644-1:1999 版本粒子浓度的统计计算，遵循以下规定：

（1）当采样点数多于9个时，洁净室空气中悬浮粒子浓度即为各采样点粒子浓度的算术平均值。

（2）当采样点多于1个，但少于10个时，按 3.5.2 节所述的程序计算平均中值，标准偏差（standard deviation）和 95% 置信上限 UCL（Upper Confidence Limit）。

（3）如果在每个采样点测得的粒子浓度平均值以及计算所得的 95% 置信上限都未超过所检测洁净室或洁净区的浓度限值，则认为该洁净室或洁净区达到了规定的洁净度级别。

（4）如果测试计算结果未能满足规定的洁净度级别，可增加均匀分布的新采样点进行测试，对包括新增采样点数据在内的数据重新计算的结果，就是确定的结论。

（5）如果 95% 置信上限的计算结果，未达到规定的等级是由于测量差错或某个测点空气中粒子浓度异常低而造成的，则该值可以不计。在统计分析中只考虑所引起的精度不足、随机误差，不考虑非随机误差，如校准误差造成的偏差等。

3.5.2　95% 置信上限的计算方法

1. 一个采样点平均数字浓度（$\overline{X_i}$）的计算方法

当在单个采样点进行多次采样时，应该用式（3-5）来确定该点的平均粒子浓度。每个采样次数为2次及以上的采样点，均应计算平均粒子浓度。

$$\overline{X_i} = \frac{X_{i,1} + X_{i,2} + \cdots\cdots + X_{i,n}}{n}$$

（3-5）

式中　　　　　　　　$\overline{X_i}$——采样点 i 的平均粒子浓度，i 可代表任何位置；

　　　　　$X_{i,1}\cdots\cdots X_{i,n}$——每次采样的粒子浓度；

　　　　　　　　　n——在采样点 i 的采样次数。

2. 95% 置信上限的计算方法

本方法只适用于采样点数目为 1 以上、10 以下的情况。在这种情况下，除式（3-5）的算法外，还要使用本方法。

（1）总平均值（$\overline{\overline{X}}$）

用式（3-6）确定各采样点粒子浓度的总平均值。

$$\overline{\overline{X}}=\frac{\overline{X}_{i,1}+\overline{X}_{i,2}+\cdots\cdots+\overline{X}_{i,m}}{m} \tag{3-6}$$

式中　　　　　　　　$\overline{\overline{X}}$——各采样点粒子浓度平均值的总平均值；

　　　　　$\overline{X}_{i,1}\cdots\cdots\overline{X}_{i,m}$——用式（3-5）得出的各个采样点的粒子浓度平均值；

　　　　　　　　　m——采样点的数目。

无论给定采样点的样品数是多少，所有单个采样点的平均值都等量加权。

（2）采样点平均值的标准偏差（S）

用式（3-7）确定采样点平均值的标准偏差。

$$S=\sqrt{\frac{(\overline{X}_{i,1}-\overline{\overline{X}})^2+(\overline{X}_{i,2}-\overline{\overline{X}})^2+\cdots\cdots+(\overline{X}_{i,m}-\overline{\overline{X}})^2}{(m-1)}} \tag{3-7}$$

式中　S——采样点平均值的标准偏差。

（3）总平均值的 95% 置信上限（UCL）

用式（3-8）确定粒子浓度总平均值的 95% 置信上限。

$$95\%UCL=\overline{\overline{X}}+t_{0.95}\left[\frac{S}{\sqrt{m}}\right] \tag{3-8}$$

式中　$t_{0.95}$——表示具有 $m-1$ 自由度的 t 分布的第 95 个百分位（分位数）。

表 3-7 中给出了 95% 置信上限（UCL）的学生 t 分布系数（student's distribution，$t_{0.95}$）。另外，计算机统计程序中给出的学生 t 分布也是可用的。

95% 置信上限（UCL）的学生 t 分布系数　　　　表 3-7

平均值的数目（m）	2	3	4	5	6	7～9
	6.3	2.9	2.4	2.1	2.0	1.9

3.6　按现行国家标准的空气洁净度等级计算例题

以下计算例题是按现行国家标准《洁净厂房设计规范》GB 50073—2013，及《洁净室及相关受控环境　第 1 部分：空气洁净度等级》GB/T 25915.1—2010 的规定演算的，供读者参考。

【例题1】被测的洁净室面积 A 为 80m²。需要确定其在动态下是否符合规定的空气中悬浮粒子洁净度等级。

该洁净室规定的空气洁净度等级为 ISO 14644-1　5 级或等同的 GB 50073—2013　5 级。

1. 计算空气中最大允许悬浮粒子浓度

建设方与承包商在洁净室工程承包合同中规定了所建设洁净室应在动态条件下检测 0.3μm（D_1）与 0.5μm（D_2）两个粒径的空气中悬浮粒子浓度，以考核其是否达到标准。

（1）根据 ISO 14644-1 及 GB 50073—2013 关于洁净度表示方法的规定，在洁净室洁净度等级中设定的所选粒径应在 0.1～5μm 的限值范围内。本例中所选定的两个检测粒径符合上述规定，即 0.1μm ≤ 0.3μm，0.5μm ≤ 5μm。

（2）根据 ISO 14644-1 的规定，如果选定的检测粒径不止一种，则相邻的较大的粒径（如 D_2）与较小的粒径（如 D_1）之比至少应为 1.5，即 $D_2 \geq 1.5D_1$。本例题所选定的两种检测粒径 0.5μm ≥ 1.5×0.3μm（0.45μm），也符合 ISO 14644-1 关于洁净度分级的此项规定。国家标准 GB 50073—2013 对此未作规定。

（3）计算最大允许悬浮粒子浓度

该值可以按下述步骤进行计算，也可直接从空气悬浮粒子洁净度的等级表查到。按照 ISO 14644-1 及 GB 50073—2013 所一致给定的悬浮粒子洁净度等级划分原则，每种选定粒径的最大允许粒子浓度 C_n 的计算参照式（3-1）。

对 ≥ 0.3μm（D_1）的粒子：

$$C_n = \left(\frac{0.1}{0.3}\right)^{2.08} \times 10^5 = 10176 \quad \text{pc}/\text{m}^3$$

进位到 10200 pc/m³。

对 ≥ 0.5μm（D_2）的粒子：

$$C_n = \left(\frac{0.1}{0.5}\right)^{2.08} \times 10^5 = 3517 \quad \text{pc}/\text{m}^3$$

进位到 3520 pc/m³。

从表 3-2、表 3-3 中查找，也可得到与上述计算值相同的结果。

2. 计算采样点数及单次采样量

根据 GB 50073—2013 和 GB/T 25915.1—2010 等现行标准的规定计算采样点数：

$$N_L = \sqrt{A} = \sqrt{80} = 8.94 \quad （进位到 9）$$

计算得到最少采样点数为 9 个，由于采样点数目小于 10，因此应按国际标准 ISO 14644-1 及国家标准 GB 50073—2013 等的统一规定，计算测试结果的 95% 置信上限（UCL）。

根据式（3-4）计算以升计的单次采样量 $[V_s]_{0.5}$：

$$[V_s]_{0.5} = \frac{20}{C_{n,m}} \times 1000 = \frac{20}{3517} \times 1000 = 5.69\text{L}$$

$$[V_s]_{0.3} = \frac{20}{10200} \times 1000 = 1.96\text{L}$$

依照规范关于单次采样量的相关规定：$V_s > 2\text{L}$，$C_{n,m} > 20\text{pc}/\text{m}^3$ 及采样时间 ≥ 1min，再根据上述计算结果来看，则宜于选用目前市场上较普遍的采样流量为 28.3L/min 的多数粒子计数器，即每分钟采样流量 1 立方英尺。

根据所计算得到的 9 个采样点数，均匀布置在所测洁净室平面，每个测点只取 28.3L/min

一次采样，所给实例的测试结果记录如表 3-8 所列。

所检测洁净室的各测点采样结果及换算的记录　　　　　表 3-8

采样点	≥ 0.3μm 粒子数		≥ 0.5μm 粒子数	
	28.3L	1m³	28.3L	1m³
1	245	8750	21	750
2	185	6607	24	857
3	59	2107	0	0
4	106	3786	7	250
5	164	5857	22	786
6	196	7000	25	893
7	226	8071	23	821
8	224	8000	37	1321
9	195	6964	19	679

3. 计算所测洁净室的平均粒子浓度

因为每个测点都是单次采样，其结果即为各个测点的平均粒子浓度，如果单点是多次采样，则需要先算出采样点的平均浓度，再计算洁净室空气中的悬浮粒子平均浓度。在本例中：

对于 ≥ 0.3μm 的粒子：

$$\overline{\overline{X}} = \frac{1}{9}\left[8750+6607+2107+3786+5857+7000+8071+8000+6964\right]$$

$$= \frac{1}{9} \times 57142 = 6349.1\,\mathrm{pc}/\mathrm{m}^3$$

取 6349 pc/m³。

对于 ≥ 0.5μm 的粒子：

$$\overline{\overline{X}} = \frac{1}{9}\left[750+857+0+250+786+893+821+1312+679\right]$$

$$= \frac{1}{9} \times 6357 = 706.3\,\mathrm{pc}/\mathrm{m}^3$$

取 706 pc/m³。

4. 按式（2-5）计算采样点平均值的标准偏差

对 ≥ 0.3μm 的粒子：

$$S^2 = \frac{1}{8}\left[\begin{array}{l}(8750-6349)^2+(6607-6349)^2+(2107-6349)^2+(3786-6349)^2+(5857-6349)^2\\+(7000-6349)^2+(8071-6349)^2+(8000-6349)^2+(6964-6349)^2\end{array}\right]$$

$$= \frac{1}{8} \times 37130073 = 4641259\,\mathrm{pc}/\mathrm{m}^3$$

$$S=\sqrt{4641259}=2154.4\,\text{pc}/\text{m}^3$$

取 2154 pc/m³。

对 ≥ 0.5μm 的粒子：

$$S^2=\frac{1}{8}\left[\begin{array}{l}(750-706)^2+(857-706)^2+(0-706)^2+(250-706)^2+(786-706)^2\\+(893-706)^2+(821-706)^2+(1321-706)^2+(679-706)^2\end{array}\right]$$

$$=\frac{1}{8}\times1164657=145582\,\text{pc}/\text{m}^3$$

$$S=\sqrt{145582}=381.6\,\text{pc}/\text{m}^3$$

取 382 pc/m³。

5. 计算洁净室粒子平均浓度 95% 置信上限（UCL）

根据表 3-7 可以查到，当单个采样点数目 $m=9$ 时，其分布系数 $t=1.9$ 按式（3-8）计算的 95% UCL 值如下：

≥ 0.3μm $95\%UCL=6349+1.9\left[\dfrac{2154}{\sqrt{9}}\right]=7713.2\,\text{pc}/\text{m}^3$

≥ 0.5μm $95\%UCL=706+1.9\left[\dfrac{382}{\sqrt{9}}\right]=947.9\,\text{pc}/\text{m}^3$

对照空气洁净度 5 级所允许的最大悬浮粒子浓度，可以看出：

对于 ≥ 0.3μm   7713pcs/m³ < 10200pcs/m³；

对于 ≥ 0.5μm   948pcs/m³ < 3520pcs/m³。

表明所测洁净室的悬浮粒子洁净度符合要求的级别。

【例题 2】此例的目的在于分析所计算 95% 置信上限对测试计算结果的影响。也就是 ISO 14644-1：2015 所特别指出，ISO 14644-1：1999 中的 95% 置信上限的应用，既不恰当也不一致。因此取消了 ISO 14644-1：1999 中测点数不足 10 个时，采用 95% 置信上限的计算方法。

某洁净室悬浮粒子洁净度动态时为 ISO 3 级，采样点数目定为 5 个。由于采样点数目多于 1 个，少于 10 个，应按规定计算 95% 置信上限。

本例只选择一种粒径限值（$D \geqslant 0.1\,\mu m$）。

从表 3-1 或表 3-2 中可查到 ISO 3 级、粒径 ≥ 0.1 μm 的粒子浓度限值：$C_n(\geqslant 0.1\mu m)=1000\,\text{pc}/\text{m}^3$。

根据式（3-4）计算适用于 ≥ 0.1μm，ISO 3 级的最小采样量 V_s：

$$V_s=\frac{20}{C_n}\times1000=\frac{20\,\text{pc}}{1000\,\text{pc}/\text{m}^3}\times1000\text{L}/\text{m}^3=20\text{L}$$

若使用采样流量为 28.3L/min，即 1Cu.ft/min 的粒子计数器，采样时间仅需 42s，但 ISO 14644-1 和 GB 50073—2013 都规定最少采样时间为 1min，以下测试数据就是按 1 min 测试结果换算而得的每立方米的粒子数。

在各采样点单次采样所得每立方米的粒子数量记录如下：

采样点 $X_i \geqslant 0.1\,\mu m$

1   926

2	958
3	937
4	963
5	214

以上 5 个测点的粒子浓度值均小于 ISO 3 级的中规定限值 1000pc/m³。

按式（3-6）计算总平均值：

$$\overline{\overline{X}}=\frac{1}{9}(926+958+937+963+214)$$

$$=\frac{1}{5}\times3998=799.6\,\text{pc}/\text{m}^3$$

取 800 pc/m³。

按式（3-7）计算采样点平均值的标准误差：

$$S^2=\frac{1}{4}\left[(926-800)^2+(958-800)^2+(937-800)^2+(963-800)^2+(214-800)^2\right]$$

$$=\frac{1}{4}\times429574=107393.5\,\text{pc}/\text{m}^3$$

取 107394 pc/m³。

$$S=\sqrt{107393}=327.7\,\text{pc}/\text{m}^3$$

取 382 pc/m³。

按式（3-8）计算 95% 置信上限（UCL）单个平均值数目 $m=5$，则按表 3-7 查得分布系数 $t=2.1$。

$$95\%UCL=800+2.1\left[\frac{382}{\sqrt{5}}\right]=1108\text{pc}/\text{m}^3>1000\text{pc}/\text{m}^3$$

（ISO 3 级，$\geqslant 0.1\mu\text{m}$，$C_n=1000\,\text{pc}/\text{m}^3$）

上述计算结果是令人怀疑的，所有单次采样量的粒子浓度及平均粒子浓度均低于规定的等级限值，而 95% 置信上限的计算结果却高于等级限值。以 95% 置信上限为准，则该洁净室的悬浮粒子洁净度不符合规定的级别。

本例说明了当一个采样点出现远低于限值的粒子浓度测值，对 95% 置信上限计算结果所产生的异常影响。一个所有测点测值均低于限值的洁净室，居然粒子浓度的 95%UCL 高于限值，显然这个计算结果不能作为洁净室不达标的依据。按 ISO 14644-1:1999 的相关规定，本例不按未达标处理。

如果本例中第 5 个采样点的空气中悬浮粒子浓度测值不是如前所述 214pcs/m³ 那么低，而是较高，譬如说 $C_{i5}=800\text{pc}/\text{m}^3$，则

$$\overline{\overline{X}}=\frac{1}{5}(926+958+937+963+800)$$

$$=\frac{1}{5}\times4584=916.8\,\text{pc}/\text{m}^3$$

取 $\overline{\overline{X}}=917\,\text{pc}/\text{m}^3$。

按式（3-7）计算采样点平均值的标准误差：

$$S^2=\frac{1}{4}\left[(926-917)^2+(958-917)^2+(937-917)^2+(963-917)^2+(214-917)^2\right]$$

$$=\frac{1}{4}\times17967=4491.8$$

取 $S^2=4492$。

$$S=\sqrt{4492}=67$$

计算 95% 置信上限：

$$95\%UCL=917+2.1\left[\frac{67}{\sqrt{5}}\right]$$

$$=917+2.1\times29.96=979.9\,pc\,/m^3$$

取整为 $980pc/m^3 < 1000\,pc/m^3$。

以上计算从另一侧面印证了个别远低于限值的测点测值可能会造成 $95\%UCL$ 的错判，当该点的空气悬浮粒子浓度测值较高时，其算术平均浓度增高（$917pc/m^3 > 800pc/m^3$），但其 $95\%UCL$ 却低于限值（$980pc/m^3 < 1000pc/m^3$），从另一角度证明了对例题 2 按达标处理是合情合理的。

依据国外的经验，为避免 95% 置信上限在某些情况下可能造成误导，因此室内采样点数永远不少于 10 个，则可避免计算 $95\%UCL$ 的繁琐，仅依据各采样点测值的数学平均值即可判定空气中悬浮粒子浓度是否在相应级别的限值内。这也正是 ISO 14644-1:2015 特别指出："ISO 14644-1:1999 中的 95% 置信上限的应用，既不恰当也不一致。"的依据之一。因此，ISO 14644-1:2015 取消了 ISO 14644-1:1999 中当测点数不足 10 个时，采用计算 95% 置信上限的方法总结数据的规定。

3.7 空气中悬浮粒子的一些特殊检测方法

虽然这些方法目前国内使用较少，但是其对于空气中悬浮粒子测试内容的完整性来说，它们还是占有一定的地位，有必要了解一些相关的基本概念。

3.7.1 序贯采样法

（1）序贯采样法（sequential sampling procedure），又称为连续采样法，主要适用于洁净室的空气污染浓度，显著高于还是低于所规定洁净室级别的粒子浓度限值，特别是 ISO 4 级或者更洁净的环境，在此情况下采用序贯采样法可大幅减少采样量和采样时间。

即使空气中悬浮粒子浓度接近规定的限值时，采用这种方法也可节省一定的工作量。

序贯采样法仅适用于对规定的洁净等级所选粒径的单次采样粒子总数为 20 个的情况。每次采样测量时要辅以监测和数据分析，而这些工作通常由计算机自动完成。因为序贯采样法减少了采样量，提高了工作效率，不过用序贯采样法确定的空气中悬浮粒子的浓度，因为减少了采样量，通常不如常规采样法精确。

这种方法目前在国内外采用不广泛的原因，主要是序贯采样法必需使用具备实时输出采样数据的离散粒子计数器，并另配计算机辅以专用软件来进行数据分析计算，以给出空气中悬浮粒子浓度。由于设备成本较高，普及有待时日。

（2）序贯采样法的理论依据。序贯采样法或称连续采样法是基于对采样空气的粒子实时计数累计值与计数参照值的比较来判定所检测或监测空气的洁净度是否达标。

参照值（reference values）的上下限由求值公式导出：

上限 $\qquad C = 3.96 + 1.03E$ （3-9）

下限 $\qquad C = -3.96 + 1.03E$ （3-10）

式中　C——计数观测值（the observed count）；

$\qquad$ E——计数期望值（the expected count）。

为便于比较，图 3-3 以图的形式，表 3-9 以表格形式提供了参照值。这两种方式给出的数值均可采用。

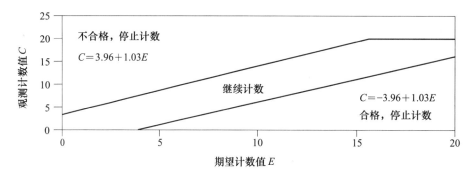

图 3-3　使用序贯采样法测试时合格与不合格的边界线

观测计数值 C 应出现时间的上限与下限　　　　表 3-9

不合格 （若 C 出现早于期望计数值）		合格 （若 C 出现迟于期望计数值）	
小数时间 t	观测计数值	小数时间 t	观测计数值
0.0019	4	0.1922	0
0.0505	5	0.2407	1
0.0992	6	0.2893	2
0.1476	7	0.3378	3
0.1961	8	0.3864	4
0.2447	9	0.4349	5
0.2932	10	0.4834	6
0.3417	11	0.5320	7
0.3902	12	0.5805	8
0.4388	13	0.6291	9
0.4873	14	0.6676	10
0.5359	15	0.7262	11
0.5844	16	0.7747	12

不合格 （若 C 出现早于期望计数值）		合格 （若 C 出现迟于期望计数值）	
小数时间 t	观测计数值	小数时间 t	观测计数值
0.6330	17	0.8233	13
0.6815	18	0.8718	14
0.7300	19	0.9203	15
0.7786	20	0.9689	16
1.0000	21	1.0000	17

注：小数时间是总时间的一部分（处在等级限值时，$t = 1.0000$）。

当某个规定的采样点用离散粒子计数器进行采样测试空气中悬浮粒子数时，计数器所显示的粒子总数不停地与参照限值进行比较。如果显示值比相应于所采空气量的参照值的下限还要小，则认为采样空气符合规定的洁净等级或浓度限值，可以就此停止采样。如果计数器所显示的累计总数比所采空气量的对应参照值上限大，则表明采样空气不符合规定的洁净等级或浓度限值，即可以判定检测点不达标，也可以就此停止采样。如果离散粒子计数器显示的数值一直处于上下限之内，则需要继续采样，直到规定的采样时间结束时，若总计数值等于或小于20，则可判定采样空气点符合要求的级别。在图3-3中，所绘曲线是依据采样空气的粒子计数观测值 C 与粒子计数的期望值 E 的一一对应关系确定的。离散粒子计数器显示出20个计数值的整个空气样品的采样时间反映了空气采样速率。

表3-9所给出的系列数值表，与图3-3是完全等效的方法。如表中所表示，计数观测值 C 出现的时间与相应的期望时间进行了对照。如果离散粒子计数器所显示累计粒子数值出现的时间早于表中的期望时间，则所检测点的空气洁净等级或浓度不达标。如果离散粒子计数器所显示的累计粒子数值出现的时间迟于表中的期望时间，则所采空气达标。为了对正在采集的数据结果进行判定，一般要靠计算机用渐进式数据分析法软件来执行。

有关序贯采样法的详细资料，可参考美国环境科学与技术学会标准 IEST-G-CC1001。

3.7.2 空气中悬浮超微粒子和大粒子的计数

洁净室常规检测的粒子粒径，限定在洁净度分级的粒子粒径范围内，即 0.1～0.5μm 的范围。某些特殊情况要求测定空气中小于 0.1μm 的超微悬浮粒子的浓度，而另外一些特殊场合关心的是大于 5μm 的空气中悬浮粒子浓度，为此 ISO 14644-1:1999 及等同的 GB/T 25915.1—2010 中，特别对超出洁净室、洁净区分级粒径范围之外的粒子群体的空气洁净度级别及检测方法给出了规定。当然这类粒子的最大允许浓度和达标的测试方法属于建设方、用户与承包商、供应商之间协商一致的问题。按 ISO 14644-1:1999 和 GB/T 25915.1—2010 的规定，对于小于 0.1μm 的悬浮粒子浓度用 "$U(x, y)$" 描述符表示，对于大于 5μm 的大粒子用 "$M(a, b); c$" 描述符表示。

其中，x——为超微粒子的最大允许浓度，pc/m^3；y——以微米计的粒径，所适宜的离散粒子计数器，对该粒径的计数效率应为 50% 或者更高；a——大粒子的最大允许浓度，pc/m^3；b——与测量方法相应的大粒子的当量直径，μm；c——规定的测量方法。

例如：粒径范围 ≥ 0.01μm 空气中最大允许超微粒子浓度为 140000pc/m³ 的情况，用"U（140000，0.01μm）"表示。U 描述符可以单独应用，以说明受控环境中空气悬浮的超微粒子的浓度，也可作为悬浮粒子洁净度级别的补充说明。

又如，对粒径范围大于 5μm 的大粒子采用气溶胶飞行时间粒子计数器检测，大粒子空气动力直径范围大于 5μm 时的粒子浓度为 1000pc/m³，则用 M 描述符表示为："M（1000；＞5μm）气溶胶飞行时间粒子计数器"。如果使用显微镜对多级撞击式采样器采集的粒子进行粒径测定并计数，测得 10～20μm 粒径范围的悬浮粒子浓度为 1000pc/m³ 时，则用描述符表示为"M（1000；10～20μm）；多级撞击式采样器显微镜计径计数"。关于大于 5μm 悬浮粒子浓度的测试方法，可参考 IEST-G-CC1003 等相关标准。

空气中悬浮超微粒子和大粒子的计数用于一些特殊的场合，其测试方法及仪器设备并不普及，常规的洁净室或洁净区一般均无此要求，如有此需要可查找相关文献与标准。

如前所述，ISO 14644-1:2015 认为，小于 0.1μm 的超微粒子归属于纳米尺度范围，已经建议 ISO 相关技术委员会考虑制定纳米洁净度标准，将其归纳在内。原在 ISO 14644-1:1999 中用 U 描述符引述超微粒子，在 ISO 14644-1:2015 中已被取消，但大于 5μm 粒径的大粒子的总体量化，与 ISO 14644-1:1999 相同，ISO 14644-1:2015 仍用 M 描述符表示。国内标准在未来的修订中，如无意外，对超微粒子和大粒子的处理方案可能与 ISO 14644-1:2015 采取一致的方法。

3.8　自净性能测试

经测定证实，洁净室或洁净环境的空气洁净度符合设计规定和用户要求后，通常还会关注该洁净室或洁净环境在空调净化系统正常关机后再启动，或是由于其他原因被污染后开机运行直到恢复原有的空气洁净等级，需要多长时间，这个时间反映了洁净环境及空调净化系统的自净性能（recovery performance）。自净性能测试的目的是用以确定洁净室或洁净环境清除悬浮微粒污染的能力与速率，这也是非单向流洁净室或洁净环境最重要的性能反映。其自净性能是受控区内的空气循环率，即常说的换气次数、进风口至出风口的气流流型、空气分布特性以及热环境的函数。在相同的空气循环率和其他室内条件下，如果自净的时间较短，说明洁净室送、回风口布置得当，气流组织效果好；反之，说明气流组织不理想。

3.8.1　自净性能的定义

国内外标准规定大体一致，都以洁净室或洁净环境内粒子浓度的变化率来评估其自净性能，或者用自净时间，即洁净室从污染的初始浓度降低至 0.01 倍初始浓度所需的时间，即用"100:1 自净时间"来评价洁净室或洁净环境的自净能力。不过，如不能把洁净环境内初始粒子浓度提升到其洁净等级的 1000 倍以上或者设施内存在粒子发生源时，都不可能直接测出自净时间。此项测试应在洁净环境处于空态或者静态状况时进行。

国家标准《洁净厂房设计规范》GB 50073—2013 在术语一章中对"自净时间"（cleanliness recovery characteristic）给出如下定义："洁净室被污染后，净化空调系统开始运行至恢复到稳定的规定室内洁净度等级的时间"，但未对测试方法及初始污染浓度给予规定。

国家标准《洁净室施工与验收规范》GB 50591—2010 及《洁净厂房施工质量验收规范》GB 51110—2015 所采用的测试方法，与上述 ISO 14644-3:2005 所规定的方法相类似。GB 50591—2010 测试自净的时间的方法是：

（1）本项测定必须在洁净室停止运行相当时间，室内含尘浓度已接近大气尘浓度时进行。如果要求很快测定，则可当时发烟。

（2）如果以大气尘浓度为基准，则先测出洁净室内浓度，立即开机运行，定时读数直到浓度达到最低限度为止，这一段时间即为自净的时间；如果以人工（如燃烧巴兰香烟）为基准，则将发烟器放在离地面 1.8m 以上的室中心点发烟 1~2min 即停止，待 1min 后，在工作区平面的中心点测定含尘浓度，然后开机，方法同上。

（3）由测得的开机前原始浓度或发烟停止后 1min 的污染浓度（N_0），室内达到稳定时的浓度（N）和实际换气次数（n）查图（见图 3-4），得到计算自净时间，再和实测的自净时间进行对比。

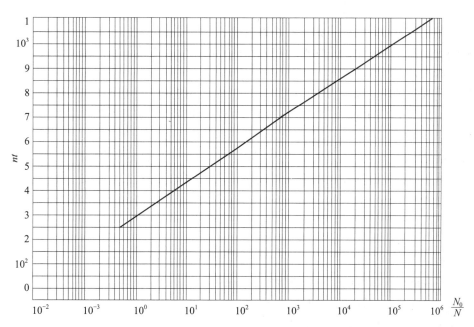

图 3-4　乱流洁净室自净时间算图

N_0—污染浓度，pc/L；N—稳定时的浓度，pc/L；

n—实际换气次数，h^{-1}；t—自净时间，min

3.8.2　用粒子浓度变化率评估洁净环境的自净性能

ISO 14644-3:2005 规定，可用粒子浓度变化率即所谓自净率（recovery rate）来评估洁净室或设施的自净特性。这种方法适用于各个洁净度等级，并且初始和设定的浓度等级可以任意确定。

其具体的程序是：由用户和供应商、承包商协商确定洁净室的初始粒子浓度。可以是洁净室停止运行一段时间后，室内自然扩散而被外界污染达到的某个粒子浓度，也可以是人工发烟、发尘，达到的某个粒子浓度以作为初始粒子浓度，记录下此悬浮粒子浓度的同时启动空气净化系统，直至室内悬浮粒子达到设定级别，同时逐时测定室内粒子浓度的变化。把逐时测得的悬浮粒子浓度值绘制在单对数矩形坐标图上（见图 3-4）。

估算出粒子浓度达到设定洁净度级别（the target cleanliness class level）时，空气中悬浮粒子浓度衰减曲线的约略切线（the approxtimate tangent line），该切线的斜率值（the slope value）即表示自净性能。

3.8.3　直接测量自净时间

如果能够把初始粒子浓度提升到所测洁净室或设施的洁净度等级的 1000 倍时，可以直接测量"100：1 自净时间"。

为避免高浓度粒子对离散粒子计数器光学器件的潜在污染以及粒子重叠误差，在测试前应计算进行"100：1 自净时间"测试要求的浓度，如果该浓度超过了所用离散粒子计数器最大允许粒子浓度（例如：Met One2100 型号激光粒子计数器 $\geq 0.1\mu m$ 挡的最大允许粒子浓度为 $1.4\times10^{7}pc/m^{3}$），则宜把初始浓度降低到粒子计数器允许浓度以下，或者改用上述自净率测试方法为妥。

直接测量自净时间的程序如下：将离散粒子计数器置于用户和供应商、承包商协商一致的测试点位置，一般测试采样点设在工作区平面的中心点位置，但注意不应直接在高效空气过滤器出风口下方。

此项测试中所选用的粒径档，应与测试洁净度等级所用的粒径档相一致，如果划分洁净度等级的是两个不同的粒径，则宜选用其中较小的粒径。从另外角度来看，为避免非等速采样，自净时间测试也最好用小于 $1\mu m$ 的粒径档。

为使洁净室或设施空气中悬浮粒子浓度达到"100：1 自净时间"的检测所需初始浓度，国外一般采用与高效过滤器现场检漏测试相同的气溶胶尘源和气溶胶发生器，形成洁净区悬浮粒子污染。国内较为普遍采用的方法是燃点巴兰香等类物质产生人工尘。当洁净区设置多个测点时，整个洁净区自净的时间可按下式计算：

$$t_{r,\,a}=\frac{N}{\sum(1/t_{r,i})}\qquad(3\text{-}11)$$

式中　$t_{r,a}$——整个洁净区的平均自净时间，min；

　　　$t_{r,i}$——各测点位置的自净时间，min；

　　　N——测试点位置数。

3.8.4　测试报告

除常规的测试报告内容外，报告中还应包括以下内容：

（1）所用气溶胶名称、气溶胶发生器名称；

（2）测试仪器名称及其校准状态；

（3）仪器操作者或数据采集设备名称；

（4）测点位置及洁净室、洁净环境所处的状态。

复习思考题

1. 洁净室进行空气中悬浮粒子测试前，应该完成哪些预测试工作？

2. 如何确定洁净室空气中悬浮粒子测试的采样点？与洁净室级别有无关系？

3. ISO 14644-3:2015 与 GB/T 25915.3—2010 的悬浮粒子测试采样点确定方法有何不同？

4. 如何确定各测点的单次采样量？与洁净室级别有何关系？

5. 进行洁净室空气中悬浮粒子测试，在使用仪器时应注意哪些问题？

6. 空气中悬浮粒子浓度测值的统计计算有哪些基本原则？

7. 根据合同约定，某洁净度 4 级（GB 50073—2013，洁净度 4 级）洁净室验收时，要以 0.2μm 及 1μm 的空气中悬浮粒子浓度测值为依据。这样的约定是否合理？为什么？

8. 按洁净度等级划分的最大允许粒子浓度计算公式，确定 4 级洁净室的 0.2μm 及 1μm 挡的最大允许粒子浓度。

9. 已测得某 5 级洁净室 ≥0.3μm 的空气中悬浮粒子浓度值（28.3L 采样量）如下表所列。试判定该洁净室是否达到要求。

测点编号	1	2	3	4	5	6	7	8	9
粒子数	218	209	104	173	165	188	221	225	190

10. 某 4 级洁净室的 8 个测点的单次及测点平均悬浮粒子浓度均低于规定的等级限值，而 95% 置信上限的计算结果却高于规定的等级限值，此时如何处理与判定？

11. 顺序采样法的理论依据及其实用价值何在？

12. 什么是洁净室空气中的悬浮宏粒子？其通行的表示方法是什么？

第4章 检测仪器、仪表与操作方法

使用合格的仪器、仪表是检测工作的基本手段与保证。对洁净室通风空调系统检测所需主要仪器、仪表的性能与技术要求，在国家标准 GB/T 25915.3—2010 和对应的国际标准 ISO 14644-3∶2005 的附录 C "测试仪器"一节中有具体的规定。国家标准《通风与空调工程施工质量验收规范》GB 50243—2016 中，关于通风与空调系统所需仪器、仪表也有简要说明。相关的书刊和产品样本也可查阅到各种仪器、仪表的具体构造、工作原理及相关参数。此外还可以参考 2019 年 8 月发布的 ISO 14644-3∶2019。

在本书的第 1 版中，大部分仪器仪表都以国外品牌为例，而近年来国产仪器、仪表的品质有很大的进步，类别也日趋完备。虽然与某些国际高端产品相比尚有差距，仍需继续努力提高质量和稳定性。但对于一般工程应用，国产仪器、仪表的性价比无疑是很有竞争力的。特别值得提出的是，这些产品中大部分由中、小企业和院校、研究机构协作研发。一些企业为保障和提高产品质量，投入大量资金建立了多种检测、标定系统，使产品性能日趋稳定并不断提高。为了推广和支持国内产品，在本书第 2 版中采用了较多国产仪器、仪表为例。目前国产仪器、仪表的品牌很多，可供选择的范围较宽。本书所列举的产品样机，是行业中较为认可的产品，当然也不是唯一的。本章仅就主要及常用检测仪器、仪表进行介绍。

4.1　光散射离散粒子计数器

光散射离散粒子计数器（Light-scattering discrete-particle counter）是测定空气中悬浮颗粒物的常用仪器。其工作原理是：利用空气中悬浮微粒对光线的散射作用，将采样空气中的悬浮微粒的散射光脉冲信号转换为相应的电脉冲信号。根据不同散射光强转换所得的、强弱不同的电脉冲信号来区分微粒的粒径大小，根据电脉冲信号的多少确定微粒数量。

光散射离散粒子计数器所给出的被测微粒的粒径尺寸，是将外形不同的被测微粒通过白炽光或激光光束产生的散射光强与球形粒子的散射光强作比对，以与其散射光强相同的球形粒子的直径作为被测微粒的粒径，该直径通常称之为等效光学直径（EOD，Equivalent Optical Diameter）。

光散射离散粒子计数器是目前洁净度检测最常用、最重要的仪器。就光源而言，它可分为白炽光源与激光光源两种，由于激光二极管和氦-氖激光光源较白炽光源的光强高出百倍以上，其检测的灵敏度、精度较过去普遍使用的白炽光源的离散粒子计数器大幅提高，而激光光源的成本又日益降低，耐用性逐年提高，因此激光光源的离散粒子计数器已成为目前国际、国内的主导产品。图 4-1 给出了激光粒子计数器的构造原理图。图 4-2 给出了激光粒子计数器的光学系统示意图。根据检测的精度要求不同，检测的任务不同，光散射离散粒子计数器相应有各种不同种类的产品，按检测任务来分主要分为现场测试与监测两大类产品。

GB/T 25915.3—2010 及 ISO 14644-3∶2005 中对光散射离散粒子计数器提出的测量技术要

求及附加技术要求，如表 4-1、表 4-2 所列，对离散大粒子计数器的技术要求如表 4-3 所列。

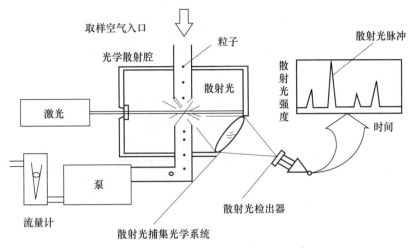

图 4-1 激光粒子计数器构造原理图

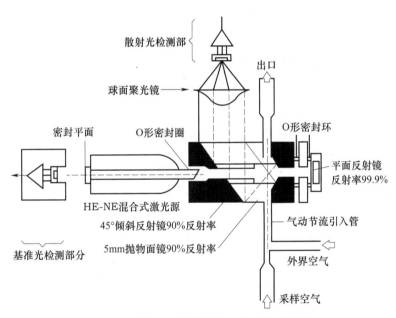

图 4-2 激光粒子计数器的光学系统示意图

对光散射离散粒子计数器的测量技术要求　　　　　表 4-1

项目	技术要求
敏感度 / 分辨率①	在 0.1～5mm 间选择，粒径分辨率≤ 10 %
误差	粒径设定值的浓度误差的 ±20%
电子反应时间	≤ 50μs
校准间隔	最多 12 个月或规定的性能鉴定

① 粒径分辨率大于 10% 的粒子计数结果，可以有高达 1 个数量级的变化。

对光散射离散粒子计数器的附加技术要求　　表 4-2

项目	技　术　要　求
计数效率	最低粒径阈值时 50%（±20%），等于或大于最低粒径阈值 1.5 倍时 100%（±10%）
低浓度范围	与实际预期的最低计数率相比，虚计数率是微不足道的。低计数率在一段时间内应该为 0 个粒子（如，5min 内无计数）
高浓度范围	在使用点大于设施洁净度等级浓度 2 倍，并且不超过厂家建议最大浓度的 75%

离散大粒子计数器技术要求　　表 4-3

项目	技　术　要　求
测量限值 / 量程	粒子浓度可高达 1.0×10^6 m^{-3}
灵敏度 / 分辨率	5～80μm 时分辨率 20%
测量不确定度	粒径误差为校准设定值的 ±5%
线性度	随粒子的成分或形状而异
校准周期	不超过 12 个月
计数效率	小阈值粒径处（50±20）%，大于或等于小阈值粒径的 1.5 倍时（100±10）%

4.1.1　用于现场检测的便携式激光粒子计数器

这类仪器需要在测试现场随测点位置较灵便的移动，以采集数据。它又可分为便携式与手持式两类产品，前者采样量较大，测量精度较高，多数内置打印机。后者可存储一定量可下载数据，但一般不具备打印输出数据功能。

1. 便携式激光粒子计数器

以几款不同采样量的苏州市华宇净化设备有限公司的产品为例（见图 4-3）。

（1）CLJ-E3016 型为全半导体激光粒子计数器，采样空气量为 2.83L/min（0.1cfm）。一款交直流两用，可与 PC 电脑数据采集系统连接，可直接观测，可进行远程控制，测试数据可通过电脑进行分析处理，并保存为 Excel 文件的计数器。

全半导体激光光源允许被测试空气的含尘浓度≥10 万颗 /2.83L；粒径通道：0.3　0.5　1.0　3.0　5.0　10.0（μm）六档。

显示方式分为：

实时显示：实时显示当前检测粒径中某一粒径的实时数据；

选择性显示：选择显示上一周期某一粒径的累计值；

程序显示：依次显示当前检测中各粒径的实时数据。依次显示：依次显示上一周期各粒径的累计值。工作时间：8h。电源：AC220V±10%，50±2Hz；最大功耗：20W；内置长效锂电池，可连续测量 8h 以上，外置充电器可快速充满（＜4h）充电器供电为 110V/220V，50/60Hz；数据存储：可存储 1000 组数据（包括粒径、数据、环境数据、自动判断净化等级等），断电后数据

（a）

图 4-3　便携式激光粒子计数器（一）
（a）CLJ-E3016 型全半导体激光尘埃粒子计数器

不丢失。并可随时查看和打印数据。内置打印。

（2）CLJ-3106T 型为大流量激光粒子计数器，采样空气量为 28.3L/min（1.0cfm）。激光传感器采用全半导体激光器及半导体光敏二极管接收器，确保光源的稳定性和信号接收器的准确度。大大减少了散射腔内的杂散射光，提高了传感器的信噪比。

高分辨率液晶触摸屏显示（LCD）中文界面、实时显示、上一周期显示、实时浓度显示，可显示时间、日期、测量值、温湿度、房间号、采样点、采样次数、状态等参数，可直接显示粒子浓度，可存储 20000 组数据，仪器带级别报警功能。

可对 5 级至 9 级洁净室超标后报警。

同时符合 GMP 标准的 A/B/C/D 四个级别静态和动态标准的测量 / 四种标准切换测量。

（3）CLJ-3350T 型为超大流量激光粒子计数器，采样量为 100L/min（3.53cfm）。该产品是配合 GMP 2011 年新标准检测的要求所研发的超大采样流量粒子计数器。根据新版 GMP（2010 版）的要求开发研制的产品，该产品采用 316L 不锈钢制作的外壳。激光传感器采用全半导体激光器及半导体光敏二极管接收器，确保光源的稳定性和信号接收器的准确度。内置锂电池，工作时间 4h；计数模式：累计值、差值、浓度值；测试模式：单一、重复、连续、计算、远程；采样周期：1～9999s 延时计数：0～99s。

（b）

（c）

（d）

图 4-3　便携式激光粒子计数器（二）
（b）CLJ-3106T 型大流量激光尘埃粒子计数器；
（c）CLJ-3350T 型大流量激光尘埃粒子计数器；
（d）2100C/2200C 型便携式空气颗粒计数仪

（4）以上几款激光粒子计数器其最小计数粒径均为 0.3μm，而 4 级以上的洁净室需要对 0.1μm、0.2μm 粒子计数。以下的一款 Met-one 产品适应此类需求，其主要性能如下：400 个数据循环存储；流量为 1cfm；最小可对 0.1μm（2100C）和 0.2μm（2200C）粒径颗粒计数；6 种粒径通道计数；内置打印机，可进行数据及时打印。

应用：电子厂洁净室空气监测，及测试过滤设备的效率和密封性。

2100C：6 Ch，0.1μm，0.2μm，0.3μm，0.5μm，0.7μm，1.0μm；2200C：6 Ch，0.2μm，0.3μm，0.5μm，0.7μm，1.0μm，3.0μm，5.0μm。1cfm（28.3 L/min）；样品和保持时间 1 s 到 24 h；光源采用 HeNe 激光；浓度损失＜ 5% @40000 pc/ft³；通信方式：RS 232C/RS 485 与计算机通信。

2. 手持简易型激光粒子计数器

限于体量和重量，手持式激光粒子计数器采样流量一般为每分钟 0.1 立方英尺（0.1cfm），即每分钟 2.83L（2.83L/min），其最小粒径通道一般为 0.3μm。通常均可采用电池或交流电工作。

由于这类产品采样空气量小，测量精度相对较低，但随检测人员移动灵便，适用于各种洁净室的监测，判定过滤设备的效率和密封性。这类产品可存储一定量的采样数据，备有下载软件，不带打印装置。这类产品市售的品牌较多，以苏州市华宇净化设备公司的一款产品为例（见图 4-4）：CLJ-3016h 手持式激光尘埃粒子计数器，采用激光光源；采样流量：2.83L/min（0.1cfm）；高分辨率液晶屏显示（LCD），中英文界面选择、实时显示、上一周期显示、实时浓度显示，可显示时间、日期、测量值、温湿度、房间号、采样点、采样次数、电池电量、状态等参数，95% UCL 计算，可直

图 4-4　手持式激光粒子计数器示例

接显示粒子浓度（pc/m³）；配用可充电电池 16.8 V，2600mAh，及交流电源适配器，AC：100～245 V，50/60 Hz 至 DC：16.8 V，1 A；工作时间 8 h，有剩余电量指示；计数模式：累计值，差值，浓度值；测试方式：单一、重复、连续、计算、远程；粒径通道 0.3μm、0.5μm、1.0μm、3.0μm、5.0μm、10μm 或根据客户要求设置粒径通道，最大可到 25μm，6 个通道粒径同时检测；数据存储可存储 1000 组数据，包括粒径、数据、环境数据、时间，采样量，数据位置口，断电后数据不丢失。

4.1.2　用于洁净环境实时监控的激光粒子计数器及相关设备

为了在洁净室运行过程中及时了解与判定洁净室环境，特别是一些关键区域或部位所处的状态是否始终符合生产或科研所规定的技术指标，洁净室管理者需要对其主要技术指标进行实时监控或周期性监测。一些高级别洁净室为此对一些关键指标，如洁净度、温度、湿度和惰性气体等，设置了连续巡查的装置，以便随时考核洁净室的受控状态。

1. 远程激光粒子计数传感器

这类设备习惯上又称为"远程空气颗粒传感器"，它实际上是一个以简易的激光粒子计数器为主体并附设有温度、湿度及惰性气体传感器的装置。它们往往被设置在洁净室的关键部位，依据指令对所监控的环境进行空气采样，并将结果以标准电信号或其他通信方式输出并传至控制中心的电脑，供洁净室管理者根据需要随时监测环境状态。有些设备还可根据需要给出报警信号，其工作原理示意如图 4-5 所示。

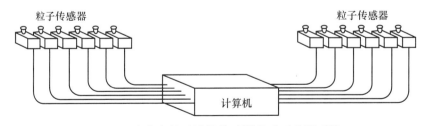

粒子传感器　　　　　　　　　　　　　　　　　粒子传感器

计算机

图 4-5　有多个粒子计数传感器的瞬时监测系统

图 4-6 给出了 3 种采样流量不同、数据输出方式不同的"远程空气颗粒传感器"的外形及主要性能。

图 4-6　3 种不同采样量及数据输出方式的远程空气颗粒传感器

（a）4803/4805 型；（b）5813/5815 型；（c）4503/4505 型

（1）4803/4805 远程空气颗粒传感器

特点：长寿命激光技术。

流量：0.1cfm（2.83L/min），可最小监控 0.3μm（4803）和 0.5μm（4805）粒径颗粒；2 个粒径尺寸和 RS 485 连续通信方式。

应用：电子厂洁净室空气监控，惰性气体采样和微环境监控。

性能：监控最小粒径 0.3μm（4803）和 0.5μm（4805），流速采用小流量 0.1cfm（2.83L/min）。

粒径通道：R 4803 CH1/CH2 0.3/0.5μm；R 4805 CH1/CH2 0.5/5.0μm。

激光光源为激光二极管（10 年 MTTF）；浓度损失为＜ 5%@2000000 粒 /ft³；电源采用 6VDC（＋10%）＜ 125。

（2）5813/5815 远程空气颗粒传感器

特点：长寿命镭射技术和不锈钢外壳。

流量：1cfm（28.3 L/min），可最小监控 0.3μm（5813）和 0.5μm（5815）粒径颗粒；2 个粒径尺寸通道和 RS 485 连续通信方式。

应用：电子半导体厂洁净室空气监控，惰性气体采样和微环境监控。

性能：监控最小粒径 0.3μm（5813）0.5μm（5815），流速采用大流量 1cfm（28.3 L/min）。

粒径通道：R 5813 CH1/CH2 0.3/0.5μm；R 5815 CH1/CH2 0.5/5.0μm。

激光光源为激光二极管（10 年 MTTF）；浓度损失为＜ 5%@400000 粒 /ft³；电源采用 12-28VDC@＜ 300mA；数据输出方式为 RS 485。

（3）4503/4505 远程空气颗粒传感器

特点：长寿命镭射技术，从而降低了使用成本。

流量：1cfm（28.3 L/min），可最小监控 0.3μm（4503）和 0.5μm（4505）。

粒径颗粒；0.3～5.0μm 和 0.5～10.0μm 监测范围；RS 422 脉冲或者 RS 485Modbus，输出接线方式为 RJ45 与 FMS 系统连接和通信。

应用：电子半导体厂洁净室空气监控，惰性气体采样和微环境监控。

性能：监控最小粒径尺寸 0.3μm（4503）0.5μm（4505）。

流速采用小流量 0.1cfm（2.83 L/min）；粒径通道数为 2。

粒径通道：4503 0.3～5.0μm，4505 0.5～10.0μm。

计数效率：4503 50%@0.3μm 100%@＞0.45μm，4505 50%@0.5μm 100%@＞0.75μm。

激光光源为长寿型激光二极管（10 年 MTTF）；浓度损失为 < 5%@2000000 粒 /ft³；电源采用 9-28VDC；通信协议方式为 Modbus 或脉冲。

图 4-7　多台粒子计数器的顺序监测系统

2. 空气颗粒计数及温度、湿度顺序监控装置

除去设置专用的"远程空气颗粒传感器"进行洁净室关键部位的空气技术参数监测外，还可以采取另一种模式，即依靠一套顺序监控装置，通过美国电气工程师协会（IEE，Institution of Electrical Engineers）制订的通信协议 RS 232/485 或其他信号传输方式把放置在不同位置上的离散粒子计数器的测值传输到设置在中央控制室或检测中心的顺序监测控制装置的接口，供巡查或选择性监测用。

以美国 Met One 公司的产品为例，如图 4-7 所示。

2432 顺序监测系统

特点：采样口数量 32；通信协议 RS 232；可选报警模块，每个报警模块提供触点用于 16 端口和 RH/ 温度，两个报警模块可以连接到 32 端口系统；可编程端口顺序最多 100 步。

电源：100～120 V；220～250 V。

多路器尺寸：30.5 cm×31.8 cm×40.6cm（宽 × 高 × 深）。

控制器尺寸：23.1 cm×12.2 cm×20.6cm（宽 × 高 × 深）。

适用机型及其性能：2100，2200，2400，2408 应用电子厂洁净室空气监测和认证，层流工作台和通风供气管网。

另一种顺序监测系统则仅在洁净室各关键部位设置空气采样口，通过气溶胶导管将所设置的多个采样口与配置有激光粒子计数器及计算机的顺序监测系统相连。由计算机控制激光粒子计数器顺序与各采样口的气溶胶导管相通，由气泵采入与之相通的空气采样口处的空气，进行粒径与数量的测量，并将结果录入计算机中，其工作原理示意图如图 4-8 所示。

与前述多台激光粒子计数器的顺序监测系统相比，这种方式虽然成本降低很多，但其作用半径受到较大限制，同时由于空气流动时沿程的颗粒损失难以避免，因此测量精度也远不如多台激光粒子计数器所构成的顺序监测系统。

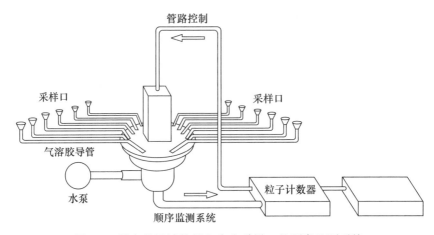

图 4-8　单台粒子计数器和多个采样口的顺序监测系统

图4-9、图4-10分别给出了由单台粒子计数器或多台粒子计数器，及温度、相对湿度；风速或流量；压差等参数的仪器、仪表所组成的监测系统示意图，供参考。

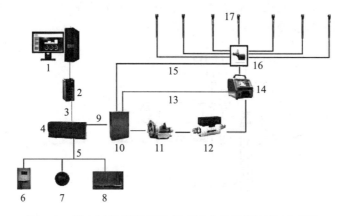

图 4-9 单台计数器及其他仪表组合的监测系统示意图

1—监控系统（数据库）；2—交换机；3—网线；4—PLC控制器；5—信号电缆；6—房间温湿度传感器；7—房间压差传感器；8—风速传感器；9—控制电缆；10—不锈钢自控箱；11—真空泵；12—流量传感器；13—RS 485；14—粒子计数器；15—阀控制线缆；16—切换阀组；17—采样头

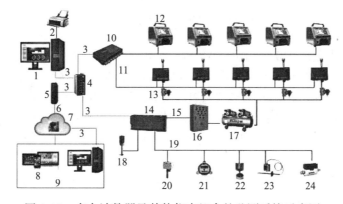

图 4-10 多台计数器及其他仪表组合的监测系统示意图

1—监控系统（数据库）；2—打印机；3—网线；4—交换机；5—云数据网关；6—网线或移动信号；7—云存储；8—移动终端访问以及报警提醒；9—异地远程监控系统；10—网络服务器；11—RS 485；12—粒子计数器；13—电磁阀；14—PLC控制器；15—控制线缆；16—空压机启动箱；17—空压机；18—报警灯；19—信号电缆；20—房间温湿度传感器；21—房间压差传感器；22—浮游菌采样器；23—风量传感器；24—流量传感器

4.1.3 凝聚核粒子计数器

凝聚核粒子计数器（CNC，Condensation Nucleus Counter），从测试原理上归类，仍属于离散粒子计数器。与一般离散粒子计数器的不同在于它附属有一套使被检测空气中的超微粒子尺寸增大的装置，以便于用一般离散粒子计数器测定那些原来远小于其识别能力的超微粒子，例如 0.02μm 的超微粒子，其工作原理如图 4-11 所示。

被测空气中悬浮的超微粒子由采样口进入凝聚核粒子计数器，经过一般温度为 35℃的饱和蒸汽发生容器及温度为 10℃的凝聚管后，在温度骤变的条件下以超微粒子为凝聚核，形成了尺寸远大于超微粒子自身的液滴。液滴的尺寸可根据检测需要在一定范围内调整蒸发、冷凝温度而有所变化。不同尺寸的液滴与其凝聚核心的超微粒子之间存在一定的比例关系。通过检测采样空气中的液滴尺寸和数量，即可得到超微粒子的相应尺寸和数量。凝聚核粒子计数器主要用于检测尺寸小于 0.1μm 的超微粒子气溶胶，用于研究工作和特殊工程需要，日常较少使用。

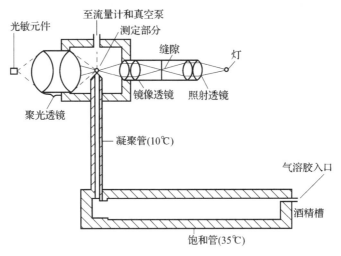

图 4-11　凝聚核计数器原理简图

图 4-12 所示为美国 TSI 公司生产的一款 3750 型凝聚核粒子计数器，该款计数器可测粒子尺寸范围：7nm～3μm；粒子浓度范围达 100000 pc/cm³；相应波幅＜ 5%；12h 平均背景计数误差＜ 0.001 pc/cm³；响应时间：90% 至 100% 时，＜ 1s；0～95%时，＜ 2s；运行环境：温度 10～35℃；相对湿度 0～90%；压力：75～105 kPa；供电：100～240 V AC，50/60 Hz，最大 200W，50Hz 时，数据资料存储 1 年；尺寸：27.5 cm×18.3 cm×29.9cm；重约 10 kg。

图 4-12　凝聚核粒子计数器外形示例

GB/T 25915.3—2010 及 ISO 14644-3:2005 对凝聚核粒子计数器的测量技术要求如表 4-4、表 4-5 所示。

对凝聚核粒子计数器的测量技术要求　　　　　　　　　　　　　表 4-4

项目	技 术 要 求
测量限值／范围	浓度达 $3.5×10^7/m^3$
敏感度	依具体应用而定，如 0.02 μm
误差	最低阈粒径的 ± 20%
稳定性	可能受环境气体种类影响
校准间隔	最多 12 个月

对凝聚核粒子计数器的附加技术要求　　　　　　　　　表 4-5

项目	技 术 要 求
低浓度范围	与实际预期的最低计数率相比，虚计数率是微不足道的

4.1.4 大粒子计数的一些设备

洁净环境空气中悬浮的大于 5μm 的大粒子，一般不可能是由通风空调系统带入的，通常是从工艺环境中释放的。当需要评估大粒子造成污染的风险时，应使用符合这类粒子具体特性的采样装置和测量方法。需要具体考虑的因素有：粒子的密度、形状、体积和空气动力学特性等。国内在这方面的检测经验较少，暂无正式的规范或标准，主要参考资料有美国环境科学技术学会的《空气悬浮大粒子测量》IEST-G-C 1003（IEST-G-C 1003 Measurement of Airborne Macroparticles）等。

1. 用显微镜观测滤纸采集的粒子

国内暂无具体针对性标准。ISO 14644-3：2005 推荐采用美国材料实验协会（American Society of Testing Materials）标准：《膜过滤大气流粒子尺寸和计数的显微镜方法标准》ASTM F312-97（2003）（Standard Test Methods for Microscopical Sizing and Counting Particles from Aerospace Fluids on Membrane Filters）。

2. 串级撞击采样器

即采样气体以恒定流量穿过一系列孔径渐小的孔板来采集粒子的系统，孔板面即采集面。每级孔板采集面的流体流速都比前一层高一级，其采集的粒子就比前一级小一号。再对各级采集的粒子进行称重或计数。采集大粒子的串级撞击采样器有两种：一种是粒子沉降在可拆卸的平板上，平板可移出称重或显微镜观测，这种撞击采样器的采样流量一般不低于 0.00047 m^3/s；另一种是粒子沉降在压电石英微量天平质量传感器上，传感器给出各级所采集的粒子质量。这类串级撞击采样器的采样流量很小。

对串级撞击采样器的技术要求见表 4-6。

串级撞击采样器技术要求　　　　　　　　　　　表 4-6

项目	技 术 要 求
测量限值／量程	规定的采样流量
灵敏度／分辨率	低压时可采集亚微米粒子
准确度	各级"截留点"的准确度 ≥ 90%
线性度	某粒径范围内粒子沉降的数量显著
稳定性	50% 的截留粒径，取决于采样流量
响应时间	几分钟到几天，依样本测量方法而定
校准周期	不超过 12 个月

3. 离散大粒子计数器

可对空气中大粒子进行逐个计数和计径的仪器。对离散大粒子计数器的技术要求见表 4-7。

离散大粒子计数器技术要求　　　　　　　　　表 4-7

项 目	技 术 要 求
测量限值／量程	粒子浓度可高达 $1.0 \times 10^6 \, \text{m}^{-3}$
灵敏度／分辨率	$5 \sim 80 \, \mu\text{m}$ 时分辨率为 20 %
测量不确定度	粒径误差为校准设定值的 ± 5 %
线性度	随粒子的成分或形状而异
校准周期	不超过 12 个月
计数效率	小阈值粒径处（50 ± 20）%，大于或等于小阈值粒径的 1.5 倍时（100 ± 10）%

由于只需要大粒子的计数数据，因此对 1 μm 以下粒子的仪器灵敏度无要求。注意离散粒子计数器的样本需是直接采自采样点的空气；计数器采样管的长度不得超过 1 m；离散粒子计数器的采样流量至少 $0.00047 \, \text{m}^3/\text{s}$。

为了保证所测粒子的浓度不大于出现重叠误差的浓度，应保留一个低于 5 μm 的粒径档。将这个小于 5 μm 粒径档的浓度数据加到大粒径数据中，浓度之和不应超过所用粒子计数器最大浓度建议值的 50%。

4. 飞行时间粒子测量仪

对离散粒子进行计数和计径的仪器，它通过测量粒子适应气流速度变化的时间来确定粒子的空气动力学直径。一般是利用光学手段测量气流速度改变后粒子的通行时间进行计径。

空气样本抽入仪器，经喷嘴进入一个局部真空区，空气因膨胀而加速，测量在真空区进行。空气样本中的所有粒子均在测量区加速，粒的加速度与粒子质量成反比。利用测量点的风速与粒子速度两者的关系，可测定粒子的空气动力学直径。知道环境与所测量区域之间气压的压差，即可直接计算出风速。根据粒子在两束激光间的飞行时间测定粒子速度。飞行时间仪可测量大到 20 μm 粒子的空气动力学直径，粒径分辨率好于粒径的 10%。获取样本的方法与离散粒子计数器测量相同；确定粒径范围的方法也与离散粒子计数器相同。对飞行时间粒子测量仪的技术要求见表 4-8。

飞行时间粒子测量仪的技术要求　　　　　　　表 4-8

项 目	技 术 要 求
测量限值／量程	粒子浓度可高达 $1.0 \times 10^7 \, \text{m}^{-3}$
灵敏度／分辨率	$0.5 \sim 20 \, \mu\text{m}$ 范围分辨率 10%
测量不确定度	粒径校准设定值的 ± 5%
校准周期	不超过 12 个月
计数效率	小阈值粒径时（50 ± 20）%，大于或等于小阈值粒径的 1.5 倍时（100 ± 10）%

5. 压电天平撞击器

采样气体以恒定流量穿过一系列孔径渐小的孔板来采集粒子的系统，孔板面即带有压电石英微天平质量传感器的采集面。各级传感器在采样的同时对所采粒子进行称重。对压电天平撞击器的技术要求见表 4-9。

压电天平撞击器技术要求   表 4-9

项目	技术要求
灵敏度 / 分辨率	低压差时可采集 5～50 μm 的粒子
线性度	某粒径范围内粒子沉降的数量显著
稳定性	各级的截留点随流量变化
校准周期	不超过 12 个月
最小采集灵敏度	对于比重为 2 的粒子 10 μg/m^3

4.2　气流测试仪表

　　无论是洁净室还是其他任何受控环境，室内的气流测试都是重要和必需的。只有准确测定风速、风速均匀性、送风量等气流参数，才能依据这些数据判断洁净室或其他受控环境的空调净化系统，是否具备维持所要求的洁净度、温度、湿度等技术参数的基本能力。因此气流测试一般都先于其他项目的测试。

　　单向流洁净室和洁净区需要测量风速分布，而非单向流洁净室和洁净区需要测的是送风量。测量送风量是要确定单位时间内送到洁净室和相关受控环境中的空气容积，该值可用来计算单位时间的换气次数。风量的测量，可在末端过滤器的出风面，或在送风管中。两者测量的都是通过已知截面的风速的平均值，平均风速与流通截面积的乘积即为风量。

4.2.1　风速测量仪表

　　常用的风速测量仪表按原理可分为机械式、散热式和动力测压式等。

1. 机械式风速仪

　　机械式风速仪如翼形风速计（vane type anemometer），是利用流动气体原动压推动机械装置来显示其流速的仪表。风速仪的敏感元件是一个轻金属制成的叶轮，翼形叶轮的叶片由 8～10 片扭转成一定角度的薄片组成。在动压作用下，叶轮产生回转运动，其转速与气流速度成正比。叶轮的转速可以通过机械传动装置连接指示或计数装置，以显示其所测风速。GB/T 25915.3—2010 及 ISO 14644-3：2005 对这类风速计的技术要求如表 4-10 所示。

翼形风速计的测量技术要求   表 4-10

项目	技术要求
测量限值 / 范围	0.2～10 m/s
敏感度 / 分辨率	0.1 m/s

续表

项目	技　术　要　求
误差	0.2 m/s 或读数的 ±5%
反应时间	90% 满标度时不到 10s
校准间隔	最多 12 个月

一般翼形风速计用于测量 0.2～10m/s 风速。如果风速低于 0.2m/s，多数翼形风速计的机械摩擦就会影响翼片的转动，测值的误差将增大。传统的翼形风速计的计时方式有人工和自动两种，自记式可直接读数，人工记时需有秒表配合使用。风速可按式（4-1）计算：

$$v = \frac{N_d - N_0}{t} \qquad (4-1)$$

式中　v——风速，m/s（在 t 时段内平均风速）；

　　　N_d——测出的读数，m；

　　　N_0——原始读数，m；

　　　t——测定所用的时间，s。

测定时需注意以下问题：

（1）使用前，翼形风速计应经过标准风筒校验或定期校验，使用时应在有效校验期内。

（2）使用前需检查风速计长、短针是否都处在零位，若不在零位可轻顶回零压杆，使其回到零位。

（3）测定时，气流方向应垂直于叶轮平面。

（4）风速不得超过测量上限，否则会造成螺丝松动或叶轮扭曲，以致损伤仪器。

（5）叶轮是风速计的关键部件，由于裸露在外部，易受损伤，使用中严禁用手触摸和受到其他器物的碰撞。

新式的翼形风速计均为自动计数，它配置了电子器件，通过测定每圈转动的脉冲电流信号，再转换成风速值显示。翼形风速计不适于测定脉动的气流，也不能测定气流速度的瞬时值。

图 4-13 给出了正在过滤器出风面进行测试工作的一种手持翼形风速计。

图 4-13　翼形风速计的一种形式

2. 散热速率式风速仪

散热速率式风速仪是根据流体中受热物体的散热率与流体流速成比例的关系制成的，测定传感器的散热率即能得到流体的流速。这种方法一般用于低流速的测量，测量下限一般为 0.05m/s。

常用的散热率法风速仪有：热线风速仪和热球式风速仪等，统称为热风速计（thermal anemometer）。GB/T 25915.3—2010 及 ISO 14644-3：2005 对热风速计的技术要求如表 4-11 所列。

对散热率式风速仪的测量技术要求　　　　　　　　　　　　　　表 4-11

项目	技 术 要 求
测量限值 / 范围	一般设施内为 0.1～1.0 m/s，管道内为 0.5～20 m/s
敏感度 / 分辨率	0.05 m/s（或最小为满标度的 %）[1]
误差	±（5 % 的读数 ＋ 0.1 m/s）[1]
反应时间	90 % 满标度时不到 10 s
校准间隔	最多 12 个月

① 敏感度和精确度参见 ISO 7726。仪器需要按空气温度差和大气压的变化来校正。

（1）热线风速仪

被测气流流过被电流加热的金属丝或金属薄膜时会带走其热量，使金属丝的温度降低，而金属丝温度的降低程度取决于流过金属丝的气流速度。因此，事先设计、制作并标定了金属丝的温度随气流速度变化的规律，当热线风速仪置于被测气流中，就可在仪表上读出气流的速度。

热线风速仪按其测量方法分为：恒电流和恒温度两种。恒电流热线风速仪的优点是电路简单，但其测速头在变温变阻状态下工作，敏感元件易老化，稳定性差。恒温度热线风速仪则敏感元件稳定性好，热惯性影响小，但制作工艺稍复杂。

图 4-14 给出了常见的恒流型热线风速仪的原理图。

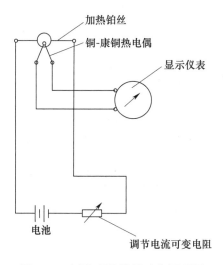

图 4-14　恒流型热线风速仪原理图

由图 4-14 可知，恒流型热线风速仪的测速探头是由加热金属铂丝与测温用铜-康铜分成两个独立的电路，第一个电路由加热铂丝、电池与调节电流的可变电阻组成，用来调节保持加热电路中的电流恒定。第二个电路由铜-康铜热电偶与显示仪表组成，热电偶热端固定在被加热铂丝的中间以测定其温度。测试时风速越大，则散热越多，热丝温度相应较低，因而电阻较大。由此，仪表显示不同值。

（2）热球风速仪

热球风速仪也是基于散热与风速有关的原理制成的，有测试头和指示仪表两部分。测头由电热线圈（或电热丝）和热电偶组成。当电热线圈通以额定电流时，它的温度升高，加热了玻璃球，因玻璃球体积很小，球体的温度可以认为与电热线圈的温度相同，通过电流时热电偶便产生热电势，指示仪表则指示出相应热电流的大小。玻璃球的温度升降、热电势相应的大小与气流速度有关。气流速度大，球体散热快，温升小；反之，气流速度小，球体散热慢，温升大，热电势也就越大。按此原理，指示仪表可直接显示出风速。

热球风速仪具有对微风速感应灵敏、热惯性小、反应快、灵敏度高的特点。被加热球体的容积小、对气流的阻挡作用小，整个仪器体积小、携带方便。

但其热球测头容易损坏，且不易修复，测头的互换性也不好，因此，使用时需注意：

（1）禁止用手触摸测头，防止与其他物体发生碰撞。

（2）仪表应在清洁、没有腐蚀性的环境中测量和保管。保管时要保持仪表干燥，电池要取出。

（3）搬运时应防止剧烈振动，以免损坏仪表。

4.2.2　动力测压法流速测量

动力测压法一般用于测量管道内空气（气体）的流速，管道断面的平均流速确定后，乘以管道断面积即可得到管道的空气流量。动力测压法通常是利用毕托管（Pitot tubes）和斜管压力计（inclined manometer）或数字式电子风速计（digital manometer）联合进行测量的，其风速可按下式计算：

$$v = K_o \sqrt{\frac{2P_d}{\rho}} \tag{4-2}$$

式中　v——气体的流速，m/s；

　　　K_o——毕托管速度校正系数，标准型的毕托管 $K_o \approx 1$；

　　　P_d——管道内气体的动压，Pa；

　　　ρ——空气的密度，kg/m³。

GB/T 25915.3—2010 及 ISO 14644-3:2005 对倾斜式微压计的技术要求如表 4-12 所列；与毕托管配合使用的电子式风速计的技术要求如表 4-13 所列。

对倾斜式微压计的测量技术要求　　　　　　　　　　　　表 4-12

项　　目	技　术　要　求
测量限值／范围	0～0.3 kPa 或 0～1.5 kPa
敏感度／分辨率	0～0.3 kPa 范围为 1 Pa

续表

项　　目	技　术　要　求
误差	0～0.3 kPa 范围为 ±3%
刻度放大系数 （scale amplitude power）	0～0.3 kPa 范围为 2（最小）～10

与毕托管配合使用的电子风速计的测量技术要求　　　表 4-13

项目	技　术　要　求
测量限值 / 范围	> 1.5 m/s
敏感度 / 分辨率	0.5 m/s
误差	读数的 ±5%
反应时间	90 % 满标度时不到 10 s
校准间隔	最多 12 个月

（1）毕托管

常用毕托管由内外两管构成，在外管靠近端部处的周边开有小圆孔，以测定气流的静压，测头的正中即内管的入口，用以测定气流的全压。标准毕托管的形状与尺寸如图 4-15 所示。

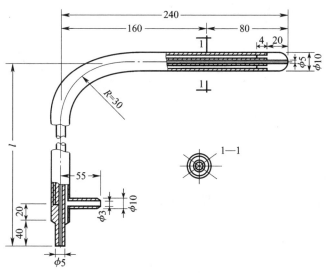

图 4-15　标准毕托管（单位：mm）

采用毕托管测定气流动压时，将毕托管探头朝向气流，内管入口所承受的压力是气流的全压 P_t，探头周边外管上的侧孔与气流的方向垂直，侧孔入口承受的压力是气流在该处的静压 P_s，所测气流在探头处的动压 P_d 值按式（4-3）计算。

$$P_d = P_t - P_s \qquad (4\text{-}3)$$

探头处的气流速度，按式（4-2）计算。

需要注意的是，测量孔口处于风道负压段时，如果测静压值则将静压引出管接到微压计斜管接口，而容器入口与大气相通。如果测全压，则将全压引出管接至微压计斜管接口，容器入口同样也与大气相通。

　　当风道的测量孔在正压段，要单独测静压或全压时，因为气流压力高于大气，因此毕托管的相应引出管应接至微压计容器接口，而斜管接口与大气相通。但在管道的正压段和在管道的负压段用毕托管测定气流速度时，毕托管全压引出管和静压引出管与倾斜微压差计的连接方式则完全相同。

　　处于正压段时，动压值等于全压值减去静压值，如式（4-3）所示。因为静压值小于全压值，静压引出管应接到斜管上，而全压引出管接至此斜压差计的容器入口上；在管道负压段时，静压与全压均低于大气压力，视为负值，而动压始终为正值，因此静压的绝对值大于全压。所以静压的引出口依旧接到微压计斜管接口，全压接口依旧接至容器入口。

　　（2）斜管压力计

　　斜管压力计的工作原理图如图 4-16 所示。斜管压力器通常由一个可变化倾角的带有刻度的玻璃细管和底部与其相连通的容器构成。容器顶部中央和斜管的另一端个别设有接入口。

　　采用斜管压力计可提高测量精度，当压力高的一侧作用于容器内的液体时，根据压差的不同，液体将沿斜管上升，液面上升高度为 h_1：

$$h_1 = L \cdot \sin\alpha \tag{4-4}$$

式中　L——斜管上工作液的长度；

　　　　α——斜管与水平面的夹角。

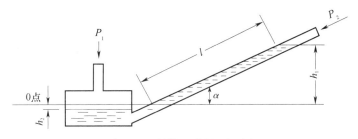

图 4-16　斜管压力计原理图

同时，容器内工作液将下降 h_2，于是所测的液柱高度 h 为：

$$h = h_1 + h_2 = L \cdot \sin\alpha + h_2 \tag{4-5}$$

根据连通管的原理，自容器内排出的液体体积应等于进入斜管内的液体体积，即：

$$F_1 \cdot h_1 = F_2 \cdot h_2 \tag{4-6}$$

式中　F_1——斜管断面积；

　　　　F_2——容器断面积。

　　于是

$$h = L \cdot \sin\alpha + L \cdot \sin\alpha \frac{F_1}{F_2} = L\sin\alpha\left[1 + \frac{F_1}{F_2}\right] \tag{4-7}$$

当采用的工作液体的密度为 ρ 时，压力为：

$$P = h \cdot \rho \cdot g = L\sin\alpha\left[1 + \frac{F_1}{F_2}\right]\rho \cdot g \tag{4-8}$$

令：

$$K = \sin \alpha \left[1 + \frac{F_1}{F_2} \right] \rho \qquad (4-9)$$

则：

$$P = KLg \qquad (4-10)$$

式中 K——与倾斜角、断面比和工作液有关的系数；

ρ——工作液体的密度，kg/m^3；

g——重力加速度，m/s^2。

对于不同的倾斜角、断面比和工作液，K 值均不相同，实践中可根据测量精度要求进行选择。GB/T 25915.3—2010 及 ISO 14644-3 对倾斜式微压计用于测定风压时的技术要求如表 4-14 所列。

倾斜式微压计测量风压时的技术要求   表 4-14

项 目	技 术 要 求
测量限值 / 范围	0～0.3 kPa 或 0～1.5 kPa
敏感度 / 分辨率	0～0.3 kPa 范围为 1Pa
误差	0～0.3 kPa 范围为 ±3%
刻度放大系数 （scale amplitude power）	0～0.3 kPa 范围为 2（最小）～10

4.2.3 流量罩

对于那些带有散流器、扩散板或其他出风装置的出风口，其出流方向和风速不同，难于使用风速仪准确地测定风量。这种情况下，采用带流量计的风罩（flowhood with flowmeter）能够不拆卸出风装置。只要把风罩的入风口紧贴在被测出风口上，让送风经风罩的出风口流出，出风口处的流量计即可给出该风口的送风量。如图 4-17 给出了正在用风罩进行天花板出风测试的照片。风罩出风口处按照圆形风管测量断面风速时，各测点的布置方法，设有十字形或多枝形带有测量孔的细管，以感应出风断面各测点的空气全压值。

图 4-17 正在测试中的风罩

根据断面平均全压与测量断面静压的差值，可测算断面平均风速。从而依据平均风速及出口断面积给出风量值，表 4-15 给出了 ISO 14644-3:2005 对风罩的测量技术要求。

风罩的测量技术要求   表 4-15

项目	技 术 要 求
测量限值 / 范围	流量 50～3500 m^3/h[①]
误差	读数的 ±5%
反应时间	90% 满标度时不到 10 s
校准间隔	最多 12 个月

① 测量限值和分辨率取决于所用风罩的尺寸。

图 4-18 为苏州市华宇净化设备有限公司生产的 FL 型风量仪，该产品采用毕托管相同原理，可同时测出出风断面均布的、多点的气流动压，以获得断面平均风速，从而确定风量。出厂前通过标准风洞孔板流量计装置，进行了多个风量的校正。可直接测量 70~3600m³/h 范围内的风量，配备了带轮子的可调式托架，总高度可达 3 m；电源可以交直流两用，电池可持续使用 30h；标准风罩：610×610（mm）、760×760（mm），可根据采用的风口尺寸及外形来设计并制作适合的风量罩，使测量结果更精确。数据统计方便可自动储存1000 个风口的风量值，能够随时翻阅 / 删除 / 打印和记录。

图 4-18　风罩产品示例

4.2.4　标准节流型空气流量计

常见的标准节流型空气流量计有孔板、喷口和文丘里流量计等。一般都由工厂定型生产，空调通风设计人员根据产品说明书选用。按照相关技术要求安装在通风管道的平直管段上，其压差测量装置装设在管道外。根据空气通过这类标准节流装置的压差，用标准曲线求得空气流量。

通风系统使用的孔板流量计可参考 ISO 5167-2：2003（ISO 5167-2：2003，Measurement of fluid flow by means of pressure differential devices inserted in circular cross-section conduits running full　Part 2：Orifice plates）

喷口和文丘里流量计可参考 ISO 5167-3：2003 第 3 部分和第 4 部分（ISO 5167-3：2003，Measurement of fluid flow by means of pressure differential devices inserted in circular cross-section conduits running full　Part 3：Nozzles and Venturi nozzles；ISO 5167-4：2003，Measurement of fluid flow by means of pressure differential devices inserted in circular cross-section conduits running full　Part 4：Venturi tubes）

4.3　压差测定常用仪表

不同级别洁净室、洁净室与非洁净区之间都要维持一定的微压差，以避免或减少通过开口或缝隙造成的污染扩散。普通洁净室不同级别逐级之间、洁净室与非洁净区之间的微压差一般为 5~10Pa，而某些生物洁净室为防止有害物或病毒向外扩散，其进入通路的各个房间之间的负压差需要维持 -10~-30Pa。根据国家标准《实验室　生物安全通用要求》GB 19489—2008 的规定：相对于大气压污染区为 -40Pa；根据国家标准《生物安全实验室建筑技术规范》GB 50346—2011 的规定：与室外方向上相邻相通房间的最小负压差为 -10Pa。

判定各相邻房间是否满足所需静压差的要求，需要使用一些测定微压差的仪表。

在空调净化系统中，一般设有粗效、中效及高效空气过滤器。这些过滤装置随积尘量的增加，在维持系统风量不变的情况下，风阻将逐渐增大。各种空气过滤器在其额定风量下都有其各自合理的终阻力。空气过滤器的风阻达到终阻力时，意味着该空气过滤器不宜再继续使用，应予更换。因此在各级空气过滤器处，应配置微压差计并与过滤器前后的静压引出管相连，以便随时监测气流通过空气过滤器的压力降。有些微压差计还备有可调节压差设定的报警标定值，以便超过规定压差时输出报警信号。

常用的压差计有斜管压力计、曲管压力计、簧片或膜片压力计、电子压力计等。表 4-16 给出了常用的各级空气过滤器的初、终压降值。

根据国家标准《空气过滤器》GB/T 14295—2008，各级空气过滤器的主要性能按表 4-16 所列数值分类。在额定风量下各级空气过滤器的初阻力、终阻力可参考该表，一般宜以生产厂样本推荐值为准。

《空气过滤器》GB/T 14295—2008 分级方法　　　　　　表 4-16

性能类别 〈 性能指标	代号	迎面风速（m/s）	额定风量下的效率 E（%）		额定风量下的初阻力 $\triangle P_i$（Pa）	额定风量下的终阻力 $\triangle P_f$（Pa）
亚高效	YG	1.0	粒径 ≥ 0.5μm	$99.9 > E \geqslant 95$	$\leqslant 120$	240
高中效	GZ	1.5		$95 > E \geqslant 70$	$\leqslant 100$	200
中效 1	Z1	2.0		$70 > E \geqslant 60$	$\leqslant 80$	160
中效 2	Z2			$60 > E \geqslant 40$		
中效 3	Z3			$40 > E \geqslant 20$		
粗效 1	C1	2.5	粒径 ≥ 2μm	$E \geqslant 50$	$\leqslant 50$	100
粗效 2	C2			$50 > E \geqslant 20$		
粗效 3	C3		标准人工尘计重效率	$E \geqslant 50$		
粗效 4	C4			$50 > E \geqslant 10$		

注：当效率测量结果同时满足表中两个类别时，按较高类别评定。

与欧、美标准相反，《空气过滤器》GB/T 14295—2008 的分级排序是由高至低的，并保留了 GB/T 14295—1993 中有关空气过滤器按效率范围分为四类的方法，即仍分为亚高效、高中效、中效、粗效几类，不同之处在于：

（1）将中效细分为中效 1（Z1）、中效 2（Z2）、中效 3（Z3）三个级别，同样将粗效细分为 C1 至 C4 四个级别。此标准较旧标准细化了分级，是一个进步。

（2）除 C3、C4 两等级粗效是以人工尘计重效率分级外，其余的 7 个级别均以人工尘计数计径效率来判定。所不同在于中效至亚高效的五个级别均以 ≥ 0.5μm 的计数效率值来区分，粗效的另两个级别 C1、C2，则以 ≥ 2μm 的计数效率值来划分。这种分类方法较 GB/T 14295—1993 省略了一个粒径档（1.0μm），替换了一个粒径档：将 ≥ 5μm 变更为 ≥ 2μm 档。未知有多少实验数据做支撑，其实用性尚待检验。笔者有限的经验判定，可能存在以下一些缺陷：

一是高中效仅列一档，所涵盖范围偏宽。它介于欧盟分级 F6 至 F8 三个级别之间，而这个类别的空气过滤器经常作为一般清洁环境的末级过滤器，如门诊室选用 F7，专业护理室选用 F6，或作为洁净室高效过滤器出风口的前置过滤器，如洁净手术室等。其用途不仅广泛，也较为重要，笼统地归在一类，不便于选定。

其二，无论 EN 799 还是 ASHRAE 52.2，粗效过滤器都以计重效率分级，而 GB/T 14295—2008 中仅以粗效 3、粗效 4 的计重效率区分，而粗效 1 与粗效 2 以 ≥ 2.0μm 的计数效率判定，粗效 2 与粗效 3 可能存在重叠的问题。以 ≥ 2.0μm 过滤效率作为部分中效过滤器分级的判定依据，是否贴切，缘由何来，有待论证。

表 4-17、表 4-18 分别给出了按国家标准《高效空气过滤器》GB/T 13554—2008 有关高效空气过滤器及超高效空气过滤器的分类及其初、终阻力的数值范围。

高效空气过滤器性能　　　　　　　　　　　　　　　　　　表 4-17

类别	额定风量下的钠焰法效率（%）	20% 额定风量下的钠焰法效率（%）	额定风量下的初阻力（Pa）
A	$99.99 > E \geqslant 99.9$	无要求	$\leqslant 190$
B	$99.999 > E \geqslant 99.99$	99.99	$\leqslant 220$
C	$E \geqslant 99.999$	99.999	$\leqslant 250$

超高效空气过滤器性能　　　　　　　　　　　　　　　　　表 4-18

类别	额定风量下的计数法效率（%）	额定风量下的初阻力（Pa）	备注
D	99.999	$\leqslant 250$	扫描检漏
E	99.9999	$\leqslant 250$	扫描检漏
F	99.99999	$\leqslant 250$	扫描检漏

1. 斜管压差计

如 4.2.2 节所述，由于斜管压差计其斜管倾斜角度 α 的可调性，它在 α 角较小时，微小压差在斜管上就对应某较长的 L 值。压差的微小变化，都能从 L 值的变化灵敏地辨认，因此常用于测定微压差。

无论是洁净室间的正或负压差，还是空气流过空气过滤器的压力降，都可选定不同 α 角的斜管压力计，以适应其压降变化范围。根据相邻房间的气流流向或压差，将相邻房间的静压分别接到容器及斜管的气压引入口，用以测定压差；或分别在过滤器前和后的侧壁开微孔，并将其静压力引往斜管压力计的容器和斜管引入口，以测定空气过滤器前后的压力降或流动阻力。

2. 曲管压差计

曲管压差计是一种既简单而压差测值的适应范围又相对较宽的液体微压计，如图 4-19 所示。

它利用液体管的曲率变化替代斜管压差计的倾角变化，以便于在较宽的范围内测定微压差，而构造较为简单。当测定的微压差较小时，恰处于曲管斜率较小的直管段。随被测压差的增大，被测值显示在曲率变化的弯曲管段。被测压差更大时，被测值将显示在斜率很大的直管段上。常将它挂在洁净室墙上或空气处理机组靠近空气过滤器的外壁上，以监测洁净室内外或空气过滤器前后的静压差。

3. 弹簧管、簧片或膜片压力计

簧片或膜片压力计属于机械式压差计。因存在压差使弹簧管、簧片变形或膜片位移，利用其变形量、位移量与所测压力差所存在的函数关系为原理制成，通过杠杆机构，将变形量传递给指针，或通过磁性变化将膜片位移传递给指针，以指示压差量。图 4-20 给出了弹簧管、簧片压力计工作原理的图示。图 4-21 为通过磁性传递隔膜变化来指示压力的某种微压计的外形。弹簧管、簧片或膜片压力计常见的类别如下：

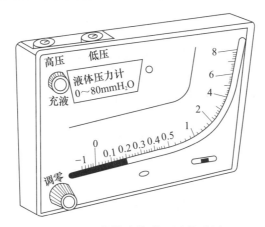

图 4-19 曲管液体微压计外形图

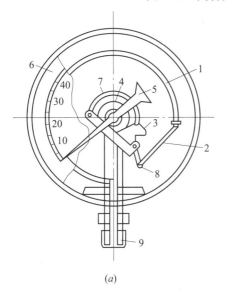

(a)

1—弹簧管；2—拉杆；3—扇形齿轮；4—中心齿轮；5—指针；
6—带刻度面板；7—游丝；8—调节螺丝；9—测压接头

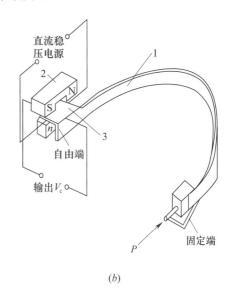

(b)

1—弹簧管；2—磁钢；3—霍尔片

图 4-20 弹簧管、簧片压力计工作原理示意图
（a）弹簧管压力计；（b）远传弹簧片压力计

（1）弹簧管压力表

弹簧管压力表有单圈和多圈之分，单圈弹簧管压力表多是指示型的，可以附有触点装置；多圈弹簧管压力表，弹簧管端移动角度较大，故灵敏度有所提高，并可制成自动记录型和远距离传送型。

选择压力表时，除特别注明外，被测压力的最大值宜为选用压力表满刻度的 2/3（脉动负载时取 1/2），且应不小于 1/3；仪表应垂直安装，安装处和测点处应处于同一高度，且距离应尽量缩短，通常不宜超过 50m。

图 4-21 压力计

（2）膜片压力计

膜片压力计用金属膜片作为弹性元件，因此所测压力不高。仪表安装位置与测量点的距离越近越好，一般不宜超过 50m。仪表应安装在室内，环境温度应在 −40～＋60℃ 范围内，相对湿度不宜大于 80%。如仪表使用时的环境温度偏离标准环境温度（20±5℃）时，则应考虑温度附加误差。

仪表必须垂直安装，并力求和测量点位于同一水平面上，如果相差过大，则必须考虑附加误差。测量正压时，一般不应超过测量上限值的 3/4，如测变动负荷则不应超过测量上限值的 2/3。测量真空时，可用全部测量范围。

目前常用的微压差表，其量程分为 0～60Pa、0～125Pa、0～Pa、−60～＋60Pa 等多种规格。

对于这类机械式压差计，ISO 14644-3:2005 给出的技术要求如表 4-19 所列。

机械压差计的测量技术要求　　　　　　　　　　　　　　　　　　表 4-19

项目	技 术 要 求
测量限值／范围	小范围为 0～50 Pa；大范围为 0～50 kPa
敏感度／分辨率	0～50 Pa 范围为 0.5 Pa
误差	0～50 Pa 的范围为满标度读数的 ±5%； 0～50 kPa 的范围为满标度读数的 ±2.5%

4. 电子微压计

常见的电子微压计（electronic micromanometer）与上述膜片式压力计的相同之处在于，它同样是依据膜片在两侧不同压力作用下所形成的位移量来反映膜片两侧的压力差；不同之处在于它不是依据机械方式，而是依靠测定膜片位移而产生的静电电容或电阻的变化量来反映所测压差的大小。

GB/T 25915.3—2010 及 ISO 14644-3:2005 对于电子式微压计的技术要求如表 4-20 所列。

电子式微压计的测量技术要求　　　　　　　　　　　　　　　　　　表 4-20

项目	技 术 要 求
测量限值／范围	标准的小范围为 0～100 Pa；标准的大范围为 0～100 kPa
敏感度／分辨率	1±0.1 Pa，0～100 Pa
误差	0～100 Pa 的范围为满标度读数的 ±1.5%； 0～100 kPa 的范围为满标度读数的 ±1%

4.4　气流目测的仪器

尽管使用专门软件运用计算流体力学软件（CFD，Computational Fluid Dynomics）预测与分析室内气流，已成为相当容易和有参考价值的方法。但 CFD 技术给出的图示和数据毕竟并非现场的实际情况。由于计算过程中的某些假设与简化，CFD 所给出的预测结果有可能与现场实际有出入，甚至是较大的差异。在享受现代科技带来的灵活方便地分析、预测气流流型的同时，通过实际测试以考核与印证 CFD 模拟的结果仍是十分必要的。

截至目前，对于气流流型或室内气流组织的测试，最常用的方法仍是人工目检法。气流目检法主要有如下 3 种方法。

1. 示踪线法

利用在气流中随气流飘动的飘带来目测气流的流向是一种常用的方法。这种飘带宜是表面积与重量之比高，而且容易看到的条状、线状物，可以是尼龙纤维、丝线或是音乐录音细磁带。前两种可用于显示风速低于 0.5m/s 的气流流向，而后者适用于风速大于 1m/s 的气流流向显示。

把上述这类轻柔的飘带放置在支撑杆顶端，或系于放置在气流中的细钢丝网格的交叉点上，在较强的照明下直接观测气流的方向和因干扰引起的波动，这种方法称之为示踪线法（Tracer thread method）。

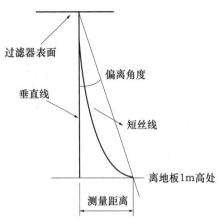

图 4-22　采用示踪线法测量垂直单向流

例如用于判断单向流的流线平行度及其垂线或水平线的夹角就常采用这种方法。图 4-22 给出了用示踪线法测量垂直单向流流线与垂线间夹角的方法。

2. 示踪剂注入法

可以使用多种方法、多种物质在需测定气流状况处，产生粒子流或烟雾，以显示洁净室的气流流向或气流组织。通常需要辅以较高照度，以便于目测，这种方法称之为示踪剂注入法（Tracer injection method）。

使用水蒸气作为示踪剂是避免污染环境的合理选择，而且产生水蒸气的方法有多种。例如通过电加热去离子水（DW, Deionized Water）产生蒸汽液滴，此外还可以采用干冰。图 4-23 给出了一种产生水蒸气的雾化器正在喷出水蒸气。

国外也常采用以喷射方法或化学方法生成的乙醇（alcohol）/正二醇（glycol）等材料的示踪粒子，用以显示气流流向。值得注意的是选用液滴生成方法时，既要避免液滴过大，使其运动过程中受重力、惯性的影响过大，而明显偏离所观测气流的流线；又要防止液滴过小，影响观测效果，特别是当采用图像处理技术时，过小的液滴不利于气流流型的显示。

图 4-23　雾化器正在产生水蒸气（一）

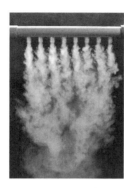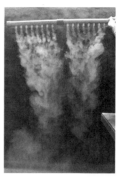

图 4-23　雾化器正在产生水蒸气（二）

国内外也常采用四氯化钛（$TiCl_4$）作示踪剂，值得注意的是，四氯化钛烟雾在空气中将产生酸，可能对某些物体表面有腐蚀作用，因此，有贵重设备或产品在室内时不宜使用，而且也需要顾忌到操作人员吸入过多含氯的酸性物质对肺的健康不利。

图 4-24 给出了一种产生四氯化钛烟雾的简单装置。该装置的主要部件是发烟管和橡皮气囊，发烟管直径约 2cm，长约 10cm，一般采用玻璃管，管内填充有吸附有四氯化钛的浮石。当需要使用时，将发烟管两端的密封盖去掉，将其中一头插紧在气囊的胶管上，置于测试气流部位，用手挤压气囊，四氯化钛烟雾即可从发烟管的敞口处排出。

图 4-24　用气囊从发烟管中吹出四氯化钛的烟雾

采用示踪剂注入法在单向流洁净室中，比在紊流洁净室中更易观测气流流向，因为在紊流洁净室中，测试烟雾在气流之中往往较快的扩散，不易看出气流走向，但可以通过烟雾扩散的速度来判断所处位置是否存在涡流。而在单向流洁净室中，烟雾扩散相对较慢，便于显示所测位置的气流方向。

可以采用在 20～25mm 的塑料或薄壁金属管上，沿长度方向在同一直线上每隔 80～100mm 开凿一个 2～3mm 的小孔，管的长度可依据发烟能力和测试需要来确定。测试时将该管固定在一个架子上，用发烟器向管内供烟，通过从管中各孔均匀冒出的烟雾来目测气流的流动情况。如果测试水平单向流则该管沿垂直方向固定在支架上。当测试垂直单向流时，则将该管固定在水平方向上。

（1）超声波喷雾器

利用聚焦的声波使液体（例如，去离子水）雾化而生成气溶胶（雾）。超声波喷雾器的技术要求见表 4-21。

超声喷雾器技术要求表 4-21

项　　目	技　术　要　求
液滴粒径范围	例如：6～9 μm，或 30～70 μm[①]（MMD）
空气悬浮浓度	溶液量 1～6mL/min 时，70～150 g/cm^3

① 粒径范围因超声波的频率而异，例如，1 MHz 产生粒子的粒径范围为 6 ～ 9 μm。

（2）雾化器

沸腾的去离子水蒸气冷却至液体，通过气液相变生成气溶胶（雾）。雾化器的技术要求见表 4-22。

雾化器技术要求表 4-22

项　　目	技　术　要　求
液滴粒径范围	1～10 μm（MMD）
粒子生成率	1～25 g/min

3. 气流的图像处理技术目检法

采用示踪剂注入法在被测气流中形成粒子流，再利用高速摄像机摄录或在专用膜上形成粒子图像。如果摄像机带有适用的接口，可利用计算机和专用软件来处理图像，以根据速度矢量提供量化的气流特性，还可以用激光光源片装置得到较高的空间分辨率。

4. 通过测定速度场以目测气流的方法

这种方法可以使用普通热球、热线风速仪为工具，使用时在靠近热球式或热线采样头处，系上一条指示气流流向的系线，在所拟测定速度场的断面上，依次测定各分格中心的速度与方向并作记录。分格尺寸一般为 100mm×100mm～200mm×200mm。一般宜有垂直方向和水平方向的参照物，以保证采样位置与记录相符。根据气流测试房间的高度、风口布置情况等，事先制作一个可移动的断面网格架子，在各个水平网格线与垂直网格线的交叉位置，系上一条指示气流流向的细线，各个系细线的交叉点，即风速仪的测值点。图 4-25 给出了一个利用风速仪测定某断面速度场以目测气流的实例。

图 4-25 反映了一间在中心位置沿纵向设置开放式净化工作台的洁净室，在其某个测定横断面上靠左半边的风速分布情况。空调送风由房间中部的静压箱，经过高效空气过滤器吹出，出风口两侧沿纵向有 600 mm 高塑料围挡，在工作台上方成垂直单向流笼罩台面，回风口设在顶棚靠近高效过滤器出风口、塑料围挡的外侧，其气流分布如图 4-25 所示。

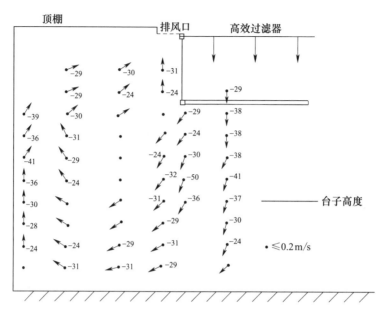

图 4-25　通过测定断面风速场以目测气流的实例

注：图中数值单位为 cm/s。

5. 对气流目测相关仪器设备的要求

GB/T 25915.3—2010 及等同的 ISO 14644-3∶2005 中对气流目测的仪器设备有以下两方面规定，如表 4-23、表 4-24 所列。

用于示踪线或注入法的材料或粒子　　　　　　　　　　　　　　　　表 4-23

项　　目	说　　明
用于设施内非污染条件的示踪线法的材料	丝线、棉丝、布等
用于设施内非污染条件的示踪剂注入法的粒子	直径为 0.5～50 μm 的 DI 水雾。 测量位置上无色气泡的密度
记录目检的示踪粒子的照片或图像的图像记录装置	各种装置，如用于气流目检程序中的包括高速电子闪光或同步功能的照相机、摄像机、图像记录装置

气流目测用照明光源　　　　　　　　　　　　　　　　　　　　　表 4-24

项　　目	说　　明
进行对比观测或作气流图像的各种照明光源	钨丝灯、日光灯、卤素灯、汞灯、激光光源（He-Ne、氩气离子、YAG 激光等）记录器带或不带电子闪光或同步装置
气流目检的量化测量用图像处理技术	激光光板法，由高功率激光源构成（氩气或 YAG 激光），包括有柱面透镜的光学法和一个控制器，可以目检二维气流

4.5　高效空气过滤器安装后的检漏

高效空气过滤器安装后的检漏测试，目的在于确认高效空气过滤器在运输安装过程中未受损伤，高效空气过滤器与其支撑框架间密封良好，送入室内的空气均经高效空气过滤器有效过滤，不存在泄漏情况。此项检测对于单向流洁净室十分必要。当然，洁净级别越高的洁净室对此项检测的要求也越高。

国外认为，对于 ISO 7 级或更低级别的洁净室，只要洁净室达到了所要求的空气洁净度级别，就可以接受。高效空气过滤器安装后是否存在漏点的问题可以忽略。持有这种观点的依据是，在紊流洁净室中送入的洁净空气与室内空气一般混合较好，从而避免了由于过滤器受损或安装欠佳，而有些许渗漏所造成的局部污染物聚集的情况。对于那些高效空气过滤器安装在管道或空调箱中，而并非在末端的低级别洁净室，当然，更属于只要洁净室达标就无需费事去检漏所安装的高效空气过滤器的情况。

相比之下，在单向流送风系统中，特别是在洁净工作台或隔离装置中，由高效空气过滤器出风面到关键区气流的流程较短，从受损或泄漏部位透过来的、未经高效空气过滤器过滤的污染空气单向流，就可能在关键区产生局部范围粒子计数超标。因此，在进行房间或区域洁净度测试前，单向流洁净室有必要对安装的高效空气过滤器逐台进行检漏。

4.5.1　检漏测试所用的气溶胶

1. 检漏测试气溶胶的应用

在检漏已安装好的高效空气过滤器时，是否一定要在高效空气过滤器上风向使用人工产生的测试气溶胶，国外也有不同的观点。有人认为如果在正常送风状态下，使用离散粒子计数器检漏已安装好的高效空气过滤器，如果根本没有探测到较高的粒子浓度，那么，未必有必要使用人工产生的高浓度测试气溶胶。持有不同观点的看法是，因为已安装好的高效空气过滤器的检漏工作是在洁净室处在空态或静态条件下进行的，此时房间再循环空气中的含尘浓度比动态时要低，而洁净室的再循环空气所占份额又往往很高，因此，检漏时，高效空气过滤器上风向的含尘浓度较动态条件下可能偏低较多，在这种情况下检漏所得结果未必可靠。

上述双方争执的焦点在于，已安装好的高效空气过滤器上风向是否具有足够的污染浓度，为检漏结果可靠性提供保障，至于是人工产生的测试气溶胶还是其他的尘源，往往并非主要关注点。天津大学在承接天津某著名国际品牌电子企业的高级别单向流洁净室检测工作时，与业主共同商定，其高效空气过滤器检漏项目采用了大气悬浮颗粒物作为尘源。具体做法是：拆除新风空调机组中的中效空气过滤器，使送入的新风含尘浓度大幅上升，同时关闭回风、加大新风与排风，使再循环空气量的份额有所降低。这样一来，高效空气过滤器上风向的含尘浓度明显增高以利于检漏。最终使用证明，检漏的效果是可靠的。

上述应用大气悬浮颗粒物作为试验气溶胶进行检漏的特例，并非所有单向流洁净室都能实现的。更何况采取了上述特例的各项措施后，上风向气溶胶浓度，较规定的人工产生的气溶胶仍有相当差距，其检测的灵敏度仍是有限的。所以，最可靠的检漏方法无疑仍宜采用人工产生的气溶胶，以确保高效过滤器上游的污染浓度，防止微小漏点被忽略。这对于 ISO 5 级以上的高洁净度级别的洁净室是十分必要的。

2. 对检漏测试气溶胶的要求

按照 GB/T 25915.3—2010 及国际标准 ISO 14644-3:2005 的规定，人工所产生的气溶胶应是多分散相的，其质量中直径（MMD）一般为 0.5～0.7μm。上风向测试气溶胶浓度应在 10～100mg/m³ 之间，并认为浓度低于 20mg/m³ 时会降低检漏的灵敏度，而浓度高于 80mg/m³ 时，长时间的测试可能会造成对过滤器的污染。

GB/T 25915.3—2010 及 ISO 14644-3:2005 中认为，原则上来看表面张力、黏度以及喷雾成大气气溶胶的蒸汽压力及物理性质都合适的惰性液体都可以作为人工产生气溶胶的材料，GB/T 25915.3—2010 及 ISO 14644-3:2005 所推荐的较为常用的人工气溶胶原材料有以下几种：

（1）聚 α 烯径油（PAO，poly-alpha olefin）；
（2）癸二酸二辛酯（DOS，dioctyl sebacate）；
（3）癸二酸二酯（DEHS，di-2-ethyl hexyl sebacate）；
（4）邻苯二甲盐二辛酯（DOP，dioctyl 2-ethyl hexyl phthalate）；
（5）食品质量矿物油（FL，food quality mineral oil）；
（6）石蜡油（paraffin oil）；
（7）聚苯乙烯乳胶球体（PSL polystyrene latex）；
（8）大气气溶胶（atmospheric aerosol）。

关于在某些设施中，某种测试气溶胶可能会造成不能接受的污染或分子污染问题，因涉及范围广、产品性质各异，国内外的标准规范均采取不涉及气溶胶安全问题的做法。承担检测任务的单位应与业主或用户商讨，采用适宜的安全准则，通过风险分析规定限值。而最终的决策与责任由业主或用户承担。

目前，一些国家出于安全原因，不提倡使用 DOP，而较普遍使用的是 DEHS 和 DOS。

4.5.2　检漏测试所用的设备

1. 气溶胶发生器

GB/T 25915.3—2010 及等同的 ISO 14644-3:2005 对气溶胶发生器（aerosol generator）的性能仅给出了一些原则性的意见：要求所用气溶胶发生器能够生成适当粒径范围（如 0.05～2μm）的多分散相气溶胶，所产生的微粒物质浓度恒定。

常用的压缩空气气溶胶发生器的工作原理如图 4-26 所示。由图 4-26 可知，空气经消声器流入带有针型阀门的浮子流量计计量，随即被吸入压缩机成为高压气体，经高效空气过滤器过滤后，进入装有产生气溶胶物质的喷雾容器，形成的气溶胶由喷雾容器的出口喷出。

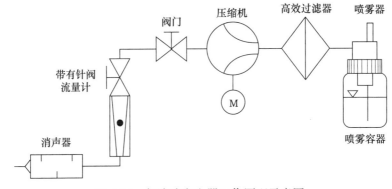

图 4-26　气溶胶发生器工作原理示意图

喷雾器的构造示意图如图 4-27 所示。

　　某型压缩空气气溶胶发生器，其产生的气溶胶浓度与压缩空气流量间的关系如图 4-28 所示。由此图可知，气动式气溶胶发生器产生的气溶胶浓度与其压缩空气的流量有关，在一定范围内压缩空气流量越大，单位时间所产生的颗粒数量越多，单位体积流量所携带的气溶胶颗粒物质越多，产生的气溶胶的浓度呈上升趋势。

　　除去上述常用的冷发生、气动式气溶胶发生器（pneumatic aerosol generator）之外，还有热发生、液压式等多种形式的气溶胶发生器，适应不同的需要。

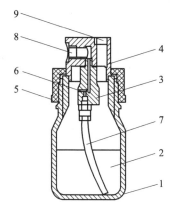

图 4-27　气溶胶喷雾器构造示意图
1—喷雾器容器；2—产生气溶胶的物质；
3—两相流喷嘴；4—气溶胶喷出管管壁；
5—喷雾器容器盖；6—气液混合腔；7—引流管；
8—压缩空气入口；9—气溶胶出口

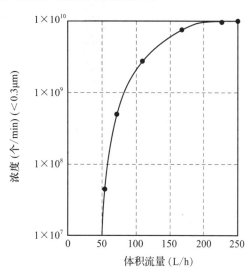

图 4-28　气溶胶颗粒数量浓度与压缩空气体积流量间的关系

图 4-29　气溶胶发生器示例

　　图 4-29 所示气溶胶发生器为苏州市华宇净化设备有限公司生产的 TDA-4B 型气溶胶发生器。可使用的流量范围：$1.4 \sim 141 m^3/min$（$50 \sim 5000$ cfm）。发生浓度：流量 $115 m^3/min$（4050 cfm），$10\mu g/L$；流量 $11.5 m^3/min$（405 cfm），$100\mu g/L$。发生粒子：PAO，DOP 多分散相。发生方法：$1 \sim 3$ Laskin Nozzles。压缩空气：20psi（0.14 MPa）；$85 \sim 255$ L/min（$3 \sim 9$cfm）。

2. 气溶胶光度计

　　由于气溶胶光度计的灵敏性较差，因此，为达到同等的检漏效果，与采用离散粒子计数器相比，要求上风向气溶胶的浓度高很多。因此，一般适用于过滤器的最易穿透粒径（MPPS，Most-Penetrating Particle Size）的整体穿透率（Integral Penetration）不小于 0.003% 的过滤系统。图 4-30 所示苏州市华宇净化设备有限公司的产品特点是：体积、重量小；自动定档和归零；声音、视像警报系统可调报警水平设定；扫描探头设有数字显示及操作按键。

　　一方面由于气溶胶光度计检漏效率较离散粒子计数器低，另一方面国内过去没有性能稳定的产品，所以未能推广。但现在国内外使用都较为广泛。

　　国外较常使用的是线性气溶胶光度计和对数气溶胶光度计。这两种光度计都是以单位为 mg/L 的质量浓度显示测量结果，用前置的散射光室进行测量。

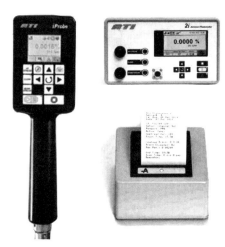

图 4-30　手持光度计示例

GB/T 25915.3—2010 及 ISO 14664-3∶2005 对上述两种气溶胶的技术要求分别做出了以下规定，如表 4-25～表 4-27 中所列。

线性气溶胶光度计的测量技术要求 表 4-25

项　目	技　术　要　求
测量限值 / 范围	0.001～100 μg/L
敏感度 / 分辨率	0.001 μg/L
误差	±5%
线性度	±0.5%
稳定性	±0.002μg/L/min
反应时间	（0%～90%）∶≤ 30s；100μg/L～10g/L∶≤ 60s
校准间隔	12 个月或 400 工作小时，以先达到的为准

对数气溶胶光度计的测量技术要求 表 4-26

项　目	技　术　要　求
测量限值 / 范围	0.01～100 μg/L　1 个范围
敏感度 / 分辨率	0.001 μg/L
误差	±5%
稳定性	±0.002 μg/L/min
反应时间	0%～90%∶≤ 60s, 100 μg/L～10 g/L∶≤ 90s
校准间隔	12 个月或 400 工作小时，以先达到的为准

线性和对数气溶胶光度计的附加技术要求 表 4-27

项　目	技　术　要　求
采样探管长度	最大长度为 4 m
显示	数字或模拟

项目	技术要求
粒径	测量范围的 0.1～0.6 μm
样品流量	28±3 L/min
最小采样孔尺寸	直径 4.8mm

3. 离散粒子计数器

对安装好的高效空气过滤器，国内外最常使用的检漏设备是离散粒子计数器。它灵敏度高，与气溶胶光度计相比，达到同等测量精度时，上游浓度仅为气溶胶光度计的 1‰～1% 即可。因此，对过滤器系统造成的污染要小，它可以检测到最易穿透粒径，穿透率低至 0.0000005% 或更低的过滤器系统。检漏所用的仪器，与洁净室测定悬浮粒子的离散粒子计数器完全一致，无其他特殊技术要求。

4.6 温度、湿度、照度、噪声等参数的测量

洁净室或其他受控环境，其环境的温度、湿度、照度、噪声等参数，无论对于生产或科研，还是从产品质量、工作效率等方面来衡量都是必须关注的，对于某些场所甚至是至关重要的。

4.6.1 温度测量仪表

温度测量仪表分为接触法与非接触法两大类。接触法是利用温度测量仪表的感温部件与被测物体良好的接触，使两者达到热平衡。温度测量仪表显示的读值，即为被测物体的温度。非接触法是利用物体的热辐射随温度变化的原理，通过测定物体辐射强度等方法来测定温度，常见的如光学温度计、辐射温度计和比色温度计等，一般用于测定高温及运动物体的温度，在洁净室或受控环境中不常使用。

接触法温度计主要分为热膨胀式、热电阻式及热电偶式三大类，其分类及性能如表 4-28 所列。

有关温度测量的相关问题可查阅国家标准 GB/T 18204—2013 或国际标准 ISO 7726。

接触法温度计的分类和性能 表 4-28

原理	大类	小类	适用温域	精度
热膨胀式温度计	液体膨胀式	水银 有机液体	−80～600℃ −200～200℃	0.5～5℃ 1～4℃
	固体膨胀式	双金属	−80～500℃	0.5～5℃
	压力式	气体 蒸汽压 液体	−270～500℃ −20～350℃ −30～600℃	0.001～1℃ 0.5～5℃ 0.5～5℃

原理	大类	小类	适用温域	精度
热电阻温度计	金属电阻	铂热电阻	$-260\sim850℃$	$0.001\sim5℃$
		铜热电阻	$-50\sim150℃$	$0.3\%t\sim0.035\%t$
		镍热电阻	$-60\sim180℃$	$0.4\%t\sim0.7\%t$
		铑铁热电阻	$0.5\sim300K$	$0.001\sim0.01K$
		铂钴热电阻	$1\sim300K$	$0.002\sim0.1K$
	非金属电阻	热敏电阻	$-50\sim350℃$	$0.3\sim5℃$
		锗电阻	$0.5\sim30K$	$0.002\sim0.02K$
		碳电阻	$0.01\sim70K$	$0.01K$
热电偶温度计	金属热电偶	钨铼热电偶	$0\sim2300℃$（$3000℃$）	$4℃\sim1\%t$
		铂铑热电偶	$0\sim1800℃$	$0.2\sim9℃$
		镍铬-镍硅	$-200\sim1300℃$	$1.5\sim10℃$
		镍铬-金铁	$-270\sim300℃$	$0.5\sim1.0℃$
	非金属热电偶	碳化硼-石墨	$600\sim2200℃$	$0.75\%t$

1. 热膨胀式温度计

利用物体受热膨胀的原理制作的温度计，主要有三类：液体膨胀式、固定膨胀式和压力式三类。

（1）液体膨胀式温度计

玻璃管液体温度计是最常见、常用的一种，其优点是直观、测量准确、结构简单、造价低廉，其缺点是不能自动记录、不能远传，且测温有一定滞后。

玻璃管温度计通常由温包及带刻度的玻璃管两部分构成一体，温包中充有水银、酒精或甲苯等感温膨胀介质。玻璃管液体温度计可分为以下几种：

1）标准温度计：用于精密测量或校准其他温度计，分度值一般为 $0.1\sim0.2℃$，基本误差在 $0.2\sim0.8℃$ 范围。

2）普通温度计：用于实验室，允许有稍大的误差。用于工艺测温时允许误差在 $1\sim10℃$ 之间。

3）电接点温度计：带有可调电接点或内标式固定接点等型产品，用于温度控制。

长期使用的温度计，要定期校验并校正其零位，对零位漂移要做修正。玻璃管温度计也是洁净室检测中最经常使用的测温仪表。

（2）固体膨胀式温度计

固体膨胀式温度计通常利用两种线膨胀系数不同的材料制成，有杆式和双金属片式两种。除用金属材料外，有时为增大膨胀系数值，还选用非金属材料，如石英、陶瓷等。

图 4-31 给出了一种杆式、一种双金属片式的示意图。

从图 4-31（a）中可以得到，由于温度变化，杆式温度计的芯杆膨胀率高于外套，芯杆受热延伸后靠杠杆机构带动指针偏转指示温度。

从图 4-31（b）中可以得到，由于温度升高，被焊成一体的由两种金属片构成的螺旋簧片，因线膨胀系数不同，将向膨胀系数小的一侧弯曲，螺旋簧片中心为固定端，螺旋簧片外侧为游动端，通过与游动端相连的杠杆机构带动指针偏转以指示温度。

这类温度计由于是间接测量，使用前必须用标准玻璃温度计进行对比校验。这类温度计结构简单、性能可靠，但精度稍差，一般用作自动控制系统中的测温元件。

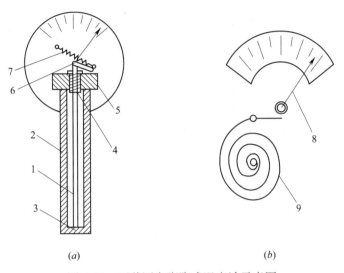

(*a*)　　　　　　　　　　　　(*b*)

图 4-31　两种固定膨胀式温度计示意图
(*a*) 杆式；(*b*) 双金属式
1—芯杆；2—外套；3—顶端；4—弹簧；5—基座；
6—杠杆；7—拉簧；8—指针；9—螺旋式双金属片

（3）压力式温度计

压力式温度计是利用密闭容器内工作介质随温度升高而压力升高的原理，通过对工作介质的压力测量来判断温度值的一种机械式仪表。其工作介质可以是气体（如氮气），也可以是低沸点的液体或蒸汽（如氯甲烷、氯乙烷、丙酮等）。压力式温度计由温包、毛细管、弹簧管、传动机构、指示机构等构成。图 4-32 给出了一种压力式温度计的示意图。

2. 热电阻温度计

利用导体或半导体的电阻率和温度有关的特性，与测定电阻值的仪表配套组成热电阻温度计。

制作热电阻温度计常用的金属导体有铂、铜、镍、铁、铑、铁合金等，半导体有锗、硅、碳及其他金属氧化物等。其中铂热电阻和铜热电阻是国际电工委员会（IEC，International Electro Technical Commission）所推荐的。

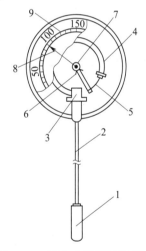

图 4-32　压力式温度计示意图
1—温包；2—毛细管；3—基座；
4—弹簧管；5—拉杆；6—扇齿轮；
7—柱齿轮；8—指针；9—刻度值

热电阻温度计的特点是精确度高、灵敏度高、反应快、测温范围宽，可用于远距离测量。目前利用电子数字化技术，开发了多种型号的手持式、便携式、热电阻式电子测温仪表，使用方便，测量效率较高。

热电阻温度计在投入使用之前及使用中，应定期校验，以检查和确定热电阻所反映温度的准确度。校验工作一般在计量机构或实验室中进行，除标准铂电阻温度计需要做三定点，即水三相点、水沸点和锌凝固点的校验外，一般铂或铜热电阻温度计的校验方法有两种。

（1）比较法

将标准水银温度计或标准铂电阻温度计与被校电阻温度计的感温包同时插入恒温槽。在需要或规定的几个稳定温度下，读标准温度计和被校温度计的显示值并进行比较，其偏差不能超过被校温度计最大允许误差。

（2）两点法

上述比较法虽然可以根据需要调整恒温器温度，对温度计刻度值逐个进行比较校验，但根据校验的不同温度范围，可能用恒温水槽或恒温油槽等。对于一般用电阻温度计，只需有冰点槽、水沸点槽测得被校电阻温度计的电阻 R_0 和 R_{100} 后，检查 R_0 值和 R_{100}/R_0 的比值是否满足技术数据指示，以确定温度计是否合格。

3. 热电偶温度计

热电偶是依据 19 世纪初西佰克（Seebeck）所发现的热电现象制成的一种测温元件。将两种不同导体连接在一起，构成一个闭合回路，当两种导体的两个接合点分别处于不同温度时，在回路中就会产生热电动势，这种情况被称为热电现象。如已知一点的温度及热电动势就可以推算另一点的温度，热电偶温度计就是利用这个原理制成的。

根据热电偶的材质和结构不同，热电偶有标准化与非标准化之分。

标准化热电偶是指生产工艺成熟、批量生产、性能稳定并已列入工业标准文件中的热电偶。它具有统一的分度表，可以互换并有配套的显示仪表供使用。

国际电工委员会（IEC）推荐了七种标准化热电偶，我国标准等同采用。

标准化热电偶的主要特性如表 4-29 所列。

其中 S、R、B 型均含贵金属铂，又称为贵金属热电偶，其余为低廉金属热电偶。实用中，T 型（铜－康铜）热电偶在廉金属热电偶中准确度最高，热电势较大，适用温度范围与需要吻合，应用最广泛；S 型（铂铑 10- 铂）是准确度等级最高的标准化热电偶，但热电势小，热电特性曲线非线性较大。

非标准化热电偶：随着科技发展的需要，测温范围要求更宽，测温精度要求更高，新的测温方法和测温元件不断更新，但这些新研发的热电偶目前尚无定型产品。热电势与温度的关系也没有标准化。目前常用的有钨-铼系热电偶与钨-铱系列热电偶，都主要用于高温情况。

标准化热电偶的主要特性 表 4-29

名称	分度号		测量范围 （℃）	等级	使用温度 （℃）	允许误差
	新	旧				
铂铑 10-铂	S	LB-3	0～1600	I	0～1100	±1℃
					1100～1600	± $[1+(t-1100)\times0.003]$ ℃
				II	0～1600	±1.5℃
					600～1600	±0.25%t

名称	分度号		测量范围（℃）	等级	使用温度（℃）	允许误差
	新	旧				
铂铑 30-铂铑 6	B	LL-2	0～1800	Ⅱ	600～1700	±0.25%*t*
				Ⅲ	600～800	±4℃
					800～1700	±0.5%*t*
镍铬-镍硅（镍铬-镍铝）	K	EU-2	0～1300	Ⅰ	0～400	±1.6℃
					400～1100	±0.4%*t*
				Ⅱ	0～400	±3℃
					400～1300	±0.75%*t*
铜-康铜	T	CK	−200～400	Ⅰ	−40～350	±0.5℃或 ±0.4%*t*
				Ⅱ	40～350	±1℃或 ±0.75%*t*
				Ⅲ	−200～40	±1℃或 ±1.5%*t*
镍铬-康铜	E		−200～900	Ⅰ	−40～800	±1.5℃或 ±0.4%*t*
				Ⅱ	−40～900	±2.5℃或 ±0.75%*t*
				Ⅲ	−200～40	±2.5℃或 ±1.5%*t*
铁-康铜	J		−200～750	Ⅰ	−40～750	±1.5℃或 ±0.4%*t*
				Ⅱ	−40～750	±2.5℃或 ±0.75%*t*
铂铑 13-铂	R		0～−1600	Ⅰ	0～−1600	±1℃或 ±[1＋(*t*−1100)× 0.003]℃
				Ⅱ	0～−1600	±1.5℃或 ±0.25%*t*

4.6.2　湿度测量仪表

在洁净室或其他受控环境中，空气的温度与湿度是两个密切相关的热工参数，在某些生产工艺和科研中，湿度可能比温度影响更大。例如影响某些电子产品的成品率、高级印刷制版工艺的质量等。

1. 空气湿度的表示方法

空气湿度与温度不同，其表示方法有多种，主要的表示方法有绝对湿度、相对湿度和含湿量。

（1）绝对湿度（ρ）

绝对湿度（ρ）是指在标准状态下（0℃，10135Pa），每立方米湿空气所含水蒸气的重量，以 g/m³ 为单位，其值由式（4-11）确定。

$$\rho=\frac{P_n}{R_n T}=\frac{P_n}{461 \cdot T}\times 1000=2.169\frac{P_n}{T}=2.169\frac{P_n}{273.15+\theta_w} \tag{4-11}$$

式中　P_n——空气中水蒸气的分压力，Pa；

　　　T——空气的干球绝对温度，K；

　　　θ_w——空气的干球摄氏温度，℃；

　　　R_n——水蒸气的气体常数，461 J/（kg·K）。

（2）相对湿度（φ）

相对湿度（φ）是指空气中水蒸气分压力 P_n 与同温度下的饱和水蒸气分压力 P_b 的比值，其值由式（4-12）确定。

$$\varphi = \frac{P_n}{P_b} \times 100\% \qquad (4\text{-}12)$$

相对湿度反映了空气环境的潮湿程度，是生产工艺或科研十分关注的湿空气参数。

（3）含湿量（d）

含湿量（d）是指湿空气中每千克干空气所含有的水蒸气量，其值由式（4-13）确定

$$d = 1000 \frac{m_n}{m_w} \quad (\text{g/kg}) \qquad (4\text{-}13)$$

式中　m_n——湿空气中水蒸气的质量，kg；

　　　m_w——湿空气中干空气的质量，kg。

依据理想气体方程式：$m = \dfrac{PV}{R_T}$，有：

$$d = \frac{P_n R_w}{P_w R_n} = \frac{P_n \times 287}{(B - P_n) \times 461} = 0.622 \frac{P_n}{B - P_n} \quad (\text{kg/kg}_{\text{干空气}})$$

$$= 622 \frac{P_n}{B - P_n} \quad (\text{kg/kg}_{\text{干空气}}) \qquad (4\text{-}14)$$

式中　R_w——干空气的气体常数，287J/（kg·K）；

　　　P_w——湿空气中干空气的分压力，Pa；

　　　B——大气压力，Pa。

由式（4-14）可以看出，在大气压力 B 一定时，相应于每一个 P_n 值，有一个确定的含湿量 d 值，即湿空气的含湿量与水蒸气的分压力互为函数关系，也就是说 d 和 P_n 是同一物理参数的不同表示。

测试空气湿度的仪表种类很多，ISO 14664.3 推荐了毛发式湿度计（Humidity monitor hair）、露点传感器（Dew point sensor）和电容式湿度计（Humidity monitor capacitive）三类，其细节可查询国际标准 ISO 7726。国家标准《室内空气质量标准》GB/T 18883—2002 推荐了通风干湿度计、氯化锂湿度计和电容式数字湿度计三类仪表。相关细节可查阅国家标准《公共场所空气湿度测定方法》GB/T 18204.1—2013。

2. 干湿球温度计

在普通温度计的温包上包以湿纱布并使其末端浸在盛水的小瓶里，通过毛细管作用而使纱布及其周围经常处于湿润状态，这就是湿球温度计。由于湿纱布表面与空气间存在水蒸气分压力差，水将吸收空气的热量而蒸发成水汽进入空气中。这个过程近似为等焓过程，在达到热湿平衡后，所测出的温度为空气的湿球温度 t_s；同时，另一个温包未包湿纱布的温度计测出的温度为空气的干球温度 t。根据 t 和 t_s，利用 $h-d$ 图可决定空气的相对

湿度；或者，利用干球温度 t 和湿球温度 t_s 之差和干湿球温度计所附表的表格，就能查到空气的相对湿度值。

干湿球温度计的优点是构造简单、操作容易、准确性较高；缺点是反应慢。此外，其测值不能直接显示湿度值，也不能直接用于自控。与周围空气的流速有关，流速在 2.5～4.0m/s 范围内时，测量结果比较稳定准确。图 4-33 给出了一种电动通风干湿球温度计的图例。

图 4-33　电动通风干湿球温度计

使用干湿球温度计时应注意：

（1）在测定时，为了保证测定结果的准确性，应尽快读数并避免对着温湿度计急呼吸；

（2）包裹湿球温度计温包的纱布，应力求松软，并有良好的吸水性，纱布要经常保持清洁，测定前必须将纱布湿润；

（3）纱布未浸水前，干球温度与湿球温度的湿度计的读数，差值不应太大，一般允许误差 0.1℃，否则会影响相对湿度的准确度。

各种常用的干、湿球的湿度计如表 4-30 所列。

干湿球温度计基本参数　　　　　　　　　　　　　　　表 4-30

名称	型号	测量范围	分度值	备注
干湿球温度表	DWM1	−36～46℃ −26～51℃	0.2	
手摇干湿表	DHM$_1$−1	−36～46℃ −26～51℃	0.2	
电动通风干湿表	DHM3	−26～51℃ −36～46℃	0.2	
通风干湿表	DHM2	−26～51℃ −36～46℃	0.2	
自记干湿温度计	DHJ$_H$	30%～100%		日、周记
自记干湿球温湿两用计	D$_2$J$_1$	−35～45℃ 30%～100%		日记
自记干湿球湿度计	DHJ$_1$	30%～100%		日记

3. 毛发湿度计

毛发（或尼龙丝）湿度计是利用毛发（经脱脂处理）或尼龙丝，在不同湿度空气环境中的伸缩率不同，即利用其长度随湿度而变化的机械敏感性而制成的。当相对湿度增加时，毛发、尼龙丝会伸长，反之则缩短。毛发（或尼龙丝）湿度计可直接测量相对湿度，也可以自动记录，但构造较复杂，惰性大，不能测量变动较大的空气相对湿度，准确性不够稳定，0℃以下测定可靠性低。常用毛发湿度计的基本参数如表 4-31 所列。

毛发湿度计基本参数　　　　　　　　　　　　　　表 4-31

名　　称	型　号	测量范围	日记允许误差
单发毛发湿度表	DHM4	30%～100%	±6%
自动记录毛发湿度计	DHJ1	0～100%	

注：1. 不能用在气温 70℃以上场合；
　　2. 常温时最高准确度约为 3%。

4. 露点湿度计

露点法测量相对湿度的基本原理是：测定空气的露点温度 t_l，并确定对应于 t_l 的饱和水蒸气压力 P_{bl}，显然此值即为被测湿空气的水蒸气分压力 P_n。因此，根据式（4-12）相对湿度的定义式，即可求得空气的相对湿度。

$$\varphi = \frac{P_n}{P_b} \times 100\% = \frac{P_{bl}}{P_b} \times 100\%$$

式中　　P_{bl}——相应于被测空气露点温度 t_l 的饱和水蒸气分压力，Pa；

　　　　P_b——相应于被测空气干球温度的饱和水蒸气分压力，Pa。

露点温度 t_l 是指被测湿空气冷却到其中水蒸气达到饱和状态，并开始凝结出水分时的对应温度。露点温度的测定方法是：让置于被测湿空气中的某个物体的表面逐渐被冷却，当与该表面接触的空气层中的水蒸气在该表面上冷凝出水分的瞬间，与冷却表面邻近的空气层的温度，即为被测湿空气的露点温度。用于直接测量露点温度的仪表，常见的有露点湿度计和光电式露点湿度计，其示意图如图 4-34、图 4-35 所示。

（1）露点湿度计

露点湿度计主要由一个镀镍的黄铜盒，盒中插着一支温度计和一个橡皮鼓气球等组成，如图 4-34 所示。测量时在黄铜盒中注入乙醚的溶液，然后用橡皮鼓气球将空气打入黄铜盒中，并由另一管口排出，使乙醚得到较快速度的蒸发，当乙醚蒸发时即吸收了乙醚自身热量使温度降低，当空气中水蒸气开始在镀镍黄铜盒外表面凝结时，插入盒中的温度计读数就是空气的露点。测出露点以后，再从水蒸气表中查出露点温度的水蒸气饱和压力 P_l 和干球温度下饱和水蒸气的压力 P_b，就能算出空气的相对湿度。这种温度计主要的缺点是，在冷却表面上出现露珠的瞬间，需立即测定表面温度，但一般不易测准，而容易造成较大的测量误差。

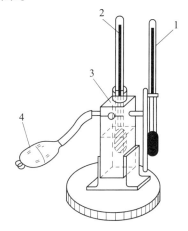

图 4-34　露点湿度计

1—干球温度计；2—露点温度计；

3—镀镍铜盒；4—橡皮鼓气球

（2）光电式露点湿度计

光电式露点湿度计是使用光电原理直接测量气体露点温度的一种电测法湿度计。它的测值准确度高，适用范围广，尤其是对低温与低温状态，更宜使用。光电式露点湿度计测定气体露点温度的原理与上述露点湿度计相同，其基本结构及系统框图如图 4-35 所示。

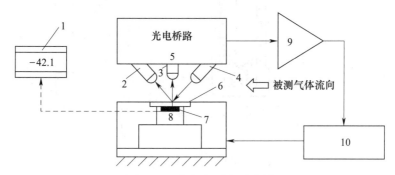

图 4-35　光电式露点湿度计

1—露点温度指示器；2—反射光敏电阻；3—散射光敏电阻；4—光源；5—光电桥路；
6—露点镜；7—铂电阻；8—半导体热电制冷器；9—放大器；10—可调直流电源

由图 4-35 可知，光电式露点湿度计的核心是一个可以自动调节温度的能反射光的金属露点镜以及光学系统。当被测的采样气体通过中间通道与露点镜相接触时，如果镜面温度高于气体的露点温度，镜面的光反射性能好，来自白炽灯光源的斜射光束经露点镜反射后，大部分射向反射光敏电阻，只有很少部分为散射光敏电阻所接受，二者通过光电桥路进行比较，将其不平衡信号经过平衡差动放大器放大后，自动调节输入半导体热电制冷器的直流电流值。半导体热电制冷器的冷端与露点镜相连，当输入制冷器的电流值变化时，其制冷量随之变化，电流越大，制冷量越大，露点镜的温度亦越低。当降至露点温度时，露点镜面开始结露，来自光源的光束射到凝露的镜面时，受凝露的散射作用使反射光束的强度减弱，而散射光的强度有所增加，经两组光敏电阻接受并通过光电桥路进行比较后，放大器与可调直流电源自动减小输入半导体热电制冷器的电流，以使露点镜的温度升高，当不结露时，又自动降低露点镜的温度，最后使露点镜的温度达到动态平衡时，即为被测气体的露点温度。然后通过安装在露点镜内的铂电阻及露点温度指示器即可直接显示被测的露点温度值。

5. 电容式、电阻式湿度传感器

电子湿度传感器因其方便、可靠、便于距离测量等优点，在洁净室检测、监测中广泛使用。常见的有电容式和电阻式传感器，辅以相应电学仪器，即可测定空气的相对湿度。

（1）电容式传感器

电容式湿度传感器基本上是一个电容器，在高分子薄膜上的电极是很薄的金属微孔蒸发膜，水分子可以通过两端的电极被高分子薄膜吸附或释放，随着水分子的吸附与释放，高分子薄膜的介电系数将发生相应变化。因为介电系数随空气中的相对湿度的变化而变化，因此，只要测定其电容值即可得到被测空气的相对湿度。

市售产品中，目前多采用丁酸纤维素作为高分子薄膜材料。这种传感器响应速度快、无湿滞。图 4-36、图 4-37 给出了一种高分子电容式湿度计的示意图及其技术特性曲线。

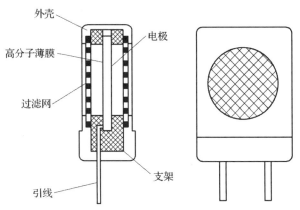

图 4-36　高分子电容式湿度传感器的结构示意图

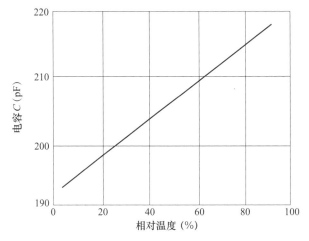

图 4-37　高分子电容式湿度传感器的电容值与相对湿度的关系

（2）电阻式湿度传感器

电阻式湿度传感器常见的有氧化镍（NiO）金属氧化物烧结而成的多孔状陶瓷体，或由高氯酸锂–聚氯乙烯等高分子材料制成。它们都是利用了在不同湿空气中，由于吸湿量变化而引起的电阻值变化原理制成的湿度传感器。NiO 陶瓷湿度传感器因其使用寿命长，工作稳定性好，使用较普遍。

表 4-32 给出了一种国产 NiO 湿度传感器的基本参数作参考。

国产 UD-8 NiO 陶瓷湿度传感器的基本参数			表 4-32
项目	参数	项目	参数
湿度测量范围（%）	5～90	工作频率（Hz）	50～100
工作湿度范围（℃）	0～60	工作电压（V）	1（AC）
测量精度（%）	±2	温度系数（%RH/℃）	0.5
湿滞（%）	＜3	稳定性（%RH/年）	1～2
响应时间（s）	≤3	成分及结构	NiO 烧结体

4.6.3　照度与噪声测试仪表

1. 照度测量仪表

常用便携式照度计，它的原理是用一种光敏元件作探头，当有光照时就会产生光电流，光线越强光电流越大，测定其电流值，即可测出照度。常用的是0～2000Lux量程，依据不同修正系数可测荧光灯、白炽灯、水银灯、太阳光等多种光源。图4-38为某型号手持式照度计的外观图。

测量范围：1～100000Lux

准确度：±4%±10个字（±5%±10个字大于10000Lux时）

重复测试：±2%

温度特征：±0.1%℃

取样率：2.0次/s

感光体：光二极管附滤光镜片

图4-38　某型号手持式照度计的外观

2. 噪声测量仪表

噪声测量仪表的原理是用电容式传声器将声能变为电能，再经放大器、检波器等一系列处理最后给出声压值。

一般有A计权型（测量与人耳敏感区间相近的频谱范围）声级计。或者是带倍频程分析功能的声级计。图4-38为便携式A级噪声计数型声级计及可测倍频程声压级的声级计。

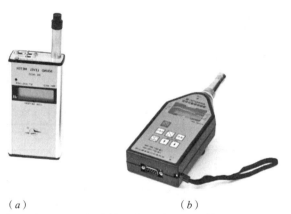

（a）　　　　　　　　　　　（b）

图4-39　便携式A级噪声计数型声级计及可测倍频程声压级的声级计

（a）便携式A级噪声计数型声级计；（b）可测倍频程声压级的声级计

4.7　静电和离子生成器测试仪表

洁净室或其他受控环境对内围护结构材质的物理、化学稳定性要求较高。相应而来的问题是地面面层虽光洁、柔韧、耐磨，但导电性能是否符合要求，会不会聚集静电围护结构面层，特别是地面静电聚集，其危害是多方面的，包括损坏电子设备、仪器、击伤人体、导致火灾、爆炸等，对于电子工业尤为严重。国家标准《洁净厂房设计规范》GB 50073—2013 规定，地面面层应采用静电耗散型材料，其表面电阻率应为 $1.0 \times 10^5 \sim 1.0 \times 10^{12} \Omega$ 或体积电阻率为 $1.0 \times 10^4 \sim 1.0 \times 10^{11} \Omega \cdot cm$。地面应设有导电泄放措施和接地构造，其对地泄放电阻值应为 $1.0 \times 10^5 \sim 1.0 \times 10^9 \Omega$。有关防静电系统测试方面的要求，可参考国内电子行业标准《电子产品和制造防静电系统测试方法》SJ/T 10694。

国家标准《洁净室施工及验收规范》GB 50591—2010，对地面、墙面及工作台面的导静电性能，推荐采用符合精度要求的高电阻计，在被测表面上选定代表区域的两点间，按图 4-40 所示方法进行测试。

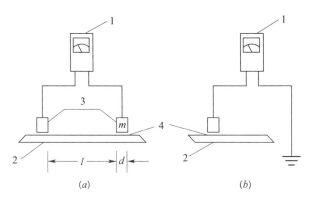

图 4-40　采用高电阻计测定表面导电性能的方法
（a）表面电阻；（b）泄漏电阻
1—高电阻计；2—试件；3—铜圆柱形电极；4—湿渍纸
$l = 900mm$，$d = 60mm$，$m = 2kg$

GB/T 25915.3—2010 及 ISO 14644-3：2005 对静电测试相关仪器给定了如下技术要求：

1. 静电电压计

静电电压计用以测量 a 区域内的平均电压或电位，对其技术要求如表 4-33、表 4-34 所列。

对精密电压计的测量技术要求　　　　　　　　　　　　表 4-33

项目	技 术 要 求
测量限值／范围	$-3 \sim +3$ kV
敏感度／分辨率	0.8 mm 直径的点（区）0.3V（rms）或 2V（p-p）
误差	0.1%
反应时间	不到 4 ms（10%～90%）
校准间隔	最多 12 个月

对手动式静电电压计或静电场强计的测量技术要求　　　　表 4-34

项目	技 术 要 求
测量限值／范围	± 8.163 kV/cm

项 目	技 术 要 求
误差	读数的 ±5% 或 ±0.01kV
反应时间	0～±5 kV 不到 2s（10%～90%）
校准间隔	最多 12 个月

2. 高电阻欧姆表

高电阻欧姆表用以测量绝缘材料和部件的电阻，其方法是探测从一施加高压的部位到被测部位的漏电电阻，对其技术要求及附加技术要求如表 4-35、表 4-36 所列。

高电阻欧姆表的测量技术要求　　表 4-35

项 目	技 术 要 求
测量限值 / 范围	$1～3×10^6$ kΩ
误差	各满标度的 ±5%
反应时间	10～390ms
校准间隔	最多 12 个月

高电阻欧姆表的测量附加技术要求　　表 4-36

项 目	技 术 要 求
测试电压	DC 0.1～1000 V
最大电流输入	小于 10 mA
最大电流输出	小于 100 V 时为 10 mA，小于 250 V 时为 5 mA，小于 500 V 时为 2 mA，小于 1000 V 时为 1 mA

3. 充电板检测仪

充电板检测仪用以测量电离器或离子化装置的中和特性。测试的目的是评估双极离子生成器的性能，测试内容通常包括两个方面：

（1）测量放电时间，用以计算离子生成器消除静电荷的效率。

（2）测量补偿电压，用以评估在离子生成器生成的离子化气流中正负离子的不稳定性。离子的不稳定会造成不利的残余电压。

此项检测国内标准暂未列入，ISO 14644-3：2005 对充电板监测仪的技术要求如表 4-37、表 4-38 所列。

充电板监测仪的测量技术要求　　表 4-37

项 目	技 术 要 求
测量限值 / 范围	−5～＋5 kV
误差	满标度的 ±5%
反应时间	0.1 s
校准间隔	最多 12 个月

充电板监测仪的附加技术要求 表 4-38

项目	技 术 要 求
绝缘	5min 内自放电 10 % 以下，相对湿度 40 %，不到 200 个离子 /cm³
板的电容	20±2 pF
板的尺寸	150 mm×150mm
充电	限流时各极最小 1 kV

4.8 粒子沉降检测

4.8.1 粒子沉降光度计

测量沉降在暗色玻璃采集板上的粒子发出的总散射光，以沉降系数报告测量数据。沉降系数间接地表示可能沉降在关键表面的粒子浓度。

粒子沉降光度计的技术要求见表 4-39。

粒子沉降光度计技术要求 表 4-39

项目	技 术 要 求
测量限值 / 量程	粒子覆盖面可高达面积的 0.5%
校准间隔时间	不超过 12 个月
校准材料	4 μm 与 10 μm 的荧光粒子

4.8.2 表面粒子计数器

用散射光测量沉降在表面上的离散粒子数量（和粒径）。

表面粒子计数器的技术要求见表 4-40。

表面粒子计数器技术要求 表 4-40

项目	技 术 要 求
测量限值	0.1～5 μm 时分辨率≤ 10%

4.9 GB/T 25915.3—2010 及 ISO 14644 关于洁净室及相关受控环境测试的顺序与仪器

GB/T 25915.3—2010 及 ISO 14644-3：2005 推荐了洁净室及相关受控环境测试的顺序及检测清单，如表 4-41 所示。根据具体情况及业主的需求可做出相应的选择。表中所列测试程序及测试仪器，均为 GB/T 25915.3—2010 及 ISO 14644-3：2005 中相应的附件。

洁净设施测试建议与顺序清单 表 4-41

测试程序和顺序	测试程序	选择测试仪器	测试仪器	备注
#□	悬浮粒子	□	离散粒子计数器	
	悬浮宏粒子计数			
#□	悬浮宏粒子采集与计数	□	显微镜测量采样滤纸	
		□	梯级冲撞器	
#□		□	离散粒子计数器	
	悬浮宏粒子计数无采集	□	飞行时间粒子仪	
	气流			
#□	单向流设施的风速测量	□	热风速计	
		□	超音速风速计（3维或相当3维）	
		□	旋翼风速计	
		□	皮托管与压力计	
#□	非单向流设施的送风风速测量	□	热风速计	
		□	超音速风速计（3维或相当3维）	
		□	旋翼风速计	
		□	皮托管与压力计	
#□	总风量	□	一体风量计	
	过滤器下风向总风量测量	□	文氏管计	
		□	孔流速计	
		□	皮托管与压力计	
#□	送风管风量测量	□	一体风量计	
		□	文氏管计	
		□	孔流速计	
		□	皮托管与压力计	
#□	压差	□	电子微压计	
		□	斜式压力计	
		□	机械式压差计	
	过滤器安装后检漏			
#□	过滤器系统安装后泄漏扫描	□	线性气溶胶光度计	
		□	对数气溶胶光度计	

续表

测试程序和顺序	测试程序	选择测试仪器	测试仪器	备注
#□	过滤器系统安装后泄漏扫描	□	离散粒子计数器	
		□	气溶胶发生器	
		□	气溶胶液	
		□	稀释系统	
		□	凝结核计数器	
#□	安装在风管与空气处理机上的过滤器测试	□	线性气溶胶光度计	
		□	对数气溶胶光度计	
		□	离散粒子计数器	
		□	气溶胶发生器	
		□	气溶胶液	
		□	稀释系统	
		□	凝结核计数器	
#□	气流目检	□	气溶胶发生器	
		□	示踪剂	
#□	风向	□	热风速计	
		□	3维超音速风速计	
		□	示踪剂	
		□	气溶胶发生器	
	温度			
#□	一般温度	□	玻璃温度计	
		□	数字温度计	
#□	综合温度	□	玻璃温度计	
		□	数字温度计	
#□	湿度	□	湿度监测器（电容性）	
		□	湿度监测器（毛发）	
		□	露点传感器	
		□	心理测量学的	
	静电与离子发生器			
#□	静电	□	压电电压计	

测试程序和顺序	测试程序	选择测试仪器	测试仪器	备注
#□	静电	□	高阻欧姆计	
		□	充电板监测器	
#□	离子发生器	□	静电电压计	
		□	高阻欧姆计	
		□	充电板监测器	
#□	粒子沉积	□	测量板	
		□	双目镜 复合 显微镜	
		□	粒子沉降光度计	
#□	自净	□	离散粒子计数器	
			气溶胶发生器	
	隔离检漏			
#□	离散粒子计数器法	□	离散粒子计数器	
		□	气溶胶发生器	
		□	稀释系统	
#□	光度计法	□	光度计	
		□	气溶胶发生器	

复习思考题

1. 光散射离散粒子计数器所给出的被测微粒"直径"是一种什么样的"直径"?

2. 什么是某型光散射离散粒子计数器的粒径阈值? 一般要求该值下的计数效率不小于多少?

3. 实现远程洁净度监控的常用方法和设备有哪些?

4. 什么是凝聚核粒子计数器的工作原理?

5. 风速测定的常用仪表有哪几种? 其相应的特点有哪些?

6. 采用毕托管和微压计测定风速所依据的原理何在?

7. 斜管压力计的压力测值(P)与在斜管上的读值(L)是何关系?

8. 试简述高效过滤器检漏所用气溶胶发生器的工作原理。

9. 接触法温度计大致分为几类? 其各自的温度适用范围有何不同?

10. 什么是湿空气的绝对湿度、相对湿度和含湿量？
11. 用干湿球温度计测定相对湿度所依据的原理是什么？
12. 露点温度计为什么可用来测定空气的相对湿度？

第5章 微生物污染控制与微生物检测

电子、医疗器械、制药、生物等产业的科技进步，不断创造出提升人们生活质量和健康水平的、功能更多和更复杂的产品。但技术越复杂，产品对导致其失效或性能不良的污染越敏感。污染的发生类型有多种。主要包括：颗粒物污染，即因颗粒物的物理存在而导致产品或工艺出现缺陷或失效；微生物污染，即产品或环境中出现了不希望其存在的微生物或其代谢物；分子污染，即产品或器械上出现了不希望其存在的化学物质或化学元素；静电污染，即过多的或不希望其存在的电荷的存在。

洁净室及相关受控环境已成为现代科技和产业控制污染的主要手段。洁净技术可以控制各类型的污染。因为微生物及其代谢物又往往表现为颗粒物，所此，无论什么领域的受控环境和洁净室，控制这些有机物质都十分重要。而对于医疗器械、制药、食品工业等，考虑到所制造的产品和最终用户，对微生物的控制就成了关键。细菌或霉菌是洁净室内常见微生物。病毒需寄生在活细胞中才能生存和繁殖。控制了细菌，病毒也就得以控制。微生物可以在各种环境下生长和繁殖。微生物可能致病甚至致命，也可能有益，这取决于具体用途。

按照洁净室所需控制的空气中悬浮微粒的类别，习惯上将洁净室分为工业洁净室（ICR，Industrial cleanroom）和生物洁净室（BCR，Biological cleanroom）两大类。前者，如半导体、电子器件、精密加工等行业，其生产环境中的悬浮微粒，无论是固态还是液态，无论是无机物还是有机物，都可能对产品造成危害，均属于需要控制的对象。而生物洁净室的侧重面稍有不同，例如在洁净手术室、层流病房、易感染患者病房等，其主要控制对象是空气中悬浮的微生物，特别是那些致病菌；而制药、化妆品以及某些食品行业的洁净生产车间，虽然同样主要是控制那些可能使产品变质的微生物，但与此同时，那些悬浮于空气中的其他杂质也往往有害产品的纯净，同样需要控制。本章将侧重介绍生物洁净室的污染控制与监测方法。

5.1 微生物污染控制的手段与方法

5.1.1 受控环境及洁净室内微生物的来源

微生物几乎能在任何地方生长和存活，因此它在影响产品和工艺方面具有捷径的优势，是控制面临的一个挑战。微生物可能直接使人畜致病，可能释放毒素或其他代谢物，败坏产品、损伤工艺。鉴于此，大多数洁净室中清除微生物极为重要。细菌有顽强的适应能力，但洁净室所发现的大部分细菌是外来的，主要有三个来源：

（1）洁净室及相关受控环境周围的大气环境和空间。随时间、季节以及可利用的养分不同，外界环境中的微生物种类和数量在不同地区有很大差异，同一位置随时间不同也变化很大。

（2）洁净室人员。人往往是洁净室微生物的最主要来源，人员携带入的微生物对产品和工艺往往造成很大的威胁。

（3）产品、清洁剂和工艺设备所用的原材料。

微生物悬浮于空气中可形成各种各样的微生物气溶胶（microbiological aerosol），微生物气溶胶是指分散相中含有微生物的气溶胶。根据所需控制的对象和不同的微生物种类，又可分为细菌气溶胶（bacterial aerosol）、真菌气溶胶（fungus aerosol）、病毒气溶胶（viral aerosol）等，对生物污染控制较关注的微生物气溶胶粒子主要分布在 $0.1\sim20\mu m$，见表 5-1。

空气中各种微生物粒子粒径和本底浓度　　　　　表 5-1

微生物	粒径（μm）	浓度（pc/m³）
病毒	0.015～0.045	—
细菌	0.3～15	0.5～100
真菌	3～100	100～10000
藻类	0.5	10～1000
孢子	6～60	0～100000
花粉	1～100	0～1000

5.1.2　受控环境及洁净室的有关微生物污染控制标准

空气中所存在的活性微生物，特别是细菌通常附着在可供给其所需养分、水分的颗粒物上。那么从趋势来说，空气中的悬浮颗粒物浓度低，细菌浓度必然较低。反之，空气悬浮颗粒物浓度高，细菌浓度一般也可能较高。但它们的比值并不确定，会因时因地在较大范围内。空气中颗粒物浓度与微生物浓度比值的不确定性，在大气环境中如此，在局部环境或室内表现得尤为突出。某些房间、车间中空气颗粒物浓度可能很高，而含菌浓度未必一定高。最典型的是医院手术室、制药厂的压片、包衣、称量、过筛和粉碎等工艺的车间。以手术室为例，由于采取了多方面的消毒、灭菌措施，飘浮在空气中由药棉、纱布等敷料所携带的颗粒物及纤维可能数量很多，但活性微生物并不多。尽管空气中颗粒物浓度与微生物浓度的比值并不固定，但其间存在关联是确定无疑的。所以相关标准和文件，从统计概率的角度，通常会同时给出颗粒物和微生物的指标作为参考。表 5-2 所列为美国宇航局（NASA）早年制订的《洁净室和洁净工作台微生物控制标准》，该标准是为宇宙飞行器及其部件的制造、试验和采集外星球样本而制定的，它也是历史上洁净室及相关受控环境微生物污染控制的最经典的标准。

表 5-3 给出了欧盟制药行业的药品生产质量管理标准，即 GMP 标准对无菌制剂按颗粒物划分的洁净度级别；表 5-4 给出了按微生物污染控制划分的相应洁净度级别。

美国宇航局（NASA）标准 NHB 5340.2 表 5-2

生物洁净室级别	尘埃粒子数				生物粒子数					
	≥ 0.5μm		≥ 5.0μm		悬浮微生物（CFU）			沉降微生物（CFU）		
	pc/ft³	pc/L	pc/ft³	pc/L	CFU/ft³	CFU/L	CFU/m³	CFU/(ft²·W)	CFU/(m²·W)	CFU/(φ90·h)
100	100	3.5	—	—	0.1	0.0035	3.5	1200	12900	0.488
10000	10000	350	65	2.5	0.5	0.0176	17.6	6000	64600	2.450
100000	100000	3500	700	2.5	2.5	0.0884	88.4	30000	323000	12.200

注：CFU/（ft²·W）、CFU/（m²·W）分别表示每平方英尺每周时间、每平方米每周时间的累计沉降量。

EU GMP 无菌产品生产的空气洁净度分类表 表 5-3

级别	静态②		动态	
	尘粒的最大允许数（CFU/m³）（等于或超过）			
	0.5μm	5μm	0.5μm	5μm
A	3500	0	3500	0
B①	3500	0	350000	2000
C①	350000	2000	3500000	20000
D①	3500000	20000	③	③

① 为达到 B、C 和 D 空气级别，应根据房间的尺寸、室内设备和人员情况确定换气次数。空气系统应采用适当的空气过滤器，如 A、B 和 C 级应采用高效过滤器。

② 表中给出的静态尘粒最大允许值与美联邦标准 209E 和 ISO 的相应标准大致相当：A、B 级与 100 级，M3.5，ISO 5 相符；C 级与 10000 级，M5.5，ISO 7 相符；D 级与 100000 级，M 6.5，ISO 8 相符。

③ 这一区域的标准视具体的运行情况而定。

EU GMP 灭菌产品生产的微生物污染控制标准推荐值 表 5-4

级别	微生物污染控制标准推荐值①			
	浮游菌（CFU/m³）	沉降平皿（φ90mm）（CFU/4h②）	接触平皿（φ55mm）（CFU）	5 指手套（CFU/只手套）
A	< 1	< 1	< 1	< 1
B	10	5	5	5
C	100	50	25	—
D	200	100	50	—

① 该推荐值为平均值。

② 个别的沉降皿暴露时间可少于 4h。

上述欧洲联盟 GMP1998 中，要求 A 级的悬浮颗粒物在动态和静态检测时，其指标一致，这是较高的要求。并把 D 级别的浮游菌指标从以往标准的 500CFU/m³ 降至 200 CFU/m³，提高了该级别的洁净度要求。与其他 GMP 不同的是，该标准除规定空气浮游菌标准外，还规定了沉降菌、接触菌和洁净手套上的最大允许菌落数。由此可见，该标准较全面地规定了制药环境的洁净度指标，因此，也应该能更好地保证环境质量，从而更好地保证药品质量。而 1999 年 8 月 1 日起我国正式实施的国家药品监督管理局第 9 号令，即《药品生产质量管理规范》（1998 年修订），（2006 年版的《医药工业洁净厂房设计规范》与其相同）该标准虽然也将药品生产洁净室（区）的空气洁净度划分为四个级别，但与欧盟 1998 标准仍有较大差距，如表 5-5 所列。

我国旧的 GMP 标准的《洁净室（区）空气洁净度级别》　　表 5-5

洁净级别	尘粒数（CFU/m³）		活微生物数（CFU/m³）	
	≥ 0.5μm	≥ 5μm	沉降菌	浮游菌
100 级	≤ 3500	0	≤ 1	≤ 5
10000 级	≤ 350000	≤ 2000	≤ 3	≤ 100
100000 级	≤ 3500000	≤ 20000	≤ 10	≤ 500
大于 100000 级	≤ 35000000	≤ 200000	暂缺	暂缺

　　为了进一步提高药品生产质量，并有利于进入国际市场，我国从 2011 年 3 月 1 日起施行新的《药品生产质量管理规范》（2010 年修订）（GMP—2010），该规范与欧盟规范在无菌制剂的微生物污染控制标准上基本一致，如表 5-6、表 5-7 所示。

GMP—2010 无菌药品生产的空气洁净度分级　　表 5-6

级　　别	静　　态		动　　态	
	悬浮粒子最大允许数（/m³）			
	0.5μm	5μm	0.5μm	5μm
A	3520	20	3520	20
B	3520	29	352000	2900
C	352000	2900	3520000	29000
D	3520000	29000	不作规定	不作规定

注：1. 为确认 A 级洁净区的级别，每个采样点的采样量不得少于 1m³。A 级洁净区空气悬浮粒子的级别为 ISO 4.8（此说法与 ISO 14644-1：2015 的原则已不相符，应以 ISO 5 级对待，作者注），以≥ 5.0μm 的悬浮粒子为限度标准。B 级洁净区（静态）的空气悬浮粒子的级别为 ISO 5，同时包括表中两种粒径的悬浮粒子。对于 C 级洁净区（静态和动态）而言，空气悬浮粒子的级别分别为 ISO 7 和 ISO 8，对于 D 级洁净区静态。测试方法可参考 ISO 14644-1。

　　2. 在确定级别时，应当使用采样管较短的便携式尘埃粒子计数器，避免≥ 5.0μm 悬浮粒子在远程采样系统的长采样管中沉降。在单向流系统中，应当采用等动力学的取样头。

　　3. 动态测试可在常规操作、培养基模拟灌装过程中进行，证明达到动态的洁净度级别，但培养基模拟灌装试验要求在"最差状况"下进行动态测试。

　　需要特别注意的是，GMP—2010 所规定的 A 级环境与欧盟标准要求相同，不仅规定静态检测应符合 ISO 5 级的规定，而且动态检测时应同样达到 ISO 5 级的指标。但 B 级动态与静态检测的比值达 100，而 C 级的比值为 10 与洁净室常规的状况一致。

GMP-2010 无菌药品洁净区微生物监测的动态标准[①]　　表 5-7

级别	微生物污染控制标准推荐值			
	浮游菌（CFU/m³）	沉降菌（φ90mm）（CFU/4h[②]）	接触（φ55mm）（CFU）	5 指手套（CFU/手套）
A	< 1	< 1	< 1	< 1
B	10	5	5	5
C	100	50	25	—
D	200	100	50	—

① 表中各数据均为平均值。

② 单个沉降碟的暴露时间可以少于 4h，同一位置可使用多个沉降碟连续进行监测并累积计数。

5.1.3 受控环境及洁净室的微生物控制方案

就某些药品、食品、化妆品等限制微生物的产品而言，有两种广泛采用的方法。最简单的方法是在成品生产完成后，用某种工艺清除微生物。通常放在最后生产环节处理，用辐射、暴露于环氧乙烷、加热、等离子清洗等工艺，可以生产高可信度的无菌产品。然而，对于那些因尺寸过大而无法采用最后处理的产品和装置，或灭菌方法极易造成损伤的产品或设备，只能在限制细菌或霉菌进入的无菌环境中制造。无菌洁净室希望清除所有可检测出的微生物，对微生物的控制最严格。但无菌洁净室不可能绝对无菌。因此，任何场合都离不开积极有效的微生物污染控制策略。

生物污染控制就本质而言，与其他空气中悬浮微粒污染控制的手段与方法是一致的，采取的主要手段与方法仍是：

（1）采用空气过滤器等物理方法把空气中的悬浮微生物粒子阻隔下来，再将洁净的空气送入微生物污染控制区，以替换或稀释控制区内被悬浮微生物所污染的空气，达到控制室内或区内微生物污染水平的目的。

（2）防止外界的微生物污染物以流动的空气为载体侵入污染控制区，其基本手段仍是维持梯次的压差以控制空气流向等。

（3）采取各种物理、化学方法减少污染控制区内微生物污染的散发，减少人员、物料等将微生物污染物携带入微生物受控区域。

除此以外，值得重视与注意的是，在微生物污染物控制区所重点关注的是具有活性的微生物。所谓具有活性，意味着在条件适宜时这些微生物将繁殖。一般来说，因为空气中缺少微生物直接可利用的养料，不易在空气中生长繁殖。空气微生物群由暂时悬浮于空气中的尘埃、液滴等携带的微生物所构成。当这些带菌尘埃、液滴被阻留在空气过滤器的迎风面上，或沉降、吸附在送风管道壁面或污染控制区的墙面、地面，如果微生物仍具有活性，在温、湿度合适又有养分、水分提供时，它们就会大量繁殖。那些被空气过滤器拦截、过滤下来的微生物甚至会生长透过到空气过滤器的背风面，使经过空气过滤器的干净空气被二次污染，以致影响生物污染控制区域的污染水平。为此，国外的经验是在空气过滤器的迎风面装置紫外线灭菌灯。由于近距离照射在空气过滤器迎风面可获得较大的辐照强度，再加上持续照射，使空气过滤器迎风面上被拦截下来的微生物获得较高的紫外线辐照剂量，可有效杀灭被阻留下来的微生物。如图5-1所示，图中对照了设置有紫外线灯和未设紫外线灯两种不同条件下空气过滤器背风面的情况。前者背风面清洁如新，而后者微生物从迎风面繁殖透过空气过滤器的滤材，生长到了背风面，可能随气流扬走，使经空气过滤器过滤的干净空气被二次污染。

那些在生物污染控制区内壁面缝隙或其他死角繁殖的微生物，可能因人员走动或其他原因形成的气流而扩散到空气中，造成二次污染。

因此，对于生物污染控制区及空调净化系统，适时进行化学药剂喷洒、涂拭、臭氧熏蒸、紫外线照射等方式消毒灭菌是十分必要的，这也是生物污染控制有别于一般洁净室的一个重要方面。单靠工业洁净室的传统措施是难以达到生物污染控制的要求的。

图5-1中的实例反映了紫外线灯在某生物洁净室污染控制通风系统中的消毒灭菌作用。该通风系统的高中效空气过滤器的迎风面处装置了一组紫外线灯，被空气过滤器拦截下来

的微生物，在紫外线灯的持续照射下，微生物体内含有的核酸吸收紫外线照射的辐射后发生化学作用，使细胞壁被破坏，微生物从而被杀灭。与图 5-1 左侧那个迎风面未装紫外线灯，又未采取其他有效灭菌措施的另一组过滤器相对照，迎风面装设紫外线灯的空气过滤器背风面很干净。而左侧的空气过滤器因为被阻挡下来的微生物，在适宜的条件下在滤材上生长繁殖并穿透过滤材，在背风面形成许多微生物斑痕。相比之下右侧迎风面装有紫外线灯的过滤器，其背风面与新装置的并无明显差别。这个实例从一个侧面说明，仅依靠空气过滤器的机械、物理分离作用，对于控制微生物往往是不完善的，辅以必要的消毒灭菌措施对生物污染控制是必须的。

图 5-1　迎风面有无紫外线灯的空气过滤器对比图

5.2　微生物污染控制原则

　　洁净室及相关受控环境微生物污染控制，包括有效的控制计划与有效的监测计划相辅相成。制定计划时主要考虑四个方面：

　　（1）环境污染：环境污染包括洁净室及相关受控环境周围自然环境中的微生物量和种类。环境污染的组成因素随季节、设施所在地理位置、洁净室周边的活动而异。例如，设在农业区或农村地区的洁净室用户，在收获季节会因室外进行的活动而出现大量霉菌和真菌，实施控制方案时应该考虑到这种季节变化。

　　（2）人源污染：控制人员污染的最有效手段是穿着适宜的洁净服。洁净服织物质地、服装款式的选择、服装是否需要消毒，这些都关系到控制方案的成败。服装系统是整个微生物控制方案的组成部分，但也不能仅靠服装来消除人源污染。

　　（3）原料、零件、其他物品：洁净室内制造产品所用的原料、零件等物品是从洁净室外运进来的，它们必然携带原所处环境中的各种微生物。在制药和食品工业中，其原材料中也会存留大量微生物，在制成品中，这些微生物必需受控或无菌。

　　（4）有效的监测计划：有效的监测计划是微生物控制方案成功的关键。监测计划应包括定期检测微生物污染的量、种类及特征；定期检测并确认风速和气流的均匀性，这对保证关键区域的洁净状态非常重要。气流特征检测的一项内容是目测工作面的风速场，这是一种确定气流分布是否合理，是否存在盲区、设备附近的回流、未经过滤的返回气流等潜在问题区域的有用工具；为了保证空气过滤器持续的提供阻止微生物进入洁净室的有效性，应定期对 HEPA 和 ULPA 过滤器进行检漏（见《洁净室及相关受控环境　第 3 部分：检测方法》GB/T 25915.3—2010；IEST-RP-CC 034 等相关标准）；对非活性粒子进行定期检测，是及早发现洁净室或暖通空调系统问题与故障的有效方法。这种检测可以单独进行，也可以与活性粒子污染的定期检测一起进行。一旦粒子计数器查出颗粒物增多，也许就需要去调查暖通空调系统是否出现问题；空气应从洁净区逐渐地流向污浊区，即，空气从最关键区流向一般受控区，最后到达非受控区。这种布置有助于防止微生物进入洁净室。必要时，应使用气闸或空气吹淋室，来维持受控区域的合理压差；对送排风空气处理系统、室内过滤以及洁净室之间压差（使用机械或电子压力计）进行远程监控，可以获得洁净室暖通空调系统的实时信息。

在生物洁净室和相关环境中，应建立并实施用以维持生物污染控制的"控制体系"（Formal System），利用该体系来评价和控制那些对工艺及生产的微生物水平有影响的因素。根据《洁净室及相关受控环境　生物污染控制　第 1 部分：一般原理和方法》GB/T 25916.1—2010 及等同的国际标准 ISO 14698-1：2003 所推荐的"危害分析关键控制点"系统（HACCP，The Hazard Analysis Critical Control Point System），是一种在国际上被广泛认可的、便于使用的危害分析方法。当然其他经过验证的等效方法，如"故障模式和结果分析"（FMEA，The Failure Mode and Effect Analysis）体系也是常用的一种。

这些体系的原则可用于各种危害与故障分析，而针对生物污染控制所需建立的"控制体系"，就是依据这些通用体系的基本原理与原则，并具体针对微生物危害而确立的控制体系。

5.2.1　微生物危害评价与控制体系的内容

《洁净室及相关受控环境　生物污染控制　第 1 部分：一般原理和方法》GB/T 25916.1—2010 及 ISO 14698-1：2003 所推荐的"生物污染控制体系"，从其内容来看，它从微生物可能对工艺或产品造成的危害入手，提出了一整套防止污染的计划与措施。医药工业的 GMP（Good Manufactoring Practices）或是其他行业的生物污染控制章程或规范的基本内容与 ISO 14698-1：2003 的"生物污染控制体系"应是统一或类同的。

洁净室或受控环境的用户须设定微生物预警值和干预值。这些设定值须适合于应用现场，适用于风险区的等级，并且使用现有技术可以实现。某些特定应用领域可能只设微生物目标值，不设预警值和干预值。

在初始启动期间和按正规体系确定的间隔期内，应对生物污染数据进行审核，以便建立或确认用于规定预警值和干预值的基准数据。在设定有预警值、干预值、目标值的实际应用场合，预警值和干预值可与目标值相关联。应审核预警值和干预值，并根据情况进行适当调整。

参照通用的危害与故障分析体系的模式，生物污染"控制体系"所选定的微生物危害评价与控制体系，一般应包括如下内容：

（1）弄清楚可能对工艺或产品造成的危害，评价这些危害发生的可能性，提出防范和控制危害的方法。

（2）指明风险区，确定每个区内的受控点，或工艺或操作程序和环境条件；清除可能发生的危害或将其降至最低。

（3）规定限值，确保达到控制的目标。

（4）制定监测与观察的时间表。

（5）确定纠正措施。即当监测结果表明某个特定的点，或工艺、操作步骤，或环境条件超出控制限值时，应该采取何种纠正措施。

（6）制定管理程序，其中包括补充测试等程序，以判定所选定的控制体系是否在有效地工作。

（7）编制培训计划。人员的定期培训是保证控制体系正常运作与不断提高效率和控制水平的重要方面。

（8）规定必要文件的存档制度。

5.2.2　生物污染监测

用户有责任及时通过检测以发现生物污染控制失常的情况。所制定的监测方案必须适合现场应用，适合于特定的设施，适合于规定的条件，并把它列为生产、科研工作质量管理体系（QMS，Quality Management System）的一个组成部分。

值得注意的是，在制定监测计划时都必须考虑到采样工作，其操作应尽可能减少对产品和危险区的污染。

须根据相关指南、法规及所选正规体系对风险区进行分级。也可以根据空气和表面生物污染的程度来分级，例如分为低危、中危、高危、特危等几个级别。

一般来说，在安装和调试新设备时所进行的微生物采样，这种测试的目的主要是提供可用于将来运行中作对比的原始资料，以及了解所建立的系统和设施的基本性能。对于生物污染控制更看重的是在工作状态下，即在"动态"条件下的例行监测。因为在采取消毒措施后，洁净室处于"空态"或"静态"条件下，生物污染物存在的几率相对较低，测试结果说明不了太多的问题。例如在例行消毒后，对手术室进行菌落检测，因为室内几乎不存在微生物污染散发源，往往测值都是零，无从比较不同级别洁净手术室的设备性能。手术进行过程中则完全不同，医护人员因呼吸、动作、行走和进出，散发和带入大量的微生物粒子，因此对于手术室这类房间生物污染控制的效果如何，动态检测结果更说明问题。正因为如此，国外制药行业的 GMP 或是医院的生物洁净手术室等国外规范，一般都是以动态的微生物检测值作为评定所达到控制水平的重要依据。

5.3　生物污染的检测采样

由于生物污染的复杂性和多样性，要依据具体情况选择合适的采样仪器和采样方法。选定仪器和采样方法后，应严格依照仪器制造厂商提供的说明书进行操作。

5.3.1　生物污染的检测采样仪器的选择原则

具体来说，选择采样仪器时应考虑如下因素：

1. 了解与分析所需采样的活性粒子的类型

由于不同微生物自身的粒径不等，生存形态各异，有效的载体不同等，这些区别与差异都会影响采样方法和采样仪器的选择。因此，必须有针对性地选择采样仪器方能获得可靠测值，在这一点上较空气中悬浮微粒的检测显得更为复杂。

2. 活性粒子对采样方法的敏感性

例如，某些活粒子凝块（clumps of viable particles）易被冲击采样器（impingement samples）的冲击力所破碎，造成活性粒子采样的机械损失而影响采样效率。对于此类活性粒子则宜避免选用这类采样方法。

3. 活粒子的预期浓度

这也是需要根据经验做出预判断的一个方面。例如活粒子浓度很高时，在某种仪器的最小采样量的条件下获得的采样结果，也会因菌落重叠，难于计数，而造成较大的检测误差。

4. 危险区的可达性

所设定的生物污染控制危险区往往不适宜采样或采样的风险较大。例如，靠近手术切口上方空气的含菌浓度是空气环境对感染率产生影响的最敏感部位，而恰恰在这个部位进行检测采样存在较多的困难与隐患，可能影响、干扰医护人员的操作，存在较大的医疗事故风险。对于手术中的这个生物污染控制的危险区域，采样仪器往往是不能进入的，即存在不可达性的问题。那么基于这种情况，就要安排其他合适的检测采样位置，而该部位的测值应是最能反映危险区域生物污染控制效果的。

5. 极低程度生物污染的检测能力

对于这种情况要事前判定所选采样仪器是否能反映真实情况。譬如在 ISO 5 级以上的洁净室中，由于空气洁净度很高，悬浮微粒稀少，如用沉降平皿采样，则其平皿数或沉降面积和暴露时间都要大量增加，才有可能满足检测概率的要求。不然，按常规方法操作，平皿的测值都可能为"0"，但并未反映低浓度污染的真实情况。因此，在对极低程度生物污染环境选择检测仪器和方法时，要格外重视其检测能力。如果使用其他带吸气动力源的微生物采样装置时，其采样空气量、采样持续时间也应与一般污染环境不同，要依据采样概率来分析与计算必要的采样空气量，再决定所选仪器的单位时间采样量和采样时间。

6. 采样仪器对所监测工艺或环境的影响

这也是选择检测仪器和检测方法时必须考虑的问题。例如某些微生物采样器噪声较大，如果用于手术中的微生物采样，就要顾忌其是否影响、干扰医护人员的正常操作。

5.3.2 采样计划的制定

采样计划首先应该明确所检测、监测的生物污染控制区的洁净度、生物污染控制水平，这些指标是依据工作人员的安全、保护工艺和保证产品的质量，以及保障环境的需要来确定的。这些指标通常由业主、使用单位提出。

在制定采样计划时，需要考虑的内容主要有以下五个方面：

1. 采样计划

采样计划必须以正式文件的形式确定下来，以作为生物污染检测工作所依据的证明文件。此文件经由业主、承包商或检测单位共同认可，并符合国内、国际相关的规范。这个有关采样计划的证明文件，对生物污染数据的准确评价与解释是必不可少的。采样计划中应明确检测时该区域所处的状态，一般生物污染检测是在动态条件下，甚至选择在该区域活动最频繁的时段，例如在换班之前活动最多的时候。当然静态条件下的检测也是需要的，它能对洁净室的设计与效能提供有用的信息，并可作为运行中比对的原始资料。采样计划文件中应就检测状况予以明确规定。为保护人员、环境、工艺、产品，采样计划须考虑风险区所需的洁净程度以及相关活动所需的生物污染控制水平，在采样计划中考虑的事项列举如下：

（1）选择采样点位置，考虑到风险区的位置和功能；

（2）样本数量（有限容量的或小容量的样本可能无法提供有代表性的结果，而某些场合，大量样本可弥补小容量样本的不足）；

（3）采样频率；

（4）采样方法，是定性还是定量采样；

（5）单个样本的采样量，或单个样本应覆盖的面积；

（6）稀释剂、洗脱液、中和剂，等等；

（7）特定条件下可能影响培养结果的因素；

（8）风险区内产生生物污染的作业、人员、设备的影响，诸如：压缩气体、室内空气、生产设备、监测和测量仪器、存储容器、区内人员数量、人员未加防护的表面、个人服饰、防护服、墙、顶棚、地面、门、工作台、椅子、其他来源的空气。

2. 采样频率

生物污染受控环境的检测与洁净室的检测相类似，在建设与常规运行过程中应有以下检测计划。

（1）竣工验收检测；

（2）生物洁净室综合性能评价；

（3）定期监测。

以上方面可参考本书第 1 章的相关内容。

此外，发生以下情况时需要额外安排检测或调整监测频率，其中有些情况也是生物污染受控环境所特有的。

（1）生物污染受控环境连续超过报警值（Alert level：由用户设定的受控环境中的微生物水平，对偏离正常值的潜在趋势所给出的早期警告）或动作值（Action level：由用户设定的受控环境中的微生物水平，当超过此规定值时，需立即进行干预，以查明原因并采取纠正措施）。

（2）生物洁净室长期停运之后，在正式启用之前需进行检测。

（3）在危险区检测到传染媒介时。

（4）对通风空调净化系统进行重大的维护工作之后。

（5）对生物洁净环境产生影响的工艺变更之后。

（6）改变清洁或消毒方法之后。

（7）可能会造成生物污染的意外事故发生之后。

3. 采样点的选择与数量

现行相关标准《洁净室及相关受控环境　生物污染控制　第 1 部分：一般原理和方法》GB/T 25916.1—2010、《洁净室及相关受控环境　生物污染控制　第 2 部分：生物污染数据的评估与分析》GB/T 25916.2—2010，及相应的国际标准 ISO 14698-1：2003（Cleanrooms and associated controlled environments－General principles and methods）、ISO 14698-2：2003（Cleanrooms and associated controlled environments－Evaluation and interpretation of biocontamination data）均未对采样点的数量及位置做出具体规定。仅是原则性指出，采样除均布测点外，危险区域通常宜增加测点。例如，国家标准《医院洁净手术部建筑技术规范》GB 50333—2013 中规定，生物洁净手术室的手术床周围额外增设测点，就是依据此项原则而来的。以下介绍的国内医药工业洁净室、医院洁净手术室的标准，可作为其他洁净室及相关受控环境，进行微生物污染评估采样时的参考。

国家标准《洁净厂房施工及质量验收规范》GB 51110—2015 对洁净室及相关受控环境需要检测浮游菌、沉降菌，以考核其微生物污染控制效果时，规定其测试方法应符合现行国家标准《医药工业洁净室（区）浮游菌的测试方法》GB/T 16293—2010 及《医药工业洁净室（区）沉降菌的测试方法》GB/T 16294—2010。国家标准《洁净室施工及验收规范》GB 50591—2010 与上述两个标准稍有差异，分别介绍如下。

1. 颗粒物

虽然在微生物洁净环境中，空气悬浮颗粒物并不是该环境的直接指标，但微生物总是以颗粒物的形式存在于空气中，如果空气清洁到其中不存在悬浮颗粒物，那么空气中肯定也没有微生物。换言之，尽管微生物与颗粒物之间并不存在某种比例关系，但空气中颗粒物数量的多少，在一定程度上能反映空气中微生物的量级。因为测定空气中的颗粒物比较方便、快捷，因此在微生物洁净环境中通常都规定了空气悬浮颗粒物指标。国家标准《医药工业洁净室（区）悬浮粒子的测试方法》GB/T 16292—2010 中关于测点的规定如表5-8所列。

GB/T 16292—2010 空气悬浮粒子最少采样点数目　　　　　表 5-8

面积（m²）	洁净度级别		
	100	10000	100000
＜ 10	2～3	2	2
≥ 10～＜ 20	4	2	2
≥ 20～＜ 40	8	2	2
≥ 40～＜ 100	16	4	2
≥ 100～＜ 200	40	10	3
≥ 200～＜ 400	80	20	3
≥ 400～＜ 1000	160	40	13
≥ 1000～＜ 2000	400	100	32
≥ 2000	800	200	63

注：表中的面积，对于 100 级单向流洁净室，包括 100 级洁净工作台，面积指的是送风口表面积。对于 10000 级以上的非单向流洁净室（区）面积指的是房间的面积。

表5-8中的洁净度级别，依原有习惯按美国联邦标准 FS 209 的分级划分，表中的英制 100 级相当于 ISO 5 级，10000 级相当于 ISO 7 级，100000 级相当于 ISO 8 级。

GB/T 16292—2010 规定，采样点的位置应满足以下要求：

（1）采样点一般在离地面 0.8m 高度的水平面上均匀布置；

（2）采样点多于 5 点时，也可以在离地面 0.8～1.5m 高度的区域内分层布置，但每层不少于 5 点；

（3）对采样次数有以下限定：较小的洁净室（区）或局部空气净化区域，采样点的数目不得少于 2 个，总采样次数不得少于 5 次。每个采样点的采样次数可多于 1 次，且不同采样点的采样次数可以不同。

国家标准《洁净室施工及验收规范》GB 50591—2010 关于检测空气悬浮颗粒物所需测点数目给出了两个可选方案。其一是依照 ISO 14644-1:1999，按洁净室或洁净区面积（A），以公式 $\sqrt{A}$ 计算最少采样点数；其二是依据表 5-8 所列的数值按洁净度与面积选取。

GB/T 16292—2010 关于不同洁净度级别每次最小的采样量见表 5-9

最小采样量（空气悬浮粒子）（单位：L/ 次）　　　　　表 5-9

粒径	洁净度级别			
	100	10000	100000	300000
≥ 0.5μm	5.66	2.83	2.83	2.83
≥ 5μm	8.5	8.5	8.5	8.5

GB 50591—2010 所依据的"非零检测原则"，规定的每次最小的采样量按下式计算：

最小采样量＝ 3/ 级别浓度下限（L）

其计算结果所得最小采样量高于按国家标准《洁净厂房设计规范》GB 50073—2013《洁净室及相关受控环境　第 1 部分：空气洁净度等级》GB/T 25915.1—2010 和《洁净室及相关受控环境　第 2 部分：证明持续符合 GB/T 25915.1 的检测与监测条件》GB/T 25915.2—2010，以及国际标准 ISO 14644-1:1999 等的计算结果（详见本书第 3 章）。这种不一致的状况，有待在标准修订时协调并统一。

需要指出的是，《医药工业洁净室（区）悬浮粒子的测试方法》GB/T 16292—2010 的上述规定，其部分要求显然与 2011 年 3 月 1 日起施行的《药品生产质量管理规范》（2010 年修订）的要求不相符（见表 5-6 的注 1）。与 GB/T 25915.1—2010、ISO 14698-1:2003、ISO 14698-1:2015 等标准，关于每个测点单次采样的粒子数，不能少于 20 的统计学原则也不相符。截至目前，尚未见到《医药工业洁净室（区）悬浮粒子的测试方法》GB/T 16292—2010 的修订版。

特别是对于 A 级洁净区，空气悬浮粒子的级别为 ISO 5 级，对于制药行业而言，规定应以 ≥ 5.0μm 的悬浮粒子为限度标准。因此每个采样点的采样量不得少于 1m³。那么即便采用 28.3L/min（1cu.ft/min）的大流量尘粒计数器测量，每个采样点的单次采样时间也需要 30 多分钟。为了提高检测效率，近些年来从国外采购了不少 50L/min 及 100L/min 的超大流量尘粒计数器。可喜的是国内一些民营企业与大专院校、研究机构合作也研制出同类产品上市销售。

2. 浮游菌

原国家标准《医药工业洁净室（区）浮游菌的测试方法》GB/T 16293—1996 中关于测点的规定如表 5-10 所列，分别给出了各相应级别、不同面积的验证和监测的最少采样点数。而替代它的 GB/T 16293—2010 关于测点的数目无具体规定，建议参照《医药工业洁净室（区）悬浮粒子的测试方法》GB/T 16292—2010 中，关于最少采样点数目的规定执行，见表 5-8。比较表 5-10 和表 5-8 可知，GB/T 16292—2010 的规定与 GB/T 16293—1996 的规定是一致的。新标准较旧标准只是在适用面积上较有扩展而已。

GB/T 16293—1996 规定的浮游菌测试的最少采样点数目　　表 5-10

面积（m²）	洁净度级别					
	100		10000		100000	
	验证	监测	验证	监测	验证	监测
＜10	2～3	1	2	1	2	
≥10～＜20	4	2	2	1	2	
≥20～＜40	8	3	2	1	2	
≥40～＜100	16	4	4	1	2	
≥100～＜200	40		10		3	
≥200～＜400	80		20		6	
400	160		40		13	

注：1. 表中的面积，对于 100 级的单向流洁净室（包括层流工作台），指的是送风口表面积；对于 10000 级，100000 级的非单向流洁净室，指的是房间面积。
　　2. 日常监测的采样点树木由生产工艺的关键操作点来确定。

浮游菌采样测点的位置一般离地面 0.8～1.5m。送风口测点位置，一般距离出风面 0.3m 左右，测点位置也宜于离开污染较集中的回风口 1m 以上。对于关键设备与关键工作活动范围处宜增加测点数。

3. 沉降菌

国家标准《医药工业洁净室（区）沉降菌的测试方法》GB/T 16294—2010 中，关于测点的规定与浮游菌测试相同，最少采样点数同样是参照《医药工业洁净室（区）悬浮粒子的测试方法》GB/T 16292—2010，如表 5-8 所示。表 5-11 给出了 GB/T 16294—2010 对不同洁净度级别相应的最少培养皿数的规定。要求在满足最少采样点数目的同时，还宜满足最少培养皿数。表中的洁净度级别，依原有习惯按美国联邦标准 FS 209 的分级划分，表中的英制 100 级相当于 ISO 5 级，10000 级相当于 ISO 7 级，100000 级相当于 ISO 8 级，300000 级相当于 ISO 8.5 级。

GB/T 16294—2010 标准规定的最少培养皿数　　表 5-11

洁净度级别	最少培养皿数（φ90mm）
100	14
10000	2
100000	2
300000	2

《洁净室施工及验收规范》GB 50591—2010 对于沉降菌的检测有如下规定：当用户无特殊要求时，培养皿布置在地面及其以上的 0.8m 之内的任意高度；培养皿数应不少于微

粒计数浓度的测点数。GB 50591—2010 规定的最少培养皿数如表 5-12 所列。

GB 50591—2010 规定的最少培养皿数　　　　表 5-12

洁净度级别	所需 $\phi90mm$ 培养皿数
高于 5 级	44
5 级	13
6 级	4
7 级	3
8 级	2
9 级	2

4. 采样点均布方法

关于采样点均匀的布置方法，GB/T 16293—2010 和 GB/T 16294—2010 还提供了一些测点布置图供参考，如图 5-2 所示。

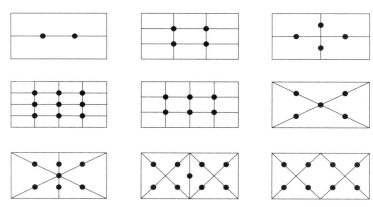

图 5-2　洁净室（区）均布采样点的参考图

注：●为采样点。

国家标准《医院洁净手术部建筑技术规范》GB 50333—2013 关于不同级别手术室监测时的测点数与位置如表 5-13 所列。无论是尘粒数、浮游菌、沉降菌采样，均按表 5-13 执行。

手术室面积一般在 $20\sim60m^2$ 范围，通常是高级别的面积较大，低级别的面积稍小。以单位面积的测点数推算，表 5-13 所列采样点数与国内现行的其他标准基本一致。

GB 50333—2013 规定的"手术室的测点位置及数量"　　　　表 5-13

区　域	最少测点数	手术区图示
Ⅰ级　洁净手术室 手术区和洁净 辅助用房局部 100 级区	5 点（双对角线布点）	
Ⅰ级　周边区	8 点（每边内 2 点）	集中送风面 正投影区

区　　域	最少测点数	手术区图示
Ⅱ～Ⅲ级　洁净手术 　　　　室手术区 Ⅱ级　周边区 Ⅲ级　周边区	3点（单对角线布点） 6点（长边内2点，短边内1点） 4点（每边内1点）	集中送风面 正投影区
Ⅳ级洁净手术室及分散布置送风 口的洁净室 　面积＞30m² 　面积≤30m²	 4点（避开送风口正下方） 2点（避开送风口正下方）	

5. 样品处理与培养

这也是生物污染受控环境有别于工业洁净室（ICR）检测的主要方面。截至目前，生物污染受控环境普遍采用的检测方法，其采样都要经过一定时间的培养方能得出结果。不同于采用离散粒子计数器进行检测时，洁净室各测点的数值立见分晓。正因为如此，对生物洁净室的采样要格外细心，避免差错。通常要注意以下几个方面：

（1）样品标识

每个采样的样品都应包含以下信息，以便在获得培养数据后，为正确分析检测结果提供可靠的依据。

1）采集点的位置及编号；

2）采集日期和时间；

3）采集当时进行的活动以及偏离采样计划之处；

4）采样人；

5）培养基类型。

（2）样品处理方法

样品从各采样点收集后，要运送到集中培养处，在运输或处理过程中不应影响所采集的微生物的活性与数量，以下方面应予以注意：

1）运输和储存的条件是否适宜，进入正式培养前的时间是否偏长。

2）中和介质（neutralizing agents）和渗透稀释液（osmotic solute）的正确使用。

（3）样品培养

培养基是按照所选定的微生物种类，并根据采样环境、采样方法及所使用的设备来确定的，不同微生物及培养基的培养条件：温度、时间、氧气浓度、相对湿度有所不同。

为了保证采样与培养的结果有效，培养基的品质十分关键。除了其组分、性能的可靠外，培养基容器外表面的洁净度十分重要。通常需要二层或三层包装。

如有可能，在选择培养基的培养温度和时间时，要考虑对预期采集到的微生物有利的生长条件。

5.4　生物污染数据的评价

《洁净室及相关受控环境　生物污染控制　第2部分：生物污染数据的评估与分析》

GB/T 25916.2—2010，及与其相应的国际标准 ISO 14698-2：2003《洁净室与相关受控环境　生物污染控制　第 2 部分：生物污染数据的评价与解释》，总结概括了当前国际学术界和相关行业主管部门，对生物污染测试与评价的认识和观点。正因为截至目前生物污染的检测还没有探寻到可靠、便捷的方法，因此对于生物污染数据的评价就需要格外谨慎对待。宜于采用统计分析方法等多种科学手段，以提升其结果的可信程度，当然也就增加了检测与评价的复杂性。目前国内与生物污染检测相关的标准，仍都停留在依据采样培养结果的计数，直接予以评价的水平上，有待与国际生物污染控制学术界的认识接轨。为此下面将《洁净室及相关受控环境　生物污染控制　第 2 部分：生物污染数据的评价与解释》ISO 14698-2：2003 的主要内容予以简略介绍，供需用者或修订相关标准时作参考。

由于生物污染检测，从采样、培养到读值，经历过程远，较空气中悬浮微粒的测试复杂，因而出现误差的几率要高。因此生物污染检测数据的最后结果可能处于某个范围内，这个范围的大小，取决于生物污染检测的全过程的各个步骤执行中的差异性（variability）。

为了得到较低不确定性的（low margin of uncertainty）、可靠的和重现的结果（reproducible results），就需要不断研发改进，对活性单位（viable units）进行测定和计数的标准化程序。

目前在国外推广采用《洁净室及相关受控环境　生物污染控制　第 2 部分：生物污染数据的评价与解释》ISO 14698-2：2003 所推荐的包括有"过程控制统计学"（SPC，Statistical Process Control）、"人工智能化"（AI，Artificial Intelligence）等内容的新程序，用来对生物污染数据做出估算与解释，以降低处理结果的不确定性。国家标准《洁净室及相关受控环境　生物污染控制　第 2 部分：生物污染数据的评估与分析》GB/T 25916.2—2010 遵循了相同的原则。

5.4.1　初始检测阶段对生物污染数据的评估

1. 对生物污染现状与程度的判断

采用直接和间接的生物污染监测方法采集样品以对污染现状与程度做出判断时，应注意到下述一些重要因素：

（1）足够量的采样样品资料及其同质性（homogeneity），如需要对样品进行稀释时，应关注其稀释的精确性。

（2）各种不同的活性粒子，它们随时间的变化趋势，采样过程对其成活与恢复的影响。

（3）从受控环境或危险区的各个科学选定的采样点取得微生物污染数据。

（4）所采用的培养技术与估算方法的可靠性。

（5）分析方法的选择（定性的或定量的估算）。

2. 生物污染数据采集

为了得到合适的"目标值"（target），在初始监测阶段，一般都要经历一段对受控环境内活性粒子频繁采样的过程。随着对生物污染情况和规律的了解，其采样频率可适当下降。根据上述初期采样的结果，结合受控区域或危险区域的使用要求，由用户对各区域设定适当的目标值，再根据目标值导出报警值和行动值。这些值也并非就此固定不变，它们可以根据今后所获得的更大量的监测数据的条件下，在认为必要时，作出适当调整。

3. 生物污染计数技术的验证

每项日常使用的计数技术及估算方法都要经过验证。

验证计数方法应考虑如下内容：

（1）所关注的活性粒子类别及其预期值（例如要求浓缩或稀释样品）。

（2）所选择的培养基是否具备维持活性粒子生长和确保恢复的能力。

（3）对于选定的培养基所选择的培养条件是否能保证活性粒子充分生长。

（4）所选择的培养时间是否足以让合适的采样品显现出可靠的活性计数（viable counts）。

（5）采用依据微生物新陈代谢活动（metabolic activity）估算活性单位的可能性。

微生物技术验证的具体做法比较专业化，本文不宜详述，需要时可参考以下文献：

（1）ISO 1994 ISO/DIS 1737-1(draft): Sterilization of Medical Devices — Microbiological Methods Part 1: Estimation of Population of Microorganisms on Product.

（2）EURACHEM 1994 Guidance Document No.2 (4.draft): Accreditation for Microbiological Laboratories.

4. 记录与存档

完整的记录与存档是生物受控环境管理工作的重要环节，以下一些方面都应从归档的材料中找到：

（1）检测方法、程序的议定文件。

（2）所用仪器的所有常规或定期检查、标定记录或证书。

（3）原始观测、计算、推导的数据和最后报告的记录。

（4）记录中必须有实施采样、准备、测试、评价和撰写报告的有关人员的姓名及签字。

（5）所有保存在计算机中的资料均应有备份，以防丢失。

5.4.2　日常监测阶段所得生物污染数据的估算与评价

日常监测工作中，除去例行的采样数据、采集记录与评价外，与初始监测不同之处在于强调以统计的观点、趋势分析和控制图示等方法对微生物数据予以评价。这方面的要求对用户相关管理人员的确要求较高。但从国外的观点来看，唯有这样才能保证生物污染控制目标的实现。

1. 在日常监测工作中，需要注意的问题

采样所得的样品必须有清楚的标识，保证样品与其结果对应无误。

在微生物采样的同时，空调净化系统的运行状态及室内的温、湿度、洁净度等环境参数应予以记录。

2. 数据记录体系

统计与趋势分析都需要依赖数据的积累，因此数据记录的体系与方法十分关键，不同的记录模式将影响数据分析的效率。为此应开发并采用，能够明确无误记录与归纳处理数据的文件体系或软件，其中应包括：

（1）原始数据。

（2）记录中所包含的信息类型目录。

（3）实验室文件或计算机资料的名称与位置。

（4）使用工作手册、计算机或其他适当手段记录下的各种测试结果、计算结果或其他相关信息。

（5）突出异常样品值的标准方法。

（6）对结果作出修改处的说明与审定。

（7）对测试结果、计算结果与报告进行记录、核查、纠正、签字等应遵循的程序。

3. 数据的统计归纳

对生物污染数据进行统计计算之前，特别是记录有大量测试结果的场合，必须先将数据整理简化。为使测试数据的主要特征清楚或数据分层（data stratification），既可用定性方式，即将测试结果分组，形成各种频度的表、图，也可用描述性的统计资料来达到这个目的。

统计方法所适用的数据，可以是各个单独测试的结果，也可以是具有某种特殊特征要素的数量计算。

对于所用统计方法，应有相关的文件依据及验证该方法所采用的统计方式。

4. 从统计角度对微生物数据的评价

日常监测工作是要从测试样品的结果推断危险区域微生物的数量。这种推断确实免不了存在风险，因为样品有可能并未准确反映所采样区域的微生物污染浓度，所以需要利用统计学方法、概率分析法，将这种危险量化，并将其降低到可接受的水平。

鉴于统计方法的复杂性，《洁净室及相关受控环境　生物污染控制　第 2 部分：生物污染数据的评估与分析》GB/T 25916.2—2010 和 ISO 14698-2 对于究竟如何具体用统计方法进行数据整理、解释与评价。只是给出了原则性要求，具体方法建议参考以下文献：

（1）IEC 812-1985 Analysis techniques for system reliability — Procedure for failure mode and effect analysis (FEMA). Geneva Switzerland: International Electro technical commission.

（2）DIN 58949-9 Quality management in medical microbiology — Part 9: Requirements for use of control strains for testing cluture media. Berlin: Beuth Verlag GmbH 1997.

（3）Corry J.E.L. (ed): Quality assurance and quality control of microbiological culture media. Darmstadt: GIT Verlag 1982.

5. 趋势分析与对照图

单个样品的数值，其意义通常不充分，这与微生物测试方法仍存在较严重的缺陷，造成微生物采样数据的高度变异性分不开。因此，以图表或其他形式给出某个时间段或某个时期所采集的数据，有助于辨别偏离实际趋势的采样偏差，或显示出已发生的明显变化，为判定是否仍处于生物污染规定的偏差范围内提供信息。

5.4.3　沉降测值与浮游测值的关联

生物污染控制区、生物洁净室的检测、监测项目中，空气中悬浮微生物的沉降值与浮游值都被列为重要的测定数据。从概念上来看，空气中悬浮微生物浓度大，浮游微生物测值必然高，沉降测值也高。反之，空气中浮游微生物浓度低，浮游值与沉降测值也都低，说明它们之间是有关联的。因此，人们曾试图去探寻其间的关系，特别是因为沉降测定法长期被使用，不但较为方便，所需设备也简单。如果沉降测值能定量地反映所需检测空气的悬浮微生物浓度，那么测试工作可大为简化。几十年来在许多医院等场所，就是通过测定沉降菌的数值，以推算空气中浮游菌的浓度，那么究竟其间的定量关系是否存在，分析如下：

1. 沉降菌与浮游菌的奥式换算公式

苏联学者奥勉良斯基（Омеляский）认为沉降菌与浮游菌的测值是完全统一的，并具体给出其间的关系如下：在面积为 100cm² 的培养基表面上，暴露 5min 时间所沉降的微生物数约等于 10L 空气中所含的微生物数。其间的关系可用式（5-1）表述：

$$C=\frac{50000N}{At}(\text{CFU/m}^3) \tag{5-1}$$

式中　C——空气中的悬浮细菌浓度，CFU/m^3；

　　　A——培养基面积，cm^2；

　　　t——暴露时间，min；

　　　N——菌落数，CFU。

【奥氏公式计算例题】某个直径 D 为 9cm 的标准沉降菌采样平皿，在被测环境的空气中暴露 1h，经 37℃，48h 培养后计数，在平皿上观测到 10 个菌落生成单位，该环境空气中的细菌浓度计算如下：

$$C=\frac{50000\times10}{\frac{\pi D^2}{4}\cdot60}=\frac{500000}{63.6\times60}=131\ \text{CFU/m}^3$$

空气中的细菌浓度也可认为是浮游菌的测值，与沉降菌测值之间的比值 K 为：

$$K=\frac{131}{10}=13.1$$

2. 美国宇航局标准中不同洁净环境的浮游微生物量与沉降量

美国宇航局标准 NASA 5340 Ⅱ 中，对不同洁净级别的生物洁净室的分级限值，反映了该标准对空气中细菌浓度与沉降菌的测值之间定量关系的看法。

NASA 5340 Ⅱ 关于生物洁净室分级如表 5-14 所列。

NASA 生物洁净室分级　　表 5-14

级别	微粒		微生物				浮游量与沉降量之比
	粒径（μm）	最大数量（pc/ft³）	浮游微生物量		沉降微生物量		
			CFU/ft³	CFU/m³	CFU/（ft²·week）	CFU/（φ90·h）	
100	≥0.5	100	0.1	3.5	1200	0.49	7.14
10000	≥0.5 ≥5.0	10000 65	0.5	17.6	6000	2.45	7.18
100000	≥0.5 ≥5.0	100000 70	2.5	88.4	30000	12.3	7.19

由表 5-14 中的数据可以看到，把沉降微生物量换算到 ϕ90mm 标准双碟培养平皿，暴露时间 1h 时，NASA 5340 Ⅱ 给出的各个不同级别的洁净室，其浮游量（CFU/m^3）与沉降量［$\text{CFU/}（\phi90\cdot h）$］的比值十分接近，平均值约为 7.17。

与上述奥氏公式计算例题的数据对照，同样沉降菌的测值为 10CFU 时，按 NASA 分级标准提供的数值作推算，浮游菌浓度为 71.7CFU/m³。与奥免良斯基公式的计算结果

$131CFU/m^3$ 相比较，相差接近一倍。

3. 其他国外标准所反映的浮游值与沉降值的关系

表5-15给出了欧盟药品生产管理规范 EU GMP-1998 所给定的生产环境标准，表5-16列出了日本制药工业协会洁净度分级管理基准。

EU GMP-1998 灭菌产品生产的空气洁净度分级　　表 5-15

级别	颗粒数（pc/m³）		微生物污染控制推荐值	
	静态	动态	浮游菌	沉降菌
	0.5μm/5μm	0.5μm/5μm	CFU/m³	CFU/（φ90・4h）
A	$3.5×10^3/0$	$3.5×10^3/0$	＜1	＜1
B	$3.5×10^3/0$	$3.5×10^5/2×10^3$	10	5
C	$3.5×10^5/2×10^3$	$3.5×10^6/2×10^4$	100	50
D	$3.5×10^6/2×10^4$	无要求	200	100

日本制药工业协会洁净度分级管理基准　　表 5-16

GMP 解说	浮游尘粒数（＞0.5μm）	浮游菌数最大平均值	沉降菌数最大平均值	浮游菌与沉降菌比值
	pc/Cuft	CFU/m³	CFU/（φ90・h）	
无菌操作部位	1000	5	1	5
无菌制剂	10000	20	5	4
非无菌制剂	100000	150	20	7.5

表5-15中沉降菌换算成 1h 的测值，B、C、D 各级分别为 1.25CFU/（φ90・h）、12.5 CFU/（φ90・h）及 25CFU/（φ90・h），B、C、D 各级的浮游菌与沉降菌的测值比均为 8，与 NASA 5340 Ⅱ 给出的比值相近。

表5-16中各个级别的最大允许浮游菌与沉降菌的比值各不相同，分别为 5、4 和 7.5，其中仅 100000 级洁净室的最大允许浮游菌与沉降菌值的比值与 NASA 5340 Ⅱ 和 EU GMP-1998 相近。

从某种意义上来说，沉降菌的测值量多少也反映空气中微生物的浓度大小。但严格来说，它的测值与空气中悬浮微生物的浓度并无固定的关联。在不同场所、不同情况下，沉降测值与空气中微生物浓度的"比例"可能变化在很大的范围内，笔者的研究数据可作为一个例证：作者及研究生在夏季至初冬季节中，在天津大学校园内实验室附近进行了较长时间的测试，该处树木较繁茂、邻近有湖面、车辆较少，可视作为城市中的清洁区域。在同一固定位置上用狭缝或针孔空气微生物采样器及 90mm 双碟平皿同时采样，每天测值 8～10 次。平皿暴露时间为 10min，培养基均为普通牛肉蛋白琼脂在 37℃恒温条件培养 48h 后计数，其测定结果如表 5-17 所示。

由表 5-17 的测值数据来看，从一定程度上也反映了空气中浮游菌与沉降菌的比值，由于种种情况的影响波动在较大的范围内。上述具体测试结果，其比值就变化在 1.5～15.3

范围内。由此可见，以沉降菌测值推断空气中浮游菌浓度的方法是不可靠的。

校园空气中沉降法测值与浮游菌测值的对照   表 5-17

温、湿度		天气情况	浮游菌数（个 /m³）		沉降菌值 [个 /（皿·h）]		浮游菌、沉降菌比值
（℃）	（%）		范围	平均	范围	平均	
26.1～30.2	70～89	阴，雨后	314～1686	884	36～192	117	7.6
26.0～32.5	52～88	阴，无风	229～1657	708	72～840	217	3.3
27.2～32.7	43～52	晴，无风	371～2886	1436	102～1008	495	2.9
29.4～32.4	33～49	晴，雨后	629～2171	1171	192～822	455	2.6
24.2～30.2	50～65	晴，无风	886～1657	994	156～732	410	2.4
20.6～30.2	25～63	晴，无风	429～1257	651	90～450	124	5.3
22.4～26.0	25～51	多云转晴，有风	714～3457	1998	516～2298	1375	1.5
12.8～17.0	24～45	晴，2、3 级风	343～1600	702	72～840	356	2.0
14.0～24.2	29～64	晴，无风	286～1657	928	24～198	82	11.3
14.4～21.8	42～69	晴转多云，雨后	314～1571	673	24～114	64	10.5
14.4～22.0	44～69	晴转多云	171～857	482	36～420	122	4.0
12.8～17.0	39～69	阴，无风	171～1286	453	24～156	52	8.7
10.4～19.4	29～88	晴，雨后	200～829	447	—	—	—
−6.0～3.6	14～51	晴	600～1600	1131	24～150	74	15.3
−4.0～6.0	38～76	晴	286～1571	1000	54～300	139	7.2

5.5 传统的微生物采样计数设备

测定空气中悬浮微生物时，不仅存在着一般颗粒物质具有的所有测量问题，而且与非生物粒子相比，空气中微生物粒子数量相对于悬浮微粒的数量要少很多，通常仅是空气中悬浮微粒的十万至百万分之一左右，因此增加了采样的难度。另外，微生物粒子还具有可增殖性，采样过程中有可能丧失活性等其他特殊性，使得微生物采样数据往往具有高度变异性的特征。同一位置、同一时刻不同设备的采样结果，同一位置、不同时刻相同情况下，同一设备的多次采样结果都可能存在差异，有时差异还可能较大，重复性较差。所以足够采样量，供统计分析其规律性显得格外重要。

目前普遍采用计数相对可靠的传统微生物测定方法，这类方法在采样后都必须经过培养较长时间才能计数，因此，从采样到计数一般需要 2～3 天。

空气中悬浮微生物的传统测定方法有很多种，但无论哪一种方法都需经过捕集—培养—计数的程序。表 5-18 给出较常见的一些传统测定方法及相关参数。

较常见的一些传统测定方法及相关参数　　　表 5-18

捕集机理	测定方法	主要测定目的	主要设备	辅助设备	采样空气量（L/min）	纯采样时间（min）
落下	菌落法	一般微生物和特殊微生物的污染	平板琼脂培养基	各种琼脂培养基		
	不锈钢板法	宇宙航空设备的污染	不锈钢板	不锈钢板		
撞击	狭缝法	悬浮微生物一般污染	狭缝采样器	平板固形培养基、班多里培养皿（泵、流量计）	26～100	2～5
	针孔法	同上	针孔采样器	同上	26	2
	多孔板法	同上	筛式采样器	同上		
	多股多孔板法	同上	安德森采样器	同上（泵、流量计、专用班多里培养皿）	27	2～30
	转盘法	测定粒径分布	旋转捕集器	班多里培养皿、固形培养基		
	离心法	花粉、孢子等悬浮微生物一般污染	设备本身	专用固形培养基干电池	40	0.5～8
撞击洗涮	撞击式采样器法	同上	碰撞式采样器	薄膜过滤器、液体培养基、泵、流量计、去泡剂	12.5	约 30
过滤	薄膜过滤器法	同上	薄膜过滤器	支架、泵、流量计、液体培养基	10	
	玻璃纤维过滤器过滤法	同上	玻璃纤维过滤器	同上		
	胶质滤片法	同上	胶质滤片	同上	20～40	
	谷氨酸钠过滤法	同上	谷氨酸钠盐过滤器	同上灭菌水		
温差	温差法	同上	热敏电阻（设备本体）	捕集胶纸、电源	0.5	
静电或撞击	大容量法	生物洁净设备用	设备本体	液体培养基、电源	100～10000	必要时可到达几小时

5.5.1　沉降法采样装置

沉降采样装置（sedimentation sampling devices），通常又称之为被动或无源微生物采样装置（passive microbial sampling devices），这种称谓的由来是相对于其他附有动力源的空气微生物气溶胶采样设备而言的，那些能主动抽吸采样空气的设备称之为主动或有源采样装置（active sampling devices），如撞击采样器（impact sampler）、过滤采样器（filtration sampler）等。

十九世纪末至今长期使用的，由德国细菌学家柯赫（Koch）发明的双碟沉降平皿，美国宇航局（NASA）标准所推荐的不锈钢圆板等都是较常使用的沉降法采样装置。Koch法是将经消毒灭菌并装有培养基的沉降平皿暴露在生物污染控制区内一定时间，空气中悬浮的微生物在重力等因素的作用下，将沉降在培养基上。所采样平皿在35～37℃、24～48h恒温环境或其他所规定的温度、湿度、氧气浓度和时间等条件下，培养后所生成的菌落数（CFU，Colony Forming Unit），即沉降菌的测值。美国宇航局的测试方法与Koch法的不同之处在于采样不锈钢板并无培养基，而是在现场采样后，将不锈钢板上沉积的颗粒物用培养液冲下，再置于规定的温度、湿度环境中，培养一定时间后，依据所生成的菌落计数。Koch法和NASA法，最终所得的菌落生成单位都反映了空气中活性粒子沉降在物体表面的速率。通常用培养皿直径为ϕ90mm，内表面积64cm^2，而高级洁净室中，由于其悬浮污染物浓度低，更适合采用大直径的培养皿，一般用ϕ140mm，内表面积154cm^{2}的大培养皿。

尽管沉降菌的测值并不能完全确定空气中的悬浮微生物浓度，但其设备简单、操作方便，而且在长期使用中积累了大量可供参考的经验数值，所以仍在行业内广泛采用。

5.5.2 撞击法空气微生物采样器

所谓撞击法（impacting method）是采用撞击式空气微生物采样器，通过设备的抽气动力作用，使采样空气通过采样器的狭缝或小孔而产生高速气流，让气流撞击到带有营养琼脂一类培养基的采样板上，使悬浮在空气中的微生物在惯性作用下撞击并被捕集到采样板上，经过某恒定温度一定时间的培养后，根据所生成的菌落及采样空气量计算出每立方米空气中所含微生物数量的方法。

让含有悬浮粒子的空气形成高速射流状态喷射到平板等设备上，其中部分较大的粒子在惯性力作用下，不能随气流流线折转而撞击到平板上，因此存在一个效率问题，其撞击效率如图5-3所示，通常用撞击参数Ψ来描述。从理论上讲，这种方法可以预测所能够捕集的悬浮粒子的最小粒径，这是撞击法的最大优点。

撞击参数Ψ用下式表述：

$$\sqrt{\psi} = \left(\frac{C_c \rho_p v_0}{18\mu} \right)^{1/2} d_p \qquad (5-2)$$

式中　Ψ——撞击参数；

　　　C_c——校正系数；

　　　ρ_p——粒子密度，kg/m^3；

　　　v_0——射流速度，m/s；

　　　μ——空气动力黏度，Pa·s；

　　　d_p——粒子直径，m。

由式（5-2）可以看出，当粒子的密度和直径已经确定，撞击参数便成为射流速度的函数，如果射流速度变化，撞击效率也变化。因此，确定正常的射流速度或者采样流量是十分重要的。

常见的这类仪器主要有以下几种。

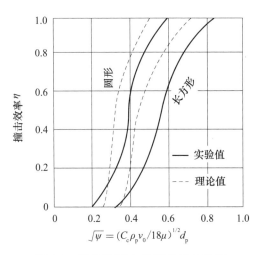

图 5-3　射流的撞击参数和撞击效率

1. 狭缝采样器（Slit Sampler）

此方法中被测空气是通过狭缝吸入的。空气喷射在缓慢转动的班多里氏皿平板培养基上，然后将附着有微生物粒子的培养基经培养，统计其菌落数，菌落计数值与总的吸入空气量的比值就是空气中悬浮微生物的浓度。这种装置最早是英国的波狄龙（Bourdillon）研制的，叫下风采样器，如图 5-4 所示。

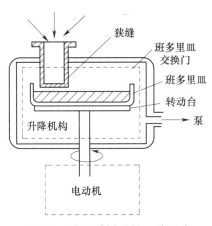

图 5-4　狭缝采样器的一种型式

根据采样时间的长短，狭缝采样器可以分为两种：一种为短时间采样器，另一种则为长时间采样器，例如日本生产的卡赛拉（Casella）狭缝采样器就属于短时间采样装置，其狭缝宽度为 0.33mm，采样空气流量为 28.3L/min。盛在班多里氏皿中的培养基通过齿轮每30s、2min 或 5min 转动一次。在直径为 90mm 的培养皿中，通常注入 20mL 左右的培养基。撞击效率即捕集率随测定对象不同而不同，通常可达 94%~99.6%，测定范围为 0.3~1000个 /28.3L。

M/G 型狭缝采样器属于长时间采样用的一种采样器，其狭缝宽度为 0.152mm，采样空气流量为 28.3L/min，它配有直径为 150mm 的班多里氏培养皿，通过电机带动可在每15min 或 30min 或 60min 转动一次，用于连续测定。

班多里氏培养皿的转动，不仅使微生物粒子分散附着在整个培养基表面，而且根据不同的转动角度可以掌握随时间变化的详细情况，这是狭缝采样器的优点。

美国航空航天局 NASA 标准中规定，把狭缝采样器法列为测定悬浮细菌的一种方法。

2. 针孔采样器（Ping hole Sampler）

针孔式采样器是日本的山崎省二在狭缝采样器的基础上，经过改进而成的一种采样装置。它采用 5 个针孔取代狭缝，提高了采样精确度，如图 5-5 所示。

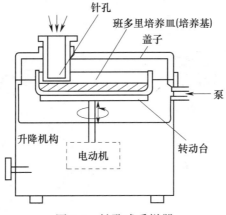

图 5-5　针孔式采样器

采用直径为 90mm 的班多里氏培养皿，其中注入 20mL 左右的培养基，并使之凝固，每 2min 转动一次，采样空气流量为 26L/min。

空气中的悬浮微生物粒子基本上都可以捕集到，值得注意的是，凝聚的大型粒子在捕集过程中有可能被破碎。

3. 多孔板采样器

经多孔板吸入空气后，将多股射流撞击到平板固态培养基上，如图 5-6 所示。其典型的例子是，用直径为 50mm 的班多里氏培养皿，多孔板孔数多达 110 个，每孔直径为 0.36mm，取样空气量为 20L/min。

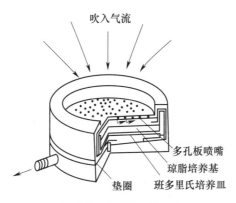

图 5-6　多孔板采样器

图 5-7 所示为苏州市华宇净化设备有限公司生产的一款 JYQ-IV 型多孔吸入式空气浮游微生物采样器。该仪器空气采样量额定量为 100L/min。可编程从 0.01m³/min 至 2.0m³/min 任

意设定，以保证采集口风速与室内风速基本一致，能较准确地反映所测环境空气中的微生物浓度。LCD 显示采样时间、采样量等参数，并按页储存，最多可储存 256 页数据。采样周期 1～99 任意设定。该仪器配置 90mm×18mm 培养皿，更换简便。交直流电源两用，最大功耗 20W。外形尺寸：120mm×300mm，重量约 2kg。

苏州市华宇净化设备有限公司生产的另一款采样量为 100L/min 的 JYQ-1 型多孔吸入式空气浮游微生物采样器如图 5-8 所示。采样时，环境中的空气被吸入，以较高的风速通过微孔。空气中的颗粒物在惯性力作用下，被撞击在培养皿内的琼脂表面；仪器分上下两部分，上部为采集口和采样座及气泵，下部为控制器及电池。

图 5-7　多孔吸入式空气浮游　　图 5-8　狭缝式空气浮游微生物采
　　　微生物采样器产品示意图　　　　　　样器产品示意图

4. 安德森采样器

安德森采样器属于多孔板采样器中的一种，它是以研制者安德森的名字来命名的，其特点是将多孔板和平板培养基一层层重叠成六层，如图 5-9 每层约有 400 个圆孔，各层的孔径从上到下逐渐缩小，孔口流速逐层加大。表 5-19 中列出了标准吸入量为 28.3L/min 时，各层的孔口流速和可能捕集的最小粒径及能够百分之百捕集的微粒直径的捕集下限值。

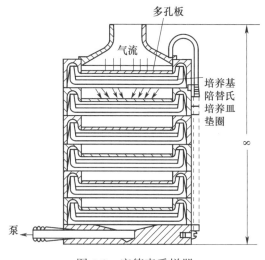

图 5-9　安德森采样器

安德森采样器的特点 表 5-19

层别	孔径（mm）	流速（m/s）	捕集可能下限（μm）	100%捕集（μm）	主要捕集范围（μm）
1	1.054	1.08	3.73	11.2	7.7 以上
2	0.914	1.79	2.76	8.29	5.5～7.7
3	0.711	2.97	1.44	4.32	3.5～5.5
4	0.533	5.28	1.17	3.50	2.3～3.5
5	0.343	12.79	0.61	1.84	1.4～2.3
6	0.254	23.30	0.35	1.06	0.75～1.4

5. 路特离心采样器

RCS 采样器是路特离心式采样器（Reuter Centrifugal SamPler）的简称。此种采样器是用离心风机的转子将空气喷射到特殊的固态培养基上来捕集空气中悬浮粒子，如图 5-10 所示。

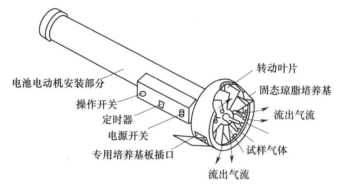

图 5-10 路特离心采样器

RCS 采样器通常用干电池作动力源，采样流量为 40L/min，采样时间从 0.5～8min 分为 5 档；培养基被注入到专用的条形浅底塑料容器中。

由于这种装置轻便，并且使用电池作为驱动源，所以易于携带，适合于现场的检测。

5.5.3 碰撞式采样法

碰撞式采样器（impingement sampler）的原理是将含有悬浮微生物的空气喷射到装有液体的玻璃容器底面上，然后在液体中捕集微生物粒子的一种方法，故称作碰撞式采样法。由于碰撞式采样器的采样量和采样效率均低，并有撞碎活粒子凝块的可能，根据 ISO 14698 的建议，认为它或许不适合用于悬浮微生物采样。

图 5-11 是市场上出售的一种碰撞式采样器，通常在装置中注入 20～30mL 液体培养基，用 12.5L/min 的流速吸入采样空气，吸入一定时间后，从底部的流出口取出捕集液，再用灭菌、消过毒的薄膜过滤器过滤和捕集微生物，经培养后计数，也可以不用滤膜过滤浓缩，而用其他适当的方法直接培养捕集液。

由于捕集液的培养基会产生很多气泡，所以要放入消泡剂。另外，碰撞式采样器在采样之前必须在 121℃温度下灭菌 15min，因此这种方法对需要多次采样的情况来说未必方便。

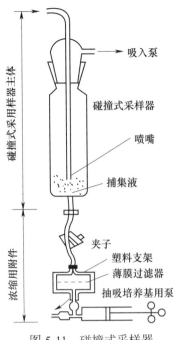

图 5-11　碰撞式采样器

碰撞式采样器捕集悬浮微生物粒子的特性，由喷嘴喷出的射流撞击特性决定，所以射流速度与底面之间的距离非常重要。

5.5.4　过滤法

过滤法是一种传统的从采样空气中直接过滤和捕集微生物粒子的方法，但由于捕集特性等方面存在问题，而且操作方法与程序复杂，所以曾经使用过的很多方法都已被放弃。此处介绍现在国外仍在使用的 4 种方法，但过滤法在国内净化行业一直很少使用。

1. 薄膜过滤器

就捕集微生物粒子的意义上来讲，采用孔径为 0.45μm 左右的薄膜过滤器比较合适。一般市场上出售的捕集微生物用的薄膜过滤器，能够用高压灭菌器灭菌，所以用它捕集到的微生物能直接放在培养基上培养。

但捕集到的微生物往往可能由于干燥而致死。因此除耐干燥性特别强的微生物以外，采样时间最好不要超过 5min。总之，用过滤法捕集微生物时，应该充分考虑捕集到的微生物的存活问题。

2. 玻璃纤维过滤器

采用超细玻璃纤维过滤器进行空气中悬浮微生物采样的方法是：让采样空气经过玻璃纤维过滤器将捕集到的微生物粒子，用超声波清洗等方法洗下，再与培养基混合，或者在液体状态下培养。然而，这种方法也避免不了由于滤芯和操作上的问题而产生的采样损失，并且也存在着对菌丛的抑制作用等。

3. 凝胶过滤器

滤片为经过干燥后的水溶性胶质海绵（厚度 130～150μm），滤片直径为 47～50mm，灭菌消毒后装在过滤器座中；吸入风量为 40L/min 左右。把采集被测空气后的过滤器放入食盐水或液体培养基内溶解，或者直接放在固态平板培养基上培养。据国外报道，滤片上的孔径为1～3μm，当风速为0.2m/s时捕集率最高，但捕集到的菌丛在过滤器上也有损失。

4. 谷氨酸钠过滤器

用粉末状谷氨酸钠在160℃下经30min灭菌后压成过滤片状，吸引采样空气捕集细菌后，在水中溶解培养，并计数。

过滤法虽然在微生物的存活率等方面存在一些问题，但也有其突出的优点，即在采样点上只要过滤器装置即可。因此可根据需要使采样点尽可能地靠近污染源，例如可以在手术进行中置于手术创口附近采样，而不至于污染环境。

5.5.5 大容量法

上述各种悬浮微生物测定器，一般都是以普通环境为测定对象而研制的，因此，在无菌室等对污染进行严格控制的空间中，测试时存在测值太小或者捕集时间太长等缺点。针对这些问题所采取的措施是加大采样空气量，这样可以达到快速采样的目的，这种方法便是大容量法。

最常用的大容量法是静电沉降法，其具体方法是：让带菌空气流经高压电场使粒子带电，这些带电粒子被带有相反电荷的集尘板所吸引并沉降在上面，随后被一层薄膜似的液体冲洗下来，流入捕集液容器，经培养后计数。无论哪一种大容量采样方式，最后都要用捕集液连续冲刷捕集板，回收污染粒子，这是它们的特点。大容量法采样器的结构原理如图5-12所示。

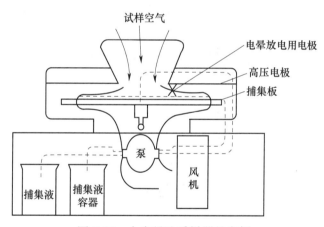

图 5-12 大容量法采样器的实例

5.5.6 表面微生物的测试方法

除了检测空气中细菌数量之外，在生物洁净室中还经常要求进行墙面、地面或物体表面污染状况的检测，以便采取消毒灭菌对策。这种测定一般是定性的，尚没有严格的控制标准。

常用的表面污染菌的测定方法简介如下：

1. 按压法（Stamp）

按压法是一种把具有一定面积的固型培养基或用液体润湿的棉花球等轻轻按在检测

部位，随后进行培养读值的方法。使用固型培养基的方法有罗达克平板法（Rodac Plate）、琼脂腊肠法、压型琼脂法等；利用棉花球的方法有压型扩展法。

2. 擦拭法（Swab test）

用生理盐水润湿的棉花球等擦拭一定面积的待测表面，清洗附着的细菌，或者用轻柔的超声波处理培养振荡出来的液体，然后统计细菌数。美国、英国、加拿大等国家广泛采用这种方法。擦拭材料有脱脂棉、纱布、特殊纤维布等，润湿剂有生理盐水、各种缓冲液、液体培养基等。

3. 真空吸引法

与电除尘器具有相同机构，方法是：用一特殊吸引用喷嘴正对待测表面，维持某个微小距离以一定的风量、风速吸入空气，再用薄膜过滤器过滤采样空气，然后培养附着在滤膜上的细菌，最后检出细菌数量。

表面附着菌的测定方法随待测场所或物体的形态不同，可选用相应的方法。按压法适用于待测表面或部位是平面的情况，不适合于待测处是曲面的情况。而擦拭法对平面、曲面均适用。真空吸引法虽然平面、曲面均可以利用，但被测表面为曲面时会有一些误差。

5.6　环境微生物的快速测定法

由于传统检测方法的时间滞后性与生产管理者所期盼的将生产环境的微生物危害置于防患于未然的状态所产生的矛盾，推动了近些年来环境微生物快速测定方法的研发与普及。目前已有一些具有实用价值的微生物快速测定方法与设备投入市场。

微生物的快速测定法根据采样后是否需要培养，大体上分为两类：

（1）菌落染色法、阻抗法、氧化电极法和显色法等快速测定法仍需培养，但培养时间较传统方法缩短至 1/4～1/2；

（2）荧光染色法、LAL 法、ATP 法则无需培养。另外，环境中由于培养条件的失谐，存在着大量不能培养成菌落的、处于不能增殖的生理状态的微生物，无需培养的这一类方法也能检出它们。在这一点上比必须培养的测定方法，更有利于实施不遗漏的检查。

上述各种快速测定法中，目前在国际上普及最快的是 ATP（Adenosine triphosphate）法。

5.6.1　目前使用的几种微生物快速测定法

1. 菌落染色法

在含有氧化还原显色试剂四唑嗡紫罗兰等的琼脂平板培养基上培养微生物，或者在普通的琼脂平板培养基上培养后，经过染色，很容易判别菌落，是一种比标准培养时间更短的计测菌落的方法。

微观染色用于对培养结束的膜过滤器直接滴下染色液，然后让其干燥，将染成青色的菌落拿到 10～20 倍的放大镜下进行计测。培养时间可以缩短到原来方法的 1/2～1/4。例如：大肠菌经过 4～6h 的培养就可以检测出来。

2. 阻抗法

微生物在增殖过程中会将蛋白质、碳水化合物等高分子化合物分解成有机酸、氨基酸等离子化合物，这些离子化合物达到一定浓度，在周围环境中将产生微小的电量变化。将这个电量的变化利用电阻、导电性或者静电容量这些概念检测的方法，称作阻抗法。产生电量变化的时间与开始时的细菌数、菌的增殖性成反比，因此从预先求得的两者的标准曲线中可以推算出样品中初始的细菌数。作为产品化的系统有气压（或液压）传输系统以及细菌计数器。

实际操作如下：向专用容器中添加液体培养基和样品，放在组成系统的培养装置中，开始培养。测定机逐时自动监测培养过程中电量的变化。

本测定方法必须培养，但它和原来计测菌落的方法相比，优点在于培养时间可以缩短。培养开始后直到结果的打印输出完全自动化，初投资高但运行费低，另外，通过组合选择性培养基，还可应用于检测特定微生物。

3. 氧化电极法

氧化电极法是一种将微生物增殖过程中的呼吸活性，通过氧化电极检出的方法。和阻抗法一样，通过自动监测，随着培养进度逐时地测定，所产生的培养基中溶解氧的浓度，直到能够检出呼吸活性的培养时间，从这一时间推算样品中的开始菌数。这种方法在日本已产品化。

测定时，向装有氧化电极的专用容器中添加液体培养基和样品，然后放在组成系统的培养装置中开始培养，测定机自动监测培养基中溶解氧浓度的逐时变化。6h 内就可以检出 105CFU/g 的开始菌数。

4. 显色法

显色法是一种通过标识色素的色调变化，来检测随微生物代谢产生的培养基 pH 值的变化和 CO_2 生成的方法。通过自动监测检测出培养过程中标识色素的色调变化，从直到可以检测出色调变化的这一段培养时间推算出样品中的开始菌数。以培养基 pH 值变化为指标的维夫斯、以 CO_2 生成为指标的敏化培养基 / 生物材料都已产品化。

维夫斯使用专用容器，此专用容器中盛有包含标识色素的琼脂层与液体培养基。使用时，向专用容器中添加样品，放入组成系统的培养装置中开始培养。检出时间受开始菌数的多少所左右，但如果达到 106CFU，7h 就可以检出。通过组合选择性培养基，也可应用于特定微生物的检出。

以上 4 种方法仍需培养，只是培养时间较传统方式缩短，有助于改善生物污染控制的工作效率，属于一类。以下几种方法则无需培养，属于另一类环境微生物快速测定法。

5. 荧光染色法

利用荧光染色剂荧光染色细胞膜和细胞核等，使用荧光显微镜等检出方法。染色机理不同的多种荧光染色剂，根据不同的组合也能识别出活菌和死菌。染色扫描 RDI 及 D 计数、真菌监视器扫描、生物絮凝等都已产品化。

染色扫描 RDI 在薄膜过滤器上过滤样品，荧光染色被阻挡在薄膜过滤器上的微生物后，再进行激光扫描。荧光染色的 30min，激光扫描 3min 即可结束。其结果可以作为图像表示在监测器画面上，也可以自动计测产生荧光的点数。D 计数以及真菌监视器扫描是结合了荧光染色法与流体检查计数法的方法，可以连续测定液态样品。

6. LAL 试验法

LAL（Limulus Amebocyte Lysate）试验法是利用鲎属的血球抽出物，检测来源于革兰氏阴性菌的内毒素的方法。内毒素是革兰氏阴性菌细胞壁成分的脂多糖，可以作为革兰氏阴性菌的指标。本试验法收录于日本医药"内毒素试验法"，作为检查医药中内毒素的方法，已得到大家的公认。但是，每个微生物的内毒素量因菌株不同而差异很大，因此，如果微生物不能定量，那么检出的内毒素就不能识别出是来源于活菌还是来源于死菌。

7. SLP（Silkworm Larvae Plasma）试验法

SLP 试验法是利用蚕血液成分检出肽聚糖及 β-葡聚糖（多缩葡萄糖）的方法。肽聚糖是细菌的细胞壁成分，β-葡聚糖是真菌的细胞壁成分，因此，通过本试验法能够检出这些微生物。不过，每个微生物的肽聚糖及 β-葡聚糖含量因菌株的不同而差异很大，与LAL 试验法一样，不能定量微生物，而且也不能识别出是来源于活菌还是来源于死菌。

8. ATP（Adenosine Triphos Phate）快速测定法

ATP 是高能磷酸化合物，分解时产生的能量用于细胞内各种有能量需求的反应。即ATP 在地球上所有活着的细胞内发挥着类似于电池的功能，它的存在成为生命活动的证据。

5.6.2　ATP 快速测定法

1. ATP 法的测定原理

ATP 法是利用萤火虫尾部发光反应的微生物测定法。来源于萤火虫的荧光素酶催化反应，以高量子收获率变换具有 ATP 的化学能源而发光。萤火虫的荧光素酶发光原理如图5-13 所示。反应结果产生的光的数量即发光量和 ATP 量成正比，通过测定发光量就可以定量 ATP。目前国外市场上出售各种用途不同感光度的 ATP 测定用试剂。图 5-14 给出了ATP 标准发光量曲线。利用极高感度的试剂，逐次测定可以检出 10^{-17}mol 这样非常微量的ATP。活菌体内类似于电池而存在的 ATP 量基本上是一定的，因此通过测定菌体内 ATP量就可以算出活菌数。

图 5-13　萤火虫的荧光素酶发光原理

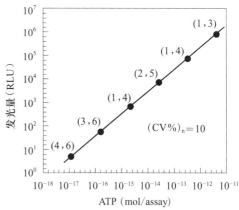

图 5-14　ATP 标准曲线

ATP 不但存在于细菌体内，而且广泛存在游离于细菌体外的状态。图 5-15 给出了反映这种概念的示意图。细菌外 ATP 是指从活细菌中溶析出来，细菌死时被逐出，而且被包含在有机污染中，如：人的体液和食品残渣中的 ATP，它普遍存在于所有的污染中。细菌外 ATP 影响活菌数的求得，因此在前处理阶段必须除去。另一方面，验证洁净度时，以细菌内外 ATP 量的总和（ATP 总量）为污染指标的方法，在能够检出微生物及其温床污染两个方面的意义上是合理的。ATP 法操作简单且能快速得到结果。目前 ATP 法的主要适用范围是检验洁净度，因此，先介绍洁净度检验，再解释活菌数的测定。

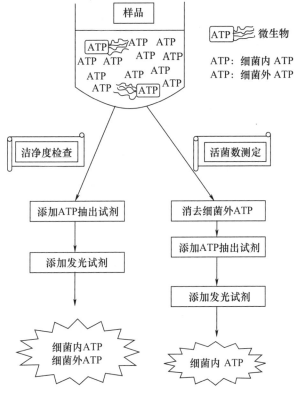

图 5-15 ATP 法中洁净度检测与活菌数测定的概念图

2. 以 ATP 总量为指标检验洁净度

只要在样品中依次添加 ATP 分离试剂和发光试剂，ATP 总量就能够通过测试器测定。现在，涂抹被检对象的药签、试剂及测定显像管组装在一起的整体型试剂已产品化，能够极简单地进行测定。测定时，从附属袋中抽取药签，涂抹被检场所，放回原处。仔细振动后，取下前端的测定显像管，装入到测试器 C—100 中，10s 就可获得结果。既简便、快速，再加上装置、紧凑化设计、试剂轻量，无论什么时候、任何人、在任何地点都能够实施洁净度检验。进行洗涤操作后，能够马上对照开始前的洁净度评价洗涤效果。

以下介绍一个以 ATP 总量作为污染指标检验洁净度，用于验证洗手效果的例子。本试验得到 103 位志愿者的协助，在洗手前后进行手指擦拭检查。以柱状图形式在图 5-16 中示出测定值的分布。与洗手前群体的发光量分布相比，可知洗手后群体的发光量分布向低发光量侧偏移。平均发光量（几何平均）洗手前是 $9449RLU$，洗手后是 $1468RLU$。就每个人的数据进行比较，总体洗手后的发光量也比洗手前低。综上，由 ATP 总量为指标的洁净度检验可知，能够明确评价洗手效果。如果以不遗漏地检出洗手前人数的 99% 以上为目的，给定判定是否进行有效洗手的管理标准的话，那么以 $1000RLU$ 以下为合格，处于 $1001\sim2000RLU$ 范围内为需注意改善但勉强属于可允许范围，$2001RLU$ 以上为不合格的标准很恰当。需注意改善及不合格者判断为洗手不充分，必须再重新进行一次。但是，引进该系统的本意在于提高卫生意识，一般认为在检查阶段要达到该标准很困难，最初先设定一个“需注意改善”作为合格的缓冲标准，然后再逐渐严格的执行是比较现实的。

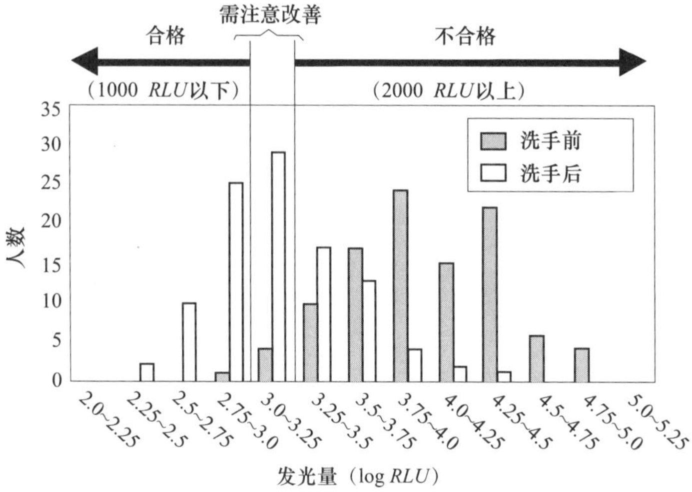

图 5-16　洗手效果的验证结果

3. 以菌体内 ATP 量为指标测定活菌数

根据 ATP 法求活菌数时，在前处理阶段必须除去细菌体外的 ATP。去除方法有酶化分解消去法和薄膜过滤器过滤除去法。酶化法原则上能适用于各种样品，但含有高浓度的蛋白质和脂肪的样品，有时不能充分除去细菌体外的 ATP，测试前必须确认去除效果。而薄膜过滤器法不能用于引起堵塞的样品，但它不仅除去细菌外的 ATP，而且除去妨碍发光反应的物质，进而使微生物浓缩，有助于测试。

（1）酶化法消去细菌外 ATP 技术和活菌数的测定

ATP 法中活菌数测定的感光度及精度，随细菌体外 ATP 量的减少而提高。原来去除细菌体外 ATP，利用来源于茄属腺苷三磷酸双磷酸酶的脱磷酸酶，现在开发出消去效率更高的腺苷三磷酸双磷酸酶与腺苷脱氨酶结合的方法。用本方法中的细菌外 ATP 消去剂、ATP 分离试剂及高感光度发光试剂，所构成的活菌数测定仪器就是露西非尔 HS 机组。仪器组成中 ATP 抽出试剂具有在抽出细菌内 ATP 的同时，使 ATP 消去剂失去活性的作用，可准确测定被抽出的细菌内 ATP 量。

露西非尔 HS 机组的操作程序如图 5-17 所示。发光测定需要的时间很短，因此即使包含样品调制和消去细菌外 ATP 所必须的 30min，40min 左右就可以完成测定工作。

测定示例：3 种微生物的标准曲线如图 5-18 所示。横坐标表示培养 2 日出现的菌落数，纵坐标表示露西非尔 HS 机组得到的发光量。两测定值之间认为具有良好的线性关系。由此可知，由发光量可以推算活菌数。各种微生物的检测下限分别为革兰氏阳性菌中的金色葡萄球菌素及微型杆菌为 10CFU/mL，酵母中的啤酒酵母为几个 CFU/mL。微生物种类不同，标准曲线不同，是由于细菌周围的 ATP 含有量随每个微生物而不同的缘故。有文献报道，作为标志估算比例为：革兰氏阴性菌：革兰氏阳性菌：酵母＝1：10：100。由此可见，对某些微生物种类的样品上能够正确求出菌数，而要测定多种微生物混杂的样品尚有待进一步改进技术、提高精度。

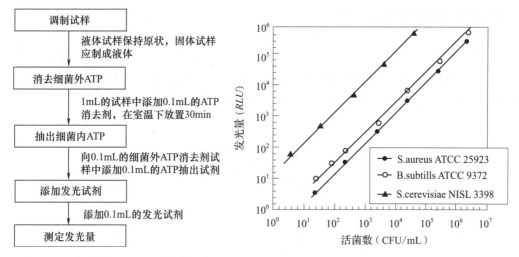

图 5-17 露西非尔 HS 机组操作顺序　图 5-18 露西非尔 HS 机组中各种微生物的标准曲线

（2）采用薄膜过滤器法去除细菌外 ATP 和活菌数的测定

薄膜过滤器法基本操作程序如图 5-19 所示。首先应选用能有效捕捉被测微生物的气孔状薄膜过滤器过滤样品。此时，要注意薄膜过滤器的堵塞问题，有时通过添加胰蛋白酶和表面活性剂改善过滤效果。其次，在灭菌的缓冲器中充分洗涤薄膜过滤器，然后再用少量的细菌外 ATP 消去剂洗涤。最后，添加 ATP 分离试剂，从由薄膜过滤器上捕捉到的微生物中分离 ATP，回收一部分放在测定发光用的显像管上，向其中添加发光试剂测定发光量。在这一系列操作中，如果使用安装薄膜过滤器的离心管，则操作性能可显著提高。为简便化，将发光试剂直接添加在薄膜过滤器上，进行发光测定而设计成的测定器也已产品化。ATP 解析器 AF—100 与测定薄膜过滤器整体的发光量，利用麦克鲁斯特·RMDS 在薄膜过滤器上将从细菌中分离的 ATP 作为光点，使其发光，依据图像解析计测光点数，这都是可能的。

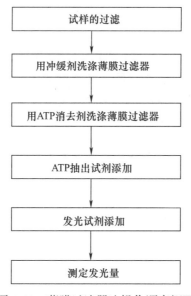

图 5-19 薄膜过滤器法操作顺序概要

4. 空气中浮游细菌数的测定

应用 ATP 法检测空气中浮游菌时，能够快速给出测定结果的是科克曼公司的露西非尔 AM 检测装置，其操作程序如图 5-20 所示。用空气取样器将空气中浮游菌捕集到琼脂培养基上进行培养之前，与原来方法相同。原来方法是培养 2d 以上计测出现的菌落，与此相对，利用 ATP 法检测细菌成功地将培养时间大大缩短到 6h。

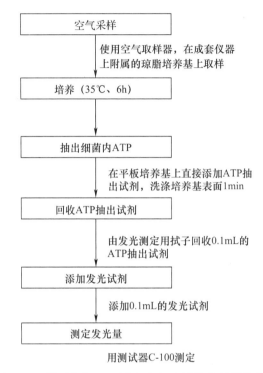

图 5-20　露西非尔 AM 测定空气中浮游菌的操作顺序

根据 NASA 标准（见表 5-20），在 ISO 8 级（Fed-209 100000 级）食品厂的洁净室，取样空气量为 10ft³ 的条件下，探讨与原来方法的相关性，将结果示于图 5-21 中，两测定值具有正相关性，但其相关性很小，只能推算出大致的空气中浮游菌数。一般认为这是由于多种微生物浮游于空气中，各种微生物增殖速度和 ATP 含量不同的缘故。但是，虽不能准确求出细菌数，但可用于判定级别等某种程度上放宽范围的评价。以图 5-21 中虚线所示的 1000RLU 为标准，用以判定能否满足 100000 级。

NASA 的微生物洁净度标准　　　　　　　　　　　　　　表 5-20

NASA 级别	空气中浮游细菌数	
	CFU/ft³	CFU/L
100	0.1	0.0035
10000	0.5	0.0176
100000	2.5	0.0884

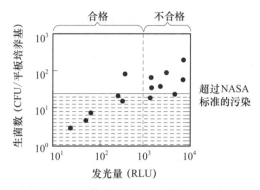

图 5-21　露西非尔 AM 的测定例

5. ATP 法相关的最新技术动向

ATP 通过荧光素酶（Luciferase）引起的发光反应，分解成 AMP（Adenosine Monophas Phate）。在此过程中发光衰减，直至变得不发光。增加荧光素酶的使用量，某发光衰减。随着荧光素酶使用量的增加，感光化则越显著。因此，这成为计测试剂的高感光化上的技术障碍。但若将反应产物 AMP 变换成 ATP，作为基质可以再利用，则能够将发光持续稳定化。于是，进行从 AMP 再生成 ATP 的酶的探索，发现了 PPDK（pyruvate orthophosphate dikinase）。将荧光素酶与 PPDK 组合在一起，开发出由图 5-22 反应原理，引起 ATP、AMP 循环系。最近利用这个反应系的新型洁净度检测系统已被产品化。

妨碍 ATP 法普及的主要原因就是测定器价格高。于是，用 ATP、AMP 循环系中高感光度发光试剂来弥补较低价格的测定器，某感光度低下的问题，同样能够与 ATP 法进行同等感光度的测定的是科克曼的光测试器 PD-10 和荧光反色管，如图 5-23 所示。本系统的操作程序与 ATP 法完全相同，即使习惯于 ATP 法的人也能得心应手地使用。

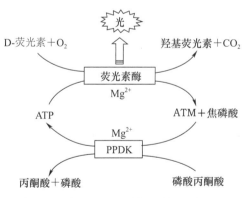

图 5-22　ATP、AMP 循环系的反应原理

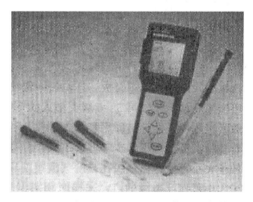

图 5-23　光测试器 PD-10 和荧光反色管

环境微生物快速测定方法的研究、改善与普及还有很长的路要走，相信将来会有更可靠、更简便实用的方法和设备问世。

复习思考题

1. 生物洁净室的污染控制手段与普通洁净室有什么相同与差异之处？

2. 洁净室与相关受控环境中微生物可能的来源有哪些方面?

3. 生物洁净室空调通风系统的空气过滤器迎风面装置紫外线灯有何作用?

4. 生物污染控制体系一般应包括哪些主要内容?

5. 为什么生物洁净室更注重动态检测指标?

6. 微生物污染检测采样选择仪器时应考虑哪些问题?

7. 不同洁净级别的生物洁净室检测时,其采样方法有何差异?

8. 生物洁净室在哪些情况下需要额外安排检测或调整监测频率?

9. 生物污染检测采样的样品处理与培养应注意哪些事项?

10. 生物污染控制洁净室的日常监测工作中,哪些问题值得关注?

11. 某直径 90mm 的标准沉降平皿,在被测环境的空气中暴露半小时,经 37℃,48h 培养后,在平皿上观测到 8 个菌落生成单位,试用奥氏公式计算空气中的菌浓。

12. 空气中浮游菌的测值与沉降菌的测值有无关系?其测值间是否存在固定比例?

13. 空气中悬浮微生物的传统检测仪器主要有哪些类别?

14. 可用哪些种方法来采集表面微生物?

15. 空气中悬浮微生物的快速采样,目前有哪些动向?

第6章　表面粒子污染及其控制

随着洁净技术的进步，人们对洁净室及相关受控环境中空气悬浮颗粒物污染工艺产品的机制有了更深入的认识。这类环境的表面污染状况、表面洁净度等级控制方法和风险评估等方面的问题，日益引起各方面的关注。《洁净室及相关受控环境　第9部分：按粒子浓度划分表面洁净度等级》GB/T 25915.9—2018，以及等同的国际标准 ISO 14644-9:2012 定义了表面洁净度，以及按粒子浓度分级的原则与方法，并规定了主要测量方法和仪器，为本章内容提供了基本依据。尽管目前行业中对这方面接触尚少，比较陌生。但随着科技进步，肯定对表面粒子污染问题会越来越关注。储备这方面的知识十分必要。

6.1　洁净室及相关受控环境表面污染的风险

与空气悬浮颗粒物浓度相比，表面颗粒物的污染状况对工业安全性、产品成品率的影响与关联更直接、更显著。这也是近年来引发人们重视考核洁净室及相关受控环境表面洁净度的根本原因。

根据近年来对洁净室和相关受控环境的实际运行调查分析，确定的事实是：在这些受控环境中，工艺和产品根据颗粒物沉积值来估算污染风险，可能会比以空气洁净度判定污染风险更有效、更精准。尽管表面的颗粒浓度一般来说与空气悬浮颗粒浓度是关联的，是表面颗粒物的重要来源。但具体来说，由于气流流型、紊流程度、颗粒沉降速度、沉降时间以及表面的静电等特性不同，在相同的空气洁净度环境中，表面的颗粒物浓度可能有很大差异，污染的风险相应有所区别。

按照 GB/T 25915.9—2018、ISO 14644-9:2012 给出的定义，所指"表面"适用于洁净室及相关受控环境中，所有固体表面如墙面、顶棚、地面等建筑构造表面以及设备、家具、工具、材料及产品等。

建筑构造及设备、家具等表面，可能因面层材料自身的退化，与气体物质起化学反应或因磨损等原因，在表面生成颗粒物；也可能是空气中悬浮颗粒物因重力沉降和静电吸附等原因聚集而成。附着在建筑物构造等表面的颗粒物，可能因人员走动、工艺操作或气流的影响转移至空气中，最后沉降至工艺和产品易损表面，以至造成工艺、产品失败或质量不合格的风险。而建筑构造及附件，如开关、插座等上的颗粒物，正是洁净室及相关受控环境管理项目中日常清扫和擦拭的重要任务。

6.2　按粒子浓度划分的表面洁净度等级

根据《洁净室及相关受控环境　第9部分：按粒子浓度划分表面洁净度等级》GB/T 26915.9—2018 及等同的国际标准《Cleanroom and associated controlled environments-Parts 9：

Classification of surface cleanliness by particle concentrations》ISO 14644-9:2012，对于按粒子浓度划分表面洁净度级别的规定如下。

6.2.1　表面洁净度分级公式

在洁净室及相关受控环境中，按粒子浓度划分的表面洁净度级别（SCP，surface cleanliness by particle concentration class），其适用的粒径范围为 ≥ 0.05μm～ ≥ 500μm，以等级数 N 表示，它规定了表面上所关注粒径粒子的最大允许浓度，N 由式（6-1）确定：

$$C_{SCP;D} = K\frac{10^N}{D} \tag{6-1}$$

式中　$C_{SCP;D}$——每平方米表面上大于或等于所关注粒径粒子的最大允许浓度，保留有效数字不多于 3 位，修约到最近的整数；

　　　　N——SCP 分级数字限于 SCP1 级至 SCP8 级；SCP 分级数字 N 所对应的以微米为单位的被测粒径 D；N 表示的是以基准粒径为 1μm 的粒子浓度以 10 为底的指数；

　　　　D——关注粒径，μm；

　　　　K——常数。

洁净室及相关受控环境所选定的 SCP 等级如表 6-1 及图 6-1 所示。

图 6-1 中的实线可用于分级，虚线则不可用于分级。由图可以直观地确定分级范围。例如，SCP 5 级（1μm），表示每平方米上关注粒径 ≥ 1μm 的粒子最大允许值为 10^5；SCP 5 级（10μm）表示每平方米上关注粒径 ≥ 1μm 的粒子最大允许值为 10^4，所测到的其他粒径（x）的粒子，其浓度在相应的 SCP 等级线以下，则均处于 SCP 5（xμm）级的标准内。

洁净室及相关受控环境所规定的 SCP 等级　　　　表 6-1

SCP 等级	粒径								
	≥ 0.05μm	≥ 0.1μm	≥ 0.5μm	≥ 1μm	≥ 5μm	≥ 10μm	≥ 50μm	≥ 100μm	≥ 500μm
SCP 1 级	（200）	100	20	（10）					
SCP 2 级	（2000）	1000	200	100	（20）	（10）			
SCP 3 级	（20000）	10000	2000	1000	（200）	（100）			
SCP 4 级	（200000）	100000	20000	10000	2000	1000	（200）	（100）	
SCP 5 级		1000000	200000	100000	20000	10000	2000	1000	（200）
SCP 6 级		（10000000）	2000000	1000000	200000	100000	20000	10000	2000
SCP 7 级			10000000	2000000	1000000	200000	100000	20000
SCP 8 级						10000000	2000000	1000000	200000

表中的值是每平方米表面上大于或等于关注粒径的粒子浓度及 SCP 等级（$C_{SCP;D}$）。

括号内的数字，其对应的粒径不宜用于分级；选择其他粒径进行分级。

测试所用最小面积应在统计学上对关注表面具有代表性。

注：对较低 SCP 级别的分级，应有大量的测量结果，以确定有效值。

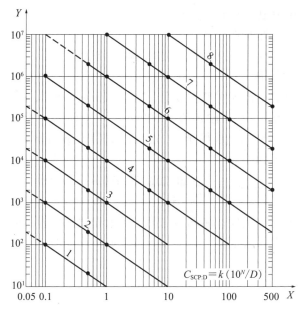

图 6-1 SCP 等级在双对数坐标图上的分级线

6.2.2 特定粒径范围描述符

处于分级体系范围之外的粒径，可使用描述符来表示。描述符也适用于 SCP 分级规定的粒径范围，在此情况下通常采用 SCP 分级后，另附描述符作为补充资讯。

特定粒径范围描述符 N_{SS}（descriptor for specific particle size ranges，特定粒径范围的粒子数量浓度）可用于特别关注的任何粒径范围，可单独列出或作为 SCP 等级的补充说明。

（1）单一粒径范围的 N_{SS} 以式（6-2）表示：

$$N_{SS}（C_s；D_L；D_U）a；b \tag{6-2}$$

式中 C_s——所规定粒径范围的表面最大允许总浓度，以每平方米表面的粒子数表示；

D_L——所规定粒径范围的下限，μm；

D_U——所规定粒径范围的上限，μm；

a——所用测量方法；

b——所关注的表面。

【示例1】某工艺规定金属表面上 1～5μm 粒径范围的粒子浓度，每平方米≤ 10^4（即每平方厘米≤1）采用光学显微镜测量粒子浓度，可表示为：

$$N_{SS}（10^4；1；5）光学显微镜；金属表面。$$

（2）采用两个以上粒径范围时，使用式（6-2）表示：

$$N_{SS}\left\{\begin{array}{c} C_{S1}；D_{L1}；D_{U1} \\ C_{S2}；D_{L2}；D_{U2} \\ \cdots \\ C_{Si}；D_{Li}；D_{Ui} \\ \cdots \end{array}\right\}\left\{\begin{array}{c} a_1；b \\ a_2；b \\ \cdots \\ a_i；b \\ \cdots \end{array}\right\} \tag{6-3}$$

式中 C_{Si}——第 i 个粒径范围的表面最大允许浓度，以每平方米表面的粒子数表示；

D_{Li}——第 i 个粒径范围的下限，μm；

D_{Ui}——第 i 个粒径范围的上限，μm；

a_i——测定第 i 个范围内粒径所使用的测量方法；

b——所关注的表面。

【示例2】使用光散射扫描仪对玻璃板上 0.1～0.5μm 粒径范围的粒子进行测量，测得值为 9000pc/m² (0.9pc/cm²)，小于限定值 10000pc/m²。同时使用光学显微镜，对 5～20μm 粒径范围的粒子进行测量，测得值为 500pc/m² (0.05pc/cm²)，与限定值 500pc/m² 持平。在测试结果中表示如下：

$$N_{ss} \begin{bmatrix} 10000 & ; 0.1 & ; 0.5 \\ 500 & ; 5 & ; 20 \end{bmatrix} \tag{6-4}$$

式中第一行为光散射扫描仪；玻璃板。第二行为光学显微镜；玻璃板。

当对测量方法和所关注表面事先并无规定或非必需说明时，可在表示方法中省略 a 和 b，此对描述符可简略表示为：

$$N_{ss} \begin{bmatrix} 10000 & ; 0.1 & ; 0.5 \\ 500 & ; 5 & ; 20 \end{bmatrix} \tag{6-5}$$

6.3　证明表面洁净度符合性的规程

根据用户方的要求，并经双方商定后的表面洁净度的符合性，需要经过测试，并用包括测试条件和测试结果的报告予以证明。

洁净室及相关受控环境某具体场所的表面洁净度符合性的验证测试，应采取适宜的测试方法和使用在有效校准期内的合适仪器进行测试。

由于情况较复杂，未知干扰因素较多，宜重复测量多次，以给出可靠的结果。

因静电作用会增多表面的粒子沉降或附着，测试前通常应事先采取措施降低测试区范围的静电荷。如非导电表面也未接地或中和电荷就可能产生静电电荷，以至可能影响测试结果。

6.3.1　表面特性、粒子形状等影响因素

在确定表面洁净度分级测试方法和相应测量仪器之前，必须对被测表面的特性以及可能沉降和附着其上的粒子的性状，都应有所了解、分析和判定，这是顺利完成测试工作的必要条件。这些特性的判定技术，应该说并非洁净室及相关受控环境普通工作人员所必须掌握的。为做好表面洁净度分级测试工作，需要其他专业的技术人员予以支持和帮助。

1. 被测试表面特性

影响测试结果的被测试表面的物理、化学特性主要包括：

（1）表面能量状态，例如：表面的内聚／黏附特性或亲水／疏特性。因为这些特性会影响粒子的吸引和剥离。

（2）表面的孔隙率。一般来说孔隙率越高，表面本身的瑕疵与附着粒子的区分越困难，而光洁平滑的表面较为简单。

（3）表面的粗糙度、波纹度。一般情况下越粗糙、越不平滑的表面，直接探测粒子较

困难，采用间接法时剥离粒子的效率也受影响。

（4）表面的可清洁性。如果表面本身难以清洁，粒子探测与表面自身瑕疵的区分往往复杂，而易于清洁的表面则容易。

（5）表面光学特性。若采用直接测试法测量时，待测表面的不同光学特性，将产生不同的测量结果。因此，选取测量方法时必须关注表面自有的光学特性。

（6）表面的电磁特性。表面的静电特性或磁特性，对带静电和带磁性的颗粒物可产生吸引作用，影响与其的剥离。

2. 粒子的形状

（1）粒子本身的外形和电磁特性，可能影响测量结果。

（2）粒子形状的其他影响：如从表面剥离出的长形粒子和圆形粒子，其光学粒子计数器的测值可能相同，但其重力值完全不同。一般长宽比大于或等于10的粒子认作为纤维。

3. 某些表面特性的测试方法

表面特性是选择表面洁净度分级测试方法的重要依据，一般应将表面特性的判定结果反映在洁净度分级测试报告中，作为辅助说明。

（1）粗糙度

表面粗糙度对表面的许多物理特性都有影响。粗糙度存在两个基本平面：表面所在的平面视为"质地"，与表面呈直角的平面，其特性可用高度描述。通常以波纹度描述表面粗糙度的特性。

测定粗糙度常用的光学方法是使用显微镜法（光学、共聚焦、干涉法等）。测量粗糙度的机械方法是使用触针式仪器。可参考《产品几何技术规范（GPS）表面结构 轮廓法评定表面结构的规则和方法》GB/T 10610—2009/ISO 4288：1996。

（2）孔隙率

孔隙率是对材料内中空空间的量度，以 0～100% 间的百分数表示。

总体积中流体能有效地在其中流过的那部分体积（不包括不相连的空孔洞或空穴）占总体积的比率，称之为有效孔隙率，也称为开孔率。

直径 ≥ 50nm 的孔称为大孔，流体流经大孔是以体相扩散形式出现的；

2nm ≤ 直径 < 50nm 的孔，称为介孔；

直径 < 2nm 的孔称之为微孔，微孔中的流体运动属于活性扩散。

测定孔隙率的方法有：体积／密度法最简单。用材料重量除以材料密度，即可得出减去孔的容积后材料所占据的体积。其精度一般在实际孔隙率的 ±20% 以内。此外还可采用水饱和法、压汞法。对于精细孔隙率还可以采用氮气吸附法。

4. 静电

此处的静电是指材料表面上电子不平衡产生的电荷。这种电子不平衡产生的静电场会影响表面洁净度的测定，特别是对表面粒子采用间接测量方法时。

测量待测表面的静电放电（ESD）特性，有助于评估其对表面粒子剥离影响。可参考 ISO 10015，IEC 61340-5-1，IEST RP-CC 022.2 等相关文献。

6.3.2 表面洁净度测试报告

各规定测试表面的测量结果，以综合报告的形式提交，并说明与要求的表面洁净度

（SCP）等级相符与否。测试报告至少应包括以下各项：

1. 基本资料

测试日期和时间；

测试单位的名称，资质，地址；

测试人员姓名，职称。

2. 参照文件

所参照标准、指南、规定及相应的出版编号。本部分的编号为：《洁净室及相关受控环境　第 9 部分：按粒子浓度划分表面洁净度等级》GB/T 25915.9—2018。

3. 环境状况

采样时环境状况（温度、湿度、洁净度等）；

间接法测量时环境条件（温度、湿度、洁净度等）；

测量所在位置（房间等）。

4. 样本资料

对测试对象的清楚识别；

对测试对象的详细说明；

测试样本的图样和草图；

测试方案。

5. 测试方案的说明材料

（1）测量设备

所采用仪器和装置的型号、出厂日期等，及有效期内的校准证书；

仪器的测量范围、量程、精度等。

（2）测试工作

所用测试方法的相关详情，对偏离测试方法的可用数据的说明；

所测表面的明确位置和面积，并注明表面具体坐标；

采样前的表面条件（如清洁后，包装后，处于大气和真空环境等）；

规定的检测和测量步骤、方法；

采样及测量期间的室内占用状态；

所有商定的文件（如原始数据，背景粒子浓度，图片，清洁和包装）；

使用间接方法时，采样持续时间、地点和位置；

直接测量时持续的时间和位置；

测量或采样期间值得关注的观测结果（如适用）；

所进行的测量次数。

（3）测试结果与分析

测量值和对测量值的分析；

数据质量说明；

所进行的全部测试结果，包括给定的粒径粒子浓度值；

按粒子浓度划分的表面洁净度，以 SCP N 级表示；

洁净表面的验收标准，如供需双方事先有约定。

6.4　按粒子浓度确定表面洁净度的测量方法

为获取表面洁净度的量化信息，应选择适用的测量方法。有些情况下可能难以确定表面的量化信息，但至少可能获得定性的结果。此结果虽不能用于规定的按粒子浓度划分表面洁净度，但这种资讯对洁净室和相关受控环境的运行管理和产品质量控制，可能还是很有参考价值和助益的。

6.4.1　选择测量方法的依据

根据业主要求和被测对象的实际状况，合理选择测量方法是顺利完成测试工作的先决条件。测量方法的选择，主要依据是待测表面的实际状况和特性，以及表面所聚集颗粒物的相关信息。最主要的有：

（1）可实现的测量部位，如可使用便携测量装置的较大固定表面等。

（2）不受表面特性（如粗糙度、波纹状或部件形状等）约束的测量。

（3）测量方法的灵活性，即该方法能否在所需检测的不同部件的各种表面上快速应用。

（4）测量方法不会或极少影响被测表面的正常状况，如被冲洗液润湿后被测表面基本无变化。

（5）测试效率和涉及的工作量，如采用随机采样或是系列测试。

（6）粒子方面的信息，如粒径、粒子形状、粒径分布、浓度，粒子的物性和所在位置等。

6.4.2　测试方法及相关要求

待测表面粗糙度低、所选定的测量装置可接近被测量物，是测定表面洁净度的理想状况。此情况宜选用无需采样的"直接法"。这类方法的测量工作量较少，差错通常也较低。

但往往受限于被测部件和工艺要求，对于形状复杂、表面粗糙、仪器设备或无法接近的部件，为确定其表面洁净度，往往只可采用间接法。

1. 直接测量法

直接用仪器在受测表面上对粒子进行测量和记录的方法。测试过程中，部件表面及其上面的粒子，都应不受到测量工作的影响而变化。如果需要将受测表面运送到测量设备所在位置，其包装搬运等传输作业应防止表面粒子状况受影响，或被外界粒子污染。

如配合使用对特定材料具有活性效应的适用光源，如紫外线（UV-ultraviolet）或红外线（IR-infrared Radiation）就可增强光学法检测表面粒子的效果。例如使用 UV 灯，就可在更好的对比度下，检测出物理上具 UV 活性的粒子。

在可见光谱内，可利用粒子的色彩／反射强度等予以探明。

直接测量表面粒子的常用方法比较如表 6-2 所列。

2. 间接测量法

由于受被测表面或测量方法所限，在现场往往无法在关注表面上对粒子直接计数。此时，需要在检测前准备样本，即将有待记录的粒子从被测表面上用剥离的方式采样，将粒子转移到另外的基底上或介质中。然后用适合于该基底或介质的技术测量粒子。操作方法可参考美国环境科学技术学会标准《产品洁净度水平及污染控制方案》（Product Cleanliness Levels and Contamination Control Program），IEST-STD-CC1246 D。

直接测量表面粒子的常用方法的比较　　　　　　　表 6-2

方法	检测限值	测定浓度	粒径分布	材料分析	形状分析	测定位置	可移动性	表面的独立性	可达性	测试速度	灵活性	对表面的影响
目测	> 25μm	+	+	+	+	+	++	+	+	++	++	++
光学显微镜（带图像处理）	> 1.0μm	++	++	+	++	++	+	+	+	++	++	++
斜光、掠光、测光系统（带图像处理）	> 0.5μm	++	++	+	+	++	++	+	+	++	++	++
散射光扫描仪	> 0.07μm	++	++	−	++	++	−	−	+	++	−	++
扫描电子显微镜 SEM	> 0.01μm	+	+	++	++	++	−	−	−	−	+	+
原子力显微镜 AFM	> 0.01μm	+	+	++	+	++	+	−	+	−	+	+

注：1. ++高度适用，+部分适用，−不适用/不可用。
　　2. 对非理想圆型的粒子，宜按最长轴测量。

剥离表面粒子时，应考虑所采用方法是否可能损伤表面，从而形成更多的粒子。此时还需要了解中间介质（如冲洗介质）本身的粒子污染背景，应对这些可能性进行评估。在各种间接采样情况下，应注意保证样本不会被所用采样装置、介质或操作人员污染。

由于各种物理/化学效应，如粘附力、内聚力和静电力等，从表面剥离的粒子可能不充分，因而影响表面粒子污染的测量效率，因此，条件允许应尽可能采用直接测量。

（1）剥离技术

在部件形状复杂且难以接近其表面情况下，获取从表面剥离粒子的样本，通常是按粒子浓度评定表面洁净度的唯一方法。

常用的表面粒子剥离方法有：

1）胶黏：用清洁的胶黏性基底，如胶带或胶纸，将有待记录的粒子从被测表面剥离。可参考《用胶带采取粒子污染样本的方法标准》ASTM E 1216-06（Standard Practice for Sampling for Particulate Contamination by Tape），再直接进行测量。可参考《采用显微镜测定膜过滤器上源自太空流体的粒子的尺寸和数量的方法标准》ASTM F 312-08（Standard Test Methods for Microscopical Sizing and counting Particles from Aerospace Fluids on Membrane Filters）。

2）冲洗：用洁净的气体/液体冲洗介质。将有待记录的粒子从被测表面上，用超声波吹洗、吹扫等方式冲刷下来。见《测量和统计表面粒子污染方法标准》ASTM F 24-09（Standard Method for Measuring and Counting Particulate Contamination on Surface），然后用合适的测量装置，如气体介质用光学粒子计数器，对其中含有的粒子进行测量；而液体介质往往是将其中所含粒子采用滤膜过滤，或用撞击器等方式，让所含粒子沉降到另一基底上，待干燥后通常用显微镜进行测量。

（2）含剥离粒子的介质的测量

含有从表面被剥离粒子的气体或液体介质，对其中的粒子可用合适的光学粒子计数器直接测量。通常光学粒子计数器流率低，当不能测量所冲洗的全部介质时，可从冲洗介质中取出代表性的样本测量。

用间接法检测表面粒子的各种测量方法的比较如表 6-3 所示。

间接法测量表面粒子的常用方法的比较 表 6-3

方法①	剥离方法限值	测量方法限值估计值	浓度测定	粒径分布	材料分析	形状分析	位置测定	可输送性	对表面无依赖性	可接近性	测试速度	灵活性	对表面的影响
用消光粒子计数器检验冲洗介质（液体/气体）（>1μm）	0.2μm	>1μm	++	++	—	—	—	++	++	++	+	++	
对冲洗介质过滤或撞击，并进行显微分析（>0.5μm）	0.2μm	>1μm	++	++	+	++		+	++	++		++	
用 OPC 检验冲洗液体（先冲洗出表面的粒子，然后将其吸过 OPC）（>0.05μm）	0.2μm	>0.2μm	++	++	—	—	—	++	++	++	+	++	
用 OPC 检验冲洗气体（先吹出表面的粒子，然后将其吹过 OPC）（>0.05μm）	0.3μm	>0.3μm	++	++	—	—	—	++	++	++	+	++	
过滤冲洗介质，并进行重量分析（>0.1mg）			++	—	—	—	—	++	++	++	—	++	

注：1. ++高度适用，+部分适用，—不适用/不可用。
　2. 如采用显微或重量分析，则由过滤器上发现的粒子总数目决定过滤器是否可以用显微镜重力分析，粒径不是决定性的因素。按经验确定的参照值：过滤器表面上大于 3mg 的污染物是不能用显微分析的（47mm 标准过滤器规格）（见 ISO 16232-2, ISO 16232-3, ISO 16232-4, ISO 16232-5）。重量分析不适用于 SCP 等级的划分，因为测量不到离散的单个粒子。重量分析是测定从被测表面上剥离出来的所有污染物的总质量。
　① 括号内的数字是测量装置的探测限值。

3. 测定样本的数量及样本的包装

（1）测量点的数目和检测的总表面积，决定了测量结果在统计学上的确定性。一般情况下，测量结果是由多种影响参数（如表面特性、所选用测量方法、环境洁净度等）所决定的。因此，测点数目和测量重复次数，应由需方和测量的供方事先商定。

（2）测试样本的包装和开启。在原区域外进行粒子评定的样本，应按如下规定包装：应由穿着正确洁净服的人员在原区域进行样本准备工作，运送样本的人员应双手佩戴新清洗过的、洁净室专用的丁晴手套或乳胶手套。如采用清洗工艺，宜使样本冷却并干燥后，再置于包装袋中。使用在洁净室中生产的、比样本预期要求至少高一个洁净级别的镀金属聚酯袋包装，其最小厚度宜为 80μm，并宜采用内外两层的包装袋。也可采用晶片盒或真空热塑成型的容器等专用的密封盒，其洁净度也要比样本高出一个洁净级别，并用上述包装袋包装。包装袋开口宜用胶带或压焊封死。内外袋上均宜贴上内容及警示标签，以防在受控环境外开启。外包装袋应在即将进入受控测试环境时，开封并拆除，仅留内袋进入测试环境，在处理内包装时，应穿戴包括头盔和面罩的全套洁净工作服。检验样本时应使用新清洗过的洁净室专用丁腈或乳胶手套。

6.5　表面粒子洁净度的测量方法和设备

如前所述，测量方法必须根据测量对象的各方面要求及现场状况等多种因素，全面权衡后选取结果可信、功效较高的测量方法和设备。以下简要介绍几种常用的方法、设备及其优缺点。

6.5.1　目检

当表面洁净度要求较低时，目检不失为一种简便易行的方法。可采用简单的辅助工具，如带有标线刻度或带反差照明的放大镜，协助肉眼目检。

此种方法一般可记录下直径 2.5μm 以上的粒子。常用于对复杂部件的快速定性检验。采用目检法一般得不到表面粒子的粒径和分布的定量信息。

6.5.2　光学显微镜

光学显微镜既经济，应用范围也广。

光学显微镜是按被观测对象的吸光性、光折射性或双折射性等光学特性，或按观测对象的形状、尺度等确定其作为污染物的特性。粒径 1.0μm 以上的粒子可在固体样本上或液体样本中检测到。采集表面粒子样本，可参考《航天流体中和元件上的粒子采样标准》ASTM F 303-08（Standard Practice for Sampling for Particles in Aerospace Fluids and Components），并按 ASTM F 312-08 的方法进行分析。如粒子与所附着表面的对比度不够，可利用暗场照明来改善观察效果。通过显微镜观测，只可给出定性结果。如果要求较严格，可配置自动采样和自动图像分析装置检验样本，取得具体的数值，以作为表面粒子洁净度级别的依据。

6.5.3　斜光、掠光和侧光照相测量系统

使用具备所要求放大倍率的数码相机，在特定光源下对采样表面照相，根据所获图像来测算表面存在的污染粒子状况。通常采用平行光斜入被测表面，使表面自身结构仅只有很少量光线被表面散射并进入相机，而表面上的粒子会被入射的斜光所完全照亮，并产生相应量的散射光，在相机图像中被测表面呈暗色，而粒子形成大大小小的亮点。与使用光学显微镜类似，可依据照相图片，用简单的图像分析算法来分析表面粒子的状态。

6.5.4　电子扫描显微镜

如果光学显微系统的分辨率无法满足要求，被测表面又较粗糙时，可采用电子扫描显

微镜（SEM，Scanning Electron Microscope），但 SEM 在高放大倍数时的景深小，表面过于粗糙时，将超过光学显微系统的限度。

另外，SEM 难以检验非导电表面。因为当表面遭受电子扫描显微镜运行时发出的电子束轰击时可能带电，从而使图像变形。为避免此现象，通常应先在非导电表面溅射一层金属薄膜使其导电。而此方法又存在可能改变表面现有状态的不利情况，电子束可能使表面上的粒子带电，并被驱离表面。

因为进行测试时，需要将被测表面或部件置于高真空中，所以还要注意防止被测部件在真空中不会改变或损坏。

6.5.5 散射光表面扫描装置

散射光扫描仪适用于检验表面平滑、粗糙度低的表面，如硅晶片、玻璃等。该仪器聚焦的激光以规定的光束角扫描部件表面，从光滑表面直接反射回的光被导入光陷阱并消失。而表面附着粒子将引起激光的漫散射，散射光被光电倍增器放大并记录。依据检测到的各个散射光强度和大小，经电子器件分析，可得出粒子的粒径和形状。当激光的实际位置与散射光同步时，可确定表面粒子的分布情况。散射光扫描仪探测粒径的限值一般为 $0.05\mu m$ 以上。

6.5.6 激光粒子计数装置

这是洁净室最常使用的仪器装置之一。吸引表面被剥离粒子的介质，如空气、气体或液体，当使其流过粒子计数设备的激光束时，介质中所携带的粒子就会产生散射光，根据散射光的强弱所触发的光脉冲大小，与用圆形乳胶标准粒子所得的光脉冲标准曲线比对，就可得到这些粒子的粒径。这种"粒径"实际上是粒子散射光脉冲强度的标识。

6.6 受控环境中颗粒物在表面的沉积

虽然在 GB/T 25915.1—2010 及 ISO 14644-1：1999 及 ISO 14644-1：2015 中确定了空气中悬浮粒子的浓度分级，在 GB/T 25915.9—2018 及 ISO 14644-9：2012 中定义了按粒子浓度划分的表面洁净度级别。但这两个标准都没有涉及在受控环境中颗粒物沉积到洁净表面的速率，而这一点毋庸置疑是至关重要的。因为这项指标最直接地反映了易损表面受颗粒物污染的可能性。实际上它比空气中悬浮颗粒物的浓度能更具体地反映产品被污染而出现残次品的风险。换句话说，颗粒物沉积值可用于估算产品、工艺被污染的风险。这项指标与表面污染控制是密切关联的。

尽管受控环境中颗粒物的沉积机制、沉积速率分级和颗粒物沉积速率测定方法等都是近年的研究新成果，对于目前洁净室及相关受控环境的质量控制运行管理人员、检测人员来说，都是较新的概念、较生疏的技术。但随着集成电路和其他高科技的进步，对研究和生产环境的要求日益增高，从业人员必须更好地掌握表面颗粒物沉积的各方面知识，以利于应对受控环境中飞速变化的工艺和生产的高标准需求。例如用于惯性约束骤变研究、高能量密度物理研究及其他相关科学研究的大型激光装置等，这类固体激光系统中，往往由数百路高精度激光组成，洁净控制要求极高，主要的光学元件表面和结构件的内表面都要求高度洁净。因为表面颗粒污染将损伤元件，同时造成系统损耗。

6.6.1　颗粒物表面沉积的机制及沉积速率

洁净环境中颗粒物的产生，包括人员散发，机器人、机械手的运动磨损，设备及其表面的化学反应或化学过程，如材料锈蚀、老化等产生的粉末，某些工艺过程也可能产生颗粒物，材料和产品配件也往往可能携带入清洗未净的颗粒物。

洁净环境中所产生的颗粒物，主要通过空气流动散布，可能是因为洁净室人员的动作、走动或材料、产品的传输，机械手的动作等，将颗粒物扩散到空气中。空气中的粒子因尺寸、质量大小的不同，初速度的大小和运动方向不同，在重力、静电和热泳力等作用力下，沉积在设备、产品和建筑构件等不同的表面上。≤5μm 的颗粒比较容易随着洁净室合理的气流运动，被带离受控环境。而那些较大颗粒物，例如≥25μm 的粒子，往往在重力作用下较快地沉积在地板、家具和产品表面，而它们在人员走动、起坐或其他传输设备的扰动下，还可能再度扬起，并转移到其他表面。

在洁净室和相关受控环境中，颗粒物沉降是由于所产生粒子的迁徙造成的。在受控环境中，人员和运转中的设备对颗粒物的沉积和重新分布影响很大。对于处于"静态"的、较高级别的洁净环境，≥5μm 颗粒物将很快降为零，几乎没有颗粒物沉积至表面。所以只有在受控环境处于"动态"时，才考虑粒子的表面沉积速率和分级。

其主要机制包括有：

重力沉降（Gravitational Settling），对于≥1μm 颗粒物作用明显；

热泳力（Thermophoresis），对于≤1μm 颗粒物作用明显；

布朗运动（Brownian Diffusion），对于≤0.1μm 颗粒短距离迁徙起主导作用；

静电力（Electrostetic Force），与颗粒物带电负的状态有关；

湍流扰动（Turbulent Diffusion），与气流和粒径相关，比布朗运动明显；

涡流渗透（Tubophoresis），仅在颗粒物有足够大的惯性时才明显。

由于颗粒物表面沉积所关注的粒径范围在 5～500μm，因此颗粒物沉降的主要作用机制是重力沉降和静电力。

6.6.2　颗粒物沉积速率及分级

（1）颗粒物的沉积速率（PDR，Particle Deposition Rate），通常可以下式表示：

对于粒径≥Dμm 颗粒物，每平方米每小时的沉积速率为：

$$PDR = \frac{(C_f - C_i)}{(t_f - t_i)} \tag{6-6}$$

式中　C_f，C_i——分别为表面颗粒物浓度的终了状态和初始状态；

　　　t_f，t_i——测量的终了和初始时间。

颗粒物的沉积速率与空气中颗粒物的浓度、颗粒分散度等有关。大小不等的粒子沉降速度不同，因受所处环境、空调送回风气流的运动和工艺设备运作、人员活动对空气的扰动等因素的影响，难于通过测定所处环境中空气气溶胶浓度的变化情况获得颗粒物的沉降速率。而是通过测量面积为 A 的表面暴露于颗粒物沉积环境中，t 时间后 A 表面上颗粒物的沉积总数 T 来确定，即：

$$PDR = \frac{T}{t \cdot A} \qquad (6-7)$$

（2）颗粒物沉积的分级（PDC，Particle Deposition Classification）是由表面洁净度随时间的变化给出的，与表面洁净度分级类似也可用最大沉积率来分级，其分级可以下式表达：

$$R_D = \frac{K \times 10^M}{D} \left[\mathrm{pc}/(\mathrm{m}^2 \cdot \mathrm{h}) \right] \qquad (6-8)$$

式中　R_D——大于等于所关注粒径 D 的颗粒物每平方米每小时允许的最大沉积速率，R_D 通常取相近的整数，最多保留三位有效数字；

　　　　M——表面颗粒物分级数，限制在 PDC 1 级至 PDC 6 级，PDC 分级值是与所关注粒径相对应的，M 表示直径 ≥ 1μm 的颗粒物，以 10 为底的对数值，如式（6-9）所列；

　　　　D——所关注粒子的粒径；

　　　　K——常数，当用微米为单位时等于 1。

$$PDC = M = \lg(R_D \times D) \qquad (6-9)$$

上式给出的 PDC 值，即为表面颗粒物沉积的等级，见表 6-4。

所关注粒子尺寸每平方米每小时颗粒物沉降（PDR）的最大值与相应的 PDC 级别　　表 6-4

PDC	所选粒子尺寸							
	≥ 1μm	≥ 5μm	≥ 10μm	≥ 20μm	≥ 50μm	≥ 100μm	≥ 200μm	≥ 500μm
Class 1	10	2	1					
Class 2	100	20	10	5	2	1		
Class 3	1000	200	100	50	20	10	5	2
Class 4	10000	2000	1000	500	200	100	50	20
Class 5			10000	5000	2000	1000	500	200
Class 6			100000	50000	20000	10000	5000	2000

不同粒径的颗粒物的沉积速率本身就有内在的联系，按照所给分级公式可以内差或外延未被测量的颗粒物的 PDC，如式（6-10）所示：

$$R_D = \frac{10^{PDC}}{D} \qquad (6-10)$$

例如，PDC 为 3 级时，≥ 25μm 的最大沉积速率 PDR 为：

$$R_D = \frac{10^3}{25} = 40 \mathrm{pc}/(\mathrm{m}^2 \cdot \mathrm{h})$$

从表 6-4 可以看到，PDC 为 3 级时，≥ 20μm 的 PDR 为 50，≥ 50μm 的 PDR 为 20，≥ 25μm 时，其 PDR 值在 20~50 之间。

6.6.3　颗粒物沉积的测量

测量颗粒物沉积的最佳方法是在已知时间内收集观测片上的颗粒物，此方法在 GB/T

25915.3—2010 及 ISO 14644-3:2015 中已有说明。

该方法是采用物性与所关注工艺或产品表面相近的、面积合适的观测片在规定的环境和工艺条件下收集沉积的颗粒物，经过足够长时间的采集后，用光学显微镜、电子显微镜或表面扫描设备，测量统计观测片上的粒子尺寸和数量。若采用颗粒物沉降光度计（Particle Fallout Photometer）或光学颗粒物沉积测试仪可获得颗粒物沉降速率，沉积颗粒物的数值可用单位时间内单位面积上，颗粒物的数量、质量或浓度表示。

1. 颗粒物沉积测试程序

观测片与关注的易损表面应在同一平面，并且尽可能靠近。观测片与关注表面的电极性应一致。遵照以下程序进行操作：

（1）验证洁净室或相关受控环境各方面的功能运行正常，符合测试规定要求。

（2）规定观测片的唯一性和洁净度，其表面颗粒物应尽量少，并通过检验确定各片的本底浓度，予以编号和记录。

（3）在保证传输过程中不产生表面污染的条件下，将观测片移送到被测位置。

（4）根据所处环境的洁净度、运行模式等因素，合理确定观测片的暴露时间。以保证有足够的量的粒子沉积在其上，使测量数据满足统计学的要求。如有必要，应调整暴露时间。

（5）采样终止后，使用清净的密闭容器保存观测片，防止在检测前受到二次污染。

（6）使用合理的设备，观测观测片上颗粒物数量和尺寸，并根据尺寸进行大致的分类。

将暴露前后所观测的浓度相减，即可得到沉积的净浓度。再除以暴露时间，就可得到颗粒物沉积速率 R_D。

（7）计算 $R_D \times D$，再用公式 $PDC = \lg(R_D \times D)$ 计算颗粒物沉积等级。

2. 颗粒物沉积代测板材料

依据需待测的粒径、测量手段来确定代测板的用材：

（1）微孔滤膜；

（2）双面胶带；

（3）培养皿；

（4）含对比色（黑色）聚合物（如聚酯树脂）的培养皿；

（5）摄影胶片（薄片）；

（6）显微镜载玻片（普通片或带金属镀膜）；

（7）玻璃或金属镜片；

（8）半导体晶圆坯料；

（9）玻璃掩膜基片。

为了易于看到粒子，代测板的表面光洁度应与待测粒子的粒径相应。所用测量手段应能分辨并测量所关注的最小粒径。

3. 颗粒物沉积测试设备

根据关注的颗粒物尺寸，常用的颗粒物沉积测试设备可分为以下几类：

（1）光学显微镜适用于测量 ≥ 2μm 的颗粒物，可采用物镜上带有的线性和圆形网格来定标颗粒物的尺寸。

（2）电子显微镜可测量 ≥ 0.02μm 的颗粒物，通常使用已知线对定标光栅来确定图像的实际尺寸。

（3）表面扫描分析仪可测量 ≥ 0.1μm 的颗粒物；颗粒物沉降仪可测量 ≥ 10μm 的颗粒物，一般都依据生产厂商给出的定标信息，推测出观察片上的颗粒物数据。

4. 测试报告或记录文件

可通过检测以获得指定区域的 *PDC*，或者用于检查该区域是否满足对关注粒径的 *PDC*。

测试工作结束后，以下信息和数据应被记录：

（1）测试单位的名称、通信方式、测量日期；

（2）测量条件和测量方法；

（3）所依据的标准或指南的代号、名称和年份；

（4）测量对象所在的洁净室及相关受控环境相关区域的位置，所有采样区域的坐标；

（5）需测量关键表面所处环境的洁净度等级、测试时的占有状态和关注的粒径。

（6）所用观测片的技术细节，即初始状态的检定结果及相应编号；

（7）观测片在测定位置暴露过程、时间等细节；

（8）用于确定观测片上颗粒物尺寸和分布的测量设备的细节与测量方法相关的特殊条件，设备鉴定和校准情况；

（9）测试结果，包括测量值是否符合的评价报告。

复习思考题

1. 为什么洁净室及相关受控环境中越来越关注表面洁净度？

2. 洁净室及相关受控环境中表面颗粒物的来源主要有哪些方面？

3. 按粒子浓度的表面洁净度如何分级？有几个级别？

4. 特定粒径范围的表面洁净度如何表述？

5. 被测表面的哪些性质可能影响表面洁净度的测试？

6. 测试表面洁净度时要关注哪些有关因素？

7. 表面洁净度的测试方法大致有哪些种类？

8. 什么是悬浮粒子的表面沉积速率？如何测量？

9. 颗粒物沉积如何分级？

10. 如何测量颗粒物的沉积？

第7章 洁净室及受控环境空气 化学污染的控制

"空气悬浮分子污染"俗称"空气化学污染",指的是以气态或蒸汽形式存在于空气中的、化学和非颗粒（chemical, non-particulate）的分子物质,对洁净室及相关受控环境中的产品、工艺、设备或人员产生的危害。此外,设有舒适性空调系统的公共建筑中,建材、多种电子办公用品所散发的有机挥发物（VOC, Volatile Organic Compounds）,也属于空气悬浮分子污染,是造成病态空调建筑的重要原因之一,这也是近些年来关注室内空气品质（IAQ, Indoor Air Quality）所研究的重要方面。空气分子污染的来源不仅是被污染的室外大气,而且往往是洁净室及相关受控环境中的工艺过程本身,或者是建筑材料、设备和人体所释放的。控制空气化学污染的主要手段是在通风净化系统中装置气相空气净化装置。

所谓气相空气净化装置（GPACD, Gas Phase Air Cleaner Device）,即电子行业洁净室等工程应用中的"空气悬浮分子污染"（AMC, Airborne Molecular Contamination）过滤器,通常又简称为化学空气过滤器（CAF, Chemical Air Filter）。

气相空气净化装置主要是利用活性炭（activated carbon）、浸渍活性炭（impregnated activated carbon）、氧化铝、沸石、硅胶、离子交换树脂等类对气相、蒸汽相的分子化合物有吸附（adsorption）作用的物质为吸附剂（adsorbent）,通过物理或化学作用将空气分子污染物吸附在其海绵状的孔洞延展表面,从而起到净化空气作用的装置。气相空气过滤器可去除空气中的异味、体臭、烟臭,能够有效改善空调房间的室内空气品质;可去除空气中的硫化氢、氮氧化物,以保护博物馆、档案馆、图书馆等场所的藏品免受损坏;可去除苯酚、甲醛等分子污染物,以保证半导体和微电子制造厂的产品质量;一些大型企业的中控室采用气相空气过滤器去除空气中的二氧化硫、氨等腐蚀性气体,以保护仪器和中控设备。其用途是十分广泛的。

由于电子、宇航、制药与生化等高科技行业的发展,生产环境不仅要求严格控制温湿度、洁净度,而且要求严格控制 AMC。例如,空气中的有机化合物沉积在单晶硅圆片表面可能使晶圆表面憎水,从而影响刻蚀、清洗及其他加工步骤;有机化合物还可能在晶圆表面分解并形成碳化物,使栅极氧化层的完整性（GOI, Gate Oxide Integrity）被破坏;空气中的有机磷化合物可能分解,磷会造成硅晶圆片的 N 中毒（n-dope）;在光盘驱动器行业,空气中的有机化合物会在光盘或光头沉积,以致造成粘贴或读取错误;半导体和光学产品的光学器件,如光刻的加工和检测工具,可能因空气中的有机化合物的沉积而变模糊,以致影响信号的传输和工器具的性能。

在航天领域,分子污染的存在可能会明显降低航天器的目标性能,缩短航天器的寿命。在洁净室及相关受控环境内的生产过程中,沉积于仪器设备上的有机污染物,当航天器进入轨道后可能挥发而沉积到温度受控表面，造成吸收发射比的变化而改变热性能。太阳能电池板上的污染会降低能量输出，而光学设备上的污染会改变信号的吞吐量。此外，随着人类无节制地消费与生产活动，大气污染日益严重，因而众多行业对气相空气净化装置的需求和应用迅速增加，对于控制空气化学污染的技术和各种检测设备的研制也日益受关注。国内外一些污染控制的研究机构和生产商，从 20 世纪末以来陆续投入力量从事 GPACD 的研究与开发，但截至目前，国际上有关气相空气净化装置的标准尚处于制订与完善之中。国内一些单位所研发的气相空气过滤器上市不久，品种规格偏少、技术性能有待提高，需要做的工作还很多。正因为国内从事洁净室和相关受控环境的科技人员、运行管理人员，相对而言对空气化学污染方面还较为生疏，所以本章对气相空气净化装置的基本原理和空气化学污染的控制等方面的一些相关基础知识，做了较全面的介绍。

7.1　气相空气净化装置的工作原理

在洁净室和相关受控环境中，通常使用的多种空气过滤器的作用原理是：依靠悬浮于气体中的污染物质，在随气流运动中因惯性、扩散等作用力而被过滤装置机械地阻留下来。而气相空气净化装置的作用原理则完全不同，它主要是依靠称之为吸附剂（adsorbent）的固体物质，靠吸附作用（adsorption）将通过它的气流中的悬浮分子污染物，有选择地吸着（sorption）下来。这些被吸附的分子污染物，又常称之为吸附质（adsorbate）。

吸附剂之所以对空气分子污染物具有吸附作用，与吸附剂自身的特点有极大的关系。常用作吸附剂的材料，无论是活性炭、氧化铝，还是沸石、硅胶，它们都具有大量的微孔（pore），并且这些微孔构成流体可能流过的通道。这类固态材料物质的单位重量中微孔的总内表面积，即比表面积很大。以活性炭为例，其微孔的孔径在 5～500Å（$1Å = 1×10^{-10}$m，$1nm = 10Å = 10^{-9}$m）之间，其比表面积可高达 $700～2300m^2/g$。如果形象地描述，在一个米粒大小的活性炭颗粒中，其微孔的总内表面积约相当于一个几十平方米房间的全部内墙、地面和顶棚的总面积。正因为这类材料比表面积大，所以才具有很高的表面活性和对气体分子的吸引力。

吸附剂对吸附质的吸附过程可细分为三个阶段：首先是气体分子随气流运动扩散到吸附剂的外表面，此过程称为"外扩散"；继而气体分子在吸附剂微孔中扩散到内表面，简称为"内扩散"；最后气体分子在吸附剂内表面被"吸着"。

吸附剂对吸附质的吸附作用分为物理的和化学的两类。

物理吸附，主要是依靠范德瓦尔斯（Johannes Diderik van der Waals，1837-1923）力，即所谓的中性分子（原子）间随距离增大而迅速减小的一种吸引力，在其作用下气流中的某些气体分子被吸附剂微孔表面所吸着。如活性炭对有机气体和臭味的吸附，这种吸附可在常温下进行。其吸附量随气体温度的下降而增加，而且此过程是可逆过程。那些分子量大、沸点高和挥发性气体被这种物理吸附方式去除的几率更高。那些沸点高于常温的污染气体的游离分子接触吸附剂后，有些将在微孔中凝聚成液态，并因毛细原理驻留在分子尺寸的微孔中，与吸附质成为一体。相反，大气中的氮气、氧气、氢气、氩气等正常的主要成分，它们的沸点都很低，所以活性炭等类吸附剂根本不可能吸着它们。此外，多数吸附剂又是疏水性材料，对水蒸气的吸附能力也极差，因此，被处理空气中的污染成分将被截留下来，而正常空气则通畅地流过。化学吸附是由类似于"化学键"的相互吸引力而产生的，但多数气相空气过滤器对气体分子的吸附作用往往是物理吸附与化学吸附同时发生的，所以又常称之为空气化学过滤器。为提高吸附剂对特定有害气体，如氨气、甲醛的吸附能力，往往需要对吸附剂进行化学处理。经过化学处理的吸附材料同样靠范德瓦尔斯力吸附气体分子，随后其化学添加剂与污染分子发生化学反应，生成固体成分或无害气体，因此是一种有选择的吸附。这种经过化学处理的，俗称"改性"的吸附剂，又常称为浸渍吸附剂。

这种浸渍吸附剂往往只对特定的一种或几种气体分子污染物有显著的吸附作用。化学吸附过程是不可逆的，故这种化学过滤器在使用的过程中，吸附能力会不断减弱，当减弱到某一程度时，只能报废，一般不能再生。

吸附剂在发生物理吸附作用的同时，还会伴随解吸（desorption）现象。"解吸"是吸附的逆过程，即被吸附的气体分子脱离吸附剂的过程。气相空气过滤器在使用一段时间后，吸附和解吸两种作用将达到动态平衡，此时可认为气相空气过滤器的吸附剂达到了饱和，不能继续有效地去除空气中的有害气体分子。已饱和的吸附剂，通常可用加热、水蒸气熏蒸等方法使被吸附的有害气体脱离吸附剂，吸附剂再生后可继续使用。

吸附剂的吸附能力主要取决于它的比表面积及孔径，其间的关系可以参考下述经验式。

$$\log_{10}\left[\left(C_0 - C\right)/C\right] = 0.0064S - 0.123D - 0.935 \qquad (7\text{-}1)$$

式中　C_0——初始吸附质浓度；

　　　C——动态平衡浓度；

　　　S——吸附剂的比表面积，m^2/g；

　　　D——吸附剂的孔径，nm。

由式（7-1）可以清楚地看出，比表面积越大，孔径越小，则其吸附能力越强。

7.2　气相空气净化装置的吸附剂材料及构造

可用于气相空气净化装置的吸附剂材料虽有多种，而且国外一些企业还在不断地研发新的人工合成材料，但活性炭仍是应用最广泛的吸附剂材料。

7.2.1　活性炭吸附材料

活性炭主要可分为颗粒活性炭（GAC，Granular Activated Carbon）、蜂窝活性炭（HAC，Honeycomb Activated Carbon）和活性炭纤维（ACF，Activated Carbon Fiber）几类。这类多孔材料，其性能的差异主要与其细孔的孔径有关。

按照国际理论化学与应用化学联合会（IUPAC，International Union of Pure and Applied Chemistry）的定义，细孔可分为大于 50nm 的大孔，2～50nm 的中孔及小于 2nm 的微孔。

前两种活性炭的细孔一般呈三分散态的孔分布，即大孔、中孔及微孔并存。这种孔状结构使其比表面积相对较小，吸附速度较慢，分离率相对较低，同时其物理形态也使其在化学过滤器的制作、应用中存在不便。

而 20 世纪 70 年代发展起来的活性炭纤维，由于其诸多的优点，因而成为当前吸附剂的主要产品。活性炭纤维由含碳的有机纤维构成，常用的纤维有酚醛、聚丙烯腈、沥青和植物纤维。它孔径小、吸附容量大、吸附快，而且再生也相对容易。活性炭纤维的具体特点如下：

（1）通常 ACF 的孔分布基本上呈单分散态，主要由微孔组成，且孔口直接开口在纤维表面，因此吸附质到达吸附位置的扩散路径短，吸附能力强。

（2）因 ACF 较粒状、粉状活性炭的载体质地往往更均匀、纤维更细，因此与被处理空气接触面积更大。其比表面积可达 $2500m^2/g$，为 GAC 的 10～100 倍，吸附容量为 GAC 的 1.5～100 倍，而且吸附、脱附速度快。

（3）ACF 不仅对高浓度吸附质的吸附能力强，其对低浓度吸附质的吸附效果也优于其他活性炭。如当甲苯气体含量低至 10ppm 以下时，ACF 仍有吸附效果，而 GAC 则需要浓度高于 100ppm 时，才能见效。

虽然活性炭纤维有其一定的优势，但由于颗粒活性炭材料来源丰富、价格较低廉，故在工程中仍广泛使用。

活性炭对有机气体和臭味吸附力很强，但对某些无机化合物气体，如氨气（NH_3）、硫化氢（H_2S）的吸附能力相对较差（见表 7-1）。因此，需要添加适当的化学物到吸附剂中，以提高其对特定污染气体的去除能力，即所谓的"浸渍"或"改性"，如添加 5% 氢氧化钾和 10% 氯化铁的活性炭能有效提升其吸附硫化氢和硫醇的能力。

活性炭对某些气体的平衡保持量　　　　表 7-1

污染气体	分子式	分子量	平衡保持量（%）
乙醛	C_2H_4O	44.1	7
丙烯醛	C_3H_4O	56	15
醋酸戊酯	$C_7H_{14}O_2$	130.2	34
丁酸（香蕉水）	$C_4H_8O_2$	88.1	35
四氯化碳	CCl_4	153.8	45
乙基醋酸	$C_4H_8O_2$	88.1	19
乙硫醇	C_2H_6S	35	23
桉树脑	$C_{10}H_{18}O$	154.2	20
三氯乙烯	CH_3Cl	50.5	5
己烷	C_6H_{12}	86	16
甲苯	C_7H_8	92	29
二氧化硫	SO_2	64	10（刺激臭）
氨气	NH_3	17	1.3（强烈刺激臭）
氯气	Cl_2	71	15（刺激臭）
硫化氢	H_2S	34	1.4（腐蛋臭）
苯	C_6H_6	78.1	24（溶剂，特异臭气）
苯酚	C_6H_6O	94.1	30（苯酚臭，医药品臭）
臭氧	O_3	48	还原为氧气（臭氧臭）

续表

污染气体	分子式	分子量	平衡保持量（%）
吡啶	C_5H_5N	79.1	25（香烟燃烧）
吉草酸		102.1	35（汗，体臭，干酪臭）
乙硫酸	C_2H_6S	62.1	23（大蒜，洋葱，污浊臭）
3-甲基吲哚	C_9H_9N	131.2	25（粪臭）
二硫化碳	CS_2	76	15
丁基酸	$C_5H_{10}O_2$		35（汗，体臭）
香烟臭			吸附量大
烹饪臭			吸附量大
厕所臭			吸附量大
动物臭			吸附量大

7.2.2　化学过滤器构造

为便于与空调系统、通风设备相配合，多数化学过滤器的外形、连接和固定方式与一般空气过滤器相类似。例如，将粒径 0.2～1mm 的颗粒活性炭黏附在 20mm 厚的多孔聚氨酯材料上，并将这种材料裁切成块，装入进出风面均有尼龙或金属支撑网的板框内，做成板框形化学过滤器。为增大过滤面积、降低滤速，过滤器在空调机组内可呈 V 形或 W 形布置，制造厂商也可直接制作 W 形化学过滤器，如图 7-1 所示。

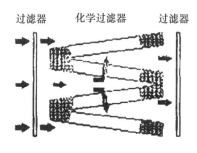

图 7-1　V 形、W 形化学过滤器布置及产品（右图）示例

为增大化学过滤器内吸附剂的容量，使空气通道的小空间内具有较大的吸附面积，也常将化学过滤器制作成筒形，如图 7-2 所示。

在空调通风系统中，化学过滤器需要与普通空气过滤器配合使用，方可达到较理想的效果。化学过滤器的上风向，特别在新风系统中，一定要装置一道过滤效果适当的空气过滤器，起阻留气流中颗粒性尘埃的作用，以保护化学过滤器的多孔表面不被尘埃阻塞，使其正常发挥对有害气体的吸附作用。在化学过滤器的下风向，也宜有一道空气过滤器，以捕集化学过滤器散落的活性炭颗粒，特别是下风向设置有高效空气过滤器的情况下，对于保障高效空气过滤器的正常使用寿命十分必要，如图 7-1 左图所示。

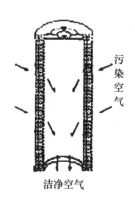

图 7-2 筒形化学过滤器示意和实形

7.3 气相空气净化装置的性能

与空气过滤器相似，气相空气净化装置的技术性能主要可用以下几个参数判定：去除效率（removal efficiency）E；空气流通阻力或压力降（pressure drop）ΔP；吸附容量（absorption capacity）M_s；保持能力（retentivity）M_r。

气相空气净化装置或化学过滤器的去除效率（E）指的是"在规定的时间内，去除气相污染物的百分数（%）或其浓度分数"。

化学过滤器的空气流通阻力或压力降与普通空气过滤器在概念上是一致的。不同之处在于因化学过滤器在使用过程中，其流通阻力增长很有限，所以无需特别关注。因此，化学过滤器也就和普通过滤器不同，没有初阻力和终阻力之分，只需测定其初始状态的压力降，供系统设计做依据。

所谓化学过滤器的吸附容量（M_s）指的是："在规定的试验条件下，化学过滤器中的吸附剂所能容纳的指定吸附质的质量或摩尔数"，在概念上相当于一般空气过滤器的容尘能力。

化学过滤器的保持能力（M_r）是衡量化学过滤器抗解吸能力的指标，用剩余容量，即残留分数表示。其定义为：当被试化学过滤器去除效率为 0 时，即吸附与解吸两种作用达到动态平衡状态。其测试方法是维持原来试验的其他条件不变，仅停止试验气体发生源，用无污染的空气清洗吸附剂，直到稳定后，即下游污染物浓度达到原来试验下游浓度的5% 以下时，化学过滤器上所残留的污染物量即为其保持能力。

以上几项参数反映了化学过滤器的主要技术特性，通常由制造商通过实验测试后提供给用户参考的相应数值。

7.3.1 去除效率及初始效率吸附容量

去除效率 E 的表达式与空气过滤器相似，它也是一个随使用时间变化的量，如同空气过滤器效率随其积尘量变化一样。其初始去除效率 E_i 可表示为：

$$E_i = \frac{\overline{C_U} - \overline{C_D}}{\overline{C_U}} \times 100\% \qquad (7\text{-}2)$$

式中，$\overline{C_U}$、$\overline{C_D}$ 分别为在稳定的状态下，连续多次测量得到的化学过滤器上游浓度 C_U

的平均值 $\overline{C_{\mathrm{U}}}$ 及下游浓度 C_{D} 的平均值 $\overline{C_{\mathrm{D}}}$。浓度值通常用 ppb（parts per billion，10^{-9}，十亿分率）、ppm（parts per billion，10^{-6}，百万分率）表示，也可用 $\mathrm{mL/m^3}$ 计量。

由于测定初始去除效率 E_i 的过程，必然要消耗或占据化学过滤器一部分吸附容量，这部分容量称之为初始效率吸附容量（absorption capacity of initial efficiency）$M_{\mathrm{s_{E}}_i}$，可由式（7-3）计算得到。因为初始效率测试所用时间较短，同时试验气体浓度较低，因此该式并未采用积分的形式，而是采用平均浓度计算。

$$M_{\mathrm{s_{E}}_i} = (C_{\mathrm{U}} - C_{\mathrm{D}}) \times Q_{\mathrm{A}} \times \Delta t \tag{7-3}$$

式中　Q_{A}——所测定的空气流量平均值；

Δt——初始效率测定所用的时间。

【例题】试验气体采用甲苯（Toluene，$C_6H_5CH_3$），设定试验气体浓度为 1ppm，化学过滤器上游实测平均浓度为 960ppb，下游实测平均浓度为 49ppb。

该化学过滤器初始去除效率 E_i（%）为：

$$E_i = \frac{960 - 49}{960} \times 100\% = 94.9\%$$

被试化学过滤器的迎风面尺寸为 610mm×610mm，额定风量为 3350m³/h（55.8m³/min），迎风面风速为 2.5m/s。初始去除效率试验是在该化学过滤器额定风量条件下进行的。测试的整个过程中，空气平均温度为 23℃，环境大气压为 101220Pa，测试总共持续 130min 的时间。初始去除效率的测试过程中，化学过滤器的吸附容量 $M_{\mathrm{s_{E}}_i}$ 计算如下：

由甲苯的化学分子式可知，1mol 甲苯的质量为 92g。

$$\begin{aligned} M_{\mathrm{s_{E}}_i} &= (960 - 49) \times 10^{-3} \times \frac{92}{22.4} \times 55.8 \times 130 \times \frac{273}{273 + 23} \times \frac{101220}{101325} \\ &= 911 \times 10^{-3}\text{ppm} \times 4.11\text{mg/m}^3 \times 55.8\text{m}^3/\text{min} \times 130\text{min} \times 0.92 \\ &= 24987.7\text{mg} = 24.99\text{g} \end{aligned}$$

7.3.2　吸附容量 M_s

如前所述，空气过滤器的容尘能力是指被试过滤器在规定浓度的人工尘气溶胶通过时，因积尘面重量不断增加，空气流通阻力也相应加大，直到达到规定的终阻力时，积尘的空气过滤器与初始状态的重量差，即为其容尘量，用以判别其容尘能力的大小。气相空气净化装置或化学过滤器的吸附容量 M_s 的概念与其相类似，不同之处在于化学过滤器的吸附容量是指在吸附污染气体分子的过程中，吸附能力将逐渐减弱，当去除效率下降为初始去除效率的某个百分比时，此时间间隔内所吸附的污染气体分子质量即为被试化学过滤器的吸附容量。各不同的标准或行业暂无统一的终止效率值，可根据需要选择，由供应商和使用者具体商定。通常终止效率在初始效率的 30%～90% 范围内选定。

日本标准 JIS B 9901：1997（E）对于吸附容量的定义是：当化学过滤器的实际效率下降为初始效率的 85% 时，此前化学过滤器所吸附的污染气体分子体积或质量，即为其吸附容量。

例如，某化学过滤器在试验过程中，其对污染质的去除效率随时间的变化如图 7-3 所示，左侧纵坐标为去除效率的百分数，右侧纵坐标为其随时间下降的百分比数，横坐标为实验持续的时间。

由图 7-3 可知，该化学过滤器初始效率为 94.9%，*a* 时刻之前此时段下降率约为 0，即其去除效率相当于初始去除效率的 100%。

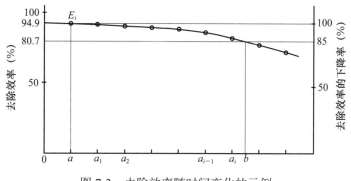

图 7-3 去除效率随时间变化的示例

从图 7-3 还可以看到，随着实验继续进行，该化学过滤器的去除效率逐渐降低，直到去除效率下降到初始去除效率的 85%，即去除效率为 80.7% 时，此时对应的试验时间为横坐标上的 *b* 时刻。对应去除效率下降率为初始效率的 85% 时的吸附容量值，等于初始时刻 0 到 *b* 时刻去除效率随时间变化的曲线所覆盖面积的积分，如式（7-4）所示：

$$M_s = C_U Q \left\{ a E_i \times 10^{-2} + \int_a^b E(t) dt \times 10^{-2} \right\} \times 10^{-3} \tag{7-4}$$

式中　C_U——上游侧实验气体的平均浓度（ppm 或 mL/m³）；

Q——通过化学过滤器的额定风量，m³/min；

$E(t)$——去除效率随时间变化的曲线；

b——去除效率 E 下降为初始去除效率 E_i 的 85% 时所对应的时刻。

笔者注：日本标准 JIS B：1997（E）文本所给出的该公式中，遗漏了加号"+"。

上式由两部分组成，大括号内加号的前部为由实验起始时刻 0 至初始效率测试结束的时间 *a*，此时段内得到初始去除效率为 E_i，式中 $C_U Q a E_i \times 10^{-2}$ 一项计算所得的吸附容量，即为初始吸附容量 M_{sE_i}。

后半部分时间 *a* 至时间 *b* 时段内，化学过滤器的吸附容量与前半部分相加即为总吸附容量。

如果采用一台分析仪器，倒换测试上下游的浓度，那么可能不便于直接得到去除效率随时间变化的曲线方程。实际上也可以将式（7-4）中的积分部分变成以相邻去除效率测点的平均值与上游平均浓度及额定风量的乘积，逐时相加而得，即：

$$M_s = M_{sE_i} + C_U Q (E_{\overline{a_1}} \cdot t_{aa_1} + E_{\overline{a_2}} \cdot t_{a_1 a_2} + \cdots + E_{\overline{a_i}} \cdot t_{a_{i-1} a_i} + E_{\overline{b}} \cdot t_{a_i b}) \times 10^{-5} \tag{7-5}$$

式中　$E_{\overline{a_1}}$——a 至 a_1 时段的去除效率平均值，其相应的时间间隔为 t_{aa1}，min；

$E_{\overline{a_i}}$——a_{i-1} 至 a_1 时段的去除效率平均值，其相应的时间间隔为 $t_{a_{i-1}a_1}$；

$E_{\overline{b}}$——a_i 至去除效率下降为初始值的某个规定百分比所对应的时刻，按日本标准规定，此值为 85%E_i，其相应的时间间隔为 $t_{a_i b}$。

7.3.3　保持能力 M_r

根据定义，当气相空气净化装置或化学过滤器达到吸附容量测试规定的终止状态后，随即关闭试验气体发生源，但维持测试额定风量不变，用干净的空气吹洗化学过滤器，直至其下游浓度小于初始下游浓度 C_D 的 5% 或最长 6h 以内。当然用户和供应商也可商定更低的浓度限值和更长的解析时间（desorption time）来测定保持能力。

　　根据试验测得的下游浓度随时间的变化，可以得到解吸气体浓度随时间的变化曲线，如图 7-4 所示。

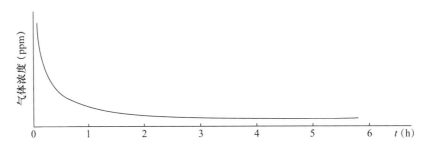

图 7-4　测定保持能力时所得解析气体浓度随时间的变化曲线

保持能力可按下式计算：

$$M_r = M_s - \int_0^{t_e} C_D(t)\,\mathrm{d}t\,Q \times 10^{-5} \tag{7-6}$$

式中　　M_s——总的吸附容量，在保持能力 M_r 值测定前已完成测试工作，并按式（7-4）或式（7-5）计算得到；

　　　　$C_D(t)$——依本试验测值所归纳的解析曲线；

　　　　t_e——积分的终了时间，即 C_D 下降为初始值的 5% 以下所对应时间或 6h 以内的某个时间点。

7.4　现场或在线测量设备

　　分子污染物的检测方法分为两类：一类是在现场直接采样与分析，这类仪器及方法适用于较高的污染浓度，化学过滤器性能测试通常采用这类设备和方法，其特点是可以进行实时测量。另一类是易地分析技术，即污染气体的采样与检测分析是分离的，因此测量结果存在传输滞后。所用的仪器设备通常较灵敏、精准而复杂，相应也较贵重。这类测量仪器本身往往较大、较重，不便搬动，而且对工作环境、安装条件要求也高。常用于测量某些受控环境、特殊场所的微量分子污染物，在气相过滤系统的试验中也往往采用。

7.4.1　一般通用测试中推荐的方法

　　一般通用测试中推荐的方法包括：

　　（1）火焰离子化检测器 FID（Flame Ionization Detector）测定有机物；

　　（2）当在线检测的某 FID 检测器其灵敏度低于下游采样浓度时，可考虑采用易地设备，如用 Tenax 管配合气相色谱（GC-MS/FID），或用气体吸管配合离子色谱（ICS）来满足检测需要；

　　（3）化学发光法检测系统 CLS（Chemical luminescence System）测定 NO_x 和氨气；

（4）紫外荧光光度法 UVL（Ultraviolet Light）测定 SO_2；

（5）傅立叶变换红外光谱仪 FTIR（FT-IR Spectrometer）有相对较宽的使用范围。

表 7-2 列出了典型在线分析方法的更多信息。

典型的在线分析方法　　　　　　　　　　　　　　　　　　　　　表 7-2

CPR*	Colorimetric Detection Chemically Impregnated Paper Reel Type Analyzer　比色法检测，化学浸渍纸卷筒式分析仪
IMS*	Ion Mobility Spectrometry　离子迁移光谱
MGD*	Moss Gain Detector　质量增益检测期（由凝聚有机物形成）使用不同类型的压电谐振器
P-GC*	Portable Gas Chromatography　便携式气相色谱仪设备
ECS*	Electrical Chemical Sensor　电化学传感器
ICS*	Ion Chromatography System　离子色谱在线监测系统
CLS*	Chemical luminescence System　化学发光法监测系统
FIM*	Fluoride Ion Monitor　氯化物离子监测器
SAW*	Surface Acoustic Wave　表面声波
CLD	Chemical luminescence Detector　化学发光检测器
CP	Control Potential　控制电位电解
PAS	Photoacoustic Spectroscopy　光声发射谱
NDIR	Nodispersive Infrared Sensor　无衍射红外吸收谱
UV	Ultraviolet　紫外线吸收谱
UVL	Ultraviolet Light　紫外线发光光谱
PID	Photoionization Detector　光离子化检测器
FID	Flame Ionization Detector　火焰离子化监测器
FTIR	FT-IR Spectormeter　傅立叶变换红外光谱

注：带 * 号者为 ISO 14644-8:2006（E）所推荐的在线监测设备。

7.4.2 适用于不同的试验气体的测量分析仪器

对于各种不同的试验气体，可根据经验采用推荐的测量分析仪器，如表 7-3～表 7-5 所列。

推荐用于酸性试验气体的测量分析仪器或技术　　　　　　　　表 7-3

化合物名称	测量分析仪器或技术[①]
二氧化硫 SO_2	CPR、UVL
氮氧化物 NO_x	CPR、CLD
硫化氢 H_2S	CPR、UVL
醋酸 $C_2H_4O_2$	PAS、FID

① 中英文名称详见表 7-2。

185

推荐用于有机挥发物试验气体的测量分析仪器或技术　　表 7-4

有机化合物名称	测量分析仪器或技术
甲苯 $CH_3C_5H_5$	PAS、PID、FID、UV
异丙醇（CH_3）$_2CHOH$	PAS、PID、FID
异丁醇 $C_2H_6O_2$	PAS、PID、FID
己烷 C_6H_{14}	PAS、FID
四氯乙烯 C_2Cl_4	PAS、PID、FID
甲醛 HCHO	PAS、CPR
硫醇 C_2H_6S	PAS、UVL
乙醇 C_2H_6O	PAS、FID
丁烷 C_4H_{10}	PAS、FID

推荐用于其他试验气体的测量分析仪器或技术　　表 7-5

化合物名称	测量分析仪器或技术
臭氧 O_3	UV、CPR
氯气 Cl_2	CPR、UV
一氧化碳 CO	CPR、PAS、NDIR
二氧化碳 CO_2	CPR、PAS、NDIR

美国标准 ANSI/ASHRAE 145.1-2008 所推荐的常用气体色谱（GC-Gas Chromatography）仪器和技术如表 7-6 所列。

普通气体色谱仪器和技术　　表 7-6

仪器	型式	支持气体	选　择	测量限值	动态范围
ELCD	质量流	氢、氧	卤化物、氮、硫	50fg	
ECD	浓度	新风	卤化物、硝酸盐、过氧化物、酐、有机金属化合物	100pg	10^5
FID	质量流	氢、空气	有机化合物	100pg	10^7
FPD	质量流	氢、空气	硫、亚磷酸、锡、碳、砷、锗、硒、铬	1pg	10^3
MS	质量流	氢、氦、氨、甲烷、异丁烷[①]	有机化合物	1pg	10^6
NPD	质量流	氢、空气	氮、亚磷酸	1pg	10^6
TCD	浓度	参考	通用	1g	10^7

① ANSI/ASHRAE Standard 145.1-2008 标准中将异丁烷 Isobutane 误拼为 iosbutane。——作者注

表 7-6 中所列举的测量仪器与表 7-2 所列的仪器某些可能在名称上有所区别，但其主

要工作原理相一致，仅是构造、性能上稍有差别。表 7-6 中相关仪器的英文名称如表 7-7 所列。

ASHRAE 145.1-2008 推荐的测量仪器　　　　表 7-7

英文缩写	中、英文名称
GC-ELCD	Gas Chromatography-Electrolytic Conductivity Detector　气相色谱—电解电导仪
GC-ECD	Gas Chromatography-Electron Capture Detector　气相色谱—电子捕获仪
GC-FID	Gas Chromatography-Flame Ionization Detector　气相色谱—火焰离子化检测仪
GC-FPD	Gas Chromatography-Flame Photometric Detector　气相色谱—火焰光度检测仪
GC-MS	Gas Chromatography-Mass Spectrometer　气相色谱—质量分光仪
GC-NPD	Gas Chromatography-Nitrogen Phosphorus Detector　气相色谱—氮磷检测仪
GC-PID	Gas Chromatography-Photoionization Detector　气相色谱—光离子化检测仪
GC-TCD	Gas Chromatography-Thermal Conductivity Detector　气相色谱—热导仪

7.5　现场采样易地分析技术

如前所述，某些受控环境或特殊工艺场所等，不允许或不具备现场检测分析的条件，此时易地分析技术经常被采用。这种方法相对于现场检测分析的"在线检测分析法"，又称之为"离线分析法"。

采用易地分析就必须有现场的采样装置，《洁净室及相关受控环境　第8部分：空气分子污染分级》GB/T 25915.8—2010，及其等同的《空气悬浮分子污染分级》(Classification of Airborne molecular contamination) ISO 14644-8：2006 中给出了常用采样设备和方法的示例，如表 7-8 所列。

用于易地或离线分析的典型取样方法　　　　表 7-8

英文缩写	中英文名称
DIFF	Passive Diffusive Sampler　被动扩散采样器
FC	Filter Collector　过滤收集器
IMP	Impactor　撞击器系列，用适当的溶剂充入
SB	Sampling Bag　直接收集管道空气的采样袋
SOR	Sorbent Tube　吸附管
WW	Witness Wafer　用实际的晶圆片或板作为样品收集器
DSE	Droplet Scanning Extraction　液滴扫描萃取
DT	Diffusion Tube　扩散管

表 7-8 所列的采样器可分为无源采样和利用气泵为动力源的两类。被动扩散采样器（DIFF）就是典型的无源采样器。它利用特制设备的表面选择性地收集一种或数种气体成分，对于低浓度的气体分子污染物，采样时间较长。多数采样器是利用气泵抽取确定量的空气，并使其通过吸附介质来采集气体分子污染物，采样时间较短，但要关注采样效率和操作技术。

表 7-9 给出典型的易地或离线分析方法以供选择，当然不限于表列的分析方法。

常用的易地或离线分析方法　表 7-9

英文缩写	中英文名称
AAS	Atomic Absorption Spectroscopy　原子吸收光谱法
AA-GF	Atomic Absorption Spectroscopy – Graphite Furnace　石墨炉原子吸收光谱法
AES	Atomic Emission Spectroscopy　原子发射光谱法
CL	Chemical Light　化学光法
CZE	Capillary Zone Electrophoresis　毛细区电泳法
GC-FID	Gas Chromatography – Flame Ionization Detector　气相色谱—火焰离子化检测器法
GC-MS	Gas Chromatography – Mass Spectroscopy　气相色谱—质谱法
IC	Ion Chromatography　离子色谱法
ICP-MS	Inductively Coupled Plasma – Mass Spectroscopy　电感耦合等离子体质谱法
MS	Mass Spectroscopy　质谱法
UVS	Ultra-Violet Spectroscopy　紫外光谱法
FTIR	Fourier Transform Infra-Red Spectroscopy　傅立叶变换红外光谱法
TXRF	Total Reflection X-ray Fluorescence Spectroscopy　总反射 X- 射线荧光光谱法
VPD-TXRF	VapourPhase Decomposition – Total Reflection X-ray Fluorescence　气相分解—总反射 X- 射线荧光光谱法
TOF-SIMS	Time of Flight – Secondary Ion Mass Spectrometry　飞行时间—辅助离子质谱法
API-MS	Atmospheric Pressure Ionization – Mass Spectroscopy　大气压力电离—质谱法

7.6　空气悬浮分子污染分级

7.6.1　分级描述符

按照国际标准的规定，洁净室或相关受控环境的空气悬浮分子污染物限值或其洁净度用 ISO-AMC 描述符（descriptor）来表示。ISO-AMC 描述符规定了空气中某一污染物类别，某种物质等级或某种物质的最大浓度。

ISO-AMC 描述符的格式为：

$$\text{ISO-AMC } N\,(x)$$

式中　N——ISO-AMC 等级，它是浓度 C_x 的常用对数值，其限定范围为 0～-12。C_x 的单位为 g/m^3。等级浓度 N 的非整数值，可表示至小数点后 1 位，$N = \log_{10}(C_x)$。

x——影响产品、工艺的污染物类别（contaminant category），包括但不限于以下类别：酸（ac—acid），碱（ba—base），可凝结物（cd—condensable），掺杂物（dp—dopant），生物毒素（bt—biotoxic），腐蚀物（cr—corrosive），有机物总量（or—organic, total），氧化剂（ox—oxidant），碱（ba—base），或为一组物质，或为某种物质。

例如："ISO-AMC-6（NH$_3$）"表示空气中氨的浓度为 10^{-6}g/m^3；

"ISO-AMC-4（or）"表示空气中有机物总浓度为 10^{-4}g/m^3；

"ISO-AMC-7.3（cd）"表示空气中凝结物总浓度为 5.01×10^{-8}g/m^3。

7.6.2 空气悬浮分子污染分级

空气分子污染物主要有酸、碱、可凝结物和掺杂物（dopant）几大类。此外，还包括可能危害有机体、微生物、生物组织或细胞成长与存活的生物毒（biotoxic）；能使表面产生破坏性化学变化的腐蚀物质（corrosive），以及沉积到设备或产品表面时可能导致氧化（O$_2$/O$_3$）或参与氧化还原反应的氧化剂（oxidant）等。

GB/T 25915.8—2010 和 ISO 14644-8:2006 对洁净室和相关受控环境的空气悬浮分子污染给予了分级。其分级是依据空气中特定化学物质（某种、某组或某类）的浓度来界定的，类似于洁净室悬浮粒子洁净度以空气悬浮粒子的某粒径的数量浓度来分级。

按照现行 ISO 标准，将洁净室及相关受控环境运行条件下的 AMC 浓度从 10^0g/m^3 至 10^{-12}g/m^3 分为 12 个等级，其分级方式如表 7-10 所示。

ISO-AMC 等级   表 7-10

ISO-AMC 等级	浓度（g/m^3）	浓度（μg/m^3）	浓度（ng/m^3）
0	10^0	10^6（1000000）	10^9（1000000000）
−1	10^{-1}	10^5（100000）	10^8（100000000）
−2	10^{-2}	10^4（10000）	10^7（10000000）
−3	10^{-3}	10^3（1000）	10^6（1000000）
−4	10^{-4}	10^2（100）	10^5（100000）
−5	10^{-5}	10^1（10）	10^4（10000）
−6	10^{-6}	10^0（1）	10^3（1000）
−7	10^{-7}	10^{-1}（0.1）	10^2（100）
−8	10^{-8}	10^{-2}（0.01）	10^1（10）
−9	10^{-9}	10^{-3}（0.001）	10^0（1）
−10	10^{-10}	10^{-4}（0.0001）	10^{-1}（0.1）
−11	10^{-11}	10^{-5}（0.00001）	10^{-2}（0.01）
−12	10^{-12}	10^{-6}（0.000001）	10^{-3}（0.001）

表 7-10 的分级方式，也常用不同单位的容积浓度图来表示，如图 7-5 所示。

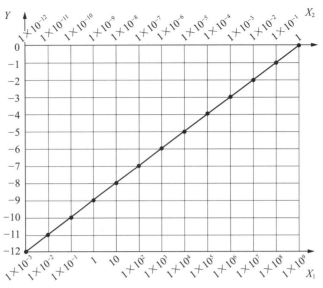

图 7-5　容积浓度与 ISO-AMC 等级的关系

X_1—浓度（ng/m^3）；X_2—浓度（m^3）；Y—ISO-AMC 等级

7.7　防止洁净室及相关受控环境的空气分子污染

洁净室及相关受控环境的空气分子污染物（AMC），不外乎来自于室外空气和室内设施、工艺和人员等方面。在工程设计和制定控制要求的初始阶段和设施运行过程中，必须了解、掌握这些污染物发生源的规律和参数，以便根据生产、工艺、科研的需要，采取相应有效的措施，将室内环境分子污染物的浓度控制在允许值以下。为此，需要进行以下一些工作。

7.7.1　确定分子污染控制等级及 ISO-AMC 描述符

对于某个洁净室及相关受控环境而言，确定其空气分子污染控制等级是设计、建造和运行管理的重要前提条件。只有明确了此项参数，才有可能创建符合工艺、产品所必须的室内环境，进而保障工艺的正常过程和产品的质量。

首先，要明确产品或工艺是否受空气分子污染的影响，及其影响程度。以集成电路为例，20 世纪 70 年代，在集成度较低时，晶圆片直径较小、电路上的线宽尺寸较大、生产工艺较简单、工序较少，当时空气环境的尘粒洁净度是影响产品质量的主要因素。那时空气环境中并不是不存在空气分子污染物，只是当时集成度较低，空气分子污染物并不足以影响产品的品质。而随着集成电路工艺的飞速提升，集成度急剧增加，尽管生产环境的空气洁净度相应升级，但新产品的成品率并不理想。经过对产品工艺和环境等相关因素的反复深入剖析后，才确定空气环境中的某些分子污染物是重要的制约因素。直到 20 世纪 80年代后期，国外半导体制造技术、设备、材料等研究单位，才陆续明确提出集成电路生产环境对某些空气分子污染物的控制要求。

由此可知，客观存在于空气中的空气分子污染物并不是在任何情况下都会成为控制的对象。在许多行业生产中，空气分子污染物对工艺产品并无明显的影响。但对于某些行业，根据所积累的生产经验和产品质量剖析得知，当某些空气分子污染物达到一定浓度限值以上，就会影响工艺和产品质量。那么建设单位就应按照需要，采取相应的技术措施，以保障生产工艺和产品质量。为此，必须确定影响产品或工艺的污染物类别，以及是否需要特殊关注某种或某类空气分子污染物及其浓度。在此基础上进一步根据相关标准或生产经验确定产品或工艺所允许的污染物（类别、物质组）的最大浓度，并按 ISO 14644-8 确定其控制等级和该场所空气环境的 ISO-AMC 描述符等。

7.7.2 空气分子污染源

洁净室及相关受控环境的空气分子污染物来源不外乎以下方面：

1. 室外空气

室外空气作为新风提供给洁净室及相关受控环境，以满足设施内人员对新鲜空气的需要，并用以平衡排风、正压泄露所需补充的空气，这是多数场所共同面对的情况。随着室外大气环境问题日趋严重，新风中所含多种气体分子污染物浓度也日渐增大，对某些工艺和产品质量的威胁日趋严重。例如，微电子、光电子（TFT，LCD，LED.）等工厂要求清除或降低新风中的硫、氮、氨及氨的化合物等气体分子污染物，以保障产品质量。

与室外空气温湿度相比较，室外空气分子污染物的类别及其浓度更为复杂多变。不同地域、不同的周边环境、不同的季节、不同的时辰，室外新风所含各种空气分子污染物的浓度都有变化，甚至变化很大。特别是我国正处在工业化、城市化的急速发展的进程中，尽管不断强化环保工作，但在许多地方大气环境污染仍日趋严重。多数地区还不能提供完整的大气空气分子污染的检测资料，更何况这些数据还因为新工厂、新工地、新道路如同雨后春笋般冒出，而持续地刷新。污染源有固定与移动之分，不同的地区，局部环境的大气污染物浓度可能因污染源的集中与否、扩散顺畅与否而有所差异。同时也说明洁净室与相关受控环境设施在选址时，要尽可能远离工厂、发电厂、污水处理厂等企业，远离机场、铁路和交通干道，以尽量减少室外空气污染物的影响。

对需要防止空气分子污染物的洁净室及相关受控环境，应按照 GB/T 25915.8—2010 及 ISO 14644-8 的要求，策划人员、设计人员和管理人员"需要用足够长的时间进行建设地点所关注的空气分子污染物浓度分析，以便评估其变化情况，还要考虑到将来可能出现的室外空气的变化。"

此外，GB/T 25915.8—2010、ISO 14644-8 还指出："有些场所通过对主导风向和污染源等因素的分析，合理地选择新风口位置，可以减小分子污染物的浓度。"从洁净室及相关受控环境运行及维护管理的角度出发，了解并掌握室外空气污染物可能对所负责环境的不同部位、不同季节的不同影响，制订相应的技术措施以保障室内工作或生产环境达标。

2. 建筑材料室内污染源

随着化学工业的进步，建筑物中纯天然建筑材料所占份额越来越少，代之以质地、性能可能更好、工业化生产便利、价格相对低廉的合成建筑材料，以满足城市化和工业建筑对建材的需求。但与此同时也带来了因化学合成建筑材料在室内缓释多种有害气体，造成了室内环境的污染源，其中最典型的分子污染源就是甲苯、甲醛。

各种人造板材、纤维板、胶合板、刨花板、复合石膏板材以及在工业建筑中大量采用的金属夹心板材（内夹玻璃棉板、岩棉板、聚苯乙烯板、聚氨酯、铝或纸蜂窝等保温隔热加固成型材料），在制作成型的工艺过程中，往往都要使用大量的胶粘剂。用这些材料作为建筑物的隔断、吊顶或制作成家具，都将会在相当长的时间向室内缓释甲醛等有机挥发物。高效空气过滤器在成型及与框架密合时，也需要使用大量的化学胶，它们也会向室内散发有机溶剂等分子污染物。

建筑物内表面的涂料、油漆、稀释剂、地面的塑料卷材、环氧树脂地面涂层等是室内空气苯与苯系物 VOC 的重要来源。

建筑施工中采用尿素做水泥与涂料的防冻剂，将在建成使用过程中缓释放出氨气。

从人的健康角度考虑，一些常见建筑装饰材料所产生的有毒成分如表 7-11 所列。

部分建筑装饰材料的有毒成分　　　　　　　　　表 7-11

材料名称	主要有毒成分
醇酸调和漆	癸烷、二甲基癸烷、十一烷、二甲基十一烷
无光调和漆	乙苯、二甲苯、异丁烯苯、对甲基异丙苯、癸烷
地板蜡	癸烷、十一烷、十二烷
彩色涂料	甲苯、乙苯、二甲苯、癸烷、壬烷
壁纸、壁布	甲醛、甲苯、乙苯、二甲苯、VOC
胶合板	甲醛、甲苯、苯、乙氧基乙酸、VOC
地板砖	甲醛、乙醛、癸烷、十一烷、VOC

3. 其他室内污染源

除生产工艺以外，室内其他污染源还包括电脑打印、复印等各种电子办公设备散发的溶剂、氨等臭气。如果有人员吸烟，则将向空气中释放 CO、CO_2、NO、NO_2、苯、甲苯等碳氧化合物和气态化学污染物。如果有燃烧器具，则除了产生上述各类气态化学污染物外，还会有 SO_2、H_2S 等含硫污染气体。此外，居留人员所产生的体臭、氨气等也是室内空气的污染源。对于民用的住宅、公共建筑等，以保护人群的健康、舒适等为目标，所关注的室内空气品质（IAQ），主要是通过控制室内污染源，并合理增大自然通风或用机械通风方式，以室外空气稀释室内污染物，一般来说就可以达标。仅有博物馆、档案馆等特殊建筑，从保护文物的目的考虑，可能需要在通风中增设气相空气净化装置。而对于微电子等现代工业的生产车间和某些科研场所，即便是达到了民用"环境空气质量标准"的室外新风，其中的某些空气悬浮分子污染物仍将严重影响产品质量或工艺过程。因此必需配备适宜的气相空气净化装置以保障室内的生产环境。

4. 运行和维护

《洁净室及相关受控环境　第 5 部分：运行》GB/T 25915.5—2010 中规定的各项制度或比其更加严格的制度，可防止或尽量减少因设施运行和维护所形成的分子污染源，常见制度如下：

（1）工艺作业中佩戴面罩或佩戴有通风过滤的头盔；

（2）对服装及包装材料进行合格的化学分析；

（3）对清洁剂与其他清洁材料进行合格的化学分析；

（4）对所有产品包装材料进行合格的化学分析；

（5）使用任何便携设备或临时性材料时尽量减少分子污染的作业制度；

（6）在设备维护或修理及服务期间，采用临时隔离屏障；

（7）为尽量减少分子污染制定相应的操作规程。

对于人员通过规章制度对下述各项进行控制，能防止或尽量减少来自人员的分子污染：

（1）化妆品、香水和护发用品的使用；

（2）吸烟的规定；

（3）药物的使用；

（4）对某些食品的食用；

（5）进出规则；

（6）用于个人的清洁和消毒材料。

上列各项并非全部。

7.8 常见空气分子污染物

空气分子污染物的分类是个复杂的问题。许多化合物以其化学特征可归入几个类别，因此，应按所关注的具体化合物，对洁净室环境内生产的最终产品的有害化学反应，对污染物进行分类。表 7-12 所列是 GB/T 25915.8—2010 和 ISO 14644-8：2006 给出的，能影响产品或工艺的常见化学污染物和污染物类别。鼓励用户依此对其应用中所关注的具体化学品或化学物质进行分类。表 7-12 仅起指导作用，所列内容并不全面。

能影响产品或工艺的常见化学污染物示例及其分类 　　　　表 7-12

CAS 登记号	物质	化学式	污染物类别[①]									
			ac	ba	or	bt	cd			cr	dp	ox
							H	M	L			
7664-41-7	氨	NH_3		×		×			×	×		
141-43-5	2-氨基乙醇	$CH_3NH_2CH_2OH$		×	×				×			
35320-23-1	2-氨基丙醇	$CH_3NH_2C_2H_4OH$		×	×				×			
128-37-0	BHT：（t-乙酸丁脂）二羟基甲苯	$H_3CC_6H_3（t-C_4H_9）_2OH$			×	×		×				
85-68-7	邻苯二甲酸丁基苄基酯（BBP）	$H_9C_4OCOC_6H_4COOCH_2C_6H_5$			×		×					
7637-07-2	三氟化硼	BF_3	×					×				×
1303-86-2	氧化硼	B_2O_3				×						×
108-91-8	环己胺	$C_6H_{11}NH_2$		×	×			×				
-	环聚二甲基硅氧烷	$（-Si（CH_3）_2O-）_n$			×		×					
106-46-7	对二氯苯	ClC_6H_4Cl			×	×		×				
100-37-8	二乙氨基乙醇	$（C_2H_5）_2NC_2H_5OH$		×	×				×			
117-84-0	邻苯二甲酸二辛酯	$C_6H_4（C=OOC_8H_{15}）_2$			×		×					

续表

CAS 登记号	物质	化学式	污染物类别①									
			ac	ba	or	bt	cd			cr	dp	ox
							H	M	L			
84-66-2	邻苯二甲酸二乙酯	$C_6H_4(C=OOC_2H_5)_2$			×		×					
84-74-2	邻苯二甲酸二丁酯	$C_6H_4(C=OOC_4H_9)_2$			×		×					
117-81-7	邻苯二甲酸二（2-乙基己）酯	$C_6H_4(C=O\cdot OCH_2CHC_2H_5C_4H_9)_2$			×		×					
84-61-7	邻苯二甲酸二环己酯	$C_6H_4(C=OOC_6H_{11})_2$			×		×					
103-23-1	己二酸二（乙基己基）酯	$C_4H_8(C=OOCH_2CHC_2H_5C_4H_9)_2$			×		×					
84-76-4	邻苯二甲酸二壬酯	$C_6H_4(C=OOC_9H_{19})_2$			×		×					
84-77-5	邻苯二甲酸二癸酯	$C_6H_4(C=OOC_{10}H_{21})_2$			×		×					
541-02-6	十甲基环五硅氧烷	$(-Si(CH_3)_2O-)_5$			×		×					
540-97-6	十二甲基环五硅氧烷	$(-Si(CH_3)_2O-)_6$			×		×					
141-43-5	乙醇胺	$H_2NCH_2CH_2OH$		×	×					×		
04-76-7	2-乙基己醇	$CH_3(CH_2)_3C_2H_5CHCH_2OH$			×			×				
50-00-0	蚁醛	$HCHO$			×	×				×		
142-82-5	庚烷	C_7H_{16}			×					×		
66-25-1	己醛	$HC_6H_{12}O$			×	×				×		
7647-01-0	盐酸	HCl	×			×				×	×	
766-39-3	氟化氢	HF	×			×				×	×	
10035-10-6	溴化氢	HBr				×				×	×	
7783-06-4	硫化氢	H_2S	×			×				×	×	
999-97-3	六甲基二硅胺烷	$(CH_3)_3SiNHSi(CH_3)_3$			×			×				
541-05-9	六甲基环三硅氧烷	$(-Si(CH_3)_2O-)_3$			×			×				
67-63-0	异丙醇	$(CH_3)_2CHOH$			×	×				×		
141-43-5	乙醇胺	$H_2NC_2H_5OH$		×	×					×		
10102-43-9	一氧化氮	NO	×			×				×		
10102-44-0	二氧化氮	NO_2	×			×				×	×	
872-50-4	N甲基吡咯烷酮	$-CHNCH_3CHCH_2CO-$		×	×			×				
644-31-5	臭氧	O_3				×					×	×
556-67-2	八甲基环四硅氧烷	$(-Si(CH_3)_2O-)_4$			×			×				
7803-51-2	磷化氢	PH_3				×				×	×	
7446-09-5	二氧化硫	SO_2				×				×		

CAS 登记号	物质	化学式	污染物类别[①]									
			ac	ba	or	bt	cd			cr	dp	ox
							H	M	L			
121-44-8	三乙胺	$(C_2H_5)_3N$	×		×				×			
45-40-0	磷酸三乙酯	$(C_2H_5O)_3P=O$			×		×				×	
6145-73-9	三氯（2-氯代-1-丙基）磷酸盐	$(CH_3ClCHCH_2O)_3P=O$			×			×		×		
13674-73-9	三氯（1-氯代-2-丙基）磷酸盐	$((CH_3)(ClCH_2)CH-O-)_3P=O$			×			×			×	
78-30-8	三甲酚磷酸酯	$(CH_3C_6H_4O)_3P=O$			×		×				×	
126-73-8	三（n-乙酸丁酯）磷酸盐	$(C_4H_9O)_3P=O$			×		×				×	
306-52-5	三氯乙基磷酸酯	$(ClC_2H_4O)_3P=O$			×		×				×	
75-59-2	四甲基氢氧化铵	$(CH_3)_4N^+OH^-$		×			×					
95-47-6	二甲苯	$(CH_3)_2C_6H_4$			×	×		×				
	总酞酸盐	$R_1OCOC_6H_4COOR_2$			×		×					
	总磷酸盐	$(RO)_3P=O$			×		×					
	总环硅氧烷	$(-Si(CH_3)_2O-)_n$			×		×					
	总烃衍生物	$C_mH_nO_pX_y$（X 为任意元素）			×		×	×	×			
	总非甲烷烃衍生物	$C_mH_nO_pX_y-CH_4$（X 为任意元素）			×		×	×	×			
	总非饱和烃衍生物	$C_mH_nO_pX_y$（X 为任意元素 $n\leqslant 2m$, $C=O$）			×		×	×	×			

① ac——酸；ba——碱；bt——生物毒素；cd——可凝聚物；cr——腐蚀剂；dp——掺杂物；or——有机物；
ox——氧化剂。

注：H：高凝性，沸点 > 200℃；
M：中凝性，200℃ ≥ T_b ≥ 100℃；
L：低凝性，100℃ > T_b（T_b 为沸点）。

7.9 微电子工业中的应用

尽管越来越多的装置有舒适性空调的建筑中，在空调处理系统或在房间空气自净器内，装置了活性炭之类的过滤器，以清除室内的不适气味和其他有机挥发物。但微电子工业始终是气相空气净化装置最重要的用户。从 20 世纪 80 年代，随着集成电路集成度的突飞猛进，微电子行业的某些加工工序、工序间晶片的传送以及存放环境中的空气分子污染物，对微电子产品成品率的影响日益显现和日趋严重。控制生产环境空气中的化学污染物，成为电子工厂近二十多年来微电子工厂通风与净化系统持续的研究与实施课题。

近年来的实践与研究证明，空气悬浮化学污染物对集成电路生产的影响，比空气中悬浮颗粒物要广泛和复杂得多。粒子污染控制主要随芯片的线宽减小，而相应提高洁净度级别。即线宽越小，空气悬浮颗粒物的控制直径和数量随之相应减小而已。但对空气化学污染物的控制除随芯片的集成度提升而变化外，并受工艺、工艺设备、工艺材料及芯片传送系统的影响。而且某一工序的工艺材料，如某些化学品或特种气体，其所含有的微量化学物分子就可能是下一工序的污染源。当前集成电路生产中，晶圆的加工已多达几百个独立工序，对空气化学污染物控制指标的确定变得十分复杂。因为对不同产品、不同工艺、不同工序及不同的工艺材料，其控制对象和要求都可能不同。

7.9.1　微电子工业的化学污染物控制标准

微电子工业的化学污染物控制标准随着微电子工业的发展而不断变化。在国际微电子行业享有盛誉的半导体制造技术联盟（SEMATECH，Semiconductor Manufacturing Technology）[1]1995 年对集成电路线宽为 0.25μm 工艺的生产环境中，各种空气分子化学污染物的建议控制标准如表 7-13 所示。

SEMATECH 预测在线宽 0.25μm 时各种工艺 AMC 浓度限定　　表 7-13

工艺步骤　Process Step	最长停留时间　Max Sit Time	MA*	MB*	MC*	MD*
预"门氧化"　Pre-gate Oxidation	4h	13000	13000	1000	0.1
沉积　Salicidation	1h	180	13000	35000	1000
触点形成　Contact Formation	24h	5	13000	2000	100000
深紫外光刻　DUV Lithography	2h	10000	1000	100000	10000

＊浓度为 pptm 级。

从表 7-13 中可以看到，不同产品、不同工艺、不同的工序及不同的工艺材料对空气分子污染物控制的要求可能是各不相同的。

表 7-13 中的浓度限值是按照美国半导体设备与材料学会（SEMI，Semiconductor Equipment & Materials Institute）[2]标准 F21-1102 的分级给定的。该标准对四类污染物浓度的分级如表 7-14 所列。

SEMI 给出的四类空气分子污染物浓度分级表　　表 7-14

污染物种类	1*	10*	100*	1000*	10000*
酸类	MA-1	MA-10	MA-100	MA-1000	MA-10000
碱类	MB-1	MB-10	MB-100	MB-1000	MB-10000
可凝聚物	MC-1	MC-10	MC-100	MC-1000	MC-10000
掺杂物	MD-1	MD-10	MD-100	MD-1000	MD-10000

＊浓度为 pptm 级。

---

① 半导体制造技术（战略联盟）1987 年成立，是国际著名研发先进芯片制造技术的非盈利性组织，其成员包括芯片制造商、设备及材料供应商、大学、研究院所、政府合伙人等组织的研发部门。
② 美国半导体设备与材料协会代表半导体、平板显示设备与材料工业的全球贸易协会，于 1970 年在美国成立。现已成为致力于自由贸易和市场开放的世界性组织。拥有会员 2000 多家，主要为半导体平板显示器、光伏太阳能电池、纳米技术、微电子、机械等领域的生产、研发、技术服务公司。

SEMI 标准 F21-1102 同时给出了四类空气化学污染物的代表性化合物，如表 7-15 所列。

SEMI 给出的四类代表性空气分子污染物 表 7-15

SEMI F21-1102 AMC 类目	重要气象分子污染物
酸类	氢氟酸、硫酸、盐酸、硝酸、磷酸、氢溴酸
碱类	氨气（氢氧化胺）、四甲基氢氧化胺、三甲基胺、三乙基胺、N- 甲基吡咯烷酮、环己烷、二乙氨基乙醇、甲基胺、二甲基胺、乙醇胺、1，4- 氧氮六环
可凝聚化合物类	硅油（沸点 ≥ 150℃）、碳氢化合物（沸点 ≥ 150℃）
掺杂物类	硼（通常如硼酸）、红磷（通常如有机磷酸酯）、砷（通常如砷酸盐）

7.9.2 微电子行业化学污染控制日趋严格

随着微电子技术的进步、集成度不断提升，集成电路的线宽迅速缩小，相应地对生产环境中空气分子污染物的浓度限制越来越严格。

国际半导体技术蓝图（ITRS，International Technology Roadmap for Semiconductors）[1]，曾给出依据集成电路的不同线宽，相应要求控制的空气分子污染物标准，如表 7-16 所示。

不同线宽集成电路的污染物控制标准表 表 7-16

污染化合物类型	集成电路的几何线宽			
	0.25μm	0.18μm	0.13μm	0.10μm
VOCs（μg/m³）	30.00	10.00	3.00	1.00
离子化合物（μg/m³）	1.00	0.30	0.10	0.03
总碳氢化合物（ppb）	10.00	3.00	1.00	0.30
金属（ppt）	0.10	0.03	0.01	0.00

随着微电子工艺的发展与技术更新，有关 AMC 控制的概念也在不断进步。2001 年，ITRS 提出了区分微电子工艺过程在洁净室环境中暴露时间不同，对室内环境 AMC 控制的要求应予区别的概念。表 7-17 给出了晶片对环境污染控制的技术要求。

晶片对环境污染控制的不同技术要求 表 7-17

气载分子污染物	短时间 / 长时间的限制值（ppt）
光刻—碱（如：胺、胺化合物、氨）	750/ ＜ 750
栅极—金属（如：铜）	0.2/0.07
栅极—有机物（如：分子量 ≥ 250）	100/20
有机物（如：甲烷）	1800/ ＜ 900

---

[1] ITRS 是由欧洲半导体工业协会（ESIA，European Semiconductor Industry Association）、日本电子与工业协会（JEITA，Japan Electronic and Information Technology Industries Association）、韩国半导体工业协会（KSIA，Korea Semiconductor Industry Association）等主要芯片制造地区发起组织的。ITRS 的目的是确保集成电路和使用集成电路的产品在成本效益基础上的性能改进，从而持续半导体产业的健康发展。

续表

气载分子污染物	短时间 / 长时间的限制值（ppt）
硅化金属淀积接触—酸（如：Cl⁻ 的写法：Cl⁻）	10/ < 10
硅化金属淀积接触—碱（如：HH³）	20/ < 4
掺杂物（磷或硼）	< 10/ < 10

由表 7-17 可以清楚地看到，如果晶片长时间暴露，其环境中的某些 AMC 浓度限值较短时间暴露的要严格很多。如栅极工艺对于分子量 ≥ 250 的有机物，其长时间暴露限值仅为短时间暴露限值的 1/5（20/100）。

又如，硅化金属电极接触碱（如 NH₃），其短时间暴露与长时间暴露的限值相差在 5 倍以上。

随着对 AMC 污染机理认识的深入，ITRS 进一步提出了晶体表面上沉积的表面分子凝聚物（SMC，Surface Molecules Condensation）的概念，以区别对生产工艺影响相对较为间接的 AMC。从微电子工艺的角度出发，在制订相关标准时，以直接影响产品质量的 SMC 限值为准。当然 SMC 源自于 AMC，其数量与环境中 AMC 的浓度及其暴露的时间长短有关。

此外，随着半导体集成电路技术的发展，Cu 工艺的出现以及晶片制造、处理和输送方法的自动化程度提高，标准机械接口 SMIF（Standard Mechanical Interface）等技术的应用。晶片在洁净室环境中的暴露时间大为缩短，晶片工艺主要是处于由阻燃材料制成的片盒（POD）中，装载晶片的片盒，又称为晶舟。常用的晶舟为前开口片盒（FOUP，First Opening Unified Pod），晶舟处于与室内环境隔绝的微环境中，因此 AMC 控制的概念既有整个洁净室的，也增添了微环境空间的 AMC 控制要求。表 7-18 列出了 ITRS 2005 年提出的晶片环境 AMC 污染控制的技术要求。

晶片环境 AMC 污染控制要求　　　　　　　　　　表 7-18

在洁净室、SMIF、POD、FOUP 等环境中的晶片环境控制 （不是洁净室本身必须，而是晶片环境必须）	
空气中气载分子污染物	短时间 / 长时间的限制值（pptM）[①]
光刻（洁净室空间环境） 总酸性化合物（如，SO₄²⁻）包括有机酸 总碱性化合物（如：NH₃）	5000/5000 50000/50000
可凝聚有机化合物（W/GC-MS 的保留时间 ≥ 苯，校准用十六烷）	26000/26000
难融化合物（如：含硫、磷、硅的有机物）	100/100
栅极晶片环境（洁净室、POD/FOUP 之空间）	
总金属（如：铜）	1/0.5
掺杂物（仅指生产线的前端）	10/10
SMC（表面分子可凝聚闻） 在晶片上的有机物 [ng/（cm²·周）]	2/0.5

硅化金属淀积的晶片环境（洁净室、POD/FOUP 之空间）	
总酸性化合物（如：SO_4^{2-}）包括有机酸	10/100

暴露的铜晶片环境（洁净室、POD/FOUP 之空间）	
总酸性化合物（如：SO_4^{2-}）包括有机酸	500/500
总氧化合物（如：Cl_2）	1000/500

中间掩模暴露（洁净室、POD/盒之空间）	
总酸性化合物（如：SO_4^{2-}）包括有机酸	500/TBD
总碱性化合物（如：NH_3）	2500/TBD

常规晶片环境（洁净室、POD/FOUP 之空间，所有范围，除非下面说明）	
总酸性化合物（如：SO_4^{2-}）包括有机酸	1000/500
总碱性化合物（如：NH_3）	5000/2500
可凝聚有机化合物（W/GC-MS 的保留时间≥苯，校准用十六烷）	4000/2500
掺杂物（仅指生产线的前端）	10/10
SMC（表面分子可凝聚闻） 在晶片上的有机物［ng/（cm^2·周）］	2/0.5
前端工艺过程，裸露 Si，24h 在试验硅晶片表面的总掺杂物量（原子 /cm^2）	$2.00×10^{12}/1.00×10^{12}$
前端工艺过程，裸露 Si，24h 在试验硅晶片表面的总金属量（原子 /cm^2）	$2.00×10^{10}/1.00×10^{10}$

① 除非另有说明

注：SMIF（Standard Mechanical Interface）—标准机械借口；POD—片盒；FOUP（Front Opening Unified Pod）—
　　前开口片盒（晶舟）。

从表 7-18 中可以看到，区别不同的工艺、栅极、硅化金属淀积、铜晶片、中间掩膜等工序，对于不同暴露时间给出了不同的 AMC、SMC 等的限值。同时强调，所有的限值均是针对晶片暴露环境所必须，而不是洁净室本身必须。

7.9.3　微电子工业中 AMC 过滤装置的应用

多年来，微电子工业空调净化系统根据电子工业工艺的特点，普遍采用 MAU ＋ FFU ＋ DC 的方案。即依靠室外补风（新风）空调机组（MAU，Make-up Air Unit）承担室内的全部湿负荷及部分热负荷，并承担维持室内正压的功能；辅以室内空气自循环的风机过滤机组（FFU，Fan Filter Unit）以满足所需洁净送风量；同时在循环风通路上设置水冷干式空气换热器（DC，Dry Cooling Coil），用以带走 FFU 及室内工艺设备所生产的显热负荷。

为防止室外空气中的污染物进入电子洁净车间，新风空调机组不仅需要设置多级过滤器以滤除空气中的颗粒物，同时还需要设置化学过滤器以滤除室外空气中的携入的 AMC。这两类过滤器的设置要排列顺序合理，有利于相辅相成。有些新风机组的前段还设置了淋水段，利用雾化水滴的表面张力吸附空气中的某些 AMC，以减轻其后的化学过滤器的负荷，延长化学过滤器的更换周期。

　　此外，在大量循环室内空气的 FFU 吸入口，设置化学过滤器，为车间提供足量的洁净空气，以排替和稀释由生产工艺和工作人员散发的颗粒性和空气化学分子污染物，保证生产环境达到所要求的洁净级别。

　　在某些需要保证高洁净度的机器和设备的送风口处，也往往设置有化学过滤器，如图 7-6 中所示。

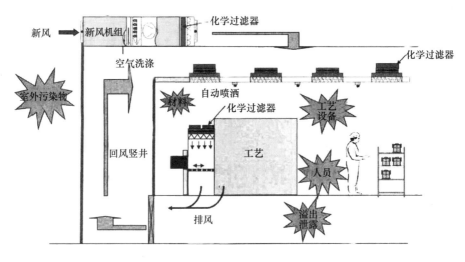

图 7-6　化学污染控制的概念

　　图 7-6 较为形象地给出了洁净室污染源的构成，图 7-7 是 IEST-G-CC035.1 指南《在洁净室和其他受控环境中 AMC 过滤系统的设计依据》中给出的以半导体工厂为例的 AMC 过滤系统的设置图。

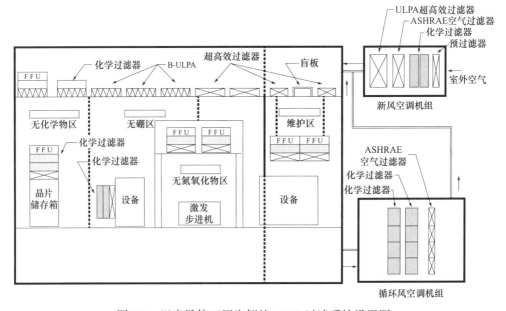

图 7-7　以半导体工厂为例的 AMC 过滤系统设置图

由图 7-7 所示半导体工厂 AMC 过滤器配置图例可以看到，在新风通路中室外空气经过过滤器，除去中、粗颗粒物后，随即进入化学过滤器。根据半导体工艺的不同需要，可能需要有针对性地设置普通和改性的两道化学过滤器，以有效滤除目标 AMC。紧跟着又是一道过滤效率适当的普通中效过滤器，用以阻挡从化学过滤器中被吹出的吸附剂。以保护随后的超高效空气过滤器，使其有合理的运行寿命。

室内循环风在与被处理后的新风混合之前，要经过循环风空调机组，机组内同样设置了两道化学过滤器。因循环风来自于洁净室内，所以无需在进入化学过滤器前设置普通过滤器。但其后仍需设置效率较高的过滤器，以有效阻留可能由化学过滤器散发的颗粒物。

为突出化学过滤器的设置部位，在图 7-7 的新风、循环风空调机组内，冷热排管、加湿器等其他空调处理设备均省略，未予表示。

新、回风混合后在进入洁净区前，再次通过设置在顶棚的超高效过滤器。室内的 FFU 除常规的超高效过滤器外，另加一道化学过滤器，以保证室内达到 AMC 的规定级别。

此外，在晶体储箱等室内自循环设备的 FFU 机组上也设置了化学过滤器，以确保达到较长时间暴露环境所规定的 AMC 等级。

复习思考题

1. 什么是空气悬浮分子污染？
2. 常见的气相空气净化装置主要材料有哪些？
3. 气相空气净化装置的主要作用原理是什么？
4. 什么是吸附剂的解吸现象？
5. 活性炭吸附材料主要有几类？其性能主要什么有关？
6. 什么是气相空气净化装置的去除效率？
7. 什么是气相空气净化装置的吸附容量？
8. 什么是气相空气净化装置的保持能力？
9. 分子污染物的检测方法分为哪两类？各适用于什么情况？
10. ISO-AMC 描述符用于何处？如何用它来表述？
11. 洁净室及相关受控环境的空气分子污染物来源主要有哪些？
12. 为防止或减少运行和维护中所形成的分子污染源，洁净室通常应有哪些制度？

第 8 章　隔离装置的检测与运行管理

由于某些产品或工艺过程对空气悬浮颗粒物、化学品、气体或微生物的敏感性；或者是操作者对工艺材料或副产品的敏感性；或者是产品和操作者对工艺过程同时兼有敏感性，正是这类产品或工艺过程促进了各类隔离装置（separative device）的开发和应用。国际标准化组织 ISO/TC 209 技术委员会所定义的"隔离装置"，涵盖了从空气可自由溢出的开敞系统到全封闭系统的各种结构。而一般的商用术语，如洁净风罩、手套箱、隔离器、微环境等，在不同行业具有不同的含义、不同的名称，如称为"屏障装置"等，但都可归属于"隔离装置"。

隔离装置通常采用物理、空气动力学或两者兼备的屏障技术，将操作者与操作对象隔离，并根据实际需要对操作对象提供不同水平的各种有效保护。其中有些工艺可能需要特种气体来防止降解或爆炸；有些系统能在密闭空间中实现绝大部分的气体再循环，仅有少量气体因密闭空间相对于周围环境为正压而溢出，或因为相对于周围环境为负压而有少量环境空气渗入；有些装置则需要注入有消毒功能的气体进行微生物的灭活。

隔离装置可以是移动式的也可以是固定式的，还可以用于运输、传送和工艺过程。生产过程中人们一般并不直接进入隔离装置环境内，可用介入器具，对产品或工艺或对这两者间接进行操作，如通过与壁板结为整体的人体接口系统（如手套、长手套、半身装等）进行人工操作，也可通过机械手或机器人进行自动操作。

国家标准 GB/T 25915.1—2010，GB/T 25915.2—2010 和 GB/T 25915.3—2010，以及相应的国际标准 ISO 14644-1∶2015，ISO 14644-2∶2015 和 ISO 14644-3∶2005 等，所给出的空气洁净度定义和检测方法，一般都适用于隔离装置内部。至于要求生物污染控制的隔离装置则可采用国家标准 GB/T 25916.1—2010 和 GB/T 25916.2—2010，或参考国际标准 ISO 14698-1∶2003 及 ISO 14698-2∶2003。同样，涉及防护空气分子污染的隔离装置，其检测及维护管理方法可根据国家标准 GB/T 25915.8—2010，或国际标准 ISO 14644-8∶2006 执行。涉及隔离装置的一些独特情况，在国家标准《洁净室及相关受控环境　第 7 部分：隔离装置（洁净风罩、手套箱、隔离器、微环境）》GB/T 25915.7—2010 和相应的国际标准 ISO 14644-7∶2004（Cleanrooms and association controlled environments–Part 7 Separative devices（clean air hoods, gloveboxes, isolators and minienvironments）中可获得相关的依据。

目前国内广泛使用的洁净工作台、洁净风罩大部分属于空气动力学手段隔离及空气溢出方式，如在常见的医院大输液配药、中药厂制剂用的垂直或水平单向流洁净工作台。隔离装置可以采用刚性或柔性透明塑胶的围挡，以构成隔离屏障（barrier），根据应用需要而定。常用于局部洁净环境，隔离水平相对较低。至于高活性、高毒性、高致敏性药品，如抗肿瘤生物碱类、抗代谢物类、抗肿瘤抗生素类、烷化剂类、铂制剂类、其他细胞毒性药物；高致敏性药品如青霉素类、头孢类等致敏性较高药品，以及核工业的某些操作环节中，所采用的保护操作者和工艺的隔离装置，通常是手套箱、隔离箱或隔离器。由于其隔离效果优于以往普遍采用的洁净工作台或排风罩，近年来在许多原使用洁净工作台的场所替换成这类产品。电子行业为实现非常洁净的工艺条件和节约洁净空间的高能耗，常采用微环境，并配备了称之为芯片箱或片盒的运输容器。

8.1 隔离装置的一些基本概念

从总的概念来看，在工艺与操作者之间，根据应用情况，存在着从全开放式到全封闭式的隔离程度排序。同样，密闭隔离也存在隔离程度的排序。图 8-1 和表 8-1 分别给出了隔离程度排序图和各种应用中常见隔离装置类型的示例。从空气动力学手段到物理手段，隔离程度可逐渐增加，所用隔离方法有所重叠。

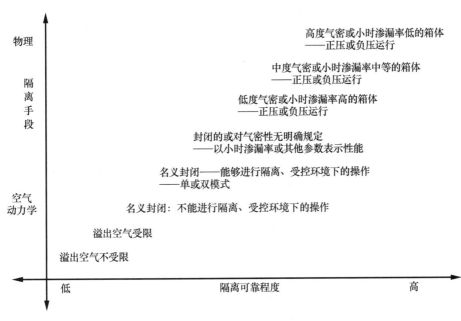

图 8-1 隔离程度排序示意图

隔离程度排序   表 8-1

隔离方法	手段	装置说明	常用名称和同义词举例
溢出空气不受限	空气动力学和过滤	开放式，无幕帘或隔板。身着一般洁净服和手套的操作者探入装置进行操作和传递。洁净区为正压	洁净空气装置、层流罩、洁净风罩
溢出空气受限	空气动力学和物理	以幕帘或固定隔板严格限制进出	层流罩、洁净风罩、定向流风罩、洁净工作台
名义封闭：不能进行隔离及受控环境下的操作	空气动力学和物理	名义上封闭，可配有介入器具和传递装置	点灌装置、灌注隧道

隔离方法	手段	装置说明	常用名称和同义词举例
名义封闭——可密封，可保证环境受控——单或双模式	空气动力学和物理	设计中采用高度物理隔离，可进行受控的或封闭环境下的操作	灌注隧道，灌封装置，层流隧道，洁净隧道，灭菌烤箱，电子工业用微环境
封闭的，或气密性无明确规定——性能表示为小时泄漏率或其他参数	物理	气密性无明确规定的封闭装置，可能带有软帘	隔离器、手套袋、粉末传送控制器或料斗，软帘式或采用半身装的隔离器，电子工业用微环境
低压差气密或小时泄漏率高的箱室——正压或负压运行	物理	刚性构造，可进行泄漏率检测，可在负压下运行	隔离器、手套箱、粉末传送控制器或料斗，动物实验房隔离器，生化实验隔离器；隔离箱室
中压差气密或小时泄漏率中等低的箱室——正压或负压运行	物理	中等压力气密	隔离器、手套箱、隔离箱室
高度气密或小时泄漏率低的箱室——正压或负压运行	物理	高度气密，真空和惰性气体运行，分子级隔离	隔离器、手套箱、核子手套箱、低分子隔离箱室

　　注：1. 常用名称并非设计规格或建议。
　　　　2. 装置的隔离效果界线可重叠。

　　必须强调的是，GB/T 25915.1—2010 规定的空气悬浮粒子洁净度等级，与隔离装置在隔离效果顺序中的位置，没有直接关系。对隔离效果的度量有两个指标：一个是隔离描述符（separation descriptor），另一个是小时泄漏率（hourly leak rate），是隔离装置气密性的重要指标。若小时泄漏率不适用，隔离描述符 $[A_a:B_b]$ 就是个方便的指标。

8.1.1　隔离描述符 $[A_a:B_b]$

　　在规定的检测条件下，隔离装置内外洁净度等级差异的简要数字表达。其中：A——装置内部的 ISO 等级；a——测量 A 时所用粒径；B——装置外部的 ISO 等级；b——测量 B 时所用粒径。例如：隔离描述符 $4_{0.5}:6_{1.0}$，表示隔离装置内的洁净度为 ISO 4 级，测量时所用粒径为 0.5μm；隔离装置外的洁净度为 ISO 6 级，测量时所用粒径为 1.0μm。

8.1.2　小时泄漏率（R_h）

　　正常工作条件（压力和温度）下，隔离空间每小时的泄漏量 q 与该隔离空间的容积 V 之比。
　　注：以小时的倒数表示（h^{-1}）。

　　例如：测得某容积为 $2m^3$ 的隔离装置，其小时泄漏率 R_h 为 $0.01h^{-1}$，表明该隔离装置每小时的泄漏空气量为 $0.02m^3/h$。

　　双模式隔离装置设计中通常采用高程度物理隔离。根据需要，运行期间有时开放有时封闭的隔离装置，其输入空气或气体质量应符合 GB/T 25915.1—2010 规定的一个或多个等级。送风的配置依具体应用而定。

　　应规定下述各项的动态和静态条件：
　　（1）隔离装置内要求的空气洁净度；

（2）小时泄漏率或隔离描述符，或（1）、（2）这两者；

（3）物料进（传递装置）；

（4）物料出（传递装置）。

8.2　隔离措施及装置在制药等行业的应用

　　一些隔离程度较低的措施及装置，普遍应用在电子、精密仪器、医疗卫生、生物工程及制药、食品等行业。这些隔离设备、装置的正常工作与维护，也是洁净室与相关受控环境运行管理的一个重要方面。

　　按照表 8-1 所列隔离程度排序，这类隔离措施基本上可归类于表 8-1 中的前 4 种，即主要利用空气动力学原理和空气过滤，以及一些简易的物理措施为手段来实现一般程度的隔离效果。通常这类隔离措施不可能用小时泄漏率来判别其性能，只可用隔离描述符来表征其隔离效果。如电子行业的单向流洁净隧道、医院洁净手术室的天花送风、配药用的洁净工作台、瓶装饮料灌注部位的洁净风罩等。这类隔离装置与表 8-1 所列的后 4 种，以物理手段为基础，其隔离性能高低可用泄漏率来判别的隔离器有较大的差异。在英文资料中这类隔离器通常称为"isolator"，以区别于普通的隔离装置，在 ISO 14644-7:2004 标准中，将其归总在隔离装置"separative device"大类别内。本小节中主要讨论隔离程度较低的普通隔离装置。

　　由于这类普通隔离措施与设备的用途相当广泛，涉及许多行业。而针对不同行业的工艺具体要求、操作方式、对操作者及周围环境的影响大小等因素，相应可有许多种隔离形式，多种名称和性能划分方法，不便逐一论述。好在虽然隔离形式多样，但其基本原理和物理概念仍是一致的。因此下面以制药、医疗行业常见的普通隔离措施应用为例予以说明。

8.2.1　普通的"保护性"隔离装置

　　这类隔离装置的主要关注点是保护操作工艺、产品所需的洁净环境。所采取的措施是将洁净空气送达并笼罩工艺、制品，将其与周围的环境空气隔绝开来。药厂、医院常见的用于制剂配制、灌装等操作的垂直或水平单向流洁净工作台、单向流罩等。之所以将"保护性"三个字加以引号，是因为在这类应用情况下，主要依靠气流的隔绝作用，降低所操作的产品、物料被污染的风险，对工艺起到保护作用。同样的设备，当气流的隔绝与稀释作用用于防止有毒工艺、物料对操作者产生健康安全风险时，又可将此类设备称之为"防护性"隔离装置。

　　在制药行业中，从无菌药品、无菌工艺风险控制的角度出发，对屏障技术常采用 RABS 的概念，即通路受限或进出受限屏障系统（Restricted Access Barrier System，RABS）。RABS 作为制药行业先进的生产系统，体现了人物分离和防止产品污染的理念。根据屏障装置是否自带风机和高效过滤器，可分为被动式（P-RABS）和主动式（A-RABS）。例如在房间高效过滤器出风口所形成的单向流下，设置带围挡的操作台，即为被动式 RABS。洁净工作台等自带风机与高效空气过滤器，可独立运行的属于主动式 RABS。

　　根据隔离屏障内的气流是否与所在的房间或环境直接相通，又可将其分为开放式（ORABS）和封闭式（CRABS）。

按对无菌产品或无菌操作的污染风险，在制药行业中将所用隔离装置从低到高排列分为：LAF（层流罩，Laminar Air Flow，这是旧名称，应为单向流罩），Passive ORABS（开放式被动 RABS），Active ORABS（开放式主动 RABS），CRABS（封闭式 RABS），Aseptic isolator（无菌隔离器）。

从图 8-2（a）可以看到，操作台设置在室内高效过滤器送风口下面，周边设有局部围挡，以利于垂直单向流洁净空气，维持操作台处于制药行业所要求 A 级（动态、静态均达到 ISO 5 级）的操作环境。进入围挡的洁净空气经周边溢出，经房间回风口返回到洁净车间空调净化系统。车间另有高效送风口送入洁净空气，以维持对制药车间环境 C 级（静态 ISO 7 级，动态 ISO 8 级）的要求这种隔离模式为被动开放式。

图 8-2（b）所示的主动式 RABS 与被动式 RABS 的不同在于，它自带风机和高效空气过滤器，如有需要还可能备有空气处理设备。不仅可以维持操作台局部环境的高洁净度，还可满足其有别于所在车间的温度、湿度等要求。

通常主动式 RABS 从车间吸入空气经处理、过滤后，以单向流模式送至操作台面。

图 8-2（c）所示的封闭式 RABS 与主动式 RABS 相同，自带风机和过滤器等装置，所不同的是其具有较完整的围挡。空气基本处于自循环状态，仅从车间补入少量空气，与围挡内向外渗漏的空气达到平衡。封闭式显然较开放式更易保证工作区的洁净要求。

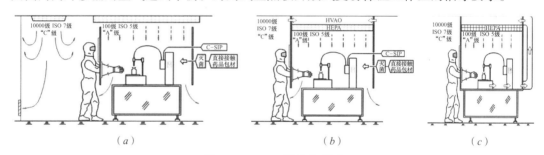

图 8-2　RABS 的几种模式

（a）被动开放式；（b）主动开放式；（c）封闭式

根据无菌药品生产企业的经验，使用 RABS 应注意以下几点：

（1）尽量减少人与物料及设备配件表面的直接或间接接触，这是无菌药品生产设计的关键。除非在检修或停产阶段，任何侵入舱体的操作都应避免；在生产中发生故障的短暂处理，需要进行风险和措施的二次污染评估。

（2）保持舱内的正压；减少和控制不合理的舱内操作，应不影响单向流流型。

（3）对于特殊注射剂，需要合理优化工艺流程，尽量减少灌装前的时间。上游 RABS 单元提供料液浓配、稀释、过滤、除热源、料液传递、灌装、压盖，甚至微球的干燥、乳剂的冻干等，都可在集成的多台 RABS 内完成。可最大限度地减少人为因素或二次污染。

目前批准上市的绝大部分小水针、冻干、大输液等无菌制剂的生产环境要求 B/ 静态 ISO 5 级，动态 ISO 7 级洁净环境，直接与药品接触的灌装、压盖等高风险核心工序则要求在 A/ISO 5 级单向流保护下进行生产。随着微球 / 脂质体、胶束、纳米粒等特殊注射剂（DDS）的开发上市，隔离器作为观念领先、方便实用的无菌生产专用设备，无论从生产条件控制、洁净级别，还是人 / 料分离操作等方面，都有单元操作性强、体积小、总体生产成本低、适于中小批量生产等特点，受到制药厂商的青睐。

8.2.2 普通的"防护性"隔离装置

与上述制药行业无菌工艺不同，防护性隔离装置主要用于工艺或物料存在损害人体健康风险的场所。例如生产或使用某些高活性、高毒性、高致敏性药品的工序。如抗肿瘤生物碱类、抗代谢物类、烷化剂类、青霉素类、头孢类等。

尽管生物安全柜因其用途有特殊性，但基本工作原理与隔离装置是一致的。图 8-3 给出了几种普通级别生物安全柜的简图，从图中可以看出，采用排风方式维持操作空间相对于所处环境较大的负压，以保证操作过程中所产生的有害物不扩散、泄漏至周围环境，而被排风带走，经过滤等方式去除有害物后排放。

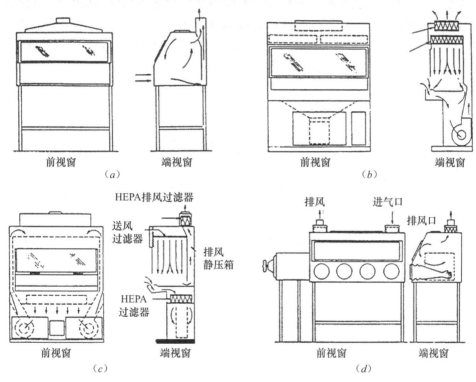

图 8-3 几种普通生物安全柜简图
（a）1 级；（b）2 级甲型；（c）2 级乙型；（d）3 级

在制药等行业中，为确定药品对人体的危害性，通常采用职业接触限值（Occupational Exposure Limit, OEL）用于定量地分析药品危害性。而职业接触级别（Occupational Exposure Band, OEB）则用于定性地确定药品对人体的危害性。OEB 通常分为 5 个级别，OEB 与 OEL 的对应关系如表 8-2 所列。

职业接触级别（OEB）与职业接触限值（OEL）的一般关系　　表 8-2

OEB 级别	OEL 范围（μg/m³）	毒性（危害性）	药理学特性
1	1000～5000	无毒	低活性
2	100～1000	几乎无毒	普通活性

续表

OEB 级别	OEL 范围（μg /m³）	毒性（危害性）	药理学特性
3	10～100	微毒	高活性
4	1～10	有毒	很高活性
5	<1	剧毒	极高活性

物料对人员健康的影响是由物料特性（OEL 值）决定的。在实际应用中，需要综合考虑物料的 OEL 值、操作（暴露）时间、物料量的大小等因素，方能决定采用何种设备或何种防护措施来保护操作人员的职业健康，以满足各相关标准对环境和卫生、安全（E&HS）的要求。一般来说，依照不同的 OEB 值隔离设施从低到高依次排列大致为：OEB-1 排风罩，OEB-2 单向流罩（Down flow booth，general handling），OEB-3 单向流罩及柔性帘（Down flow booth with flexible curtain），OEB-4 单向流罩及手套屏（Down flow booth，hybrid with glove screen），OEB-5 负压隔离器（Isolator）。

8.2.3　隔离器

近年来，更重视操作人员的健康保护，生产企业紧缩了 OEL 值，相应提高了 OEB 的级别。越来越多的活性较高、毒性较大、致敏性较强的药品生产，纷纷采用性能稳定、可靠，安全更有保障的负压隔离器。

高活性、高毒性和高致敏性药品生产对人员、环境及生产设施、空调系统的不同要求如表 8-3 所列。

高活性、高毒性、高致敏性药品的特点分析与比较　　　　表 8-3

特点分析	高化学活性药品	高生物活性药品	高毒性药品	高致敏性药品
对操作人员的影响	高	高	高	一般
对周边环境的影响	高	极高	高	极高
灭活或降解特性	取决于药品特性	可通过高温灭活	取决于药品特性	取决于药品特性
对厂房的要求	—	专用和独立的	—	专用和独立的
对生产设施的要求	专用的	专用和独立的	专用的	专用和独立的
对空调系统的要求	独立的	专用和独立的	独立的	独立的

高致敏性药品对人员的影响比较特殊，按照规定操作人员需要定期进行过敏检测，因此对操作人员的影响比其他类别药品可控。但因为极少量的高致敏性药品就可能对过敏人员造成致命危害，所以高致敏性药品对周围环境的风险反而极高。

由于高生物活性药品自身可能具有生物复制性，因此极少的量也可能造成较大的危害，所以对周边环境的影响极高。高生物活性药品可通过高温或其他方式灭活，因此，其生产过程中所用的器具、模具等，以及废品、废料应进行灭活处理，降低其对周围环境的影响。而其他类别的药品，是否可灭活或降解，取决于药品自身的特性。由于同一种类的不同药品也可能具有不同的特性，因此表 8-3 仅是简单的定性分析，不宜作为普适性标准。

前述的保护性或防护性的普通隔离装置，主要是依靠定向气流的环绕和气流的稀释作用，并辅以物理屏障，起到保护工艺操作及产品不受污染，或者起到防护有毒的工艺过程或物料的扩散，影响人员和环境。但这些普通隔离装置的隔绝效果比较有限，有其一定的适用范围。

对于某些高活性、高毒性和高致敏性药品或者无菌药品，最安全可靠的生产方式是采用隔离器。这也是本章以下主要介绍的内容。

如前所述，隔离器是现今技术手段下最有效的隔离措施，它是由多种技术措施综合构成的机体。

图 8-4 所示为隔离器的示意图。它自带风机和空气过滤装置，还可能自带空调设备。它可能相对于周围环境是正压状态，也可以是负压状态。隔离器内的操作一般通过密封手套，也可以通过机械手、机器人等操控工艺。隔离器一般都配置有消毒、灭菌的气体系统、水冲洗系统等。

从图 8-4 隔离器示意中图可以看到：此款隔离器的运行方式是：空气经高效空气过滤器过滤后，以单向流型送达操作区。足量的洁净空气保证了工作区静态、动态检测均达到 ISO 5 级的洁净度。在自备风机的吸引下，空气流经工作区后与从室内吸入的空气混合，经自带 AHU 调节温湿度，再经高效过滤送入。补入的室内空气量和隔离器机械排风量的差额是正还是负决定了隔离器是正压还是负压状态运行。

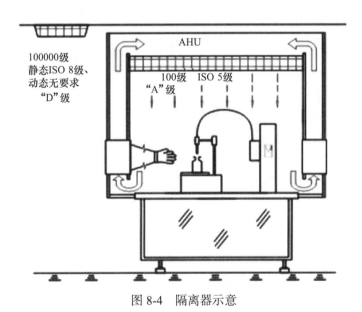

图 8-4　隔离器示意

8.3　隔离器的空气处理系统和气体系统

隔离器都少不了空气处理系统，有些还配置了惰性气体系统、活性或消毒气体系统，这些系统是保证隔离装置基本功能的重要部分，是日常运行与维护需要格外关注的方面。

8.3.1　空气处理系统

隔离装置的空气处理系统内，通常配置了便于安全更换的空气过滤器，以及风量可调的通风机，以保证将足量的空气送入或排出隔离装置。通常采用充油泄压装置或其他自动控制系统调节送风量和排风量，以避免隔离装置的过压。泄压装置的排气一般与排风系统相连。空气处理系统的其他功能如下：

（1）为安全、去污、灭活、消毒、灭菌和气密性检测所需，通常在送风过滤器的上风向和出风过滤器的下风向设置阀门或密封板，以便需要时将隔离装置与外界空气隔离。

注：这种手段不适用于溢出空气不受限、溢出空气受限和名义封闭的隔离装置。

（2）所有循环空气都要经过 HEPA 或 ULPA 过滤器过滤；通风机应适应系统总的初始压降和过滤器积尘后的终压降；提供足够数量或满足送风风速要求的洁净送风，以保障隔离器内部空气的净化级别。

（3）当操作有毒有害、激素类的物料时，为保护操作者和第三者，应以安全的过滤器更换操作方式，更换可能受到污染的过滤器。

（4）所有过滤器及相关密封处都备有气溶胶检测机构，若要求，可提供对隔离装置和传递装置中的空气质量采样的采样口。

（5）配备指示隔离装置内工作压力、压力变化的仪表，配备风机故障的报警装置。

（6）为保护操作者和产品，当手套破损并报警时能保证气流不低于最小孔隙风速。

（7）去除或带走隔离装置内工艺设备产生的显热，满足温度控制的要求。

（8）对有需要定期消毒的隔离装置，应能提供新风，以置换隔离装置内的消毒气体并排至室外，将隔离装置内的残留物浓度降至安全值以内。

8.3.2　气体系统

1. 惰性气体和活性气体

"惰性气体"系统只能在有特殊防范措施的专用设备上使用，一般采用高度气密的隔离装置。惰性气体可提供几乎无氧或低湿度环境，需要分子级保护。要警惕的是惰性气体可造成窒息死亡。一般使用的气体主要有三种，按成本排序如下：氮气，氦气，氩气。

除以上三种常用惰性气体系统外，还有各种各样、范围广泛的惰性气体系统。

"消毒气体"又称活性气体，是广泛应用在医疗和微生物研究领域隔离装置的另一类气体系统。消毒气体可用于隔离装置内部灭活或表面消毒。常用的有：臭氧、过氧化氢、二氧化氯、过氧乙酸和蒸汽等。

2. 直流气体系统

气体系统有直流式（即全排式）和循环式两类。直流式（全排式）气体系统的气体流过隔离装置后不再利用，系统相对简单。通常从房间吸取风量，再经过高效过滤器补入隔离装置，空气通过操作区后进入排风通路，经排风口的高效过滤器过滤后由风机排至室外。有些工艺需要由气瓶或储气系统提供气体。补入气体先减压再进入流量调节器。气体通过流量调节器和过滤器过滤后，经管道送往隔离装置内所设的进气阀、涡旋式喷嘴或分配头，气体通过涡旋式喷嘴喷到隔离装置的各处，然后经过抽气阀排出。

3. 惰性气体循环系统

惰性气体循环系统由下述部分构成：循环泵、催化柱、分子柱、真空泵、保护柱（选择性）、进气过滤器、相关阀门、加气、气体再生系统、排气系统、热交换器、湿度计、氧气计、压力计等。

与直通系统相似，用泵进气。气体经进气过滤器、进气通断阀和涡旋式喷嘴进入隔离装置。从隔离装置返回的气体经过 HEPA 过滤器和通断阀，然后到达分子柱或催化柱，或这两者。若有溶剂或其他物质逸出，应使用含有活性炭或其他适用吸附剂的保护柱来保护抽气泵和工作柱。每种柱子通常配备两只，一只工作时，另一只再生，通过加热和真空完成分子柱的再生。由加热以及氢气与惰性气体的混合气体吹扫完成催化柱的再生。充气系统保持隔离装置的压力，充气系统与监测隔离装置压力的低压开关相连。过压时需要有泄压系统。

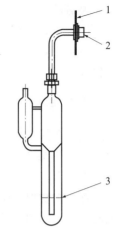

图 8-5　泄压组件
1—端板；2—来自 HEPA 过滤器；
3—油位

4. 泄压装置或压差监控

为保证隔离装置内的压力稳定，通常设有泄压装置或压差监控装置。在不破坏惰性气体环境的条件下，泄压装置使快速的体积变量（如插入手套）经泄压组件呈气泡溢出（见图 8-5）。

8.4　隔离装置的介入器具

介入器具用于操纵隔离装置内的工艺、产品或工器具。介入器具可由人工操纵或机械手操纵。人工操纵又有直接与间接之分。所谓人工直接操纵，通常是指操作者借助人工操纵的器具，如长手套、手套系统或半身装等，进行隔离装置内的工艺操作。人工间接操纵则是由操作者手控隔离装置内专用的机械操纵系统的机械或伺服连接设备，或由机器人完成所需的工艺操作。所谓机械手操纵系统是由隔离装置内，按具体工艺顺序操作的自动系统所组成。隔离装置的介入器具种类繁多，本章仅就日常广泛使用的手套、手套套袖系统和半身装等做简单介绍。手套是隔离装置气密性最薄弱的环节，手套系统和手套材料对操作者和产品的保护影响很直接，需要在运行与维护管理中格外予以关注。

8.4.1　手套的材料

手套材料应与其使用和工艺相适应，下列材料仅为简要指南而非全部。随着新材料的不断涌现，材料清单可能扩展。选用时，应咨询手套制造商了解全面信息。

（1）乳胶。在需要柔性与机械特性良好的场合，可选用乳胶（或称天然橡胶、1-4 顺式聚异戊二烯橡胶）材料。但应注意乳胶制品不透气，在臭氧中会损坏，耐火性差，对烃和氧化盐，酯、酸和碱类等的耐性也差。此外，还应考虑乳胶制品可能造成使用者严重的过敏反应。

（2）氯丁橡胶。在需要对油和油脂有良好耐性的场合，特别推荐使用氯丁橡胶（或称聚氯丁二烯）作手套材料。氯丁橡胶能自熄，即除掉火源后不继续燃烧。氯丁橡胶对臭氧、紫外线、浓酸、浓碱和强氧化剂有很好的耐性。但氯丁橡胶制品不宜接触烃、卤素和酯类。

（3）丁腈橡胶。在需要对溶剂耐性良好的场合，推荐使用丁腈橡胶（丁二烯与丙烯腈的共聚物）。丁腈橡胶制品能耐脂肪烃和羟基化合物。

（4）聚氯乙烯。尽管聚氯乙烯属于塑料，但它有一定弹性，而且电特性和耐化学试剂性良好，所以推荐使用。

（5）氯磺化聚乙烯橡胶。氯磺化聚乙烯橡胶对 H_2O_2 的耐性非常好，这种材料呈白色，很适于目检。

8.4.2　多层手套

为了防止单层破损的严重问题，不同材质的多层手套在隔离装置中使用广泛。

（1）为改善渗透性，可采用上下层为氯丁橡胶、中间夹层为丁基橡胶的复合材料。这种材料制成的手套既具有氯丁橡胶的各种技术品质，又因丁基橡胶层而提高了抗渗透能力。

（2）在需要提升抗强氧化剂特性的特殊场合，可在氯丁橡胶手套外部涂一层氯磺化聚乙烯橡胶保护层。氯磺化聚乙烯橡胶可抗各种强氧化剂。

（3）如果使用条件更苛刻，可在氯丁橡胶手套外部涂敷高弹性氟橡胶三元共聚物，这种材料对油、香料、润滑剂、多数无机酸和多种脂肪族和芳香族（例如：四氯化碳、甲苯、苯、二甲苯）具有极佳的耐受性。

（4）含铅的聚氯乙烯有一层防离子和防辐射的保护膜。这类手套一般用作手套的外层或者手套的内衬。这种手套易损伤，操作时要格外小心。

8.4.3　手套规格及更换方法

隔离装置用手套尺寸有一套系列。如果几个操作者共用同一装置，一般按其中最大的手型选择手套尺寸。如果多位操作者共用同一副手套，还需要考虑人员卫生问题。

（1）手套长度：依隔离装置的深度选择手套连同套袖的长度。常见长度有 700mm、750mm、800mm。应根据实际使用情况选定长度。

（2）手套形状：手套的形状应保证左右手都灵活。有多个开口的隔离装置，建议采用双手通用手套，即左右手均可用的手套。手套袖口有几种形状，如锥形、伸缩式和圆柱形。

（3）手套厚度：手套厚度有多种，应按触觉要求、透气性、耐化学性、机械强度和耐磨性选择。

（4）手套口：手套口通常设有"手套口封"，即习惯上称为手套夹的装置。当手套或手套套袖系统使用时，手套口封仍可保持良好的气密性。手套口封是可以拆卸的。当手套口封在位时，使用手套口封更换手套和手套套袖的方法如下：当隔离装置用作操作有毒、有害或激素类的物料时，如操作过程中发现手套破损，则应马上在位更换手套。且手套的更换不应破坏隔离装置的密闭性。此类情形下的在位更换，可按如下步骤更换袖套或手套：

1）卸下手套口上的手套紧固组件，紧固夹和 O 形圈凹槽。

2）将新手套滑到旧手套上，将手套上 O 形圈缘送入手套口 O 形圈凹槽；

3）用新手套从手套口卸下旧手套，使其在新手套内松脱（注意不要使新手套脱落）；

4）更换 O 形圈、紧固夹和手套紧固组件，使新手套牢固就位；

5）将手伸入新手套，去掉手套口封，将旧手套放入隔离装置，准备用"袋出"方法取出。

现设计的手套口，无需使用手套口封，即可更换套袖和手套或长手套，借此减少隔离装置工作状态受干扰的风险，参见图 8-6 和图 8-7 更换说明如下：

1）确定新套袖配有袖口圈和手套；

2）卸下紧固夹和O形圈，然后非常小心地将套袖或长手套弹性沿口从手套口的第二个凹槽移至第一个凹槽；

3）将新手套或长手套的弹性沿口，套过现有套袖，装到第二个手套口的凹槽上（距隔离装置最近的那个）；

4）从新手套内小心地将旧套袖的边沿从手套口的第一凹槽内取出，并移入隔离装置，供以后使用；或经传递箱门取出，或用"袋出"装置取出；

5）最后，更换O形紧固圈和金属夹，使新的袖口边沿牢牢固定在第一个凹槽内。

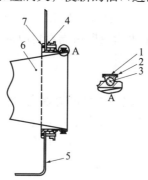

图8-6 手套口和手套组件

1—手套紧固组件；2—紧固夹；3—O形密封圈；4—密封；
5—隔离装置壳体（内部）；6—手套；7—手套口

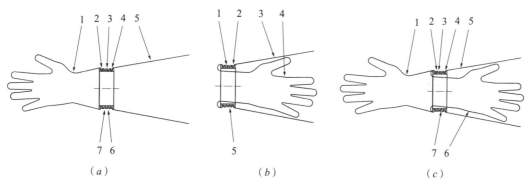

图8-7 手套更换方法

（a）第1步
1—手套；2—手套O形圈；3—袖口圈；4—套袖O形圈；5—套袖；6—套袖边沿；7—手套边沿
（b）第2部
1—旧手套边沿；2—套袖O形圈；3—套袖；4—旧手套；5—套袖边沿
（c）第3步
1—新手套；2—旧手套边沿；3—新手套边沿；4—套袖O形圈；5—套袖；6—旧手套；7—套袖边沿

（5）套袖和手套：套袖上有可牢固夹紧的弹性袖口。套袖由O形圈和金属夹牢牢安装在手套口上，其固定方式与长手套相似。套袖的另一端与可互换的手套袖口环连接。虽然将旧手套直接从袖口环卸下，就可更换手套而对工作区的环境没有明显影响，但推荐使用灭菌更换法。"安全更换法"操作，更换就相对简单（不会破坏系统的气密性）。但是要定期演练手套更换系统，让所有实施这项工作的操作者都能胜任，更换说明如下：

1）通过传递装置将一副新手套送入工作区。

2）取下手套的 O 形圈。

3）将手套袖缘口从袖口圈中央凹槽移到外凹槽，注意不要破坏手套袖口圈所形成的密封状态。

4）在套袖内轻轻地将手套往上拉，并把持住。

5）拿起新手套，抖直，用空闲的那只手去调整新手套，使手套的拇指向上。用套袖中手的拇指将手套袖缘口套到袖口圈中央凹槽上，用空手将袖口轻轻伸展至中央凹槽。

6）用拿着旧手套的手指将旧手套从袖口圈的某处轻轻脱出，再将旧手套袖口边缘沿圆周剥离，直到其完全脱出。手套现在是里朝外，可从套袖里取出，当作污染废物处置。

7）重新装好 O 形圈，用一个手指或拇指隔着套袖将 O 形圈复位。

8.4.4　半身装（半身服）

通常是带双层衬里的服装，一般由柔性的聚氯乙烯材料缝焊而成，头盔上焊有透明的硬质丙烯酸观察板。半身装与隔离装置配接，一般采用竖直进出。在正压情况下，可在双层衬里之间加压，防止其"贴"在操作者的身上使其活动受限。负压场合可用单层的半身装。半身装上应配有悬挂点，用弹性连接件将服装吊挂在合适高度，以减少超出人类功效学限度的服装负荷。手套和服装之间的连接与手套和套袖之间的连接相似。

半身装内通常设有专用的供气装置，将干净新鲜的空气通过管道直接送至半身服面罩的位置，保证操作人员正常呼吸，保持舒适度。

8.5　隔离器实例

8.5.1　负压隔离器

以上海斐而瑞机电科技有限公司的一款产品为例，介绍如下：该负压隔离器用于高活（高毒）API（Active Pharmaceutical Ingredient）物料的操作（如称量、取样、筛粉、投料等）的隔离防护，如图 8-8 所示。

图 8-8　负压隔离器外观及操作示意图

1. 隔离器的正常工作

该负压隔离器产品带有缓冲舱，凡是有粉尘产生的操作，均在负压隔离器内完成。背景工作环境为制药行业的 D 级，环境温度：16～26℃；相对湿度：35%～60%。隔离器的职业健康防护等级为 OEB-4 或 OEB-5。其一般操作过程如下：正式操作前将 API 物料置于缓冲舱内，关门静置 1~3min 后，打开内门传至主舱进行所需的操作。例如：称出所需的 API 物料，根据需要或将物料放在 PE 袋中并扎紧封口；打开投料口盖板，将称好的 API 物料穿过投料口和下方的密闭阀，靠重力落入容器瓶或 IBC 桶内。打开称量隔离器舱体侧面的连续出料口门，将 API 余料放入连续出料口内。

2. 隔离器的清洗

待上述操作完成后，隔离器在下一次使用前需进行清洗。清洗前要确认外门和连续出袋口的门已经密封，确保隔离器内的原位清洗装置 WIP（wash-in-place）接口连接完好，且所需的清洗介质（清洗液，常温纯水，洁净压缩空气）已经就绪。可通过手套抓取隔离器内的水枪，按约定的清洗程序，将隔离器内表面淋湿并冲洗干净。隔离器的清洗废水通过排水管路排至废水处理设施。冲洗完成后，用洁净压缩空气吹扫 WIP 管路以及隔离器内表面积存的液体。吹扫后，可打开隔离器的舱门，对隔离器内表面、手套口、手套内表面、连续出袋口等部位进行深度的人工清洁，直至清洁干净。清洁和吹扫完成后，打开隔离器的门，利用所在房间的空调将隔离器内表面晾干。

3. 隔离器腔体的气密性测试

用户定期需对隔离器的腔体进行气密性测试。测试前，隔离器及测试房间的温度和压力都应当是稳定的。将隔离器与外接连接的阀门或接口均关闭，在人机界面上选择腔体气密性测试功能，可编程控制器（PLC，Programmable Logic Controller）会自动向腔体充压缩空气并进行气密性测试，记录并显示测试结果。隔离器腔体和手套气密性测试，全部通过隔离器内置的自控程序完成。并自动打印测试数据。气密性合格标准：每小时的泄漏率 $< 2.5\times10^{-3}$。气密性测试参考标准：ISO 10648-2。

4. 隔离器的负压控制

负压隔离器采用直流（once-through）全排风方式。排至大气前，采用双级挤推式（push-push）或袋进、袋出高效器过滤器（BIBO，Bag In and Bag Out）。在保护维护人员的同时，保护大气环境。隔离器的顶部均设有排风接口。隔离器靠腔体的负压自动从房间内补风。补入隔离器腔体的新风经 H14 高效过滤器（BIBO HEPA filter）过滤。补风来自房间空气。缓冲舱工作压力：-50~-20Pa（相对房间）；主舱工作压力：-100~-60 Pa（相对房间）；缓冲舱和主舱之间的压差不低于 20Pa。

由可编程控制器根据压差传感器控制排风机的频率，自动调节风机的转速来调节排风量，从而达到在上述设定范围内的负压值。

8.5.2 无菌隔离器

主要用于为防止操作人员以及环境对无菌产品或无菌操作工艺的潜在污染，同时也为避免所操作的物料可能对操作人员的健康有影响，这种情况下可选用无菌隔离器。无菌隔离器同时采取隔离和密闭措施，相对于所处环境保持一定的正压，以防止环境中的污染物侵入。正压值的大小可根据要求确定，通常在 +15~+100Pa 范围。无菌隔离器内部气流按 A 级（ISO 5 级）要求设计为垂直单向流，以保护无菌工艺和产品。

1. 隔离器基本工作模式

隔离器通常设有如下基本工作模式：待机模式（Standby Mode）；灭菌模式（Sanitization

Mode）；正常工作模式（Normal Mode）；值班模式（Duty mode）；维护模式（Maintenance Mode）。

2. 隔离器的补入空气

在隔离器顶部设有 H14 的终端高效过滤器。在隔离器顶部或通过风管从 AHU 系统引入，或直接从房间吸入空气作为隔离器"新风"。引入的空气与隔离器回风在顶部的静压箱内混合，经风机加压流经高效过滤器过滤后，洁净无菌的气流垂直向下进入隔离器，保持隔离器工作区为 A 级。流经工作区的空气，从隔板上的回风孔和隔离器底部的回风口，经 H13 高效过滤器过滤后，回至隔离器顶部静压箱。大部分空气再循环，小部分通过顶部的排风机，沿着排风管排至室外。

上述"新风"的作用：一是维持隔离器相对房间的正压，需要补充因正压从隔离器不严密处泄漏到环境中的空气量；二是消除隔离器运行过程中的显热（风机，灯具的发热），避免隔离器内出现温度偏高现象。平时排风的作用主要是置换热空气，当隔离器消毒结束后用来排除气体消毒后的残留介质。

3. 无菌隔离器的种类

根据操作工艺的不同，有多种名称的无菌隔离器。如：无菌检测隔离器、无菌称量隔离器、无菌取样隔离器、无菌配液隔离器、无菌灌装隔离器、冻干机进出料无菌保护的隔离器，以及用于细胞无菌操作、无菌制备等操作的无菌隔离器等，但其主体结构和基本配置大体相同。

当上述工艺采用无菌隔离器时，其所在房间的洁净级别可以降低为 C 级或 D 级，甚至是受控但非洁净区。无菌隔离器内部的消毒，一般采用集成式或移动式气体表面消毒装置（也可称之为 Bio-decontamination，生物去污染）。

4. 无菌隔离器的操作

操作前，将待包装好的无菌物品的最外层包装去除，放置在隔离器内。运行隔离器，启动气体灭菌程序，向隔离器舱体内注入气体，对物品进行表面消毒灭菌。灭菌后用新风将隔离器内的气体残留排至室外，直至残留浓度降低至 1ppm。待隔离器内的环境恢复至 A 级环境后，即可开始无菌操作。

无菌操作均通过正立面的手套完成。无菌操作结束后，可启动隔离器气密性检测程序和手套完整性检测程序。检测合格后，可进入清洗程序。

隔离器的清洗方式根据设计选定，有在位清净（Clean-in-place）及在位冲洗（wash-in-place）两种方式。当采用在位清洗时，专用的清洗装置在接到隔离器的清洗请求后，按事先编好的流程向隔离器依次提供清洗用的介质（纯水，清洗剂，常温注射水，吹干用洁净热空气或热的洁净压缩空气）。隔离器内设有清洗用喷淋球。在清洗介质压力的驱动下，喷淋球自动旋转并淋洗隔离器内部区域。喷淋球的布置和个数设计，保证了隔离器内所有需要自动在位清洗的表面均能淋洗干净。清洗后的废水，通过管路回至清洗装置。一般情况下清洗装置设有不同的介质储罐（如纯水，注射水，清洗剂）和循环泵。隔离器预留 1 个接口与外置的清洗装置对接，不同介质之间的切换由清洗装置按事先编制的程序自动完成。配置在位清洗外，隔离器往往还会设置在位冲洗装置（水枪冲洗），对无法用在位清洗或用在位清洗无法清洗干净的部位采用人工冲洗。

当采用在位冲洗时，隔离器发出清洗请求。清洗装置收到清洗请求后，通过预留接口向隔离器泵送需要的清洗介质。介质接通后，操作人员可通过手套抓取隔离器侧墙上的清洗水枪对隔离器内表面或部件表面，包括对位于隔离器内的手套表面进行人工冲洗，直至冲洗干净。清洗产生的废水统一通过排水管路收集并无害处理后排至污水管网。

在下一次启动隔离器前，应先启动隔离器气密性和手套完整性的测试。检测合格后，方可进行下一步操作。

隔离器的外门分为固定式（平时不能打开）和带铰链可开门。外门一般采用透光性较好的钢化安全玻璃。门与门框的密封分为：充气密封和压紧密封两种方式。当采用充气密封时，系统设有压力报警器。当充气密封条破裂或欠压时，系统自动发出声光报警。隔离器腔体的气密性应符合国际标准（ISO 14644-7）和国内标准相关要求。

8.6 隔离器的传递装置

传递装置（transfer device）是保证物料进出隔离装置时最大限度地限制无关物质出入的装置。传递装置要与工艺和常规作业相适应。传递装置不应降低隔离装置的性能。在具体应用中，传递装置是保持装置或工艺气密性的关键。有些传递装置是单独作为隔离装置使用的。应根据使用所要求的隔离级别选择传递装置。传递装置的小时泄漏率不得大于其所服务的隔离装置的小时泄漏率。传递装置应尽量减少无需物质的传递。下文中示意图给出的仅是一些配置实例，既不是规范性设计，也未必全面。

8.6.1 A1 型传递装置

按确认的传递规程操作时，门若敞开，空气可在背景环境和 A1 型传递装置的隔离环境之间自由流动（见图 8-9）。实例：门、检查口、拉链、粘扣带、螺口封盖、袋进袋出等。

8.6.2 A2 型传递装置

按确认的动态传递规程操作时，隔离装置内的空气经 A2 型传递装置自由流出至外部环境（见图 8-10）。实例：动态孔、小孔。

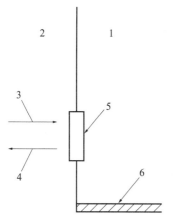
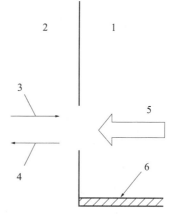

图 8-9　A1 型传递装置　　　　　图 8-10　A2 型传递装置

1—隔离装置环境；2—背景环境；3—入；　　1—隔离装置环境；2—背景环境；3—入；
4—出；5—密封门；6—受控工作区的工作面　　4—出；5—气流；6—受控工作区的工作面

217

8.6.3　B1 型传递装置

按正确的传递顺序或连锁传递规程操作时，B1 型传递装置（见图 8-11）可防止背景环境和隔离装置环境之间空气的直接流通。但是，来自背景环境的空气可进入传递装置，并释放到隔离环境中；来自隔离装置环境的空气也可进入传递装置，并释放到背景环境中。实例：双门密封传递室、装袋口、伸缩式废料口和简单对接装置。

8.6.4　B2 型传递装置

B2 型传递装置（见图 8-12）是带有双道密封门和吹扫、排空设施的传递装置，能在隔离装置环境的外门打开之前保证环境的相适性。排空的气体要经过安全处理。实例：单过滤传递箱。

注：由于液体沸点、压力的关系，传递液体时可能无法做到排空气体。

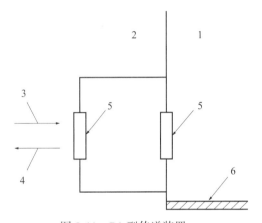

图 8-11　B1 型传递装置
1—隔离装置环境；2—背景环境；3—入；
4—出；5—密封门；6—受控工作区的工作面

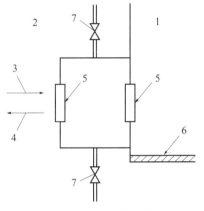

图 8-12　B2 型传递装置
1—隔离装置环境；2—背景环境；3—入；4—出；
5—密封门；6—受控工作区的工作面；7—阀门

8.6.5　C1 型传递装置

C1 型传递装置（见图 8-13）有门和 HEPA 过滤器。当隔离装置为正压时，如果操作顺序正确，未经过滤的空气不会从背景环境流入隔离环境，但可从隔离环境流到背景环境。这种传递装置不适于负压操作，因未经过滤的空气有可能从背景环境流入隔离装置。需要保护操作者和第三方的正压隔离装置，不建议采用 C1 型传递装置。实例：单过滤传递箱。

8.6.6　C2 型传递装置

C2 型传递装置（见图 8-14）有门和 HEPA 过滤器。当隔离装置为负压时，如果操作顺序正确或采用连锁传递方法，未经过滤的空气不会从背景环境流入隔离装置环境（空气将直接流向隔离装置环境内工作表面下面的空间，然后经排风排出），也不会从隔离环境流到背景环境。这种传递装置不适用于正压隔离装置。实例：单过滤传递箱。

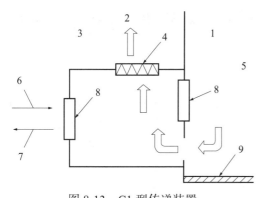

图 8-13　C1 型传递装置

1—隔离装置环境；2—气流；3—背景环境；
4—HEPA 过滤器；5—正压；6—入；7—出；
8—密封门；9—受控工作区的工作面阀门

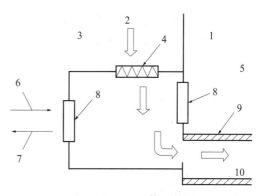

图 8-14　C2 型传递装置

1—隔离装置环境；2—气流；3—背景环境；
4—HEPA 过滤器；5—负压；6—入；7—出；8—密封门；
9—受控工作区的工作面阀门；10—排风

8.6.7　D1 型传递装置

D1 型传递装置（见图 8-15）有门和双 HEPA 过滤器。如果操作顺序正确或采用连锁传递方式，未经过滤的空气不会从背景环境流入隔离环境，也不会从隔离环境流到背景环境。实例：双过滤器传递箱，或将隔离装置用作传递装置。

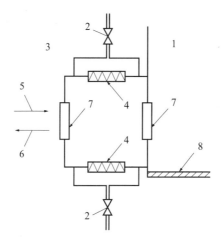

图 8-15　D1 型传递装置

1—隔离装置环境；2—阀门；3—背景环境；
4—HEPA 过滤器；5—入；6—出；7—密封门；
8—受控工作区的工作面

8.6.8　D2 型传递装置

D2 型传递装置就是在 D1 型传递装置的基础上增加延时连锁出入控制，在以有效的传递规程操作时，可有充足的时间进行表面除污，从而减少污染的传输。

8.6.9　E 型传递装置

E 型传递装置（见图 8-16）在向已灭菌区域开通前，装置本身及其内部物品要先行灭菌。实例：可承受气体、高压消毒器消毒的传递装置，包括某些传递用隔离装置和对接装置，永久连接的高压消毒器和类似装置。

8.6.10　F型传递装置

F型传递装置（见图8-17）可与隔离装置密封对接。该传递装置常用作运输容器，有些装置带有可通断的放气装置。实例：快速传递系统、标准机械接口、分流阀接口。

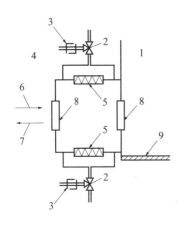

图8-16　E型传递装置

1—隔离装置环境；2—三通阀；
3—快速接头；4—背景环境；
5—HEPA过滤器；6—入；7—出；
8—密封门；9—受控工作区的工作面

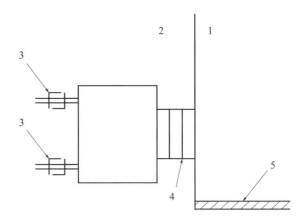

图8-17　F型传递装置

1—隔离环境；2—背景环境；3—快速接头；
4—双连锁门或阀门；5—工作表面或受控工作空间

8.7　隔离装置的检测

隔离装置不仅在安装就位、投入使用前需要对其性能进行检测，考核其是否符合设计、配置的要求，在使用过程中也需要按照规定，适时检验其性能是否持续满足要求。

8.7.1　一般要求与注意事项

（1）所选择检测方法应符合隔离装置的位置、设计、配置。

（2）根据隔离装置的具体应用决定其空气洁净度的检测方法。除通常按照GB/T 25915.1—2010或ISO 14644-1:2015的规定检测其中的空气悬浮颗粒物浓度，确定其按粒子浓度划分的空气洁净度等级；或可能要求按照GB/T 25915.8—2010或ISO 14644-8:2006的规定检测空气分子污染；或可能规定根据GB/T 25916.1—2010或ISO 14698-1:2003的规定检测生物污染；以至可能要求按ISO 14644-9:2012的规定检测表面颗粒物污染，以确定隔离装置内按粒子浓度划分的表面洁净度是否符合要求。

（3）若隔离装置包括送风和排风系统，也要对这些系统进行检测。检测方法可参考GB/T 25915.3—2010或ISO 14644-3:2005以及ISO 14644-3:2019的规定。

（4）隔离装置检测时所处状态在有些场合也较为特殊。例如隔离装置正常运作时，其中有产生颗粒物的材料、释放气体材料，或既产生颗粒物又释放气体的材料。这种情况下可能无法在运行时采样，或采样可能造成危害。此时，为确定固有污染的可能性，可能需要在其他状态（如在运行之前或之后，但仍在动态时）采样。

（5）对于小容积的隔离装置，若采样仪器的采样流量与隔离装置的风量相近，采样仪器的采样流量将可能影响隔离装置的压力以及颗粒物与空气生物污染物计数的风险。

（6）手套口风速检测适用时，将风速仪置于一个手套口的中心位置，测量流经敞开的手套口的气流。手套口风速由需方与供方商定（指导值：0.5m/s）。

（7）须检测隔离装置在静态和动态下的压差。在压差下工作的装置，应对压差进行连续监测和报警。

（8）检测和检查是应用中的一项功能，也是仪器使用和检测系统的一项功能。应按照 GB/T 25915.1—2010、GB/T 25915.2—2010 或 ISO 14644-1：2015、ISO 14644-2：2015 及 GB/T 25916.1—2010 或 ISO 14698-1：2003 等国内外标准将例行检测付诸实施，并将检测结果记录在案，以便与预防性维护要求做比较。

（9）对检测的建议如下：

1）半身装与手套的检测：调试时；工作完成前、后；更换手套与套袖后；

2）压力检测：调试时；气流参数或过滤器压力参数改变后；对隔离装置外壳或压力控制装置有影响的维护工作之后；

3）调试时的诱导检测；

4）仪器与报警系统检测：调试时；对控制系统有影响的维护工作之后；按仪器制造商规定的周期；按预先确定的、与使用和工作要求相符的周期。

8.7.2　诱导和定位检漏

根据 GB/T 25915.7—2010 或 ISO 14644-7：2004 的要求，对隔离装置应进行检漏测试。对工作压力接近大气压的隔离装置（压差小于 1000 Pa）进行气密性检测时，为对泄漏量进行定量测量，需要有详细的检测规程和灵敏的检测设备。泄漏量测试结果将决定其是否可投入预期的应用。适用时，对某些隔离装置应进行诱导检漏测试。因气流通过孔洞时，由于风速产生低压，它能诱导空气逆向流动穿过该孔洞（文丘里效应），这时可发生诱导泄漏。诱导泄漏会影响在低压差下工作的装置。同样地，那些利用正压或气流来尽量减少或防止无需物质传递的装置，操作中瞬间的容积变化（例如手套进入或抽出）可导致的诱导泄漏而出现风险。

1. 诱导检漏

对那些利用压力或气流产生风速或质量流，以减少或阻止无需物质传输的隔离装置，应采用可再现的定量检测方法来确定该系统的隔离能力。检测方法中应考虑的因素包括：

（1）正常运行；

（2）静态或备用状态；

（3）（1）和（2）期间的过渡性变化；

（4）压力或气流故障。

在使用手套和手套系统的场合，操作者同时插入或抽出手套时，瞬间的容积变化可能导致大于 1000Pa 的压差改变，诱导检测应包括这种容积瞬间变化。

任何有类似容积效应的设备都应进行这种诱导检漏。诱导检漏的检测设备和方法：检测设备和检测规程应适合于工艺。合适的检测设备应包括：气溶胶发生器和光度计；气溶胶发生器和双读数离散粒子计数器；旋流盘液滴发生器或类似装置及合适的探测系统。具体方法是在隔离装置外面的关注区域生成气溶胶。比较内外粒子的浓度，确定是否有显著泄漏。

2. 定位检漏

封闭式隔离装置的压力状态是维持其正常性能的重要方面。往往习惯性地认为隔离装置的泄漏是均匀分布的，而非来自某个泄漏通道。这种假设对隔离装置可能不适用，因为某个泄漏通道可能造成隔离装置内或外的局部空气的严重超标。因此，应强调检漏的重要性。当因内外压差在某些部位存在显著泄漏时，最简单的定位方法是将大量肥皂液涂抹到被测隔离装置的可疑区域，肥皂泡可明示出泄漏所在。另外两种常用的定位方法：一是向隔离装置内充入氦气或其他适用气体，使隔离装置内达到 1000Pa 的正压，然后用适用探头监测可疑区域的泄漏，使用惰性气体检测时要格外小心，因大量吸入惰性气体可能使人致命；二是先用氦气加压，然后用湿 pH 试纸检测；或利用烟雾直观检测、照相、录像等可视检查。按照对压力检漏的不同灵敏度，有以下排序：

（1）用适当的表面活性剂进行气泡检测；

（2）使用热传导探头探测 CO_2，He，Ar 等气体；

（3）使用电离检测器探测 SF_6；

（4）使用氦质谱检漏仪探测氦气。需要注意的是，氦气会渗入聚合材料，材料释放气体可能产生虚假泄漏信号。

采用上述示踪气体的方法，可以辨别泄漏程度，但都不能定量。

8.7.3　气密性压力检漏

1. 检漏方法

对 ISO 10648-1 介绍的刚性壁负压隔离装置，ISO 10648-2 规定了三种检漏方法：含氧法、压力变化法和恒压法。普通泄漏量检测在正常工作压力（通常约 250Pa）下进行，验收检测的压力可高达 1000Pa。上述方法是为负压检测规定的，其中只有含氧法既可进行正压检测，又可进行负压检测。在接近于大气状况的压力检测，温度等环境参数变化会影响检测结果。采用灵敏的仪器测量各项参数有助于提高检测的准确度。在正常运行或系统故障期间，隔离装置可能出现正压也可能出现负压，因此，应分别测定正压和负压的泄漏率。

不论正压还是负压，验收检测时必须对被测隔离装置的超高压或超低压情况采取安全防范措施。测试时，禁止出现压力超过经过验证的试验压力，否则薄壁等部分可能会出现结构性损伤。即使是低气压试验也可能造成轻型结构塌陷等损伤，对设备进行高或中度压力气密性检测时需要关注更多问题。隔离装置的升压检测（即泄漏率检测）需要恒定的容积。这类检测方法对微小的容积变化很敏感，任何容易出现容积变化的已安装设备不仅会造成虚假试验结果，还可能会使密封油和油脂等物质外泄。

如果检测介质采用压力容器中的惰性气体，就必须在试验前安装必要的减压和调压设备，并在检查过那些设备之后再进行检测（参见压缩气体的搬运、储存和使用安全注意事项）。

需要特别注意"主动式"隔离装置的泄漏率检测，必须遵守地方安全法规。检测前要认真调查，保证采用安全方式对隔离装置进行隔离，并可在紧急情况下迅速返回到正常工作状态。进行泄漏率检测前,隔离装置必须处于静止状态。隔离装置的壁板或其他结构脆弱时,它的"晃动"或移动容易改变容积,如可能,应在检测期间对其加固。允许泄漏率和检测灵敏度是泄漏率检测中的重要因素。如果允许的泄漏率非常低,有时会因为气候变化很难达到稳定状态。如可能,最好对隔离装置进行保温。周围环境的微小变化可能造成泄漏率测量值接近或超过允许范围。所以被试隔离装置需要位于无阳光直射、通风不畅的地方。为保证所有设备温度相同,检测设备应在检测前约 30min 或更长的时间就位。

2. 公式推导

假定孔的尺寸和膨胀系数不变,穿孔风速为:

$$v = \sqrt{\frac{2\Delta p}{\rho}} \tag{8-1}$$

式中　v——速度,m/s;

　　ρ——密度,kg/m³(压力为 101.3kPa,温度为 20℃时,干空气密度 = 1.205kg/m³);

　　Δp——孔两端的压差,Pa。

体积流量等于风速乘以面积,即:

$$q = \sqrt{\frac{2\Delta p}{\rho}} \times A \times 3600 \tag{8-2}$$

式中　q——隔离装置的小时泄漏率,m³/h;

　　A——面积,m²。

其中:

$$\sqrt{\frac{2}{\rho}} = \sqrt{\frac{2}{1.205}} = 1.28 \tag{8-3}$$

因此:

$$q = 1.28 \times 3600 A \sqrt{\Delta p} \tag{8-4}$$

注:1. 计算泄漏率时只需考虑孔径和压差。

　　2. 对泄漏可能带来的风险要认真地评估。负压装置中,环境污染物可能会通过小孔向内高速喷射,一般不会被隔离装置内的气流稀释。同样,正压装置中,向外的泄漏可能会使周围环境局部污染过高。

恒容积隔离装置检测过程中遵循气体状态方程(按绝对值):

$$\frac{p_1 \cdot V_1}{T_1} = \frac{p_2 \cdot V_2}{T_2} \tag{8-5}$$

式中　p——绝对压力,Pa;

　　T——绝对温度,K;

　　V——隔离装置的容积,m³。

注:1. 容积恒定时,温度改变 1K,压力变化 334Pa。

　　2. 检测过程持续 1h,初始检测压力不小于 1kPa。在进行了大气压力和温度变化的修正后,泄漏(向内或外)的气体体积与压力变化呈比例。

体积不变时,上式简化为:

$$\frac{p_1}{T_1} = \frac{p_2}{T_2} \tag{8-6}$$

因此，小时泄漏率等于 1h 内的压力变化率。检测期间温度和气压的变化需按小时泄漏率进行修正，如式（8-6）所示。

3. 小时泄漏率

隔离装置的小时泄漏率 R_h 由下式给出，其单位为小时的倒数（h^{-1}）：

$$R_h = \frac{q}{V} \tag{8-7}$$

式中 q ——隔离装置每小时泄漏量，m^3/h；

      V ——装置的容积，m^3。

注：除含氧检测法外，所有检测方法都假定是对刚性结构、容积恒定的装置。用压力法测量薄壁或柔性系统时，泄漏率会因容积的改变而变化。

隔离检漏时，除含氧法外，应封住手套和半身装。

隔离装置按小时泄漏率分级，如表 8-4 所示。

隔离装置的分级及适用的检测方法   表 8-4

等级	小时泄漏率 R_h（h^{-1}）	气密性	检测方法
1	$\leqslant 5 \times 10^{-4}$	高	含氧法，压力变化法、帕琼法
2	$< 2.5 \times 10^{-3}$	中	含氧法，压力变化法、帕琼法
3	$< 10^{-2}$	低	含氧法，压力变化法或恒压法
4	$< 10^{-1}$		恒压法

注：1. ISO 10648-2 中的分级和检测方法与气密水平对应，以便与表 8-1 的隔离效果排序比较。
    2. 适用时列出了帕琼（Parjo）法。
    3. ISO 10648-2 的检测方法适用于负压隔离装置，除含氧法外，其他方法经改进后也适用于正压隔离装置。

4. 质量平衡法估算可接受的小时泄漏率

（1）质量平衡法的依据是：负压隔离装置外部的空气污染物通过泄漏处渗入装置内部；正压隔离装置内部的空气污染物通过泄漏处渗出到装置周围的背景环境中。泄漏物的浓度在渗入的空间被流动空气所稀释。根据质量平衡原理，当已知连接泄漏点内外两个空间容积的污染物浓度，就可估算出小时泄漏率。计算中，不考虑泄漏处的局部情况，因局部污染物可能尚未被稀释到可接受的水平。假定已经采用风险分析，确定了使用负压隔离装置时对产品质量、使用正压隔离装置时对操作者可接受污染物的最大浓度。实际上，应采用相当大的安全系数来限制局部效应。所做假定包括：

1）泄漏处的污染物浓度与泄漏点上风向空间（较高压力空间）的污染物浓度相同；

2）泄漏所影响空间内的空气已经混合均匀（单向流和低风速环境不适用此假定）；

3）与泄漏混合所用空气的污染物初始浓度为零；

4）工艺已达到稳定状态。

（2）根据上述限制条件，用下式估算小时泄漏率：

$$R_h = \frac{V_s R_{ac} c_a}{c_i V} \tag{8-8}$$

式中 R_h——小时泄漏率，h^{-1}；

　　　V_s——泄漏所影响的空间体积，m^3；

　　　c_a——受泄漏影响空间的可接受污染物浓度，mL/m^3（或其他适用量度）；

　　　R_{ac}——受泄漏影响空间的空气换气次数，h^{-1}；

　　　c_1——泄漏处空气污染物初始浓度，mL/m^3（或与 c_a 相同的单位）；

　　　V——隔离装置的容积，m^3。

式（8-8）可用于负压隔离装置的内部空间，也可用于正压隔离装置的背景环境空间。

8.7.4　软屏障帘式隔离装置的定量检漏

当检测所用压差大大高于工作压差时，软屏障帘式隔离装置可能受影响。软屏障帘式隔离装置的检测应采用含氧法。

注：获得了定量验收结果之后，还可增加正压检测，以比较工作压力的例行检测结果，特别是那些负压试验易受损的隔离装置，例如灭菌隔离装置。

对于不能达到 1000Pa 的等级验收试验压差但仍需小时泄漏率的数据进行危害分析的隔离装置，应进行小于 1h 的 250Pa 压差检测。危害分析中使用的小时泄漏率为式（8-4）计算所得小时泄漏率乘以 2。

8.7.5　负压隔离装置的手套检漏

这只是多种手套检测方法中的一种。实际工作中，需方与供方可商定其他手套检漏方法。压力试验不一定检测出存在问题手套的密封失效，因此直观目检仍是手套检验的重要一环。以下介绍了一种工作压差超过 -170 Pa 的负压隔离装置手套泄漏简单检验方法。现场手套检漏器是一个装在密封板上的高灵敏压差计。这种检漏器适用于安装在手套口上的手套、长手套和手套套袖的检测。建议采用下述程序进行检测：

（1）打开压差计。

（2）若压差计上有"高—低"量程开关，选"低"量程档。

（3）压差计调零。在 0 刻度附近，±（3～4）Pa 的微小漂移对检测结果或检测灵敏度影响不大。调零完毕，就可用来检测手套和长手套的气密性。

（4）将手套检漏器的密封板轻轻放置在被测手套或长手套的环形手套口处，小心地将密封板与手套口对正。用力时，检漏器和手套间可能出现微小正压。

（5）以恒力压紧密封板，密切注视压差计的读数。压紧的用力不同，会造成 ±（3～4）Pa 的压差波动，如前所述，这点波动对检测结果和检测灵敏度的影响不大。在 10s 的观测期内，操作者凭经验就能判断出可能的问题。对有疑问的手套和长手套进行复检时，时间可能要长一些，以便确认检测结果。

（6）使用隔离装置前，应对装置上的所有手套和长手套进行检测。

若手套或长手套完好，压差计的读数会稳定在 ±（2～10）Pa 之内（或更好些：±5Pa 之内）。若手套或长手套上有破损，压差计上的负读数会逐渐变低（→ -10Pa → -15Pa → -19Pa），呈现压差渐变的趋势。压差的变化率与手套气密性的破损程度呈比例关系。

若检测表明可能有损坏，应复检。复检方法很简单，只需释放手套口的压力，使压差计回零，然后重新加压并重复检测。有损坏的手套或长手套，每次检测有相同的反应，容易确认破损。

本项检测的灵敏度与隔离装置内部工作压力呈比例。内部负压大，由式（8-4）决定的检测结果就显著。双倍压差时泄漏率也几乎加倍。小压差时，泄漏率与压差近似于线性关系。若手套或长手套上有破损，压差计上的负读数会逐渐变低（→ -10Pa → -15Pa → -19Pa），呈现压差渐变的趋势。压差的变化率与手套气密性的破损程度呈比例关系。

8.7.6　正压手套检漏器

使用正压手套检漏系统需要用封盖将手套口或长手套口盖住。封盖上配有两个管件，一个用于连接输入和释放加压气体的敏感阀门，另一个用于安装电子微压计。这种方法只能在去污前使用，它不是在线的检测方法。

封盖放置在手套口环上，在封盖与手套的内表面之间会形成一个空间。对该空间加压至 1000Pa 并保持稳定。压力降低表明有泄漏穿过手套。检测步骤如下：

（1）检测开始前，先对手套和长手套进行目检，看其有无明显破损。

（2）确保手套的所有手指伸入到隔离装置内。

（3）将空气管接至隔离装置。

（4）打开压差计。

（5）将手套检漏器放在自由空间，按"调零"键调零。在 0 刻度附近，±（3～4）Pa 的微小漂移对检测结果或检测灵敏度影响不大。

（6）将手套检漏器的封盖扣在手套口外环上。

（7）打开阀门使手套充气。压差计会显示手套内的压力（Pa）。手套充气压力最小 500Pa，最大 1000Pa。可能需要多次充气才能达到要求的稳定压力。

（8）观察压差计上的读数。读数稳定表明手套完好。

在 10s 的观测期内，操作者凭经验就能判断可能的问题。对有疑问的手套和长手套进行复检时，时间可能要长一些，以便确认检测结果。

若手套或长手套完好，压差计的读数会稳定在 ±（2～10）Pa 之内，允许出现上文所述的微小波动。若手套或长手套上有破损，压差计上的读数会逐渐下降（500Pa→495Pa→490Pa），呈现压差渐变的趋势。压差的变化率与手套气密性的破损程度呈比例关系。若检测表明可能有损坏，应复检。仔细检查任何出现明显压力变化的情况，若出现问题（如袖口密封环错位，手套破损），或复检，或更换有疑问的手套并再次进行合格检测。

8.8　"帕琼"检漏法

帕琼（Parjo）是一种检漏方法的名称，该方法用于评定工作压力接近大气压的隔离装置的泄漏率。此方法由帕金森（K. Parkinson）和琼斯（W. F. Jones）发明，并以他俩的名字命名。这是一种（相对）快速、通用的泄漏率测定法。只要适当保护压力表接头，这种方法可用于被污染装置的检漏，由于无插入的检测仪器，可避免长时间停机。由于检测时间短，温度和环境压力变化的影响也随之减小。这种方法灵敏，较适于检测小泄漏。

8.8.1　大泄漏的检测

帕琼法是将对压力敏感的皂液注入一个已知容积的基准容器中，并将皂液膜（液膜）引入一个已知尺寸的玻璃管。这种方法可快速显示隔离装置容积向基准容器容积的转移。

假定示意图 8-18 可行。当 A 阀和 B 阀开启，隔离装置和基准容器的压力会很快达到平衡。此后，若阀门关闭，隔离装置压力的任何变化都会由活塞（液膜）向低压方向的移动反映出来。液膜移动说明容积改变。这个原理由图 8-19 或图 8-20 装置中安装的帕琼管来实现，帕琼管如图 8-21 所示。基准容器的玻璃壁会迅速传递隔离装置中的辐射热，因此，应采取合理的预防措施来防止隔离装置吸收外部热源的热辐射。活塞（液膜）的偏移可准确显示出隔离装置空气的变化，这个偏移可用以计算容积的变化。若观测液膜偏移的时间不长，例如不足 5min，温度和大气压力的变化可忽略不计。

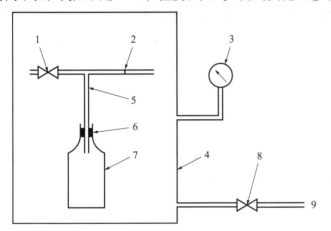

图 8-18　工作原理图

1—阀门 A；2—无摩擦活塞；3—压力表；4—隔离装置；
5—玻璃管；6—胶皮塞；7—容积已知的基准玻璃容器；
8—通断阀 B；9—接至压力源或真空源

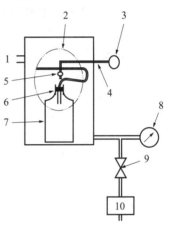

图 8-19　常见隔离装置检测
设备布置图

1—隔离装置与管道的接口；
2—观察孔；3—气囊；4—胶皮管；
5—帕琼管；6—胶皮塞；7—玻璃瓶；
8—压差计或压力表；9—通断阀；
10—接至压力源或真空源

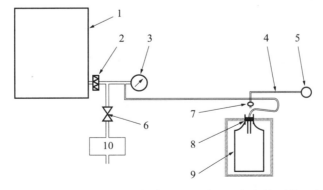

图 8-20　常见隔离装置检测设备布置图（检测设备在待测装置之外）

1—隔离装置；2—可选用的 HEPA；3—压差计或压力表；4—胶皮管；5—气囊；6—通断阀；
7—帕琼管；8—胶皮塞；9—保温玻璃瓶；10—接至压力源或真空源

检测所需设备如前所述。只能使用获批准的设计中的器物，器物只能按获批准的设计布置。为在制造商处、实验室和生产线上使用这种方法，检测设备应能在对隔离状态破坏最小的情况下放入装置。获准使用的各项器物能通过一个直径 152 mm 的手套口或更小的开口放入装置，并在装置内装配。如果检测设备无法送入隔离装置，就应考虑前述的其他配置。

8.8.2　"帕琼"检漏法设备

1. 获准使用的物品

A 型帕琼管；米尺（夹住）；夹片，弹簧；胶皮塞，孔径与帕琼管的直径相适，19mm 或 21mm；容积为 2500cm^3 的透明玻璃瓶；配有 3 个阀门的橡胶气囊。其他可供随时使用的器具：胶皮管（孔径 6mm）；符合测量范围要求的 U 形管压差计或膜盒式压力表；秒表或适当的计时器；制造受控泄漏的针阀；压力源或真空源；通断阀，例如隔膜阀（孔径 6mm）；连接阀门、橡胶软管等的管件；形成液膜的皂液。

2. 设计要求

使用帕琼检测法时，要有某种手段将设备放入隔离装置。为使操作者可看清帕琼管和标尺，可使用冷光源（即电池供电的手持灯）。隔离装置应配有指示内部压力的手段，即机械式压力表或 U 形管压差计。大多数隔离装置都带有大小不同的孔洞。这些孔洞可改成观察窗和检测设备出入口。图 8-19 和 8-20 是常见设备的布置。图 8-19 中检测设备位于隔离装置内，随时可与任何系统相连，设备具有更大的可接近性。图 8-20 所示的检测容器应有保温措施，以减少温度波动。如受污染系统的采样点有在线 HEPA 过滤器保护，就能使用这种检测方法。

若采用琼法检测隔离装置的泄漏率，图纸或检测计划中（或同时这两者）应认可下列项目：验证检测、正压（Pa）、最大泄漏率、每小时容积比，根据需要选取负压或正压。

3. 设备准备

帕琼管（见图 8-21）是"活塞"的气缸。为保证"活塞"的自由移动，应使用优质洗涤剂彻底清洗帕琼管，再用清洁的自来水冲洗。在插入基准玻璃容器的瓶口前，保持管内润湿。

玻璃容器（玻璃瓶）的容量应已知（通常为 2500cm^3 或 2700cm^3），且清洁、干燥。使用前必须蒸发掉任何冷凝水气，否则，检测过程中会出现"气体释放"。最重要的是要用清澈透明的玻璃瓶。不宜使用琥珀色或其他彩色的瓶子。

所生成的皂液膜"活塞"（气泡）需要一定量的皂液（约 5cm^3）。皂液可使用 50%/50% 容积比的优质家用液体肥皂与清洁自来水制备。商用洗衣粉和劣质皂液可能在帕琼管中留下残余物，产生拖带，并给出虚假结果。而优质产品中含有浸润添加剂。也可采用专用检漏液。为便于观察，可添加微量着色剂（如签字墨水或优质着色剂）。

在（19mm）的胶皮塞上钻孔，让帕琼管刚好穿过其中央轴线。帕琼管装上胶皮塞后，应该稍稍突出，以便能看到管端。

这种配置中的检测容器应该加以保温，以减少温度波动。使用在线 HEPA 过滤器来保护采样点，既可在受污染的系统上使用这种方法，也可避免检测设备可能带来的污染。

帕琼管的自由端与被测装置之间用一根尽可能短的 PVC 软管连接。

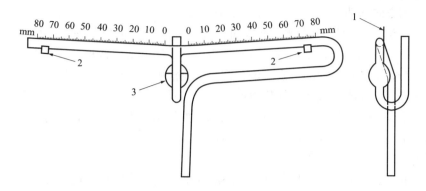

图 8-21　A 型帕琼管

1—标尺；2—弹簧夹；3—充注时的液位

有些情况下，泄漏率或许不可测。为准备有效的检测报告，建议在隔离装置或检测设备（以方便为准）上接装一个优质的针阀，用该针阀模拟一个可接受的小泄漏。

隔离装置常采用轻型结构。检测条件下，隔离装置的壁面或观察窗的不稳定会导致所测泄漏的波动。例如，隔离装置的塑料窗在检测时或有弯曲。大气压力的改变会明显改变隔离装置的容积。应尽可能减少环境温度和环境压力的影响，并注意出现的任何变化。

4. 检测规程

向帕琼管内注入能生成气泡的溶液，使液位达到球形储液器的一半（见图 8-21）。将标尺夹持就位。然后，用胶皮管将球形储液器相连的 U 形管的上端与以上介绍的位于隔离装置外部的气囊相连。最后，用胶皮塞套入帕琼管的下端，再将这个组件插入基准容积玻璃瓶。

隔离装置与外界隔离并达到稳定状态，在检测压力下，通过轻轻挤压胶皮气囊来生成一个气泡，使气泡面膜位于玻璃管的两个测量臂交汇处。慢慢松开气囊，保持液膜在原位。这项操作的动作要轻。气囊上有 3 个玻璃球阀，生成气泡时，需要操作合适的球阀。

观察液膜的表现。负压检测时，若压力升高，液膜会沿标尺管向基准容器的方向移动；正压检测时，若压力降低，液膜会沿标尺管向远离基准容器的方向移动。

泄漏率检测规程如下：每个隔离装置都应先进行正压泄漏率检测，然后进行与正压检测类似的负压检测。按要求设置检测设备，并按下述规程进行检测。将需要送入隔离装置的所有器物进行彻底清洁。确保帕琼管按要求进行彻底清洗并保持润湿。将足量的溶液注入储液容器。

（1）放置基准容器和帕琼管，保证能通过观察窗看清读数。

（2）将隔离装置密封，并按所做检测的要求，用适当的设备减压或加压。检测压力应为＋1000Pa，或按图纸或合同规定的压力。

（3）等待约 30min，使所有设备达到相同的温度。

（4）非常轻地挤压气囊，直到洗涤液在管的两个测量臂交汇处形成液膜。缓慢释放气囊的压力，使液膜保持原位不动。

若隔离装置内的气压为负压，且密封不好，气泡会沿倾斜的帕琼管的管臂，向基准容器的方向移动。

若隔离装置内的气压为正压，且密封不好，气泡会沿倾斜的帕琼管的管臂，向隔离装置空气出口的方向移动。

（5）当气泡在管内形成清晰的液膜时，开始计时并记录液膜的偏移行程。读取数据时，应确保帕琼管的基准容器和隔离装置端头没有二次气泡。接近玻璃基准容器或隔离装置的任意一个管子端头出现的二次气泡，都会影响液膜在帕琼管内的运动。要保证所有二次气泡都已破裂，才能读取液膜偏移数据。可用气囊清除紧靠管子端头的气泡。

（6）测量 3～5min 的偏移，记录测量结果。如果未出现可测偏移，打开专门安装的针阀，模拟一个在允许值以内的小泄漏。开始检测验证。

（7）用检测证书记录结果。

检测期间，2～3min 就可鉴定出大致的泄漏率。气泡快速移动说明存在大大超出允许值的泄漏，此时没必要将此检测作为正式检测。但如在设备使用时寻找泄漏，进行再验证时泄漏量可能会降低。不要忘记泄漏通道可能是单向的，在采用密封垫密封的情况下尤其如此。

5. 使用气囊

气囊实际上是个配有 3 只玻璃球阀的胶皮球，如图 8-22 所示。为在帕琼管测量臂的中心处产生气泡，使用下述规程：

（1）保证储液容器中有足够的溶液；

（2）用一只手轻轻挤压胶皮球来产生微小压力；

（3）用另一只手的拇指和食指非常轻地打开阀 A，将胶皮球的囊压力释放给帕琼管，同时查看皂液的状况；

（4）形成气泡后，释放加于阀 A 和胶皮球上的手动压力；

（5）打开阀 R，确保胶皮球中的剩余压力全部释放。

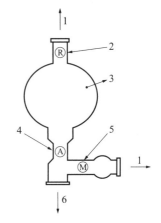

图 8-22　胶皮球气囊与联接管示意图
1—通大气；2—阀 R；3—胶皮球；
4—阀 A；5—阀 M；6—通帕琼管
注：球阀常闭。

8.8.3　"帕琼"检漏法的结果计算

1. 计算公式

本项检测只能使用经过批准、尺寸和数值已知的设备，这项要求十分重要。以下给出了计算泄漏率的基本方法。

利用下式计算小时泄漏率 R_h：

$$R_h = \frac{A_p \times d}{V_r} \times \frac{60}{t} \qquad (8-9)$$

式中　A_p——帕琼管的横截面积，cm^2；

　　　d——管内液膜偏移距离，cm；

　　　V_r——基准玻璃瓶的容积，cm^3；

　　　t——时间，min。

获准使用的已知基准容积 V_r 是指 $2500cm^3$ 或 $2700cm^3$ 的玻璃瓶容积。

获准使用帕琼管的内径为 4mm，实际横截面积 A_P 为 0.126cm²，但出于实用原因，按 0.127cm² 取值。于是，管内液膜的偏移 d（cm）可产生 $A_P \times d$（cm³）的容积变化。

2. 实例

使用 2500cm³ 的玻璃瓶，5min 液膜偏移 0.8cm：

$$R_h = \frac{0.127 \times 0.8}{2500} \times \frac{60}{5} = 4.88 \times 10^{-4} \text{h}^{-1}$$

使用 2700cm³ 的玻璃瓶，5min 液膜偏移 1cm：

$$R_h = \frac{0.127 \times 1.0}{2700} \times \frac{60}{5} = 5.64 \times 10^{-4} \text{h}^{-1}$$

使用 2700cm³ 的玻璃瓶，3min 液膜偏移 1.5cm：

$$R_h = \frac{0.127 \times 1.5}{2700} \times \frac{60}{5} = 1.41 \times 10^{-3} \text{h}^{-1}$$

3. 检测证书

检测结果如何表示，很大程度上取决于被测设备的类型或被测设备的容积，以及允许的泄漏率。前面已给出了设备的基本尺寸。使用经过批准的设备，用户应可自行编制符合合同或其他相关文件要求的检测报告。

按检测规程给出的操作方法执行，若存在可探测泄漏，帕琼管中的液膜就会移动。但是，即使在 5min 内未观测到泄漏，也不意味着没有泄漏。不能在检测认证书上声明没有可探测泄漏。

如果用这种方法检测不出隔离装置的泄漏，应该开启一个专用阀门，人为生成一个允许限度内的受控泄漏。在观察到可接受的液面偏移并记录对应时间之后，将阀门关闭，此时液膜应停止偏移。重复进行这项检查。然后，检测证书上可以声明：实际泄漏未超过模拟泄漏，泄漏率可以接受。

下面给出一个隔离装置检测证书例子。如果探测到泄漏，建议取 2 个或 3 个读数。如果趋势表明泄漏是可接受的，并且读数稳定，则可写入 3 个单独读数的平均值，从而完成有效的检测报告。

4. 常见检测证书实例

帕琼管法检测小时泄漏率 检测证书

检测日期	合同号
制造商	
检测点	
图号	
隔离装置的标识	
隔离装置验证压力检测	kPa 正压
隔离装置泄漏率检测压力	kPa 负压
	kPa 正压
最大允许小时泄漏率	最大
基准容器容积	m³
检测开始时间	

检测次数	检测方式＋/－	管移动读数		小时泄漏率 R_h
		偏移 d（cm）	时间 t（min）	

用下述公式计算小时泄漏率

$$R_h = \frac{A_p \times d}{V_r} \times \frac{60}{t}$$

基准容积 V_r　　　　　　　　　　　　　　　　　（cm³）
帕琼管横截面积 A_p　　　　　　　　　　0.127cm²
观测到的偏移 d　　　　　　　　　　　cm
偏移时间 t　　　　　　　　　　　　　min
小时泄漏率平均值
检测结果 *　　　（合格）照实填写　　　　　（不合格）
签字＿＿＿＿＿＿＿＿＿　　　证人 ＿＿＿＿＿＿

5. 小时泄漏率数据（见表8-5）

A 型帕琼管小时泄漏率（h⁻¹）数据　　　　　　　　表8-5

偏移（cm）	观测时间（min）				
	1	2	3	4	5
0.2	0.00060	0.00030	0.00020	0.00015	0.00012
0.3	0.00091	0.00045	0.00030	0.00022	0.00018
0.4	0.00121	0.00060	0.00040	0.00030	0.00024
0.5	0.00152	0.00076	0.00050	0.00038	0.00030
0.6	0.00182	0.00091	0.00060	0.00045	0.00036
0.7	0.00213	0.00106	0.00071	0.00053	0.00042
0.8	0.00243	0.00121	0.00081	0.00060	0.00048
0.9	0.00274	0.00137	0.00091	0.00068	0.00054
1.0	0.00304	0.00152	0.00101	0.00076	0.00060
2.0	0.00608	0.00304	0.00202	0.00152	0.00120
3.0	0.00912	0.00456	0.00303	0.00228	0.00180
4.0	0.01216	0.00608	0.00404	0.00304	0.00240
5.0	0.01520	0.00760	0.00505	0.00380	0.00300

偏移（cm）	观测时间（min）				
	1	2	3	4	5
6.0	0.01824	0.00912	0.00606	0.00456	0.00360
7.0	0.02128	0.01064	0.00707	0.00532	0.00420
8.0	0.02432	0.01216	0.00808	0.00608	0.00480
9.0	0.02736	0.01368	0.00909	0.00684	0.00540

注：用2500cm³基准容器得出的小时泄漏率近似值。

复习思考题

1. 为什么在某些工艺过程中需要使用隔离装置？
2. 隔离装置通常采取哪些技术措施？
3. 隔离装置的隔离效果主要依据什么指标来判定？
4. 什么是隔离装置的小时泄漏率？
5. 隔离器与普通隔离装置的主要差别在哪里？
6. 职业接触级别（OEB）与职业接触限值（OEL）有什么大致对应关系？
7. 隔离器的空气处理系统主要功能有哪些？
8. 某些隔离装置配置的惰性气体起何作用？常用的惰性气体有哪几种？
9. 隔离装置的介入器具主要有哪几类？
10. 对隔离器用的手套有些什么要求？
11. 隔离器的传递装置大体有哪些类别？
12. 隔离器检测时应注意哪些问题？
13. 什么是隔离器的诱导检漏？
14. 什么是隔离器的定位检漏？
15. 进行隔离器气密性压力检漏时应注意哪些方面？
16. 国际标准ISO所规定的隔离器分级与对应的检测方法是怎样的？
17. 用质量平衡法估算小时泄漏率的依据是什么？
18. 隔离器用手套检漏时应考虑些什么问题？
19. 帕琼检漏法有何特点？

第9章 洁净室性能检测报告示例

检测报告是洁净室检测的重要文件，其涵盖内容是否完整、是否规范，直接影响到检测的最终成果及其可信性，因此整理与撰写好检测报告是检测工作重要的一环。

本章从在洁净室性能测试（CPT，Cleanroom Performance Testing）方面具有一定国际影响并持有 NEBB 资质的新加坡赛狮技术私人有限公司（Cesstech（s）Pte Ltd/Singapore），该公司在国内的分部为净微（苏州）科技有限公司所提供的几份近年的洁净室检测报告中，筛选了部分内容作为示列，以供参考。尽管各个洁净室的测试内容、测试要求、测试所处的状态等不尽相同，报告的构成也不完全一样。此外，检测报告的格式、表述方法也可有一定的灵活性，只要能清楚、真实地反映检测结果，并不一定必需遵照某个样本的模式。但通过了解拥有国际公认的洁净室检测权威机构 NEBB 资质的洁净室检测单位的检测报告内容，无疑有助于在编写洁净室检测报告时与国际习惯相接轨。为方便阅读，在英文表述的报告书旁边或后面，附上中文报告供参考。

9.1 检测报告的基本内容

如前所述，报告的内容、格式是根据检测项目需要而定的，下述基本内容可以根据需要自行决定增删和排序。洁净室检测报告的前言通常有两部分内容：一是简况，包括所检测公司或单位的名称、洁净室的级别、所检测公司或单位的地址、检测的日期及检测时洁净室所处状态、检测报告的编号等。

此外，还应有所检测洁净室的工程承包商、安装单位、提供检测报告的公司或单位的地址、测试负责人姓名，如果具有 NEBB 资质或其他相关资质均宜附上。

前言的第二部分内容，通常由检测项目负责人签署的申明，说明检测所执行的是哪些标准，所提供的结果和信息是完整、正确并符合有关仪器、仪表及操作程序的规定。

所举例的这份检测报告示例，其依循的相关标准为：国际标准 ISO 14644-1:2015（E）、美国环境科学与技术学会标准 IEST－RP－CC006.3 的相关章节、美国国家平衡局（NEBB）洁净室认证测试程序标准，见图 9-1～图 9-3，检测报告"前言"部分示例。

9.2 检测报告的目录及示例

该示例为 ISO 5 级洁净室，检测报告分为 A～G 七部分，其目录如下：报告封面及前言，如图 9-1～图 9-3 所示；

A. 所测试洁净车间平面及各测试项目测示网格布局，如图 9-4～图 9-13 所示；

B. 洁净车间测试结果汇总，如表 9-1～表 9-4 所示；

C. 测试日期及相关情况，

D. 各测试项目的操作程序，如表 9-5～表 9-14 所示；

E. 测试所用的仪器设备及状况；

F. 各项目测试的结果及相关数据，如表 9-15～表 9-24 所示；

　　测值平面分布图，如图 9-14～图 9-19 所示；

　　NEBB 资质证书，如图 9-20 所示。

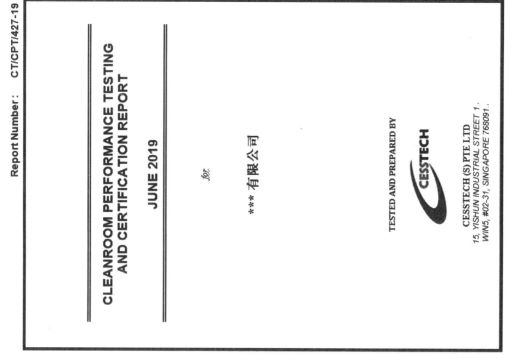

图 9-1　测试报告封面

报告编号：　CT/CPT/427-19

洁净室性能检测与认证报告

2019 年 6 月

for

**** 有限公司

TESTED AND PREPARED BY

CESSTECH (S) PTE LTD.,
15, YISHUN INDUSTRIAL STREET 1,,
WIN5, #02-31, SINGAPORE 768091.,

Report Number:　CT/CPT/427-19

CLEANROOM PERFORMANCE TESTING
AND CERTIFICATION REPORT

JUNE 2019

for

**** 有限公司

TESTED AND PREPARED BY

CESSTECH (S) PTE LTD
15, YISHUN INDUSTRIAL STREET 1,,
WIN5, #02-31, SINGAPORE 768091.,

NEBB注册号：3180

洁净室性能检测与认证报告

本报告所列数据是检测当日洁净室和洁净室性能的完整记录。

获得的数据依据为ISO 14644-1：2015（E）标准；美国环境科学与技术学会（IEST）推荐方法的相关章节（IEST-RP-CC006.3）及美国国家环境平衡局（NEBB）洁净室认证检测应用标准。

在仪器设备和试验方法所及的范围内，报告中的信息与结论保证是完整无误的。

以下由新加坡赛狮私人有限公司认证并提交。

NEBB国家环境平衡局洁净室性能检测监督：
NEBB注册号：3180

报告日期：2019年7月2日

图9-2 测试报告首页

Certification No.:3180

CLEANROOM PERFORMANCE TESTING AND CERTIFICATION REPORT

The data presented in this report. Refence Number CT. ACPT / 427-19, is an exact record of the Cleanrooms and Cleanroom System performance on the day of the test. They were obtained in accordance with the ISO14644-1:2015 (E), the relevant sections of the Institute Of Environmental Science and Technology Recommended Practice (IEST-RP-CC006.3) and the National Environmental Balancing Bureau (NEBB) Procedural Standards for Certified Testing of Cleanrooms (3ʳᵈEditon).

The results and information given are certified to be correct and complete, to the extent possible by the equipment/ instrumentation nd procedures used.

Submitted & Certified By:
Cesstech (S) Pte Ltd

NEBB Certified CPT professional
Certification No:3180

Date: 2 July 2019

237

NEBB注册号：3180

洁净室性能检测与认证报告

业主／设施	：	*** 有限公司
		*** 项目
地址	：	
检测日期	：	2019年6月26日至6月30日
检测条件	：	空态
报告编号	：	CT/CPT/427-19
承包商／安装公司	：	
认证机构	：	新加坡赛簇私人有限公司
NEBB洁净室性能检测监督	：	
检测团队主管	：	
检测团队成员	：	

Certification No.:3180

CLEANROOM PERFORMANCE TESTING
AND CERTIFICATION REPORT

Company / Facilities	:	*** 有限公司
		*** 项目
Address	:	
Test Dates & Condition	:	26～30 June 2019
		• Under As Built condition
Report Number	:	CT/CPT/ 427-19
Contractor / Installer	:	-
Certified By	:	Cesstech (S) Pte Ltd
		15,Yishun Industrial Street 1
		WIN5,#02-31,Singapore 768091
NEBB Certified CPT Professional	:	
Testing Team Leader	:	
Testing Team Member	:	

图 9-3　测试日期、洁净室状态及测试人员

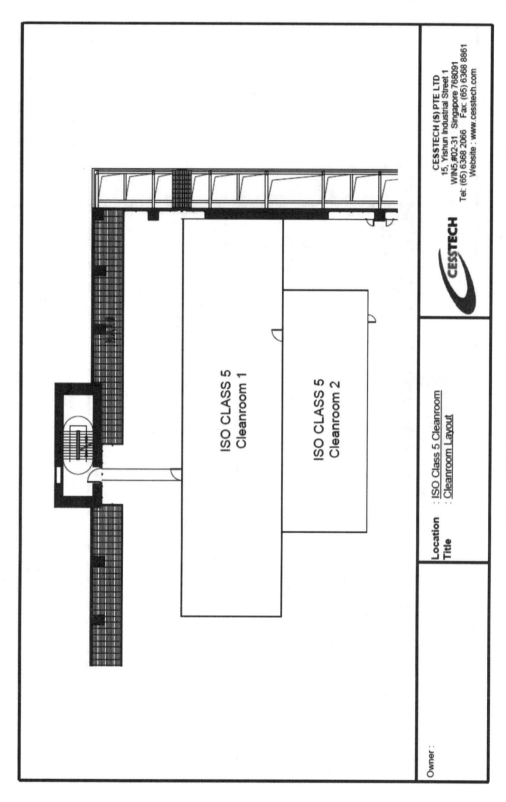

图 9-4 所检测的某电子厂房的建筑平面图

239

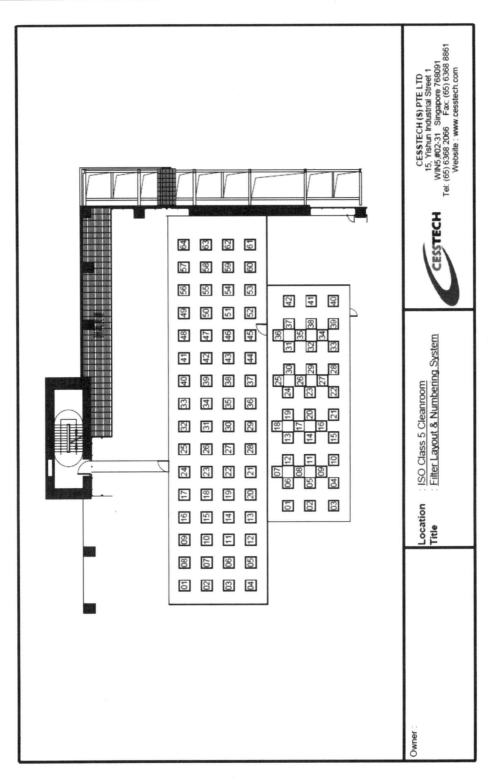

图 9-5　高效空气过滤器出风口平面布置及编号

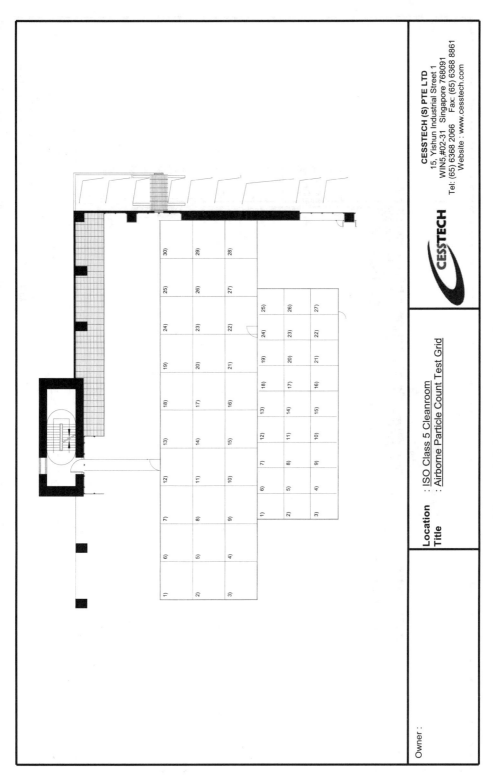

图 9-6 洁净车间空气悬浮粒子浓度测试网格

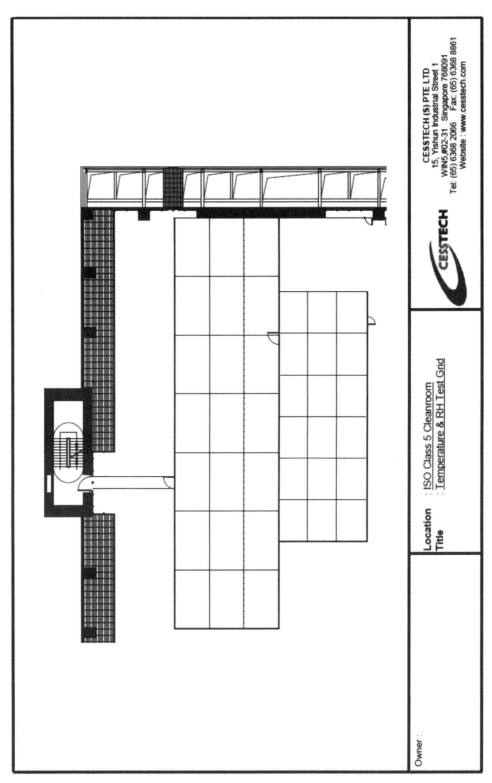

Owner :

| Location | : ISO Class 5 Cleanroom |
| Title | : Temperature & RH Test Grid |

CESSTECH (S) PTE LTD
15, Yishun Industrial Street 1
WIN5,#02-31　Singapore 768091
Tel: (65) 6368 2066　Fax: (65) 6368 8861
Website : www.cesstech.com

图 9-7　洁净车间温度、相对湿度测试网格

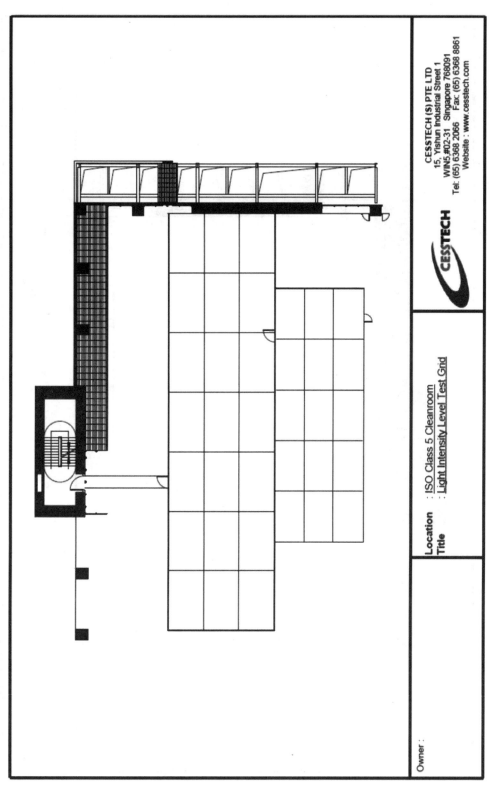

Location : ISO Class 5 Cleanroom
Title : Light Intensity Level Test Grid

Owner :

CESSTECH (S) PTE LTD
15, Yishun Industrial Street 1
WIN5,#02-31 Singapore 768091
Tel: (65) 6368 2066 Fax: (65) 6368 8861
Website : www.cesstech.com

CESSTECH

图 9-8 洁净车间照度测试划分网格

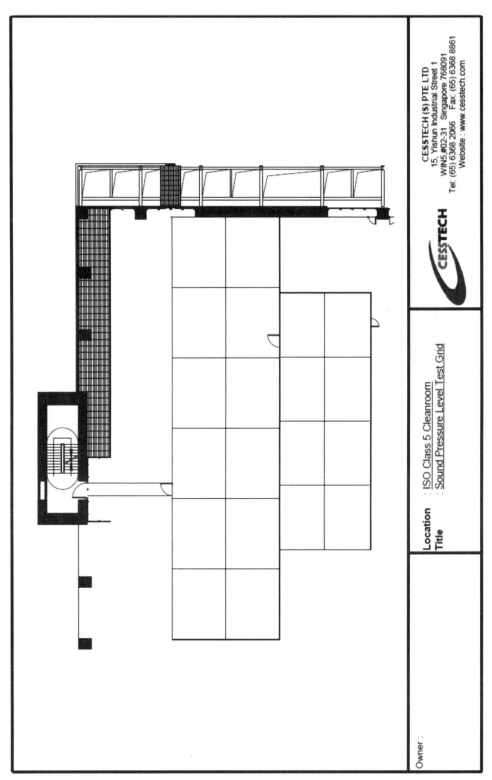

Owner :

Location : ISO Class 5 Cleanroom
Title : Sound Pressure Level Test Grid

CESSTECH (S) PTE LTD
15, Yishun Industrial Street 1
WIN5,#02-31　Singapore 768091
Tel: (65) 6368 2066　Fax: (65) 6368 8861
Website : www. cesstech.com

图 9-9　洁净车间声压测试划分网格

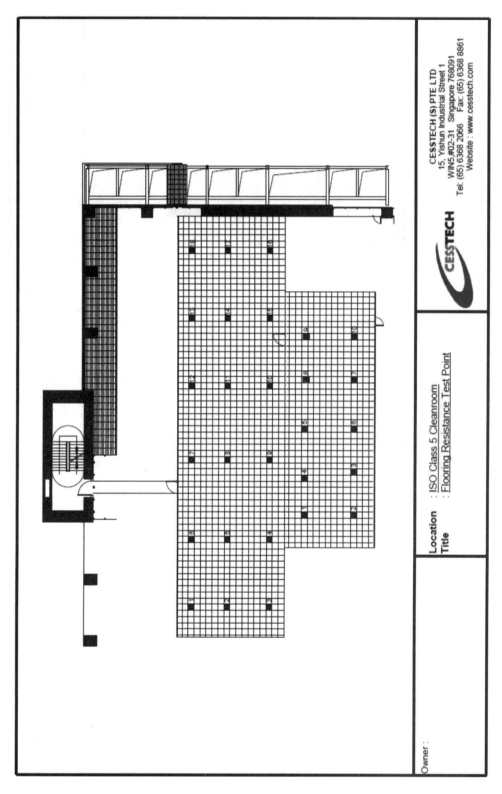

图 9-10 洁净车间地板电阻测试布局

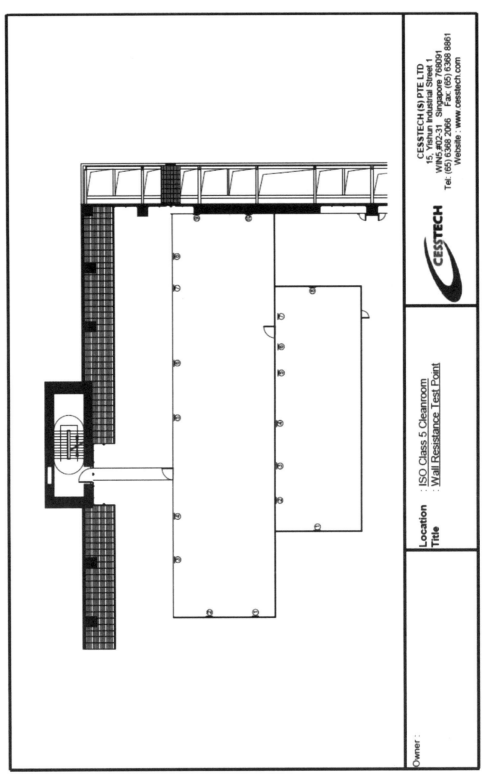

CESSTECH (S) PTE LTD
15, Yishun Industrial Street 1
WIN5,#02-31　Singapore 768091
Tel: (65) 6368 2066　Fax: (65) 6368 8861
Website : www.cesstech.com

| Location | : ISO Class 5 Cleanroom |
| Title | : Wall Resistance Test Point |

Owner :

图 9-11　洁净车间墙板电阻测试布局

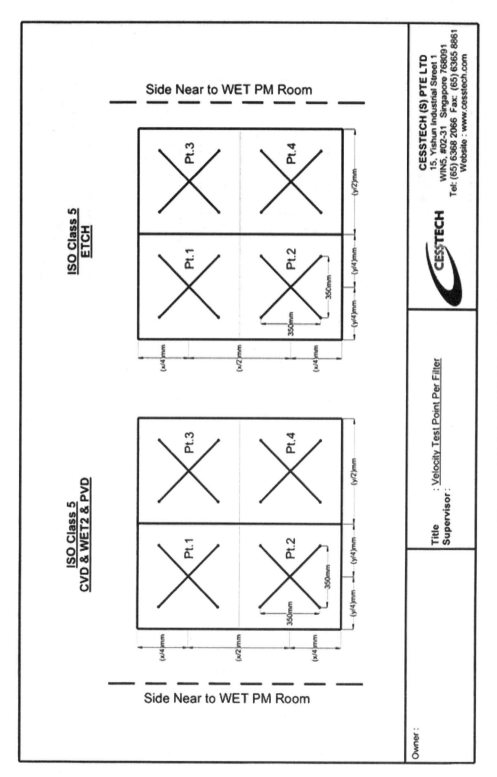

图 9-12 高效空气过滤器出风口风速测定位置

247

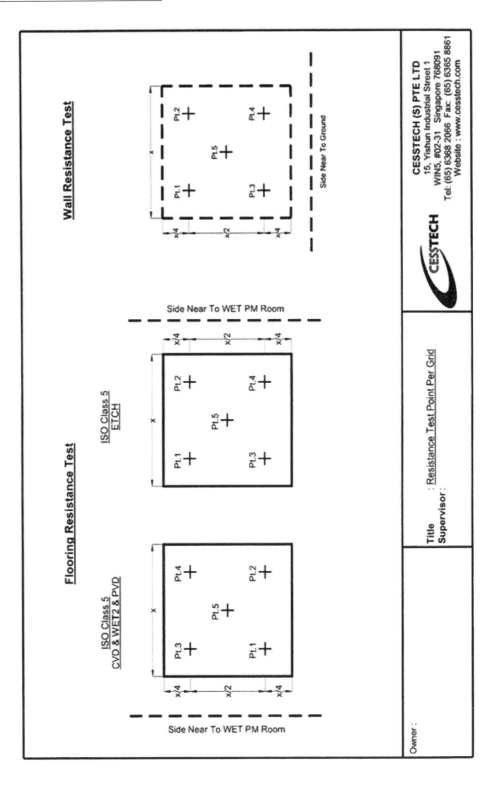

图 9-13　地板、墙板电阻测试布点位置

表 9-1

CVD/WET2/PVD 洁净室性能测试总结（英文）

Summary of Cleanroom Performance Testing for

*** 有限公司

*** 工程

（Date Tested: *** 2019 under As Built condition）

No	Test Description	Specification				Summary ISO Class 5 CVD & WET2 & PVD				Remark
		≥0.1μm	≥0.2μm	≥0.3μm	≥0.5μm	≥0.1μm	≥0.2μm	≥0.3μm	≥0.5μm	
1	Filter Installation Leak Test	1) Scan at 0.2μm & greater 2) Sample Time - 12 mins per filter								All Passed
	- No. of Filter Tested							64		
	- No. of Filter Replcaed							1		
2	Airborne Particle Count Test	≤100000	≤23700	≤10200	≤3520					Satisfy the acceptance criteria for ISO Class5, at ≥0.1μm, ≥0.2μm, ≥0.3μm & ≥0.5μm under As Built condition, as defined in ISO 14644-1:2015（E）
	- Average（count/m³）					2337.1	634.0	262.8	95.0	
	- Maximum Reading（count/m³）					10782.7	3040.5	1697.0	636.4	
	- Minimum Reading（count/m³）					318.1	70.0	0.0	0.0	
3	Airflow Velocity Test	0.36m/s~0.54 m/s								Within Specification
	- Average（m/s）							0.43		
	- Standard Deviation							0.026		
	- Relative Deviation（%）							6.0		
4	Temperature & Relative Humidity Test									
	- Average Temperature（℃）	22℃±1℃						22.0		Within Specification
	- Average Relative Humidity（%）	45%±5%						44.5		Within Specification
5	Light Intensity Level Test									
	- Average（Lux）	≥500Lux						606.7		Within Specification
6	Sound Pressure Level Test									
	- Average（dBA）	No specification						70.2		For reference only
7	Flooring Resistance Test									
	- Average（MΩ）	0.025 MΩ~1MΩ						0.40		Within Specification
8	Wall Resistance Test									
	- Average（MΩ）	≤100MΩ						0.96		Within Specification
9	Room Pressurization Test									
	- wrt outside（Pa）	≥10 Pa					Please refer to attached for detailed results			Within Specification

表 9-2

ETCH 洁净室性能测试总结（英文）

Summary of Cleanroom Performance Testing for

*** 有限公司

*** 工程

（Date Tested: *** 2019 under As Built condition）

No	Test Description	Specification				Summary ISO Class 5 ETCH				Remark
		≥ 0.1μm	≥ 0.2μm	≥ 0.3μm	≥ 0.5μm	≥ 0.1μm	≥ 0.2μm	≥ 0.3μm	≥ 0.5μm	
1	Filter Installation Leak Test - No. of Filter Tested - No. of Filter Replaced	1) Scan at 0.2μm & greater 2) Sample Time - 12 mins per filter					42 0				All Passed
2	Airborne Particle Count Test - Average (count/m³) - Maximum Reading (count/m³) - Minimum Reading (count/m³)	≤ 100,000	≤ 23,700	≤ 10,200	≤ 3,520	2344.7 7678.7 35.4	188.7 885.1 0.0	49.8 354.1 0.0	18.4 106.2 0.0	Satisfy the acceptance criteria for ISO Class 5, at ≥ 0.1μm, ≥ 0.2μm, ≥ 0.3μm & ≥ 0.5μm under As Built condition, as defined in ISO 14644-1:2015 (E)
3	Airflow Velocity Test - Average (m/s) - Standard Deviation - Relative Deviation (%)	0.36m/s~0.54 m/s				0.43 0.027 6.3				Within Specification
4	Temperature & Relative Humidity Test - Average Temperature (℃) - Average Relative Humidity (%)	22℃±1℃ 45%±5%				22.0 44.0				Within Specification Within Specification
5	Light Intensity Level Test - Average (Lux)	≥ 500Lux				578.0				Within Specification
6	Sound Pressure Level Test - Average (dBA)	No specification				72.7				For reference only
7	Flooring Resistance Test - Average (MΩ)	0.025 MΩ~1MΩ				0.39				Within Specification
8	Wall Resistance Test - Average (MΩ)	≤ 100MΩ				0.89				Within Specification
9	Room Pressurization Test - wrt outside (Pa)	≥ 10 Pa				Please refer to attached for detailed results				Within Specification

表 9-3

CVD/WET2/PVD 洁净室性能测试总结（中文）

允许标准与检测结果汇总

*** 有限公司

*** 工程

（检测日期：2019 年 ** 月 ** 日至 ** 月 ** 日，空态检测）

序号	检测项目	标准				汇总 ISO 5 级 CVD & WET2 & PVD				备注
		≥0.1μm	≥0.2μm	≥0.3μm	≥0.5μm	≥0.1μm	≥0.2μm	≥0.3μm	≥0.5μm	
1	过滤器泄漏测试 - 测试过滤器数量 - 更换过滤器数量	1）扫描 0.2μm 级以上 2）测试时间：12min 每块					64 1				全部合格
2	空气洁净度测试 - 平均值（颗/m³） - 最大值（颗/m³） - 最小值（颗/m³）	≤100,000	≤23,700	≤10,200	≤3,520	3237.1 10782.7 318.1	634.0 3040.5 70.7	262.8 1697.0 0.0	95.0 636.4 0.0	所列洁净室洁净度在 ≥0.1μm，≥0.2μm，≥0.3μm，≥0.5μm（E）符合 ISO 14644-1:2015（E）规定的空态洁净室 5 级的要求
3	气流速度测试 - 平均值（m/s） - 标准差 - 相对差（%）	0.36m/s~0.54 m/s				0.43 0.026 6.0				符合标准
4	温度与相对湿度测试 - 平均温度（℃） - 平均相对湿度（%）	22℃±1℃ 45%±5%				22.0 44.5				符合标准 符合标准
5	照度测试 - 平均值（Lux）	≥ 500Lux				606.7				符合标准
6	声压级测试 - 平均值［dB（A）］	No specification				70.2				仅供参考
7	地板电阻测试 - 平均值（MΩ）	0.025 MΩ~1MΩ				0.40				符合标准
8	墙板电阻测试 - 平均值（MΩ）	≤100MΩ				0.96				符合标准
9	房间压力测试 - 对外（Pa）	≥10 Pa				请看相应的具体数据				符合标准

表9-4

ETCH 洁净室性能测试总结（中文）

允许标准与检测结果汇总

*** 有限公司
*** 工程

（检测日期：2019年**月**日至**日，空态检测）

序号	检测项目	标准				汇总 ISO 5级 ETCH				备注
1	过滤器泄漏测试 - 测试过滤器数量 - 更换过滤器数量	1) 扫描 0.2μm 级以上； 2) 测试时间：12min 每块				42 1				全部合格
2	空气洁净度测试	≥ 0.1μm	≥ 0.2μm	≥ 0.3μm	≥ 0.5μm	≥ 0.1μm	≥ 0.2μm	≥ 0.3μm	≥ 0.5μm	所列洁净室洁净度在 ≥ 0.1μm，≥ 0.2μm，≥ 0.3μm，≥ 0.5μm 符合 ISO 14644-1:2015（E）规定的空态洁净室 5 级的要求
	- 平均值（颗/m³）	≤ 100,000	≤ 23,700	≤ 10,200	≤ 3,520	2344.7	188.7	49.8	18.4	
	- 最大值（颗/m³）					7678.7	885.1	354.1	106.2	
	- 最小值（颗/m³）					35.4	0.0	0.0	0.0	
3	气流速度测试	0.36m/s～0.54 m/s								符合标准
	- 平均值（m/s）					0.43				
	- 标准差					0.027				
	- 相对差（%）					6.3				
4	温度与相对湿度测试	22℃±1℃ 45%±5%								符合标准 符合标准
	- 平均温度（℃）					22.0				
	- 平均相对湿度（%）					44.0				
5	照度测试	≥ 500Lux								符合标准
	- 平均值（Lux）					578.0				
6	声压级测试	无标准								仅供参考
	- 平均值[dB（A ）]					72.7				
7	地板电阻测试	0.025 MΩ～1MΩ								符合标准
	- 平均值（MΩ）					0.39				
8	墙板电阻测试	≤ 100MΩ								符合标准
	- 平均值（MΩ）					0.89				
9	房间压力测试	≥ 10Pa				请看相应的具体数据				符合标准
	- 对外（Pa）									

高效空气过滤器检漏程序（英文）

表 9-5a

Procedure For Filter Installation Leak Test

Purpose

To verify the absence of bypass leakage (between filter frame and ceiling grid system) in the installation of the filters and confirm that the installed filters are free of defects and small leaks.

Instrumentation And Equipment

MetOne Particle Counter, Model: 3411

SHORTRIDGE Electronics Micromanometer, Model: ADM-870C

Aerosol Challenge, DEHS

Specification

- Test Condition: As Built
- Allowable Count Limit: ≤ 2400 count
  （Sample Time ＝ 12 mins per filter）

Note:

- Aerosol Challenge was introduced to the upstream of the filters being tested.
- For each filter，any repair surface must not constitute more than 3% of the filter face area & maximum linear dimension must not exceed 37.5mm.

Procedure

Reference:IEST Recommended Practice,IEST-RP-CC006.3Testing Cleanrooms

NEBB Procedural Standard for Certified Testing of Cleanroom (3rd Ed)

1. The filters' face velocities were determined to ensure that they were within the general design range.

2. The upstream concentration was taken at 0.2 micron and greater. This was taken for information only.

3. Laser Particle Counters with a resolution of 0.2 micron was used for the leak test. The sampling flow rate of the counters was 28.3lpm.

4. Rectangular particle counter probe was used to scan the filters. The probe dimension was selected to achieve isokinetic sampling. The scanning rate used was approximately 50mm/sec.

5. The probe was held at 25mm from the frame and filter surface during scanning. A count of 1 or more will force a sustained residence time of the probe at the location to assess the source of the detected counts.

6. All confirmed or suspected leaks were identified and recorded. Re- test will be conducted after remedial action has been taken.

7. When filters are beyond repair and replacement is made, record will be made to reflect the replacement.

表 9.5b

高效空气过滤器检漏程序（中文）

过滤器泄漏测试流程

目的

核实没有旁路泄漏（过滤器框架和顶棚之间的网格系统）安装和已安装的过滤器无缺陷，无细微泄漏。

仪器和设备

Met One 粒子计数器，型号：3411。

SHORTRIDGE 风速仪，型号：ADM-870C。

气溶胶，DEHS。

标准

- 测试条件：空态。
- 允许颗粒上限：≤ 2400 颗（采样时间：每个过滤器 12min）

注意：

- 被测试过滤器的上游，以 DEHS 气溶胶作为测试颗粒。
- 每个过滤器，总修复面积不超过过滤器面积的 3%，最大长度不超过 1.5 英寸。

参考文献：美国环境科学技术学会（IEST）推荐方法 IEST-RP-CC006.3 洁净室检测。

美国国家平衡局（NEBB）洁净室认证测试程序标准，第 3 版。

流程

1. 将过滤器表面风速控制在设计范围内。
2. 在上游 0.2μm 的颗粒大于等于 400 万粒／立方英尺。
3. 泄漏试验采用分辨率为 0.1μm 的粒子计数器。采样流量为 28.3L/min。
4. 使用粒子计数器的测试头扫描过滤器，测试头等速取样，扫描速度约为 50mm/s。
5. 从安装框架和过滤器表面扫描面的过程中，测试头在面面距离在 25mm（1 英寸），测试头在某个位置可能持续停留时间较长，以评估检测计数的来源。
6. 所有经过实或疑似泄漏的做好记录。修复过后再次进行测试。
7. 当过滤器无法修复并已更换，记录中必须反映此更换。

表 9-6a

空气悬浮粒子计数程序（英文）

Procedure for Airborne Particle Count

Purpose

To measure the airborne particulate level in the Cleanroom and to determine the room Cleanliness Classification as per ISO 14644-1:2015 (E).

Instrumentation and Equipment

MetOne Particle Counter, Model: 3411

Specification

Test Condition: As Built, Allowable Count Limit for each particle size

ISO Class 5 Cleanroom:	≤ 100, 000 count/m³	@ 0.1μm & greater
	：≤ 23, 700 count/m³	@ 0.2μm & greater
	：≤ 10, 200 count/m³	@ 0.3μm & greater
	：≤ 3, 520 count/m³	@ 0.5μm & greater

Procedure

Reference: ISO 14644-1:2015 (E), Classification of Air Cleanliness

NEBB Procedural Standard for Certified Testing Of Cleanroom (3ʳᵈ Ed)

1. This test was conducted after all the other tests had been completed.
2. The Cleanroom were purged for at least 12 hours before testing commences.
3. The Cleanroom was divided into test grids approximately equal area, and conforming to the requirement shown in Table A.1 of ISO 14644-1:2015 (E).
4. A minimum of 1 sample was taken at the centre of each grid, at a height of 1 meter above the floor.
5. At each location, the sampling time was set to 1min; or a sample volume of at least 20 expected counts will be taken (whichever is greater).
6. When an obstruction was encountered, the sample was taken at 300mm above the obstruction.
7. The average, maximum and minimum particle count level was computed from the collected data.

表 9-6b

空气悬浮粒子计数程序（中文）

洁净度测试流程

目的

测量洁净室颗粒物等级，并确定房间洁净度等级，依照 ISO 14644-1:2015（E）。

仪器和设备

MetOne 粒子计数器，型号：3411。

标准

测试状态：空态

合格标准

ISO 5 级洁净室 : ≤ 100000	pc/m³	0.1μm 及以上
: ≤ 23700	pc/m³	0.2μm 及以上
: ≤ 10200	pc/m³	0.3μm 及以上
: ≤ 3520	pc/m³	0.5μm 及以上

流程

参考标准

ISO 14644-1:2015（E）洁净室及相关受控环境 第 1 部分：空气洁净度分级。

NEBB 洁净室认证测试程序标准。

1. 此测试在其他所有测试完成后进行。
2. 测试开始前 12h，对洁净室进行清洁。
3. 根据 ISO 14644-1:2015（E），为洁净室划分测试网格。
4. 在每个采样格子的中间测试，测试高度为 1m。
5. 每个采样点测试时间为 1min。
6. 当遇到阻碍物，在距阻碍物上方 12 英寸的地方取样。
7. 计算平均值、最大值和最小值。

表 9-7

洁净度测试依据 ISO 14644-1:2015（E）确定测点数

采样点数根据房间面积
（来自 ISO 14644-1:2015（E））

房间面积（m²）小于或等于	最少采样点数	房间面积（m²）小于或等于	最少采样点数
2	1	104	16
4	2	108	17
5	3	116	18
8	4	148	19
10	5	156	20
24	6	192	21
28	7	232	22
32	8	276	23
36	9	352	24
52	10	436	25
56	11	636	26
64	12	1000	27
68	13	>1000	27×（面积 m²/1000）
72	14		
76	15		

Computation Method

Sample locations related to Cleanroom Area; extract from ISO 14644-1:2015(E).

Area of Cleanroom (m²) less than or equal to	Minimum number of sample location to be tested	Area of Cleanroom (m²) less than or equal to	Minimum number of sample location to be tested
2	1	104	16
4	2	108	17
6	3	116	18
8	4	148	19
10	5	156	20
24	6	192	21
28	7	232	22
32	8	276	23
36	9	352	24
52	10	436	25
56	11	636	26
64	12	1000	27
68	13	>1000	27×（Area m²/1000）
72	14		
76	15		

表 9-8

空气流速测试程序

风速测试流程

目的

确定安装在洁净室的过滤器的表面风速。

仪器和设备

Shortridge 风速仪，型号：ADM-870C。

标准

测试状态：空态；

每个 4'×4' ULPA 过滤器测 4 个点，距离过滤器表面 6 英寸（150mm）；

合格标准：0.36～0.54m/s。

流程

参考文献：

美国环境科学技术学会（IEST）推荐方法 IEST-RP-CC006.3 洁净室检测

美国国家平衡局（NEBB）洁净室认证测试程序标准，第 3 版

1. 每个过滤器被分成 4 个测试网格。

2. 电子式微风速仪安装有十字架探头附件，作为空气密度自动补偿。

3. 十字架探头尺寸是 350mm×350mm，设在测试网格中间，测速架的侧面与过滤器的侧边平行。紧靠过滤器出风面，测速架的侧面与过滤器的侧边平行。

4. 每个网格读取并记录一个读数。

5. 从这些数据计算洁净室的平均风速。

Procedure for Airflow Velocity Test

Purpose

To determine the air volumetric of the filters installed in the Cleanrooms.

Instrumentation And Equipment

SHORTRIDGE Electronics Micromanometer, Model: ADM-870C

Specification

- Test Condition : As Built
- Four (4) velocity values are taken for each filter at 150mm from the filter surface.
- Average Velocity : 0.36～0.54 m/s

Procedure

Reference:

IEST Recommended Practice, IEST-RP-CC006.3 Testing Cleanrooms,

NEBB Procedural Standard for Certified Testing of Cleanroom (3rd Ed)

1. Every filter was divided into 4 test grids each.

2. The electronics micromanometer was set up with the velgrid attachment for automatic compensation of air density variation.

3. The velgrid, having a dimension of 350mm×350mm, was placed at the center of the grid, with the velgrid's standoff spacers just touching the outlet filter surface. The Velgrid's sides were to maintain parallel to the filter edges.

4. One reading was taken for each girid.

5. The airflow average of the Cleanroom was computed from these data.

表 9-9

温度及相对湿度测试程序

温湿度测试流程	Procedure for Temperature & Relative Humidity Test
目的 确定洁净室空气调节系统的能力，以保持在指定的范围内的空气温度和相对湿度。	**Purpose** To determine the capability of the Cleanroom air handling system to maintain the air temperature and relative humidity within specified limits
仪器和设备 VAISALA 温湿度仪，型号：HMI 41 with HMP 41 probe。	**Instrumentation and Equipment** VAISALA Temperature & RH Meter, Model: HMI 41 with HMP41 probe
标准 测试状态：空态； ISO 5 级：22℃±1℃ 45%±5%。	**Specification** ● Test Condition : As Built ● Average Temperature & Relative Humidity ISO Class 5 Cleanroom:22℃±1℃ 45%±5%
流程 1. 在测试之前，完成气流平衡。 2. 空调系统测试开始前至少连续运行 24h。 3. 测试取点根据业主的要求（房间面积开根号）。 4. 温湿度仪，安装在距地面 1m 高的指定测点。 5. 当遇到阻碍物，在距阻碍物上方 150mm 的地方取样。 6. 测试并记录所有测点的数据。 7. 计算房间的平均湿度。	**Procedure** 1. All airflow balancing was completed prior to this test. 2. The air conditioning system was operated continuously for at least 24 hours prior to the commencement of the test. 3. The Cleanrooms were divided into approximately equal area test grid, and conforming to user requirement (Square root of the room area) . 4. The Temperature & RH meter was held at the centre of the test grid at 1 meter above the floor. 5. When an obstruction was encountered, the measurement was taken at 150mm above the obstruction. 6. The readings for all the other grids were taken and recorded. 7. The average temperature and relative humidity of the Cleanroom were computed from these data.

表 9-10

照度测试程序

Procedure for Light Intensity Level Test

Purpose

To determine the light intensity level at working height level within the Cleanroom

Instrumentation and Equipment

HIOKI Light Intensity Level Meter, Model: 3424

Specification

- Test Condition : As Built
- Average Light Intensity Level

ISO Class 5 Cleanroom : ≥ 500 Lux

Procedure

1. All fluorescent lighting was operated for at least 100 hours to ensure 'proper seasoning'.
2. The lighting was operated continuously for at least 2 hours to allow for temperature stabilization prior to the actual commencement of the test.
3. The Cleanroom was divided into test grids of no larger than 9.29m².
4. One reading was taken at the centre of each grid and at a height of 1 meter above the floor.
5. When an obstruction was encountered, the measurement was taken at 150mm above the obstruction.
6. The readings for all the other grids were taken and recorded.
7. The average light intensity level of the Cleanroom was computed from these data.

照度测试流程

目的

确定洁净室在工作水平高度的光照强度。

仪器和设备

Hioki 光度计，型号：3424。

标准

测试状态：空态；

ISO 5 级：≥ 500 Lux。

流程

1. 所有的灯，至少已运行 100h，以确保达到最佳状态。
2. 光照持续运行至少 2h，实际测试开始之前，室温保持稳定。
3. 洁净室所划分的网格面积，小于 9.29m²。
4. 在距地面 1m 高处，每个网格读取一个数据。
5. 当遇到障碍物时，在距障碍物 150mm 以上的地方测量。
6. 记录所有其他网格的数据。
7. 根据这些数据计算洁净室的平均光照强度。

表 9-11

声压测试程序

Procedure for Sound Pressure Level Test

Purpose

To measure the airborne sound pressure level within the Cleanroom produced by the basic Cleanroom mechanical and electrical systems.

Instrumentation and Equipment

RION Sound Pressure Level Meter, Model: NL-52

Specification

- Test Condition: As Built
- Average Sound Pressure Level
- ISO Class 5 Cleanroom:

Procedure

1. All airflow balancing was successfully completed prior to this test.

2. All fan filter modules and air conditioning equipment were switched on before any reading were taken.

3. The Cleanroom was divided into test grids of no larger than 40m².

4. The sound pressure level meter was placed 1 meter above the floor and with the sensor pointing in the direction of the operating module.

5. The sound pressure level, in dBA, was taken for each location.

6. When an obstruction was encountered, the measurement was taken 150mm above the obstruction, provided it was still within the entrance plane.

7. The average sound level of the Cleanroom was computed from these data.

噪声测试流程

目的

为了衡量洁净室内电气和机械系统产生的噪声。

仪器和设备

噪声仪,型号:NL-52。

标准

测试状态:空态;

ISO 5 级:无法定标准。

流程

1. 测试之前,所有的气流已顺利完成平衡试验。

2. 任何数据读取之前,所有风机和过滤器单元和空调系统处于开机状态。

3. 洁净室被划分为小于或等于 40m² 的网格。

4. 噪声仪置于距地面 1m 高的地方,传感器指向操作方向。

5. 声级仪被设置在 dB(A)模式,在每个位置测得一个数据。

6. 当遇到障碍物时,噪声仪被安装在距地面 150mm 的地方。

7. 根据这些数据计算出平均噪声等级。

表 9-12

房间压差测试程序

压差测试流程

目的

为确定洁净室系统的功能,使其保持规定的压差。

仪器和设备

Shortridge 风速仪,型号:ADM-870C。

标准

测试状态:空态;
ISO 5 级:≥ 10Pa。

流程

1. 测试之前完成所有气流平衡。
2. 测试期间,关闭所有洁净室和测试区的门。
3. 用压力计测量和记录洁净室和相邻房间之间的压差。

Procedure for Room Pressurization Test

Purpose

To determine the capability of the Cleanroom system to maintain the specified pressure differential

Instrumentation and Equipment

SHORTRIDGE Electronics Micromanometer, Model: ADM-870C

Specification

- Test Condition: As Built
- Differential Pressure (with outside environment)
- ISO Class 5 Cleanroom: ≥ 10Pa

Procedure

1. All airflow balancing were completed prior to this test.
2. All doors into the Cleanrooms and the reference areas were closed throughout the duration of the test.
3. The differential pressure between the Cleanroom and the adjacent room was measured and recorded with the electronics micromanometer.

地板电阻测试程序

表 9-13

地板电阻测试流程
（点对地测试）

目的

确定洁净室的地面的电阻。

仪器和设备

电阻仪，型号：PRS-812。

标准

测试状态：空态；

平均地板电阻 ISO 5 级：0.025MΩ～1MΩ。

流程

1. 在整个洁净室中随机选择预定的测试点。
2. 在测量过程中，其 15s 的充电时间内施加 100V 的测试电压。
3. 设置兆欧表，其正极端子连接到 5 磅电极，另一端子连接到适当的接地点。
4. 通过放置电极装配在选定的点，来测试地面电阻。欧姆表的支流连接到适当电气接地点。
5. 在地板的 4 个角和中心处安置电极获取并记录 5 个数据。
6. 根据这些数据计算平均地板电阻。

**Procedure for Flooring Resistance Test
(Point to Ground Test)**

Purpose

To determine the resistance to ground of the Cleanroom floor in ohms.

Instrumentation and Equipment

PROSTAT Resistance Meter, Model: PRS-812

Specification

- Test Condition: As Built
- Average (Point to Ground)
  ISO Class 5 Cleanroom: 0.025MΩ～1MΩ

Procedures

1. Pre-determined test points were selected randomly over the entire Cleanroom.
2. A test voltage of 100V was applied at an electrification period of 15 s during measuring.
3. The megaohmmeter was set up with the positive terminal connected to a 5 lbs electrode and with the other terminal connected to the appropriate groundable point.
4. The resistance to ground was measured by placing the electrode assembly at the selected point. The other lead of the ohmmeter was connected to the appropriate electrical ground point.
5. Five readings were recorded by placing the electrode at the 4 corners and at the centre of the selected floor grid.
6. The average of the Flooring resistance of the Cleanroom was computed from the data.

表 9-14

墙板电阻测试程序

Procedure for Wall Resistance Test (Point to Ground Test)	墙板电阻测试流程 （点对地测试）
Purpose To determine the resistance to ground of the Cleanroom walls in ohms.	目的 为了确定洁净室墙面的导电性能。
Instrumentation and Equipment PROSTAT Resistance Meter, Model: PRS-812	仪器和设备 电阻仪，型号：PRS-812。
Specification • Test Condition: As Built • Average (Point to Ground) ISO Class 5 Cleanroom : ≤ 100MΩ	标准 测试状态：空态； 平均墙板电阻 ISO 5 级：≤ 100MΩ。
Procedures 1. Pre-determined test points were selected randomly over the entire Cleanroom. 2. A test voltage of 100V was applied at an electrification period of 15 secs during measuring. 3. The megaohmmeter was set up with the positive terminal connected to a 5 lbs electrode and with the other terminal connected to the appropriate groundable point. 4. The resistance to ground was measured by placing the electrode assembly at the selected wall panel. The other lead of the ohmmeter was connected to the appropriate electrical ground point. 5. Five readings were recorded by hand pressing the electrode at the four corners and at the centre of an imaginary 600mm × 600mm grid of the selected Cleanroom wall. 6. The average of the Wall resistance of the Cleanroom was computed from the data.	流程 1. 在整个洁净室中随机选择预定的测试点。 2. 在测量过程中，在 15s 的充电时间内施加 100V 的测试电压。 3. 设置兆欧表，其正极端子连接到 5 磅电极，另一端子连接到适当的接地点。 4. 通过放置电极装配在选定的点，来测试墙板电阻，欧姆表的另一端连接到适当的电气接地点。 5. 在地板的 4 个角和 600mm×600mm 网格中心处安置电极获取并记录 5 个数据。 6. 根据这些数据计算平均墙板电阻。

高效空气过滤器检漏测值

表 9-15

-ISO Class 5 Cleanroom
(Test Date:***）

ISO Class 5 Cleanroom 2

Specification: ≤ 2400count（@0.2μm & greater） Sample Time = 12 mins per filter					
Filter No	Particle Count (count/ft³)	Filter No	Particle Count (count/ft³)	Filter No	Particle Count (count/ft³)
1	85	15	15	29	20
2	96	16	9	30	11
3	90	17	15	31	18
4	151	18	5	32	15
5	11	19	58	33	41
6	150	20	34	34	47
7	98	21	11	35	40
8	23	22	33	36	28
9	2	23	22	37	11
10	200	24	14	38	14
11	222	25	10	39	6
12	243	26	2	40	3
13	15	27	30	41	17
14	19	28	15	42	38

ISO Class 5 Cleanroom 1

Specification: ≤ 2400count（@0.2μm & greater） Sample Time = 12 mins per filter							
Filter No	Particle Count (count/ft³)	Filter No	Particle Count (count/ft³)	Filter No	Particle Count (count/ft³)	Filter No	Particle Count (count/ft³)
1	3	17	67	33	14	49	96
2	128	18	52	34	10	50	57
3	244	19	15	35	3	51	230
4	100	20	8	36	47	52	55
5	25	21	105	37	7	53	8
6	45	22	133	38	11	54	8
7	12	23	22	39	6	55	4
8	9	24	54	40	9	56	4
9	3	25	75	41	30	57	1
10	12	26	47	42	2	58	6
11	9	27	5	43	12	59	5
12	3	28	68	44	74	60	4
13	2	29	73	45	15	61	8
14	4	30	713	46	115	62	9
15	286	31	1	47	148	63	84
16	134	32	5	48	252	64	2

洁净车间空气粒子浓度测值

表 9-16

Airborne Particle Count Test for
-ISO Class 5 Cleanroom
(Test Date: ***)

ISO Class 5 Cleanroom 2

Sample No	Airborne Particle Count Reading(count/m^3)			
	≥0.1μm Specification: ≤100,000	≥0.2μm Specification: ≤23,700	≥0.3μm Specification: ≤10,200	≥0.5μm Specification: ≤3,520
1	2088.9	885.1	354.1	70.8
2	743.4	247.8	212.4	106.2
3	212.4	0.0	0.0	0.0
4	35.4	0.0	0.0	0.0
5	177.0	70.8	70.8	35.4
6	743.3	70.8	0.0	0.0
7	2693.2	70.9	35.4	0.0
8	5343.2	353.9	0.0	0.0
9	7678.7	283.1	106.2	35.4
10	5803.1	353.8	0.0	0.0
11	6510.7	247.7	70.8	70.8
12	4281.7	212.3	35.4	0.0
13	3184.4	212.3	70.8	35.4
14	1452.1	106.3	35.4	35.4
15	3360.7	318.4	70.8	35.4
16	1450.6	35.4	35.4	0.0
17	318.4	0.0	0.0	0.0
18	778.3	141.5	35.4	0.0
19	353.7	35.4	0.0	0.0
20	70.8	35.4	0.0	0.0
21	5766.0	566.0	70.7	35.4
22	3820.0	353.7	35.4	0.0
23	2868.6	177.1	70.8	35.4
24	141.6	0.0	0.0	0.0
25	3041.4	247.6	0.0	0.0
26	353.7	35.4	35.4	0.0
27	35.4	35.4	0.0	0.0

洁净车间空气粒子浓度测值

表 9-17

Airborne Particle Count Test for
-ISO Class 5 Cleanroom
(Test Date: ***)

ISO Class 5 Cleanroom 1

Sample No	Airborne Particle Count Reading(count/m³)			
	≥0.1μm Specification: ≤100,000	≥0.2μm Specification: ≤23,700	≥0.3μm Specification: ≤10,200	≥0.5μm Specification: ≤3,520
1	10782.7	1308.1	424.2	141.4
2	3146.4	1060.6	388.9	176.8
3	7389.1	3040.5	1697.0	636.4
4	3535.1	1060.5	671.7	176.8
5	4171.8	1520.2	813.2	232.8
6	1484.8	530.3	353.5	176.8
7	1131.5	176.8	70.7	0.0
8	1590.9	318.2	212.1	106.1
9	3075.6	459.6	247.5	141.4
10	1591.1	70.7	0.0	0.0
11	1166.7	247.5	141.4	35.4
12	813.1	176.8	70.7	35.4
13	1272.6	176.8	0.0	0.0
14	5867.6	706.9	141.4	0.0
15	2085.6	353.5	70.7	0.0
16	9158.1	813.3	141.4	0.0
17	4136.0	742.4	141.4	35.4
18	3288.2	282.9	35.4	0.0
19	1484.9	353.5	176.8	70.7
20	601.1	106.1	35.4	0.0
21	2651.2	848.4	388.8	141.4
22	2262.2	671.6	424.2	212.1
23	318.1	141.4	35.3	0.0
24	919.0	212.1	70.7	35.3
25	883.9	318.2	247.5	106.1
26	848.5	282.8	70.7	0.0
27	3251.8	1378.5	459.5	247.4
28	3994.3	318.1	35.3	0.0
29	7387.8	813.0	141.4	70.7
30	6822.9	530.3	176.8	70.7

洁净车间空气流速测值

表 9-18

Airflow Velocity Test for
-ISO Class 5 Cleanroom
(Test Date: ***)

ISO Class 5 Cleanroom 2

Filter No.1	Velocity Reading(m/s) Specification Average:0.36m/s~0.54m/s					Filter No.1	Velocity Reading(m/s) Specification Average:0.36m/s~0.54m/s				
	Pt.1	Pt.2	Pt.3	Pt.4	Ave		Pt.1	Pt.2	Pt.3	Pt.4	Ave
1	0.43	0.41	0.40	0.44	0.42	22	0.41	0.43	0.42	0.45	0.43
2	0.42	0.40	0.41	0.43	0.42	23	0.47	0.48	0.49	0.48	0.48
3	0.41	0.43	0.42	0.40	0.42	24	0.45	0.47	0.44	0.46	0.46
4	0.42	0.43	0.40	0.42	0.42	25	0.40	0.42	0.41	0.42	0.41
5	0.42	0.41	0.45	0.44	0.43	26	0.37	0.39	0.38	0.37	0.38
6	0.43	0.45	0.42	0.45	0.44	27	0.47	0.45	0.44	0.45	0.45
7	0.44	0.42	0.40	0.41	0.42	28	0.44	0.42	0.42	0.43	0.43
8	0.38	0.39	0.37	0.40	0.39	29	0.42	0.44	0.41	0.41	0.42
9	0.42	0.44	0.41	0.45	0.43	30	0.42	0.43	0.42	0.44	0.43
10	0.40	0.42	0.41	0.42	0.41	31	0.49	0.47	0.45	0.47	0.47
11	0.49	0.42	0.44	0.43	0.45	32	0.46	0.44	0.45	0.44	0.45
12	0.44	0.42	0.42	0.45	0.43	33	0.44	0.43	0.41	0.43	0.43
13	0.42	0.41	0.45	0.47	0.44	34	0.41	0.43	0.42	0.40	0.42
14	0.48	0.49	0.47	0.44	0.47	35	0.38	0.40	0.39	0.41	0.40
15	0.41	0.42	0.43	0.42	0.42	36	0.39	0.38	0.40	0.41	0.40
16	0.45	0.42	0.41	0.43	0.43	37	0.46	0.43	0.42	0.44	0.44
17	0.38	0.40	0.39	0.40	0.39	38	0.41	0.42	0.40	0.43	0.42
18	0.44	0.45	0.42	0.41	0.43	39	0.43	0.45	0.42	0.43	0.43
19	0.48	0.46	0.47	0.46	0.47	40	0.50	0.48	0.49	0.47	0.49
20	0.43	0.41	0.41	0.42	0.42	41	0.46	0.45	0.44	0.45	0.45
21	0.46	0.42	0.44	0.45	0.44	42	0.45	0.42	0.43	0.46	0.44

洁净车间空气流速测值 表 9-19

Airflow Velocity Test for
-ISO Class 5 Cleanroom
(Test Date: ***)

ISO Class 5 Cleanroom 1

Filter No.1	Velocity Reading(m/s)					Filter No.1	Velocity Reading(m/s)				
	Specification Average:0.36m/s~0.54m/s						Specification Average:0.36m/s~0.54m/s				
	Pt.1	Pt.2	Pt.3	Pt.4	Ave		Pt.1	Pt.2	Pt.3	Pt.4	Ave
1	0.42	0.43	0.42	0.44	0.43	33	0.43	0.41	0.42	0.42	0.42
2	0.49	0.47	0.45	0.46	0.47	34	0.46	0.43	0.41	0.45	0.44
3	0.43	0.40	0.41	0.42	0.42	35	0.48	0.47	0.44	0.46	0.46
4	0.42	0.40	0.41	0.44	0.42	36	0.41	0.43	0.42	0.42	0.42
5	0.40	0.43	0.41	0.42	0.42	37	0.47	0.42	0.44	0.43	0.44
6	0.38	0.41	0.40	0.39	0.40	38	0.38	0.40	0.41	0.40	0.40
7	0.45	0.47	0.44	0.46	0.46	39	0.45	0.42	0.43	0.44	0.44
8	0.40	0.43	0.42	0.41	0.42	40	0.47	0.44	0.41	0.39	0.43
9	0.43	0.45	0.41	0.43	0.43	41	0.41	0.43	0.40	0.42	0.42
10	0.39	0.42	0.43	0.42	0.42	42	0.46	0.43	0.41	0.45	0.44
11	0.38	0.37	0.39	0.41	0.39	43	0.44	0.42	0.43	0.46	0.44
12	0.48	0.45	0.46	0.44	0.46	44	0.41	0.42	0.44	0.41	0.42
13	0.38	0.40	0.41	0.40	0.40	45	0.39	0.40	0.41	0.39	0.40
14	0.41	0.43	0.41	0.42	0.42	46	0.42	0.44	0.43	0.42	0.43
15	0.44	0.46	0.45	0.42	0.44	47	0.37	0.39	0.40	0.37	0.38
16	0.42	0.44	0.41	0.43	0.43	48	0.40	0.41	0.39	0.41	0.40
17	0.42	0.41	0.42	0.44	0.42	49	0.48	0.47	0.45	0.47	0.47
18	0.43	0.46	0.45	0.42	0.44	50	0.40	0.41	0.43	0.42	0.42
19	0.49	0.47	0.46	0.44	0.47	51	0.40	0.41	0.40	0.42	0.41
20	0.46	0.43	0.45	0.46	0.45	52	0.43	0.42	0.41	0.42	0.42
21	0.39	0.37	0.38	0.38	0.38	53	0.38	0.40	0.39	0.40	0.39
22	0.44	0.41	0.42	0.44	0.43	54	0.43	0.41	0.40	0.41	0.41
23	0.39	0.37	0.40	0.39	0.39	55	0.43	0.42	0.40	0.42	0.42
24	0.47	0.49	0.45	0.43	0.46	56	0.49	0.47	0.48	0.46	0.48
25	0.43	0.41	0.40	0.42	0.42	57	0.40	0.42	0.41	0.43	0.42
26	0.43	0.41	0.42	0.45	0.43	58	0.43	0.42	0.43	0.45	0.43
27	0.44	0.43	0.42	0.45	0.44	59	0.42	0.45	0.41	0.43	0.43
28	0.43	0.42	0.44	0.42	0.43	60	0.42	0.41	0.44	0.42	0.42
29	0.44	0.42	0.41	0.43	0.43	61	0.44	0.43	0.42	0.45	0.44
30	0.43	0.42	0.41	0.45	0.43	62	0.36	0.38	0.37	0.39	0.38
31	0.41	0.43	0.42	0.42	0.42	63	0.42	0.44	0.41	0.43	0.43
32	0.39	0.42	0.44	0.40	0.41	64	0.40	0.42	0.43	0.44	0.42

洁净车间温度、相对湿度测值　　　　表 9-20

Temperature & Relative Humidity Test for
-ISO Class 5 Cleanroom
(Test Date: ***)

ISO Class 5 Cleanroom 2

Specification(Temperature)-Average：22℃±1℃ Specification(Relative Humidity)-Average:45%±5%								
Sample No	Temp. (℃)	RH (%)	Sample No	Temp. (℃)	RH (%)	Sample No	Temp. (℃)	RH (%)
1	22.2	43.7	7	22.1	43.6	13	22.1	43.8
2	22.0	44.1	8	22.0	44.1	14	21.9	44.3
3	21.9	44.1	9	21.9	44.1	15	21.9	44.4
4	21.9	44.1	10	21.9	44.0	16	22.0	44.0
5	22.0	44.0	11	21.9	43.9	17	22.0	43.8
6	22.1	43.6	12	22.1	43.9	18	22.1	44.9

ISO Class 5 Cleanroom 1

Specification(Temperature)-Average：22℃±1℃ Specification(Relative Humidity)-Average:45%±5%								
Sample No	Temp. (℃)	RH (%)	Sample No	Temp. (℃)	RH (%)	Sample No	Temp. (℃)	RH (%)
1	22.4	43.4	8	22.1	43.8	15	21.8	44.8
2	22.3	43.8	9	22.1	43.8	16	21.7	45.2
3	22.3	44.3	10	22.0	44.1	17	21.7	45.5
4	22.4	43.5	11	22.0	44.8	18	21.8	45.8
5	22.4	43.4	12	22.0	45.0	19	21.7	45.5
6	22.4	43.3	13	21.9	44.7	20	21.7	45.6
7	22.1	43.5	14	21.8	44.9	21	21.6	45.7

洁净车间照度测值　　　　表 9-21

Light Intensity Level Test for
-ISO Class 5 Cleanroom
(Test Date: ***)

ISO Class 5 Cleanroom 2

Specification-Average：≥500Lux					
Sample No	Light Intensity Level(Lux)	Sample No	Light Intensity Level(Lux)	Sample No	Light Intensity Level(Lux)
1	570	3	508	5	677
2	607	4	585	6	609

续表

Specification-Average：≥500Lux					
Sample No	Light Intensity Level(Lux)	Sample No	Light Intensity Level(Lux)	Sample No	Light Intensity Level(Lux)
7	601	10	543	13	526
8	640	11	627	14	520
9	537	12	650	15	470

ISO Class 5 Cleanroom 1

Specification-Average：≥500Lux					
Sample No	Light Intensity Level(Lux)	Sample No	Light Intensity Level(Lux)	Sample No	Light Intensity Level(Lux)
1	383	8	691	15	575
2	451	9	495	16	651
3	400	10	573	17	764
4	583	11	734	18	652
5	651	12	656	19	627
6	491	13	665	20	733
7	587	14	765	21	614

洁净车间噪声测值　　　　　　　　表 9-22

Sound Pressure Level Test for
-ISO Class 5 Cleanroom
(Test Date: ***)

ISO Class 5 Cleanroom 2

Specification-Average：No Specification					
Sample No	Sound Pressure Level(dBA)	Sample No	Sound Pressure Level(dBA)	Sample No	Sound Pressure Level(dBA)
1	71.9	4	72.4	7	73.5
2	72.6	5	72.2	8	72.4
3	73.0	6	73.4		

ISO Class 5 Cleanroom 1

Specification-Average：No Specification					
Sample No	Sound Pressure Level(dBA)	Sample No	Sound Pressure Level(dBA)	Sample No	Sound Pressure Level(dBA)
1	69.5	5	70.5	9	69.5
2	70.4	6	71.1	10	69.8
3	71.5	7	70.5	11	70.2
4	69.8	8	70.3	12	69.7

洁净车间地板电阻测值

表 9-23

Flooring Resisitance Test for
-ISO Class 5 Cleanroom
(Test Date: ***)

ISO Class 5 Cleanroom 2

Tile No	Flooring Resisitance Reading. MΩ					
	Specification：0.025MΩ～1MΩ					
	Pt.1	Pt.2	Pt.3	Pt.4	Pt.5	Ave
1	0.28	0.34	0.39	0.20	0.24	0.29
2	0.16	0.34	0.29	0.24	0.39	0.28
3	0.13	0.20	0.24	0.20	0.17	0.19
4	0.29	0.44	0.40	0.37	0.35	0.37
5	0.31	0.17	0.19	0.18	0.42	0.25
6	0.68	0.60	0.42	0.52	0.36	0.52
7	0.31	0.22	0.29	0.38	0.41	0.32
8	0.89	0.66	0.58	0.47	0.74	0.67
9	0.39	0.32	0.30	0.37	0.44	0.36
10	0.79	0.62	0.60	0.51	0.48	0.60

ISO Class 5 Cleanroom 1

Tile No	Flooring Resisitance Reading. MΩ					
	Specification：0.025MΩ～1MΩ					
	Pt.1	Pt.2	Pt.3	Pt.4	Pt.5	Ave
1	0.20	0.50	0.64	0.37	0.44	0.43
2	0.22	0.20	0.39	0.41	0.29	0.30
3	0.23	0.29	0.34	0.47	0.50	0.37
4	0.67	0.22	0.38	0.53	0.40	0.44
5	0.71	0.72	0.45	0.38	0.66	0.58
6	0.23	0.34	0.31	0.50	0.47	0.37
7	0.61	0.59	0.94	0.72	0.81	0.73
8	0.23	0.31	0.29	0.42	0.50	0.35
9	0.30	0.61	0.41	0.36	0.47	0.43
10	0.46	0.42	0.30	0.24	0.51	0.39
11	0.27	0.26	0.50	0.29	0.38	0.34
12	0.42	0.40	0.27	0.22	0.33	0.33
13	0.93	0.79	0.82	0.67	0.64	0.77
14	0.13	0.19	0.42	0.34	0.30	0.28
15	0.18	0.13	0.27	0.30	0.19	0.21
16	0.54	0.29	0.32	0.30	0.50	0.39
17	0.18	0.29	0.28	0.61	0.42	0.36
18	0.22	0.14	0.18	0.27	0.20	0.20

洁净车间墙板电阻测值

表 9-24

Wall Resisitance Test for
-ISO Class 5 Cleanroom
(Test Date: ***)

ISO Class 5 Cleanroom 2

Sample No	Wall Resisitance Reading. MΩ					
	Specification：≤100MΩ					
	Pt.1	Pt.2	Pt.3	Pt.4	Pt.5	Ave
1	0.09	0.14	0.12	0.10	0.15	0.12
2	0.09	0.10	0.11	0.13	0.12	0.11
3	1.80	1.50	1.40	1.20	1.40	1.46
4	1.00	1.40	1.20	1.80	1.10	1.30
5	1.00	1.70	0.90	1.60	1.20	1.28
6	0.09	0.12	0.14	0.10	0.13	0.12
7	1.00	1.20	1.10	1.70	1.20	1.24
8	1.80	1.00	1.90	1.40	1.40	1.50

ISO Class 5 Cleanroom 1

Sample No	Wall Resisitance Reading. MΩ					
	Specification：≤100MΩ					
	Pt.1	Pt.2	Pt.3	Pt.4	Pt.5	Ave
1	0.09	0.14	0.19	0.10	0.11	0.13
2	1.00	1.20	1.51	1.52	1.23	1.29
3	1.00	1.07	1.10	1.12	1.09	1.08
4	1.21	1.20	1.34	1.67	1.24	1.33
5	1.00	0.97	1.12	1.10	1.17	1.07
6	0.09	0.10	0.12	0.14	0.20	0.13
7	1.40	1.20	1.00	1.70	1.60	1.38
8	1.60	1.90	1.10	2.30	2.00	1.78
9	0.97	1.10	1.13	1.41	1.40	1.20
10	0.19	0.14	0.21	0.22	0.29	0.21

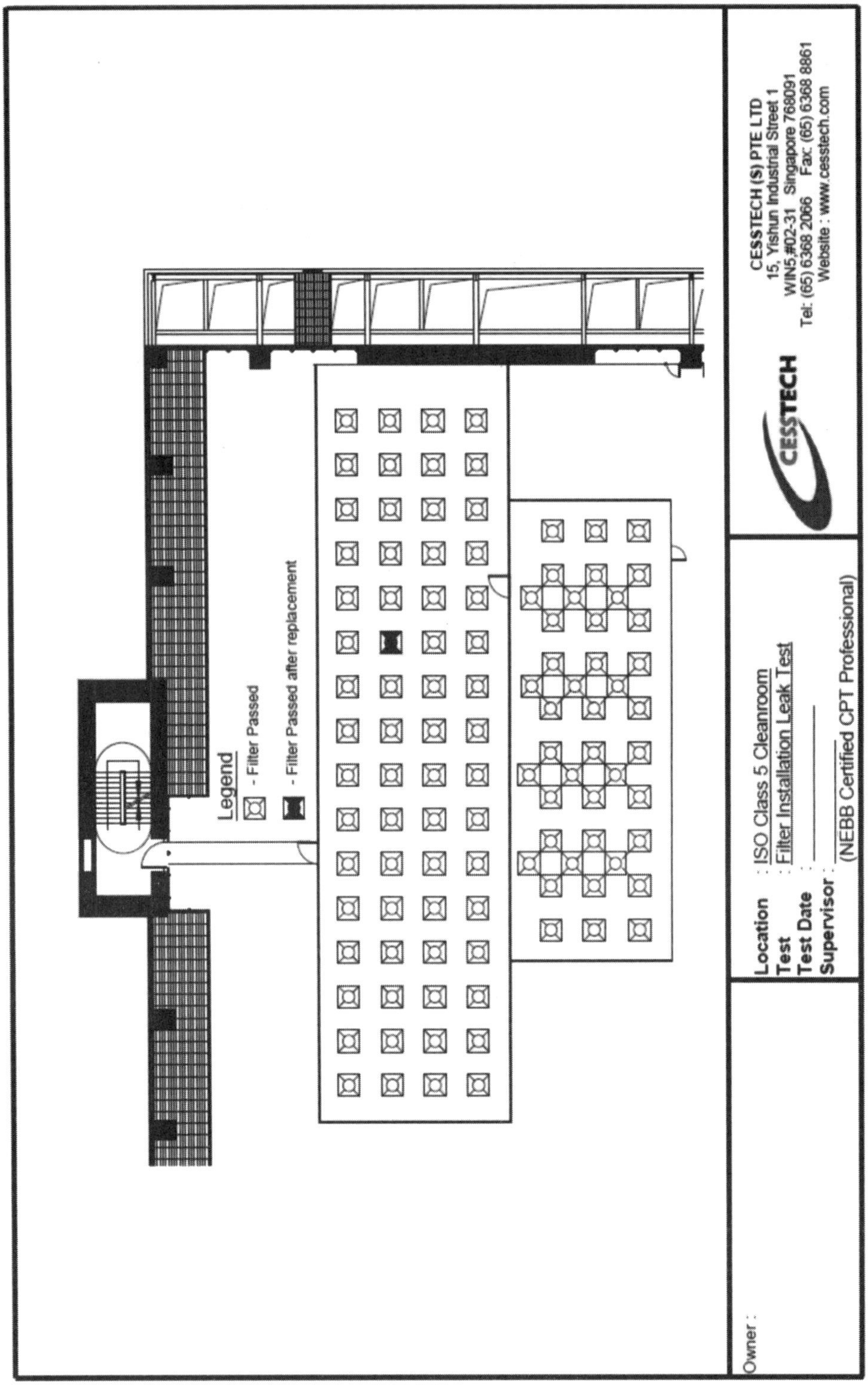

图 9-14　高效过滤器检漏平面图

Report Number: CT/CPT/427-19

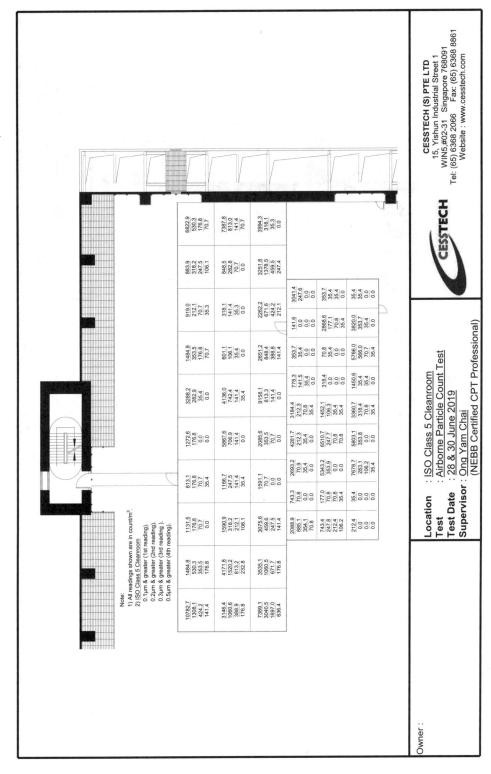

图 9-15 洁净车间空气粒子浓度分布

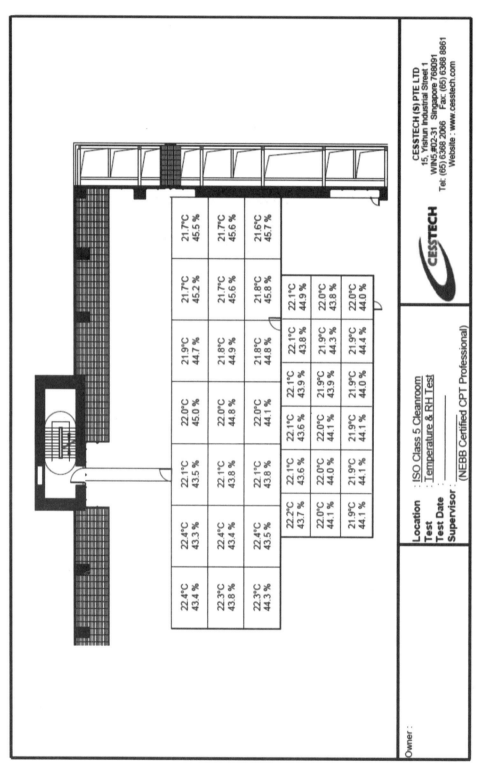

图 9-16　洁净车间温度、相对湿度分布

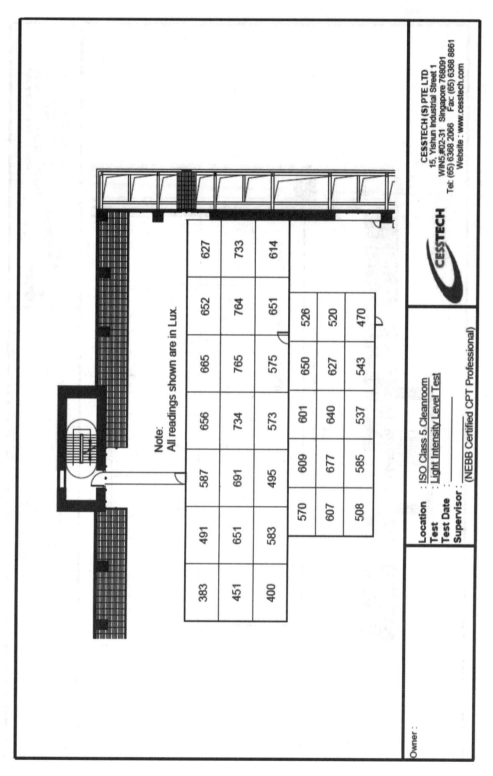

图 9-17 洁净车间照度分布

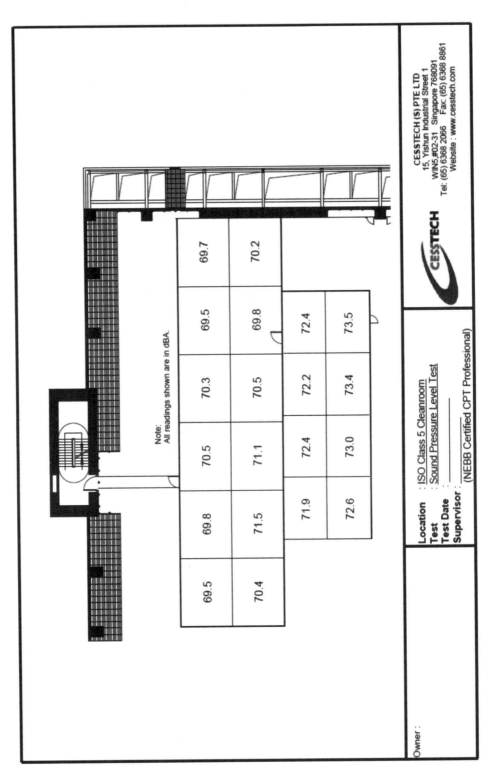

Owner :

69.5	69.8	70.5
70.3	69.7
70.4	71.5	71.1	70.5	69.5	70.2

Note:
All readings shown are in dBA.

71.9	72.4	72.2	72.4
72.6	73.0	73.4	73.5

CESSTECH (S) PTE LTD
15, Yishun Industrial Street 1
WIN5 #02-31　Singapore 768091
Tel: (65) 6368 2066　Fax: (65) 6368 8861
Website : www.cesstech.com

Location　:: ISO Class 5 Cleanroom
Test　:: Sound Pressure Level Test
Test Date :
Supervisor :
(NEBB Certified CPT Professional)

图 9-18　洁净车间噪声分布

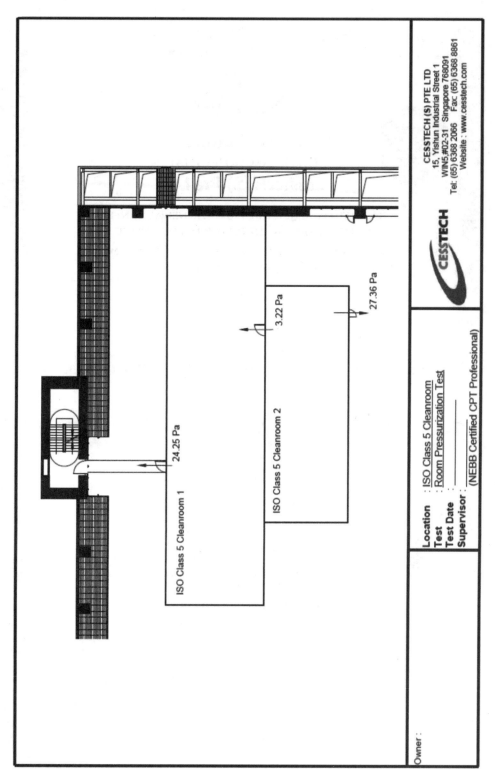

图 9-19 洁净车间压差测试结果

图 9-20　NEBB 资质证书

第 10 章　洁净室污染控制分析与策略

洁净室作为一种典型的受控环境，在其全寿命过程中，运行管理占有重要位置。没有一整套科学和严格的管理体制，就不可能保证洁净室始终处于生产和科研所需的受控状态。换句话说，就是因管理不善而可能出现空气中悬浮污染物浓度超标，以致危害产品质量的状况。因此，针对洁净室内、外污染源的产生和污染途径进行细致分析，并制定周密的污染风险防范规则，在洁净室运行过程中严格照章办事，以控制污染风险的发生，这对洁净室的运行具有重要意义。

国外为规范运行管理，制定了多种防范风险的体系。例如，主要针对电气和机械系统运行的"故障枝状分析"（FTA，Fault Tree Analysis）、"故障模式效果分析"（FMEA，Failure Mode Effect Analysis）以及在食品业广泛应用的"危害分析关键控制点"（HACCP，Hazard Analysis Critical Control Point）等风险评定方法。这些也是国家标准《洁净室及相关受控环境　第 5 部分：运行》GB/T 25915.5—2010，及国际标准 ISO 14644-5：2005 向洁净室用户推荐的，可借鉴、参考的污染风险评估方法。

根据"危害分析关键控制点（HACCP）"风险评估的思路，结合洁净室运行的特点，可归纳出洁净室污染风险评估的步骤和相关方面如下：

（1）查清洁净室的污染源及污染途径。

（2）研究所存在污染源的危害性。

（3）寻求控制污染源的对策。

（4）确定对污染物的可靠采样和监测，及其控制方法。

（5）建立监测体制、确定"告警值""行动值"以及超过限值时应采取的措施。

（6）为评定污染控制系统工作的有效性，要检查产品的废品率，及对应的污染物采样结果和控制方法。

（7）建立必要的文件管理制度，持续记录运行管理过程。

（8）人员培训。

10.1　查清洁净室污染源与传播途径

查清洁净室所存在的污染源及其传播途径，是制定洁净室污染控制措施的首要步骤和基本条件。只有对各种污染源的生成机制、传播渠道进行了科学分析，把握了这些污染的形成、扩散规律，才有可能制定出切实可行的污染控制对策。

10.1.1　污染源

各个不同洁净室及相关受控环境，其污染来源的构成及所占份额可能不尽相同，但主要的污染源不外乎以下方面：

1. 人员

尽管已有许多生产工艺日益提高机械化、自动化程度，尽量减少人员直接进入生产区，以降低由于人员参与带入的污染。但截至目前，列为多数洁净室及相关受控环境的最主要污染来源仍然是人。虽然为防止进入洁净室人员散发过量的污染物，以致危害生产环境而采取了许多措施，如进入前穿着适用于不同级别洁净室的成套洁净服、戴口罩、操作手套、指套等；人员进入洁净室前，一般要经过空气吹淋；此外，进入人员还有其他的种种规章制度，例如个人卫生、化妆品的使用限制，在洁净室内的行走速度等。自 20 世纪 50 年代洁净室诞生以来，虽然上述这一系列措施的逐步完善，大大降低了人员的污染散发量。但即便如此，仍然存在人体表面及内衣上的污染物穿透洁净服，以及人员呼吸所产生的污染物，扩散到洁净室空气中污染环境、影响产品质量的问题。

曾经有人为洁净室设计过类似于宇航服装的洁净工作服，人员的呼吸经封闭头盔和软管接到尾气过滤装置来完成。虽然这种服装几乎杜绝了人员向外散发污染粒子，但是既不实用，造价也昂贵，同时严重制约了人员的行动，妨碍正常操作和工作效率而难以普遍推广。

2. 毗邻洁净室及相关受控环境的污染区域

与洁净室及相关受控环境周边毗邻或相通的较低洁净度的区域或是非洁净区，由于人员、物料的进出携带入的污染空气，或沉降在人员、物料上的污染物被带入，是影响室内洁净度的另一个重要污染来源。

合理的正压差是减少通过围护结构的缝隙和传递窗、门、传送带开口等孔洞侵入污染空气的重要措施。设在门口的气闸室、缓冲室以及空气吹淋室，也都有一定作用。但完全避免周边污染区域对洁净室环境的干扰与影响也是困难的，特别是在洁净室外门的附近区域，因此，工艺关键区域宜于远离外门。

3. 未经过滤的送风泄漏

在正常情况下，新建、改建洁净室或是末级过滤器更换后，按规范进行了严格的验收检测，那么高效过滤器本身、高效过滤器与支撑框架的接触面如有泄漏，都应被查出并予以处理。此时，送风系统就应不存在未经过滤而进入洁净室的空气。值得防范和注意的是，在生产过程中未按操作规章不慎触及脆弱的高效过滤器纸芯，或是高效空气过滤器支撑框架因振动或是密封胶垫老化、变质致使高效过滤器与框架接触面的密封垫或胶条出现裂隙，而泄漏未经过滤的空气污染洁净室，这也是日常监测工作关注的重点。

4. 围护结构及其他表面

多年来，随着建筑装饰材料的技术进步，洁净室及相关受控环境的墙面、地面、顶棚的产尘量日益降低；其表面平整光滑，并防静电，因此吸附、聚积尘粒的几率也在下降。洁净室所使用设备、家具等的表面也都具有同样的性能，正常条件下不应产尘、积尘。但洁净室各种表面依然存在由于人员的触摸被污染，或因生产过程中被污染空气所携带尘粒的沉降、附着作用，而被污染。特别是在非工作班未设净化通风系统值班工况时，因洁净空调系统停止运行而对周围环境无正压功能，由于大气扩散效应侵入室内空气中的污染粒子将沉降、附着到各个表面上。如果在洁净室重新正常运行与工作时，未清洁这些表面，那么它们将成为洁净室的又一个污染源。

5. 处于工作状态的机器设备

多年来，出于减少洁净室人员产生的污染以及提高工作效率和精度的双重考虑，某些洁净室采用了更多的机器设备、机械手及其他自动化装置。实践过程中发现，固然是减少了人员的污染因素，一定程度上改善了洁净室的状况。但运转中的机器设备由于润滑剂、机械磨损以及电器自控装置运行中产生的尘粒污染，又成为了被关注的问题。日本等国家对洁净室常见的，各种不同运转方式、不同速率、不同材质的机械设备的典型动作和某些电器的产尘进行了相应的试验研究。对洁净室的这些机械、电器污染源给出了一些尘埃散发量的可参考数值，为洁净室通风设计提供了计算依据。

某些工艺过程往往也散发粉尘，如电子行业的硅片切割、打磨等。对于这类工艺通常宜采用屏蔽措施，使其与洁净室及相关受控环境相隔离。同时采用局部排风措施，使其相对于周边为负压，以尽量减少污染物外溢。

6. 原材料、容器、包装等

对进入洁净室的设备、材料以及容器、包装等的预清洁、拆包地点和方法，以及进入洁净室的程序等，在洁净室运行管理的相关规范中都有明确说明。但仍难完全杜绝粘附在原材料、容器、包装，特别是一些难于彻底清洁的产品的细小组件等上的污染物被带入洁净室。它们构成了生产过程中的又一个重要污染源。这一点上往往容易被忽略，通常出现问题时，常把注意力放在寻找空调净化系统的缺陷上。在笔者承担过的多项洁净室现状调查与测试中，最终发现不少洁净室产品部件带入的微粒是出现问题的重要原因。

10.1.2　污染传播的途径

不但要弄清洁净室的污染源是哪些，其污染途径同样需要分析清楚。从大的方面来看，洁净室污染粒子的传播，主要是通过空气传播与接触传播这两个渠道。但在很多情况下，这两种传播渠道是交替存在、协同传播的。所有的主要污染源都会将所产生、所携带的污染粒子散布到空气中，微小的粒子会在空气中扩散，或随气流运动并接触到洁净室的产品或研究对象而构成污染。这些微粒子还可能粘附在墙面、地面、设备表面上，因人员操作、走动或气流的扰动又重新扩散到空气中去，而形成二次污染。

较大的粒子如碎屑、细末和纤维，不会远离其生成的地点，但也存在掉落在产品、产品构件之中，或者附着在它们的表面上构成污染。这些粒子还会掉落、粘附在操作人员的手套、服装上，随后又污染了其他的产品或洁净室表面。

当机器设备、容器、包装、原材料、手套、服装等与产品直接接触时，附着其上的污染物就可能通过"接触"这个途径传播给产品。

10.1.3　污染风险分析和控制措施图

当掌握和分析了洁净室的污染源和污染传播途径，就可以形象地勾画出即将投付运行的洁净室的污染风险分析和控制措施图，可以搞清楚污染物是如何从其源头发生，随后又是怎么传播到洁净室的产品和研究对象的，同时可以采取的防范对策和措施又是什么，都可反映在这个图上。

当工艺流程复杂，同时要控制诸如尘埃粒子、微生物粒子、分子污染物等多种污染物时，可能需要勾画出多个污染风险分析与污染控制图。

从上一节可以知道，污染在洁净室的传播是十分复杂的。从理论上讲洁净室内的每个物品都可能被室内的其他物品污染，这样使问题更加复杂化，然而实际上只要考虑主要污染源即可。特别应关注空气的核心作用，是它容纳洁净室的各类污染物并到处传播。

图 10-1 是一个典型洁净室内颗粒污染物的污染源、传播途径及控制措施的示意图。

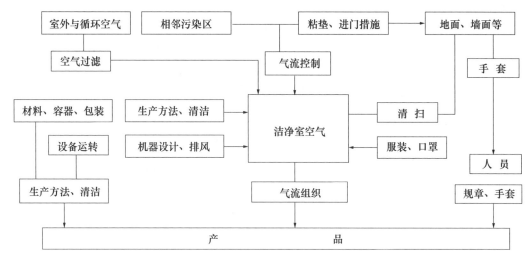

图 10-1　洁净室内粒子及微生物污染源、传播途径以及控制措施

图 10-2 给出了工艺过程及设备污染源、传播途径及其控制方法的示意图。

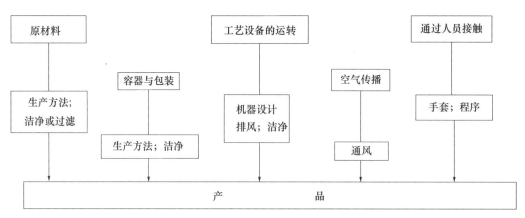

图 10-2　工艺设备污染源和途径的控制

10.2　危害性分析

危害性分析也就是日常所说的风险研究，或风险分析。当已弄清洁净室内各种可能的污染源及其传播途径后，接下来的任务就是进行危害性分析，通过分析以判断哪些是危害产品的主要污染源，以及其危害程度及相对严重性。

对于一个新建的洁净室，或是洁净室的生产工艺更新、生产设备更新后，在尚未投入使用前要确定哪些是危害性最大的污染源，往往是比较困难的。因为那时还不可能采集到产品有关污染的信息，也不能有更多检测、监测结果可供参考。但这些都不应该妨碍依据以往的洁净室运行管理、监测结果和类似的工艺生产的经验，来进行初步分析。因为在洁净室贯穿始终的危险分析和污染控制过程中，还有"评定与再评定"的步骤。不能因为目前资料、数据匮乏而不做危害分析。正确的思路是：待将来掌握更多洁净室检测数据和产品品质分析资料时，再对目前的初步分析进行修正与变更。此时，最初的"危害性分析"就可发挥作为标杆的功效。

10.2.1　风险系数评估方法

为确定洁净室污染风险的潜在危害性，可以使用"风险系数"的评估方法：首先根据洁净室污染的因素确定一组风险系数变量，它们通常是：

风险系数 A：污染源所含可能传播的污染物量的多少；

风险系数 B：污染传播的难易程度；

风险系数 C：污染源相对于产品关键控制点的远近；

风险系数 D：污染控制措施的有效程度。

可以将上述主要因素用数值予以量化，例如把每个风险系数量化为 0～2 的 5 个程度差别，再逐个研究各种污染源的风险等级或危害。表 10-1 给出了风险系数的一种量化方法：

将 4 个评分相乘，即可得到量化的风险等级评价值，如式（10-1）所示。

$$风险等级 = A \times B \times C \times D \tag{10-1}$$

其值在 0～16 的范围内。此外，还可以把风险级别分为高、中、低三档，如表 10-2 所列。

风险系数量化方法　　　　　　　　　　　　　　　　　表 10-1

污染源污染量 A	传播难易程度 B	距离关键点区远近 C	污染控制效果 D
0 / 无	0 / 无可能	0 / 走廊外	0 / 隔离装置保护
0.5 / 很低	0.5 / 很难	0.5 / 气闸	0.5 / 控制极佳
1 / 低	1 / 较难	1 / 洁净室外围	1 / 控制良好
1.5 / 中等	1.5 / 较易	1.5 / 洁净室内	1.5 / 控制一般
2 / 高	2 / 容易	2 / 关键区	2 / 无控制

风险等级　　　　　　　　　　　　　　　　　　　　表 10-2

风险等级	风险等级评估值
高	＞ 12
中	4～12
低	＜ 4

依据风险等级评价值可以确定每个污染源的重要程度，判断其是否对产品构成危害。

当然，这个方法仅是帮助人们进行风险研究和判断。由于所依据的信息质量和上述数学模式的不确定性，使得这个方法无法给出准确的预报。但这种方法作为风险或危害分析的定性判断在洁净室运行管理工作中仍然有其必要。

10.2.2　风险系数评估法示例

通过以下危害性分析的两个示例，可以理解洁净室危害性分析的作用。

（1）在讨论洁净室的墙面，对于产品污染的危害程度时，用风险分析方法得出结果如下：

污染量 A：近年来洁净室所采用的各种墙面材料，其面层及拼接质量不断提高，本身污染产生量相对较低，一般处于 $0.5 \sim 1$ 的范围。

传播难易程度 B：洁净室的规章要求工作人员不应触及操作中不该接触的物件，通常人员也不会碰及墙板，因此通过人员接触传播的可能性很低，可按 0.5 取值。

墙板表面光洁平滑，空气中的颗粒污染物在墙面上附着和再次因气流而扩散的几率也相对较低，因此其传播难易程度处于 $0.5 \sim 1$ 范围。

距离关键区远近 C：墙板处于洁净室外围，其距离关键区域的远近程度评分定为 1。

控制效果 D：若对墙面进行定期清洁意味着污染控制一般性，其评分定为 1.5。

将上述几个风险系数相乘，计算得到墙面的危害风险评级的值在 $0.2 \sim 1.5$ 范围，属于低风险等级。

（2）对触摸产品人员的手进行风险分析。因为人手表面很难清洗彻底，何况皮肤本身还存在新陈代谢，随时可能有皮肤屑脱落，同时穿过毛孔还有盐分析出。如果工作人员未戴手套，则污染散发量 A 属于高档，即风险系数 A 为 2；当手触摸产品时，极易将手上的污染物传播到产品上，即风险系数 B 为 2。距离关键区的远近的风险系数 C 显然也是 2，那么，如果工作人员戴一副手套，即采取了"良好控制"，则 $D=1$，总的危害分析评级的值为 8，如果手套有破损的情况发生，则危害评级值可以增高至 12，如果戴两副手套操作，可认为"控制极佳"，$D=0.5$，危害评级的以值降至 4。具体细节见表 10-3。

操作人员用手接触产品时的危害分析评级值　　　　　　表 10-3

序号	A	B	C	D	危害性分析评级值
1	2	2	2	未戴手套　　　2	$2 \times 2 \times 2 \times 2 = 16$
2	2	2	2	戴一副手套　　1.5	$2 \times 2 \times 2 \times 1.5 = 12$
3	2	2	2	戴一副新手套　　1	$2 \times 2 \times 2 \times 1.0 = 8$
4	2	2	2	戴两副手套　　0.5	$2 \times 2 \times 2 \times 0.5 = 4$
5	2	2	2	使用带有防护手套的隔离装置　　0	0

从表 10-3 可以看出，接触产品人员的手具有很高的潜在危害，对手的污染控制非常重要。

10.3　制定危害控制方法与监测方法

10.3.1　制定危害控制的方法

当列出洁净室内所有污染危害并分析了其危险程度后，就应审定其控制方法。危害风险越高，控制方法要就越有效；而且必须要有手段、有办法确认所选控制方法的有效性，否则就要采用其他控制方法。

结合图 10-1、图 10-2 所示的控制污染传播途径的方法，解说如下：

1. 洁净室送风的过滤

洁净室空调送风系统的末端装置高效空气过滤器（HEPA）或超高效空气过滤器（ULPA），在正常情况下，它们能有效过滤经空调机组处理的新风和回风中的颗粒污染物。经高效、超高效空气过滤器处理后的洁净空气送入室内，可有效地排替、冲淡室内污染物，以维持室内的洁净度。但末级过滤器如有破损或过滤器与支撑框架间的密封出现裂隙，气密性失效，那么未经高效空气过滤器过滤的空气就可能携带大量污染粒子进入室内并随气流扩散，危害影响范围较大。因此，洁净室投付使用前的末级过滤器检漏、堵漏或更换工作十分重要。运行过程中防范末级过滤器受损，也十分重要。高效过滤器到达使用寿命后及时更换也同样应予以关注。某制药厂在 20 世纪 90 年代就曾发生过高效空气过滤器因未设置压差监测装置未能及时发现高效空气过滤器积尘超量，造成空气流通阻力过大，而过滤器质量又较差，以至滤芯中滤纸脱出破损，造成制药车间空气污染的事故。

2. 不同级别相邻洁净室间的压差

防止从相邻的洁净度较低区域向洁净室传播污染的主要方法是：维持高洁净度区域相对于低洁净度区域，低洁净度区域相对于服务区域，服务区域相对于室外有一个合适的正压值。根据不同的情况，不同级别相邻房间的正压差值为 5~10Pa。让不同洁净度的各级房间维持梯次的压差，目的是当房间的门处在一关闭情况时，通过缝隙气流的流向是由高级别洁净室流向低级别、低级别流向走廊和服务区，再流向室外，这样就可减少由室外向服务区域、服务区域向洁净室、低级别向高级别洁净室传播空气中的悬浮污染物。

正压差值并非是越大越好，许多理论研究和实践都证明，人员物料通过门时，即便门两侧在关门压差高达 50~60Pa，也仍难绝对避免随人员、物料向内移动时的携带气流，将污染带入室内。特别是当门两侧存在温度差别时，门敞开后，即便无人走动，在开口断面部分面积上也存在逆向气流带入空气的悬浮污染物。此外，过高的正压差还会造成洁净室的门既难开启又难关严，门缝气流还可能造成哨声。同时因压差大气流外溢过量，补风量增加而浪费能源和加重各级过滤器负担。

洁净室合理的气流组织方案是减弱开门时污染物侵入的辅助手段之一。通常在靠低级别洁净室一侧的门口，往往设置一些回风口，以形成部分洁净室气流向门一侧运动的趋向，与洁净室在关门状态下的正压外溢气流汇成一股向门内侧运动的气流流型。一旦门开敞后，侵入的污染物向洁净室进深扩散的范围将会明显缩小。了解开门时污染侵入的风险，一些洁净室的关键工序或污染敏感工艺与门保持合理的距离，也是必要措施之一。

此外，设置带有不能同时开启的两道门的缓冲间或气闸室，也是减少开门时传入空气中悬浮污染物的手段之一。

进入洁净室和一些常规程序，如换下户外鞋、穿专用鞋套、使用地面粘垫等也是减少带入外部污染的必要手段。

3. 合理的气流组织

洁净室的送、回风系统，既是清除空气中悬浮污染物的重要手段，同时它也可能成为传播污染的途径。合理的气流组织对于洁净室十分重要。

除上面提到的在与较低级别洁净室相邻的门内，在其两侧设置回风口，以缩减开门时室外空气中污染物侵入的范围的例子外，还有许多可以改善洁净室通风效果的措施。

例如，如果有可能的话，那些对空气中悬浮污染物敏感的工序或工艺，在非单向流洁净室中尽可能在其上方设置送风口，使其处于洁净空气的笼罩下和处在洁净气流的上风向。而在那些可能产生污染的工艺附近设置回风口，使它们处于下风向，以减少污染在洁净室的扩散。产生污染物较为严重的工序，如半导体工业中单晶硅的切片、磨片，制药行业中的粉碎工艺、压片、糖衣成型工序等，则宜于在工艺上采取隔离、屏蔽措施并适当地排风，将所产生的悬浮污染物直接排出室外，减少它们向室内空气中的扩散量。

又例如，对那些关键工序，如在冻干车间的冻干机开口处、大输液的灌封部位、生物洁净手术室的手术区等，采用垂直或水平单向流气流流型，用洁净空气笼罩与隔绝周边环境的污染，都是合理利用气流组织的案例。

4. 围护结构等表面的维护与清洁

首先是洁净室的墙面、地面、顶棚等围护结构，在设计、施工中要选用表面光洁、质地坚实、不产尘、少积尘、耐清洗等符合质量要求的材料。要求它们在频繁地擦拭、洗涤等清洁、消毒的使用条件下，表面不能变粗糙或多孔，否则会存留微粒和化学污染物，或容易导致微生物污染。

在设计、施工中应考虑洁净室内的墙面、地面、吊顶、门、空气扩散流板和地漏等都是易于进行表面清洁的。而且还应把墙面、地面、顶棚等的连接接缝处的细节考虑在内，特别要避免有可能积留水分的地方或表面。

传送设备的表面易于清洁也十分重要。物料、零部件等的传送带往往是难以清洁的部位，在工艺设计时必须予以关注。

在轮车、推车和携带材料的人员频繁通行、极易碰到墙和门等的外露表面处，应有耐磨损、耐冲撞的防磨条或防护杠，以保护易受损的材料，如医院手术室洁净走廊的防撞带就是应用的实例。

在设计和施工等方面符合要求的基础上，严格的清洁制度是保证尽可能减少围护结构散发污染的重要方面。

5. 控制人员散发的污染

人员的鼻腔、口腔、皮肤、头发和身上的服装都散发污染。根据试验，人员身着一般工作服行走时，每人、每分钟所散发的 $\geqslant 0.5\mu m$ 的颗粒数可高达 $2.9\times10^6 pc/（P \cdot min）$，穿普通手术服，做踏步动作时，每人、每分钟散发的微生物可达约 2400CFU/（P · min）。

控制人员散发的污染，首先是控制进入洁净室的人员数量。与生产、科研无直接关系，未经洁净室工作人员守则培训的人员，一律不得进入洁净室。进入的人员要遵循洁净室工作守则，整齐穿着洁净室工作服，戴工作手套、口罩、头罩，穿靴子，经洁净通道进入。有关洁净室人员进出的管理，在后面的章节还有详细规定。

除尽可能降低人员散发的污染物外，空调净化送风的气流也是有效稀释、疏导并排出人员散发的污染物的重要手段。例如人员行走的通道是散发污染显著的位置，在该处设置回、排风口，使其处于室内下风向，以尽量减少人员所散发的污染物扩散到洁净车间的其他区域。又如关键工序部位设置在洁净室中，非操作人员不易达到之处，以减少额外的人员污染。

6. 控制工艺设备及工艺的产尘

洁净室内的工艺设备应选料精良、光洁耐磨，那些转动、滑动部位格外重要，要尽可能地减少磨损及产尘。

对于那些产生尘埃的工艺过程要尽可能地将其封闭或设置围挡，并辅以排风，形成局部范围相对于洁净室的负压，以限制污染物向洁净室其他区域扩散。

对室内的机器设备定期地进行清洁、擦拭是必要的制度，也是减少积尘二次飞扬，而造成污染的有效措施。

7. 进入洁净室的材料与部件的清洁

洁净室的产品和组装产品的原材料、产品的容器和包装材料都要使用不产生污染的材料。这些材料的生产制造，也应在对产品污染相对较小的环境条件下进行。例如，大输液塑料瓶的注塑车间等，宜维持一定的洁净级别，以减少大输液的灌封工序所在环境的污染负荷。

进入洁净室的各种零部件应是清洁的，其包装要符合要求。在洁净室外拆包装时要保证这些零部件不会被污染。不符合洁净室使用要求的零部件要经过清洁后方可进入洁净室。某著名手机生产企业，其手机摄像头组装工序就曾因零部件不够清洁而影响产品质量，经反复排查，找到污染源头并采取补救措施后才使问题得以解决。

10.3.2 监测采样与控制方法

为确保生产环境对生产工艺的污染处于控制之中，就需要对环境设定限值。对空气环境而言，通过测定空气中悬浮颗粒数或微生物的生成单位来作出判断。而且 GB/T 25915.3—2010、ISO 14644-3:2005 和其他相关标准对于采样方法和限值都有具体的规定。控制的方法主要是净化通风，但对于人员与产品因直接接触而造成的危害，其控制措施主要是戴手套、指套，以及要求生产人员采用尽可能避免直接接触的正确操作方法。而监测工作包括检查所用手套的破损情况，测量手套表面的粒子或微生物等。

监测洁净室污染物的方法及采样频率等相关问题，已在前面的章节论述，表 10-4 给出了一些普通的洁净室污染物及其传播途径、控制与监测方法作为一个示例。

监测采样必须采用正确、可靠的方法，如前所述。为保证监测采样的结果可靠，以下一些问题必须引起重视。

洁净室内的污染源、传播途径、控制与监测方法 表 10-4

危害	途径	控制方法	监测方法
送风	悬浮	空气过滤器	过滤器完整性测试
洁净室毗邻区域	悬浮	正压，气流控制	房间压差
	接触	洁净室的粘垫	对垫子检查
各类悬浮传播	悬浮	通风	送风量或风速
			悬浮粒子计数
			悬浮微生物计数
			气流控制
地面、墙面及其他表面	接触	清洁（需要时消毒）	表面粒子计数
			表面粒子计数；检查破损；
人员	悬浮	洁净室服装	粒子穿透测试

1. 采样仪器的采样效率

例如，根据洁净室监测的微粒粒径，尽可能选用合适的离散粒子计数器，避免使用其粒径阈值作为监测粒径，一般来说离散粒子计数器的粒径阈值档的效率往往偏低。

2. 仪器校准

仍以离散粒子计数器为例，其激光光源的光强，其他如光电转换电子器件的效能，都会随时间有所变化，定期校准与标定是保证其测值可信的重要条件。

10.3.3　制定告警值和行动值

有些监测系统是连续工作的，如高洁净度洁净室设有持续的颗粒物计数监控装置，而另一些相对不十分重要的部位，如顶棚等可能只有定期的清洁制度，而并不对其进行监测。对洁净室内的各种危害及相应的控制方法都要确定监测的制度。其中就包括监测的频率，危害程度越高，采样应越频繁。

当监测结果证明污染危害未受到控制时，必须事先确定应采取怎样的纠正措施，设定"报警"条件和"行动"条件就是一种常用的方法。"报警"值设定为某个高于预期值的污染浓度，但该值仍在控制范围内。一般超过"报警"值并不采取行动，因为这仅是对将来出现问题的一个警示。如果在相对较短的时间内多次出现"报警"，则可能预示着需要采取行动。

而"行动"值应设置为一旦超过就必须进行检查、分析，确认这种状况是否尚可接受。如果不能，要采取什么措施才可以控制局面、改善状态。

严格要求的话，应该采用统计方法对检测结果进行分析，在此基础上设定"报警"值和"行动"值。但此项工作难度较大，需要洁净室管理人员与工艺质量管理人员在工作实践中摸索。

复习思考题

1. 洁净室污染风险评估主要包括哪些方面和步骤？
2. 洁净室有哪些主要污染源？其传播途径和方式是怎样的？
3. 洁净室污染风险系数评估方法中，通常考虑哪些风险系数变量？
4. 试用污染风险系数量化评估法，对比洁净服的质量差而且不及时清洗更换与质优并定期清洗更换对产品危害的评级值。
5. 不同级别洁净室之间维持怎样的压差比较合理？
6. 如何区别对待监测系统的"报警"值和"行动"值？

第 11 章 洁净室的制度与纪律

洁净室及相关受控环境内的人员是室内污染的重要来源。洁净室及相关受控环境内几乎所有的微生物均是来自人员；同时，人员也是室内粒子和纤维的主要来源。因此，必须尽可能减少室内人员活动所造成的和传播的污染，以确保室内洁净度及降低维护费用。制定洁净室及相关受控环境的工作纪律，其目的就是使产品的污染风险降至最低。

《洁净室及相关受控环境 第 5 部分：运行》GB/T 25915.5—2010，及等同的国际标准 ISO 14644-5∶2005 在文本中，都明确指出：

"未经批准，洁净室内不允许出现与洁净室无关的人员和物品。"（4.3.1 条）

"须对人员进行卫生方面的指导，使他们做好在洁净室环境中进行正常工作的准备。"（4.3.2 条）

"须对可能引起污染的珠宝首饰、化妆品及类似物品做出规定。"（4.3.3 条）

"须就洁净室人员的行为方式进行培训，以尽量减少因行为所产生的污染物转移或沉降在产品上。"（4.3.4 条）

"须就与工作有关的、各种已知的健康和安全风险事项进行培训，以防人员受到危害。"（4.3.4 条）

GB/T 25915.5—2010 中还明确规定：

"须制定一套洁净室相关人员的培训体系，并规定监督培训过程是否达到要求的方法。"（4.1.3 条）

"须有一套培训文档系统，以证明所有人员均接受了与其承担的工作相应的培训。"（4.1.4 条）

以上这些有关洁净室人员的最重要规定，就是本章的基本依据。

洁净室及相关受控环境的运行管理人员在制定洁净室纪律时，首先要考虑的是，对洁净室内工作的人员以及洁净室内部运行人员，包括维修人员和服务人员的活动，应该以严格的制度加以规范；其次也应该注意的是，洁净室内所生产的产品对污染的敏感性是不同的，而为洁净室制定的纪律应反映出这一点。

本章对洁净室内人员应遵守的各项纪律做出了说明。用户在制定洁净室纪律时，应根据洁净室内产品相应的风险程度，选择适宜的管理方法。而本章所述均为基本原则和方法，可供用户制定洁净室纪律规章时做参考。

11.1 严格控制进入洁净室的人员

人在行走时，每分钟可以产生约百万个粒径 ≥ 0.5μm 的粒子，以及几千个带有微生物的粒子。洁净室内人员越多，散发的粒子数量必然也越多。因此，管理人员应尽量控制洁净室内人员数量，也就是说一般情况下仅允许必需的工作人员进入洁净室。

由于许多污染问题是因为缺少必要的洁净室知识才造成的，所以只有受过洁净室工作培训的人员方能进入洁净室。洁净室内工作人员应该接受各种污染控制知识的正式培训，并且在生产过程中严格遵守洁净室工作纪律；洁净室的维修人员和服务人员也应遵守洁净室工作纪律，包括他们所带入洁净室的工具和各种材料，也必须满足洁净室污染控制的要求。

此外，还要尽量减少洁净室的参观者。由于参观者可能没有系统地接受过洁净室工作培训，因此只有在监管人员的管理之下才能进入洁净室。理想方案是为洁净室设计供参观者使用的观察窗，或者是设置闭路电视系统，这样参观者就不一定非要进入室内，从而减少造成污染的概率。

11.1.1　对洁净室工作人员的基本要求

洁净室的工作人员与一般场所的工作人员相比，应该尽量减少人体散发的污染是十分必要的。下面所列举的一些状况就可能造成比正常情况下更多的污染，这对于洁净室是十分不利的。洁净室运行管理人员应该制定详细的要求，以期将室内工作人员造成的污染控制在可接受的范围内。

在制定对工作人员的纪律或要求时应该考虑多方面的因素。首先，要评价污染所造成的风险，例如产品在什么情况下容易受到污染，微生物是否对产品构成危害等，以决定哪些要求是最重要的；其次，在制定规则时应尽量避免任何不公平、不合法的歧视性条款；最后，下面的建议中也包含一些对洁净室工作人员的特殊要求。之所以把它们也包括在清单之中，是因为这也是分配给工作人员在洁净室以外的任务的原因。

根据洁净室内污染风险的分析，下面的部分乃至全部建议，都应引起所有工作人员的注意，这样才可能使洁净室内由人员产生的污染降至最低程度。

1. 对洁净室工作人员身体状况的基本要求

洁净室工作人员应保持身体健康，出现以下身体状况的人员，可能产生大量的污染粒子。因此，直至症状完全消除前，不宜进入洁净室工作。

（1）患有某些皮肤病

特别是皮炎、皮肤灼伤、头皮屑过量等状态时，因皮肤可能散布大量的皮细胞，而不宜入室工作。

（2）患有呼吸系统疾病

例如感冒、流感、慢性肺部疾病等，易造成过量咳嗽或打喷嚏而散发大量的飞沫，病愈前不宜入室工作。

（3）过敏体质的人员

过敏体质人员容易有打喷嚏、搔痒、流鼻涕等症状，一般不适合于在洁净室内工作。花粉热患者有时在洁净室中症状可能会缓解，因为洁净室的空气过滤系统可清除过敏源。洁净室中使用的一些材料对某些人员就可能是致敏源，例如：用聚合物制造的服装；塑料手套或乳胶手套；化学品，如酸、溶剂、清洁剂、消毒剂等；洁净室内的产品，如抗生素和激素。

（4）可能携带某些微生物、病菌的人员

在生物洁净室中，有时必须将工作人员与产品隔离开，以防止人员可能携带的微生物病菌在产品上滋长，从而损害产品或造成疾病。这些人员对其所从事的工作是否合适的问题，应连同产品对某种具体类型的微生物在其上生长的敏感性一道予以考虑。

2. 对洁净室工作人员卫生习惯的基本要求

洁净室工作人员应保持良好的个人生活与卫生习惯，不良习惯同样会构成洁净室潜在的污染源，下列卫生习惯要求洁净室工作人员在日常生活中予以关注。

（1）人员应有良好的个人卫生习惯。要定期洗澡，清除头皮屑。每次理发后要洗头，防止头发屑落在产品上。对皮肤干燥的人，应使用护肤霜代替护肤油滋润皮肤，以减少皮屑散发。

（2）一般不允许进入洁净室工作时使用化妆品。各类化妆品、爽身粉、护发用品、头发定型胶、指甲油等都不宜使用。通常洁净室将人体上的所有外来物都视为污染物。在半导体工业中，使用化妆品应格外引起关注，因为化妆品中含有大量的无机离子，如钛、铁、铝、钙、钾、钠、镁等。在制版行业中，铁离子和碘离子会造成问题。即使是在对一些具体的化学品没有直接问题的工业中，化妆品也还会对洁净室造成污染，因为每次施用化妆品时都会在皮肤上沉积大量的粒子，其中的一些粒子可能会释放到洁净室中。

（3）一般不允许在洁净室中使用手表及首饰，如耳环、项链、手链、戒指等，如果佩戴珠宝首饰，必须将首饰置于服装和手套之内。戒指底下可能是藏污纳垢之处。而有的人员可能出于情感上的原因，不愿取下结婚戒指。如果能将戒指及戒指下面的皮肤洗净，也可允许戴着戒指。但戒指上可能刺破手套的地方，要用胶带裹住为妥。

（4）进入洁净室前几小时内不宜吸烟。从吸烟者的嘴中比一般的人释放出更多的粒子，而他们的身体也会释放出某些化学气体。所以有些洁净室可能要求人员在进入洁净室前几个小时禁止吸烟。

3. 对洁净室工作人员携带私人物品的限制

总的原则是非生产所需的任何物品，不得带入洁净室内。具体规章可由洁净室的管理人员依据何种物品会造成对产品的污染来决定。一般来说，下述物品应禁止带入洁净室内：食品、酒、糖果、口香糖；罐装或瓶装饮料；烟类、火柴、打火机；自用的药品、药水、药膏；收音机、唱盘播放机、袖珍磁带机、手机等；报纸、杂志、书籍、手帕、面巾纸；铅笔、橡皮、钢笔；钱币、钱夹、化妆品、手袋等。

11.1.2　对洁净室维修人员和服务人员的基本要求

进入洁净室维修设备或提供服务的人员，同样可能因缺乏培训和监督，而对洁净室环境造成不应有的危害。如果对维修技术人员事先未做说明，他们就可能会采用与洁净室外使用的同样维修方法维修设备，其后果可能是严重的。来自外面公司的服务人员，可能未受过洁净室污染控制方法的任何培训。为此，下文列出了进入洁净室的维修人员和服务人员应当了解的一系列相关规章：

1. 获得许可方能进入

维修人员和服务人员只有在得到洁净室管理人员的许可后，才可进入洁净室。

2. 培训与监督

维修人员和服务人员应受过洁净室技术的培训，此外，当他们在洁净室内时，其工作宜处在洁净室管理人员严密的监督之下，进出时间及工作情况等，应记录备案。

3. 穿着洁净服

维修人员和服务人员必须穿着与洁净室工作人员同样的或效率相当的洁净服。当他们进出洁净室时，应与洁净室工作人员采用相同的方式更衣。无论是周末还是其他歇班时间不穿着洁净服，绝不允许进入洁净室。维修人员和服务人员进入洁净室前一定要脱下其原来身着的工作服等，更换洁净服前要认真洗手。

4. 洁净室专用工具

洁净室维修用的一般工具仅供洁净室内使用，要保持洁净。如果是生物洁净室，如果有，则需要经过灭菌。这些工具要使用不锈蚀的材料，例如不锈钢制造。

5. 带入工具部件需清洗

若维修人员和服务人员或者外单位的承包商，需要将其必需的工具带入洁净室时，这些工具应经过清洁。通常可以使用蘸有含量一般为 70% 的异丙基乙醇的洁净室用抹布擦拭工具，并放入洁净室专用的袋子或容器中，才可带入洁净室。带入洁净室的工具种类、数量、清洁方法宜记录在案。像荧光灯管等带有包装的零件或配件，其包装要在生产区以外去掉，部件都要擦净后，方可带入洁净室。

每一次维修或工作，都要有审计、核准、工作过程、进出人数等书面记载。使洁净室的污染控制工作体现在技术规范之中，同时这些书面记载应予存档备查。

6. 文字、图纸、资料的进入

书写在非洁净室专用纸上的文字或图等资料不得带入洁净室内。可将其复印在洁净室专用纸上，或者覆以塑料膜，或者放入洁净室专用塑料袋中方可带入洁净室。

7. 产生尘埃的作业需隔离

一些产生粒子的作业，像钻洞、修理吊顶和地面，应与洁净室的其余部分采取相应措施隔离开来方可进行。同时宜采用局部排风或真空吸尘器，清除所产生的粒子。

8. 维修工作后的清扫

维修人员和服务人员在工作完成之后必须按洁净室要求清理现场，并确保由具有适当专业知识的人员将该区域按"洁净室清洁方式"进行清洁，清扫时只能使用经审定可用于洁净室的清洁剂、清洁材料和清洁设备。

11.2　洁净室内需遵守的纪律

为保证产品不受污染，洁净室内的工作人员必须遵守相关的行为准则。洁净室管理人员必须制定出一套与洁净室产品要求相适应的规章制度，在人员培训中予以宣讲、公布。并将这些规章制度张贴在更衣区或生产区。以下给出了一般采用的规章制度宜于包括的内容。在以下规章制度中，未包括对洁净室服装、口罩、手套等穿戴品的规定，实际上这部分内容也是极为重要的，以后的章节将给予详细说明。

11.2.1　防止沿通道逆向气流增加污染

为防止空气不会从高污染区向低污染区，由洁净室外走廊向生产车间气流逆向流动，工作人员应遵守以下纪律：

1. 人员必须经过更衣区进出洁净室

更衣区不仅是用于更衣的，它也是外部的污染走廊与洁净生产区之间的缓冲区。除非特殊情况，工作人员不得使用生产区与走廊间的紧急出口等直接进出，因为这会使污染直接进入生产区，同时他们的服装也会因此受到污染。

2. 洁净室所有的门应随时关闭

门若敞开时，两个毗邻区域间的空气会由于紊流及区域温差产生逆向流动。

3. 手动关门、开门的动作要慢

如果快速开、关门，空气会因门扇转动偏快，使诱导作用增强，造成空气向洁净室内逆向流动。对于正压洁净室，门一般是向里开，即向生产间开。室内较高的空气压力使门关闭较严密。有些为了使手上持有物品的人员出门方便而向外开，门上应安装关门器，使门平时处于关闭状态，且开关门时关门器应控制门缓慢转动以减少诱导作用所产生的空气逆向流动。外开的门一般不带把手，有助于避免手套被污染。

4. 穿过气闸室的注意点

应确保在第一道门已关闭时再通过第二道门，可使用指示灯显示门是否处在关闭状态。通常两边门采用电子联锁装置即可实现这一点。传递窗的用法与此相似。但要注意的是，当发生火灾时，必须保证气闸室不会因此产生危险。换句话说，出现火警时，气闸室门禁电子连锁应予解除。

11.2.2 防止工作人员在洁净室内的不当动作增加污染

为保证人员的动作不会在洁净室内造成过多的污染，应考虑下面的相关建议：

1. 工作人员不允许有不当行为

人员污染物的产生量与活动量成正比。根据美国著名洁净技术先驱 Austin.P.R.1965 年发表在美国污染控制协会（AACC）的污染索引（Contamination Index）的测试数据，人员身着洁净服在不同动作时的产尘量如表 11-1 所列。从表中可知，人静止不动时，每分钟产生的大于等于 $0.3\mu m$ 的粒子约为 10^6 个。人在活动时，身体、头、臂膀时每分钟可产生大于等于 $0.3\mu m$ 的粒子约为 10^7 个。人的走动速度为 3.6 km/h 时，每分钟产生的大于等于于 $0.3\mu m$ 的粒子约为 5×10^7 个。因此，要求洁净室所有人员不要"轻举妄动"，任何移动都应慎重，并按规定要求进行，不允许过多无用的举止。

粒子散发与人的活动的关系　　　　　　　　　　　　　　　　表 11-1

≥ 0.3μm 产尘量	活动状况	≥ 0.3μm 产尘量	活动状况
100000	站立或坐下，无活动	7500000	步行（5.6km/h）
500000	站立或坐下，前腕及头轻微活动	10000000	步行（8.0km/h）
1000000	站立或坐下，全手腕、手、头、躯体运动	10000000	登上椅子的动作
2500000	起立或坐下的动作	15000000	体操
5000000	步行（3.6km/h）	30000000	跳跃

2. 操作人员要正确站位

人员相对产品而言，应处在正确的位置上，这样污染物才不致落在产品上。人不应倾身在产品上方，否则，从其身上散落的粒子、纤维或者带有微生物的粒子就会掉在产品上。人员在单向流中工作时，应避免处于产品和洁净空气源之间。否则，大量的粒子就可能掉落在产品上。操作方法应预先计划好，使这类污染降至最低。图 11-1 给出了在水平、垂直单向流中生产人员的正确站位。

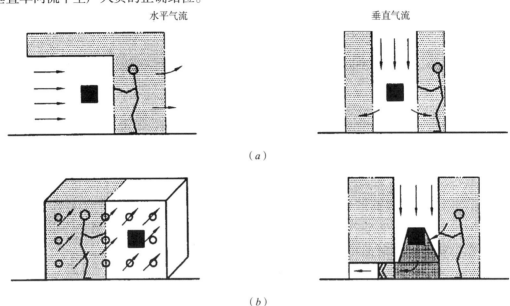

图 11-1　在水平、垂直单向流中生产人员的正确站位
（*a*）产品保护；（*b*）人员／产品／环境保护

3. 移动或拿起产品的方法

必须事先考虑好如何移动或抓起产品。为防止戴有手套的手污染产品，建议采用"无接触"方式抓起产品。虽然在洁净室中的人员戴有手套，尽管污染会少些，但它仍然可能成为污染源。在线宽较大、尚可允许较低的成品率时，这种方法仍在使用。"无接触"方式的一个例子就是使用长夹子移动材料，这样就避免了用手抓材料造成的问题（见图 11-2）。在微制造设施中，宜使用真空棒或机器人处置产品，使用手套可以进一步降低污染。在半导体生产中，可以使用真空棒（见图 11-3）移动晶片。使用真空棒时将其置于晶片的背面。使用机器人处置产品，可使污染降至最低。

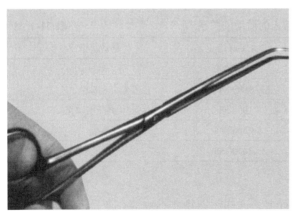

图 11-2　长夹子可减少接触污染

图 11-3　用真空棒抓住产品

4. 人员不应靠身体来搬运材料

尽管人员穿着的洁净服比普通服装或工作服洁净得多，但服装上仍然存在粒子、纤维及微生物，并且有可能因不当操作转移到所搬运的物品上。因此操作人员应同时注意防止让任何物品在产品的上方拖过。

5. 人员不宜触摸、倚靠洁净室的任何表面

尽管洁净室的表面比室外要洁净得多，但在其表面、在室内设备的表面上，仍会存留有粒子、纤维及细菌。如果人员从这些表面上粘上污染物，这些污染物就可能传到产品上。在洁净室内无需用手时，宜两手抓紧置于身前——像手术医生所做的那种姿势，有助于防止手部不经意地触摸洁净室设备表面。

6. 人员在工作时不应说话

说话、咳嗽、打喷嚏等都会使唾液从口罩与皮肤的缝隙处喷出而污染产品。在咳嗽或打喷嚏时，必须将头从产品处移开。打喷嚏后一般都要更换口罩。口罩一定要罩在鼻子上而不得戴在鼻下，因为喘粗气时大粒子会从鼻内释放出来。

7. 私人手帕不能带入洁净室内

私人手帕显然是污染源，它可以把粒子（包括带有微生物的粒子）带入空气中，粘在手套上。在洁净室内也不能擤鼻涕，擤鼻涕可以在更衣区进行，事后一定要更换手套。工作人员在洁净室内还应避免接触自身皮肤，搔痒、擦拭任何部位的皮肤，都属不妥行为。

8. 手套在使用期间要考虑对其的清洗和消毒

在需要移动产品的场合，特别难以保持手套的清洁，所以要对手套进行清洗。例如，在药品的无菌生产区，要用合适的消毒剂（70%乙醇或异丙醇）对手套进行定期清洗。在进行关键的生产操作之前也是如此。酒精特别有用，因为它不会在手套上留下残留物。

11.2.3 防止洁净室内材料使用不当而增加污染的纪律

有关洁净室内使用材料的建议如下：

1. 在洁净室中应使用污染程度低的抹布

选择使用哪种形式的抹布，由洁净室的维护费用预算和洁净室生产什么产品来决定。并且还必须确定抹布丢弃前可以重复使用多少次。图 11-4、图 11-5 分别给出了国内市场供应的抹布等用品和清洁用布与洁净用纸。

（a）   （b）

图 11-4　国内市场供应的抹布等用品（广州南谷公司提供）

（a）超细纤维抹布；（b）高密度纤维抹布

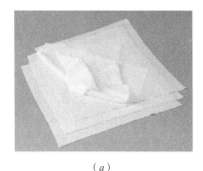
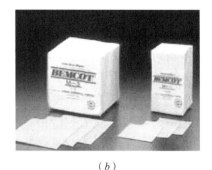

（a）　　　　　　　　　　　　　　（b）

图 11-5　清洁用布与洁净用纸（广州南谷公司提供）

（a）无尘布；（b）M-3 无尘纸

2. 洁净室之间应尽可能减少材料的移动

每次将产品带出洁净室，它就有可能在洁净度较差的区域受到污染。而当它再度进入洁净室时，就会将这种污染带入室内。最好将产品储存在洁净室一个合适的洁净区域内，或储存在毗邻的洁净区。

3. 防止加工品被污染

在生产阶段，人们一般非常注意不使产品受到污染。而产品一旦完成某工序后，往往在洁净室内容易被遗忘，灰尘就会在产品上聚集。因此，易受污染的产品要置于密封柜中，或容器内，或单向流工作台内，或隔离装置内。如果洁净室为单向流洁净室，可以使用气流能够穿过其间的储物架放置产品。此外，不得将材料置于地板之上。

4. 废弃物的处理

要经常将废弃物收集起来放入易于识别的容器内，并移出洁净室。

5. 保持洁净室整洁

要采用正确的方法清扫洁净室，或在需要时对洁净室进行消毒，要保持洁净室内整齐有序。必须使用合乎要求的清洁工具，才能保证清洁效果。

11.3　洁净室工作人员的教育培训

洁净室内人员的活动对洁净室的整体环境影响深远。如通常说的那样，尽管某个酒店拥有五星级的完美设施，但没有相应级别的管理、接待与服务，那么其讲究的设施不能充分发挥作用。洁净室也一样，操作人员缺乏正确的指导与规范，其后果则更为严重，洁净室的功效可能完全丧失，产品质量将完全没有保证。因此，洁净室管理部门要制定对洁净室相关人员的教育培训计划与制度。操作人员要经过培训与测试，证实理解了洁净室的各项规定与制度，方可持证上岗。而且在日常生产中要对操作人员随时加以监督与考察，以确保始终严格履行洁净室的各项规定。

11.3.1　参与培训的人员

国家标准《洁净室及相关受控环境　第 5 部分：运行》GB/T 25915.5—2010 和等同的国际标准 ISO 14644-5:2004 中规定，培训计划应该保证以下各组人员都受到适当的教育与培训：

（1）操作人员；

（2）生产管理巡视人员；

（3）工艺技术人员与科研人员；

（4）洁净室设施运行维修人员；

（5）工程监理人员和项目经理；

（6）洁净室施工人员；

（7）服务人员与清洁人员；

（8）来访人员。

针对不同的对象制定不同的培训方式、方法和培训内容与教程。

其中经常在洁净室工作的操作人员与生产管理人员无疑是培训的重点。他们往往需要多次反复培训。经过考核，证实其确实理解，并能身体力行地执行洁净室工作的各项章程与规定，才适合进入洁净室工作。对新招来的操作人员的培训与教育更不可草率从事，一定要纳入工作日程和计划中，还要强调利用老员工的各种形象性的示范表演，加深新员工对章程与规定的理解。

11.3.2 培训课程的内容

国家标准 GB/T 25915.5—2010 及国际标准 ISO 14644-5：2004 针对洁净室，对培训课程的内容提出如下原则作参考。至于生物洁净室等相关受控环境可能还有其他方面的要求，可在此基础上增删。

以下文字中，黑体字的标题为上述标准的培训提纲，笔者撰写了具体的文字解说作为参考，针对不同的对象、不同的教育背景、理解能力等，培训的具体内容应有所区别。

1. 洁净室是如何工作的（设计、气流和空气过滤）〔How the cleanroom works（design，airflow，and air filtration）〕

本企业本项目为什么要设置洁净室、洁净环境对所研究的课题，所生产的产品的影响或作用。

什么是洁净室？洁净室是空气中悬浮微粒浓度受控的空间。

洁净室的设计、建造和使用方法，应达到使侵入、产生和滞留在室内空气中的悬浮微粒浓度最低的目标。

送入洁净室的洁净空气是稀释、排替室内污染物的主要手段。与此同时还需要维持室内的温度、湿度和气压，以满足生产工艺要求。

洁净空气是依靠多级过滤，特别是末级的高效过滤器来实现的。

洁净室的送风方式：单向流（垂直、水平）、紊流与混合流。

洁净室与邻室压差和整体压力梯度的作用与实现方法；气闸室、缓冲室的作用；本项目的工艺流程、建筑平面布局、建筑材料选用等方面与洁净室要求的关联情况。

2. 洁净室的标准（Cleanroom Standards）

国家标准：

《洁净室及相关受控环境 第1部分：空气洁净度等级》GB/T 25915.1—2010；

《洁净室及相关受控环境 第2部分：证明持续符合 GB/T 25915.1 的检测和监测技术条件》GB/T 25915.2—2010；

《洁净室及相关受控环境　第 3 部分：检测方法》GB/T 25915.3—2010；

《洁净室及相关受控环境　第 5 部分：运行》GB/T 25915.5—2010；

《洁净室施工及验收规范》GB 50591—2010；

《洁净厂房施工质量验收规范》GB 51110—2015；

等等。

国际标准：

《Cleanroom and associated controlled environment-Part 1 Classification of air cleanliness by particle concentration》ISO 14644-1:2015；

《Cleanroom and associated controlled environment-Part 2，Monitoring to cleanroom air cleanliness by particle concentration》ISO 14644-2:2015；

《Cleanrooms and association controlled environments-Part 3 Test method》ISO 14644-3:2005；

《Cleanrooms and association controlled environments-Part 3 Test method》ISO 14644-3:2019；

等等。

表示分级浓度限值的平行线图。

旧的习惯称谓：百级、千级、万级、十万级与现行标准的关系。

本项目各个洁净室要求达到的洁净级别。

不同洁净级别洁净室不同方式的气流组织和其他差异。

3. 污染源（Sources of Contamination）

人员带入和人体释放的污染；

物料带入的污染；

工艺过程产生与散发的污染；

围护结构和设备表面沉积与吸附的污染物二次飞扬；

由空调送、回风系统进入的污染；

洁净室用品如抹布、笔、纸等选择不当而产生的污染；

等等。

4. 个人卫生（Personal Hygiene）

要格外强调作为洁净室工作人员个人卫生与生产、科研的关系，个人卫生有助于自身保持健康，避免因病不能进入洁净室工作。

洁净室人员应有良好的卫生习惯，经常洗澡刮须，定期理发，勤剪指甲等，还要遵守洁净室关于化妆品使用，不宜佩戴首饰物品进入，不宜吸烟等多项规定。

5. 清洁（Cleaning）

尽管室内持续送入洁净空气，将空气中悬浮污染物用通风方法排走，但仍然存在悬浮污染物沉积在围护结构内壁、机器设备的表面或被这些表面所吸附。如不及时将这些污染物清除，有可能由于人员、运输工具移动或其他原因造成二次飞扬；也有可能因接触而污染了洁净服、手套或指套，进而污染产品。因此，洁净室的清洁工作不仅需要定期、定时地进行，而且要求操作人员注意随时随地、频繁地进行清洁，需要时进行灭菌消毒等。

有关全面、彻底的清洁工作则由清洁人员、清洁公司按照规定来进行，清洁工作人员必须受过专业训练，严格照章办事。在后面章节将有专门介绍。

6. 洁净服程序（Cleaning Clothing Procedures）

洁净服的穿、脱方法都要尽量避免污染洁净服外表面。

《洁净室及相关受控环境 第 5 部分：运行》ISO 14644-5：2004 给出了如下标准程序。

（1）用鞋清洁机、洁净室用粘垫等除掉鞋上的污物。

（2）脱去外套等室外服装。

（3）按要求摘下首饰。

（4）清除化妆品，按要求涂润湿剂（moisturiser）。

（5）必要时穿上鞋套。

（6）洗手，必要时涂皮肤润湿剂。

（7）必要时，穿或换上洁净内衣。

（8）换上洁净室专用的内鞋（Cleanroom-dedicated under shoes）或鞋套。

（9）领取或拿出洁净服包装袋。

（10）如需要，戴上手套再动洁净服。

（11）戴上面罩和头套。

（12）穿上套服或外衣。

（13）利用跨越台（crossover bench）穿上鞋套或洁净室专用鞋。

（14）穿洁净服时用的手套可以脱下或仍戴在手上，在其外再套上工艺用手套。

（15）在通长的镜子前面检查，确保全套装备都穿戴好。

（16）进入洁净室。

尽管由于更衣间设计的不同，洁净室的洁净度级别不同，上述程序可能略有差别，但总的原则是不变的。某些受控环境还可能有其他要求，可以穿插安排在内。

离开洁净室时脱下洁净服的方法，视洁净服是重复使用的还是一次性的而定，可重复使用的洁净服，其脱下与存放方法也有规定，除送去洁净洗衣房洗涤以外，洁净服是不能离开受控环境的。

7. 维护程序（Maintenance Procedures）

洁净室设施和工艺设备的维护是必不可少的，除了在设计时应考虑到一些电器柜、配电盘、气体管道等的维修工作尽可能在洁净室的外走廊进行外，还会有一些必须进入到洁净室内的维护工作。

所有这些工作都必须有申报、审核和备案程序，进入的人员应与操作人员相同，依照同样的进入程序和衣着，整个维护工作应在洁净室管理人员监督下进行。要求记录维护工作的全过程，包括问题的诊断、更换的零件、日期、时间和进行维护的人员等。

8. 如何测试和监测洁净室（How a Cleanroom is Tested and Monitored）

"测试"是检验所建洁净室是否达到规定技术指标的基本手段和重要程序，在洁净室正常运行中，洁净度、温度、湿度、压差等重要指标的监测，可考核洁净室的受控状态，及时发现空调净化系统或生产工艺过程发生的异常状况，为采取相应措施提供依据。工作人员不能随意变更监测设备的位置，不允许发生和妨碍监测仪器正常工作的任何举动。

测试资料和数据要保存完好，特别是洁净室投付使用初期，由第三方对洁净室所作的综合评价测试报告是洁净室重要的背景资料。

洁净室任何工艺设备、流程变更，洁净室设施技术改造或过滤器等设备更换等情况，都应根据实际情况对洁净室进行不同规模及项目的测试，以检验在以上情况发生后，洁净室是否仍处于要求的受控状态下。

测试结果是与洁净室所处状态密切关联的，空态、静态或动态的测试数据用于类比是不恰当的。

9. 在洁净室内如何行动（How to act in a Cleanroom）

既然人员是洁净室内的重要污染源，人员不同活动状态下散发的污染物差异又那么大，因此人员在洁净室内的一切活动理应受到控制。

首先要求进入洁净室内的各种人员都按章办事，严格执行洁净室的纪律，不做任何违规的行动，在洁净室内按规定路线稳步行走，按规定动作姿式进行操作等。

要让每个工作人员理解规范行动的重要性，使之成为自我约束的自觉行动。

10. 解说工艺程序和所采用的技术或科学（Explanation of Work Process and Technologies or Sciences Employed）

操作人员在一般情况下，往往仅是了解、熟悉自己所从事的某个具体工序、某个部件的工作过程、技术和要求，而对整个洁净室的工艺程序可能知道的很少。如果通过培训使得与洁净室相关的人员对生产过程和采用的技术和科学依据有所了解，无疑对提高员工的素质，增强工作责任心和自觉地维护洁净室的制度是有很大帮助的。

譬如在微电子工业中，器件特征尺寸微小，或膜厚度极薄，在整个生产过程中，要反复进行外延、刻蚀、扩散工艺，洁净室的洁净度对产品质量和成品率至关重要。这些关键工艺往往采用单向流和屏障技术，把被加工产品和操作人员隔开，理解了这些措施的作用，可尽可能减少上风向被污染的几率。又如在水平平行流的生物洁净手术室中，循环护士或其他医护人员自觉调整行走路线避免进入手术台的上风向。让洁净气流直达并覆盖切口部位，是发挥洁净技术降低切口感染率有效辅助作用的重要方面等。

凡此等等的解说都是为了提升洁净室相关人员对工艺和相应的洁净技术措施的了解，以助于启发员工对维护洁净室环境的高度重视。

11. 安全和应急响应（Safety and Emergency Respose）

洁净室或其他受控环境为了隔绝外界对内部特殊环境的影响或干扰，都在建筑布局、正常通行线路、建筑构造细节等方面采取了许多不同于一般建筑的处理，以利于室内环境的维持。例如，正压洁净室的门通常向内开，而生物安全实验室的门一般都向外开，以利于维持负压。人员进入洁净室要穿过迂回的换鞋、更衣间，要通过风淋室或风淋通廊，不同级别间还设有两侧门不能同时开启的气闸室、缓冲间等洁净室特殊的建筑措施。

此外，某些电子行业的洁净室生产工艺过程不仅设有众多的高温电热设备，有些还产生易燃易爆气体，制药行业洁净室也有类似情况。生物安全实验室的安全规范更是工作人员必需掌握的内容，洁净室一旦发生火警或遭遇其他自然灾害时，洁净室的人员如何应对？在尽可能保护好设备、产品的同时，如何有序撤离？安全通道在何处？如何通过最便捷路线离开危险区域等，都是培训内容的重要组成。此外，对洁净室内可能使用的危险品，如辐射和毒性化学品、有害微生物等的防护方法，事故发生时的应对措施，都应一一交代清楚，让工作人员牢记在心。

以上 11 个方面是国际标准 ISO 14644 所建议的培训课题。针对不同对象、不同洁净室级别，以及不同培训目标和时间安排来制定培训计划。可以把培训重点放在其中的某几个方面，也可以根据需要增补其他内容。总之，培训的重要目标是规范洁净室相关人员的行为，启发他们的自觉性，让每个与洁净室有关的人员理解到，他们的正确工作方式可以对洁净室的效能、对生产和科研起到积极的影响。

11.3.3　对洁净室人员行为的监控

如前所述，洁净室或其他受控环境所存在的诸多风险中，很多方面是与工作人员相关的。洁净室的培训计划中，对尽量减少这些风险因素的措施和规章做了详细的解释。但工作人员是否能把培训的内容贯彻到实际行动中至关重要。虽然接受了适当的培训，但并不意味着完全理解了其真正的内涵。或者工作人员在接受培训前已经形成了某些与洁净室要求相违背的习惯，纠正某些不良习惯往往是困难的。因此，从保证生产、科研的有效性出发，应该对洁净室培训参与人员的行动进行监控，确保相关人员认真遵守洁净室的纪律。其目的主要是有效维护洁净室的制度，并不刻意针对个人，对行为欠妥人员以教育为主。

为此，洁净室应根据洁净室的不同级别，建立一个正式或非正式的监控计划和监控系统。洁净室的审计人员依据监控计划所规定的书面程序，对洁净室相关人员的行为，进行监控与纠正，定期向管理部门提交报告，详细说明存在的问题和不足。这些报告可以用作采取纠正行动的依据，在培训教材中相应地充实相关内容。

对确实严重违背洁净室纪律的人员需予以警示或再培训。通过"培训—考核—监控—再培训"的完整环节，使得洁净室工作人员的行为达到规章制度的严格要求。

11.4　洁净室工作制度与纪律示例

本节的附录给出了某知名合资电子企业的"洁净室工作守则"作为示例。

尽管该洁净室洁净级别较低（ISO 7级），所定规程对高级别洁净室未必完善，但总体来看还算全面，可供参考。

某知名合资电子企业洁净室工作守则（试用版）

1. 目的

保证洁净室的作业环境符合产品生产要求。

2. 范围

本守则适用于进入洁净室的所有人员、物料的管理和洁净室的管理。

3. 术语和定义

洁净度为衡量洁净室中空气的洁净程度的指标，由专门的标准规定。

4. 职责

制造部的专责人员负责洁净室的总体管理。

品管部的人员重点负责原材料和产品洁净度的控制，以及净化间内洁净度的控制。并且负责监督各项洁净标准的实施情况，和为新员工进行安全及洁净标准培训，确保培训的有用性，使洁净室的概念能深入到每个员工，并遵照行为标准规范自己的行为。

每个员工有权随时对影响洁净室环境的不良现象进行纠正。

5. 工作守则

（1）人员进入洁净室须知

1）人员在进入厂房要先更换拖鞋，在进入洁净室前，应在更衣室门口脱掉鞋子，放到专用鞋柜内，再拿好无尘服走到隔离区，将双脚在粘尘垫上反复踩踏后方可迈过隔离栏，然后在洁净更衣室隔离栏内换上洁净服和洁净鞋，并戴上洁净帽，要确保无尘帽的披肩完全放入洁净服内，洁净服的纽扣全部扣好。外来人员（包括公司其他人员和客户等）备有专门洁净服、洁净帽和鞋套。

2）在进入风淋室前，进入人员必须再次在风淋室门口的粘灰垫上反复踩踏三次以上，以除去鞋底的灰尘。

3）进入风淋室后，进入人员应该在风淋室中左右各转180°并同时举起双手，以吹尽身上的灰尘。风淋室较小，至多允许两人同时进入，但风淋时间应增加。

4）人员经过风淋后便可进入洁净室。在洁净室中，人员不能随意脱去洁净帽或洁净服，尽量避免不必要的交谈，更不允许大声喧哗闲聊，除紧急疏散外，不可做较大幅度的动作，如跑、跳、蹦等。洁净间内禁止化妆，吸烟及进食后未经过半小时者，禁止进入净化间。

5）进入洁净间的所有物品必须经过必要的清洁，包括工具、零配件、记录本、测试仪器等，否则不允许进入。除静电复写纸、扫图纸、无尘间专用纸以外，其他类纸张禁止进入洁净间。洁净间内只可使用圆珠笔。与工作无关的个人物品禁止带入洁净室，包括烟草、火柴、钱包、化妆品、手帕等。

6）人员离开洁净室时应从风淋室旁边的小门回到更衣室，在隔离区内换下洁净服和洁净鞋，然后放到指定位置，洁净服和洁净鞋每星期要清洗一次，否则不允许穿用。

7）注意随手关闭洁净室和更衣室的门。

（2）洁净室中材料、物品和设备的清洁

1）准备进入洁净室的大件物品和原材料必须在室外做检查，保证其表面无任何污染物。这些污染物包括杂质、油渍、锈迹、锈斑、可见的灰尘等。如有则应用洁净布将其擦净。

2）在分切区分切好的原料，进入生产车间时，必须送入货淋室，以吹去物体表面看不见的尘埃。

3）风淋物品和原材料的时间可视具体情况而定。

4）洁净室中的设备及工作台，应在每班作业前用洁净布或专用洁净纸清洁，保持设备表面无任何灰尘。设备的洁净状态应记录在设备点检查记录表中。

（3）洁净室地板的清洁

1）洁净室地板的清洁工作应指定专人在每班开始工作前用专用拖把和吸尘器进行。

2）在生产作业中应指定人员做巡视检查，随时清除作业场地的杂质和灰尘。

3）操作人员应随手将产生的废物扔进洁净室专用废物箱中，废物箱应每班清除。

注意：清扫地板不能用普通的吸尘器。

（4）洁净设备的检测和保养

1）洁净室的洁净度以及风速、风压、温湿度，每天应由专职人员定时进行检测并做好记录。如发现不正常的情况，及时报告制造部经理。

2）洁净设备的日常和月度保养按照《生产设备管理》执行

（5）洁净服、洁净鞋和洁净帽的管理

1）洁净服和洁净帽以及洁净鞋的清洗 应由专业的清洗公司进行。

2）将要洗与洗净的洁净服和洁净帽须严格放在指定的存放箱中，箱上做好标识。

3）洁净服上应配上员工标牌，便于使用和管理。

（6）其他注意事项

1）洁净室的洁净度设计值为 1 万级，控制微尘颗粒为 0～10000 颗（0.5μm 以上）/立方英尺。

2）如果发生紧急情况，洁净室内的人员除了从风淋室一侧的门出来外，还可从安全门出来逃生。安全门平时不允许打开，但务必不能阻塞。

3）作业人员除了作业时间在洁净室中，其余时间应退出洁净室。

复习思考题

1. 制定洁净室制度与纪律的出发点与目的是什么？

2. 洁净室工作人员的纪律主要有哪几方面？

3. 对洁净室维修和服务人员的基本要求包括哪些内容？

4. 哪些纪律有助于减少沿通道因逆向气流增加的污染？

5. 哪些动作被认为是洁净室工作人员在洁净室内的不当行为？

6. 为防止洁净室内材料使用不当而增加污染应注意哪些方面？

7. 洁净室培训计划中应包括哪些人员？

8. 培训教程的基本内容应包括哪些主要方面？

9. 穿洁净服装的规范程序大致应是怎样的过程？

10. 为什么要对洁净室人员行为实行监控？

第 12 章　洁净室及相关受控环境的人员进出与服装

　　人员的皮肤和日常服装每分钟可以散发几百万个粒子和几千个带有微生物的粒子。因此，洁净室及相关受控环境的工作人员必须穿着专用的洁净服装，使粒子散发量降至最低，以减少对洁净环境的污染。

　　洁净服是采用不易破损、不掉毛、不起尘的面料，采用特殊工艺制作的服装。所以，服装本身所散发的纤维和粒子是最少的。同时洁净服也应具有像空气过滤器那样的功效，能滤除和阻隔人体皮肤、内衣裤等向外散发出的颗粒物。

　　洁净服的类型随洁净室与相关受控环境的类别和等级而有所不同。在污染控制重要性很高的洁净室中，人员穿着的洁净服应几乎将他们全身包裹住，以防止人体所产生的污染物向外扩散。高洁净等级环境的工作人员要穿着连体服，戴着头罩、护脸，套着膝盖高的靴子，戴专用手套。而在要求洁净度级别较低的环境中，工作人员只需要穿着将身体部分包裹住的服装，像罩衫、帽子与鞋罩等。

　　无论根据环境要求选择何种服装，进入洁净环境前一定要按规定将其穿戴好。而穿着洁净室服装的过程中，不应使服装的外表面受到污染。

　　有些类型的洁净服是一次性的，有些是重复使用的。多次使用的洁净服应定期进行清洗和处理，不同等级洁净环境穿着的洁净服都有专门的清洗流程和规定。多次使用的洁净服都应有科学的存放方法，使沉降在其上的污染物最少。

　　国家标准《洁净室及相关受控环境　第 5 部分：运行》GB/T 25915.5—2010 中对有关主要问题都有明确的规定，是重要的依据。此外，本章结合美国环境科学技术协会的相关标准：《洁净室及相关受控环境中的人员规范和规程》IEST-RP-CC027.2:2006；《洁净室运行》IEST-RP-CC026.2:2004，及笔者的经验增添了一些细节供参考。

12.1　工作人员进入洁净室的清洁流程

　　工作人员往往是众多洁净室及相关受控环境最主要的污染源，为了尽可能地降低人员在洁净环境中的污染散发量，对工作人员进入洁净室的清洁流程给予规定很有必要。此外，足够宽敞的更衣间也是保证按照科学方法穿、脱衣服的重要条件。如果更衣间狭小，多位工作人员在内同时更衣，难免个人动作不方便或相互碰擦而污染洁净服。更衣间还应设置足够量的存衣柜，以便存放个人的衣物和用品，并且洁净、污物品分置。邻近洁净环境的更衣间，往往是最易藏污纳垢之处，要便于打扫、清洁，而且应有专人及时、经常地进行清扫、擦拭。还要通风良好并保持相对于毗邻的洁净环境有足够的负压，以防止污染物向内扩散。只有在这些条件符合要求的前提下，工作人员进入洁净环境的清洁流程才有其功效。

12.1.1 到达洁净室前

如前所述，个人卫生习惯不良的人员不应进入洁净室。但工作人员沐浴的频繁程度应怎样才合理，目前尚无结论。有文献报导，过于频繁的沐浴，反而可能因皮肤干燥等原因散发更多的皮屑。因此不建议进入洁净环境前必须沐浴，但对工作人员强调注意个人卫生是必要的。洗浴可以清除皮肤的自然油脂，有些人就会增加皮肤的细菌及皮肤所散发的粒子，因此皮肤干燥的人洗浴后宜使用适合于洁净室的护肤用品予以防护。

还应当关注在洁净服内穿着何种服装最适宜？显然，用聚酯纤维等人工合成纤维制作的服装要比棉、毛类的服装更好，因为合成面料散发的粒子要比天然纤维少得多。采用致密面料缝制内衣的优点是，它在滤除和控制皮肤散发的皮屑及带微生物的粒子方面更为有效。如果洁净室工作人员穿着工厂统一发放的内衣，尽管可能不如天然织物穿着舒适，但对控制工作人员所散发的污染物十分有效。

人员在进入洁净室前必须去除其所施用的化妆品、喷发胶、指甲油等，因此建议洁净室工作人员上班期间避免在家中使用这类物品。戒指、手表、贵重物品也要求从身上取下来放好，所以工作人员也要注意到哪些物品可不必带到工作场所。

12.1.2 更换洁净服

更换洁净服的最好方法就是要保证洁净服外表尽可能少地受到污染，下述的就是这样一种方法。对于洁净度要求较低的洁净室，以下所建议的某些程序可能并非必需。而对产品非常容易受到污染的洁净环境，则可能还需要增加更多的程序。还应注意的是，正在某些洁净环境中成功地使用着的一些不同的洁净程序和方法，只要这些方法符合洁净环境的污染控制标准，就是可以接受的。

通常更衣程序在洁净更衣室内完成，更衣室一般分成几个区。这些区可以由若干房间组成，也可以用换鞋台等方式，将房间分割成几个区。更衣室一般分成三个小区：

（1）预更（一次更衣）区；

（2）更衣（二次更衣）区；

（3）洁净室入口区。

人员应以下述方式通过这些区域。

1. 洁净服的预更区

人员在更换洁净服之前，最好先擤鼻涕。在洁净室内擤鼻涕是不允许的。人员在进入洁净室前还要先上厕所。如果工作期间需要走出洁净室上厕所，则应先脱下洁净服入厕后再重穿洁净服。如果进入更衣室不换鞋，或不再另穿鞋套，就应使用擦鞋机。洁净更衣室前专用擦鞋机可用来清除鞋上的污染物。图12-1是使用擦鞋机的照片。

在洁净更衣室入口处常常使用粘鞋垫或粘鞋地毯（见图12-2）。这类粘鞋垫是专为洁净环境生产的。它们一般有两种类型，一种是由黏性的塑料薄膜覆层构成，另一种是使用厚的、有弹性的粘性塑料制造。

这两种类型的粘鞋垫的工作原理都是，人员走踏过粘垫时，利用其黏性清除进入人员鞋底上的污物。经过一段时间的使用后，粘鞋垫表面将变脏。如是塑料薄膜覆层形式的粘垫,就可揭去最上面的一层,露出新的一层黏性薄膜。如使用的是高弹黏性塑料,则需清洗其表面以继续使用。

为尽可能清除鞋底上的污物,使用覆层粘垫时,其长度应满足使进入者的每只鞋都踏在它上面 3 次以上。使用弹性型的洁净室粘垫时,也应有足够的通行长度。

图 12-1　洁净室用擦鞋机　　　　图 12-2　洁净室粘垫

在预更衣区中,需要完成下述的任务:

(1)人员脱下便装。如果人员穿在洁净服里面的专用服装也由公司提供,那么就要脱下内衣,代之以工厂的统一服装。

(2)取下手表和戒指,存放好香烟、打火机、钱夹及其他随身物品。

(3)去除化妆品。如需要,可以涂润肤霜。所使用的润肤霜的化学成分,对正在生产中的产品不应造成污染。

(4)戴上一次性软帽或发套。避免头发从洁净室头罩下面露出来,还可根据情况戴上胡须罩。

(5)穿上一次性鞋罩,或换上洁净室专用鞋。

(6)如果更衣或二次更衣区没有洗手装置,则宜洗手,并使手干燥,必要时可使用适当的手霜。在生物洁净区,还必须用适当的皮肤消毒液洗手。洗手后可以使用不脱落纤维的手巾或干手机吹干手。

(7)自预备更衣区进入更衣区。这两个区可以用门也可以用换鞋台作为分界线。在两个区之间可以置一个坐式跨台,以确保人员穿越两个区时无法绕过去,只能坐下转身换鞋,坐式跨台的一侧是自己的鞋,另一侧是工作鞋。若不使用换鞋台,那就应使用洁净室专用的粘鞋垫或地粘毯,让进入者的鞋 3 次踏过粘垫,以确保鞋的清洁,使带入下个区的污染物尽可能少。

2. 洁净服二次更衣区

洁净室内所穿用的工作服装是在本区中换上的。以所穿服装包括口罩、头罩、连体服、长靴为例,给出如下建议。这种穿戴方法也适用于,仅包括帽子、大褂和套鞋等的级别较低的洁净服。洁净服的穿戴要从上向下顺序进行。

(1)对所穿服装要有所挑选。一套新服装在使用前先要检查其尺寸是否合适,并检查其包装有无破损或热封不严之处,然后再打开包装。

（2）戴上口罩和头罩或帽子。戴上头罩后，头发必须包在里边不得露出来。调整头罩后面按钮、搭扣或系绳的松紧，以舒适为度。

（3）如果洗手装置安装在本区内，那么现在就该洗手，如需要的话，同时进行消毒。洗手后就不能再触摸身体易附着污染物的部位，如头发和脸。

（4）对于较高级别的洁净室，有时使用称为"穿衣手套"的临时手套，以防止洁净服的外表受到污染。穿衣前先戴上这样的手套。

（5）从包装中取出连体服（或大褂）将其打开，注意避免衣服碰到地面。打开服装的拉链，并转动服装，使拉链朝外。

在穿连体服时有以下三种常见的方法可防止衣服触及地面，这些方法是：

1）可以抓住连体服两个袖口和两个裤角的4个角，先穿进一条腿，再穿进另一条腿，这样服装的裤腿不会触及地面。

2）抓住服装腰部里侧，同时抓住部分服装，先穿一条腿，再穿另一条腿，随后将肩膀套进服装的上半部。

3）左手抓住衣服的左袖口和左拉链，右手抓住衣服的右袖口和右拉链，将服装折叠至腰部。先将一条腿伸入裤腿中，再将另一条腿伸入另一裤腿中。然后放开一侧衣服并套入一条胳膊，再放开另一侧衣服套入另一条胳膊。

最后将服装拉链一直拉到顶头，如果有头罩的话，将其塞入衣领内。此时如有镜子则更为方便。如果服装在腰部和裤脚带有按扣或搭扣，应将其扣紧。

3. 洁净环境的入口区

洁净环境入口区应注意以下程序：

（1）使用换鞋台可以使洁净等级较低的更衣区与洁净等级较高的入口区之间划分明确，使用换鞋台穿好洁净室的套鞋或长靴。

（2）人员应坐在换鞋台上，抬起一条腿，穿上洁净室鞋，然后将这条腿跨过换鞋台，踏到入口区的地面上。再抬起另一条腿，穿上洁净室鞋，再把另一条腿也挪过换鞋台，再踏进入口区。这时，仍然坐在换鞋台上的人员，应整理一下服装和鞋，使其既舒适又安全，然后就可以站起来。

（3）如需要时，可以戴上护目镜。使用护目镜不仅是出于安全考虑，它还能防止眉毛和眼睫毛落在产品上。

（4）宜在一人高的穿衣镜前检查服装穿戴是否正确，检查头罩是否已套在服装内，头罩与连体服或大褂之间有没有缝隙，注意不能见到头发。

（5）如果穿衣时使用了穿衣手套，现在可以将其脱下扔掉。但也可以戴在手上，再在外面套一副工作手套，两副手套有防止穿洞的效果，但也影响触摸的敏感性。如果认为必要的话，可以再次洗手。手套也可以洗。在生物洁净室中，可使用含有皮肤消毒剂的酒精液洗手。用酒精液洗手，不但效果好，也省去了在室内安装洗手池的问题，也免去了随之出现的微生物在洗手池中滋生的问题。

（6）洗手后可以戴上粒子散发率低的手套，需要的话还可进行灭菌的工作手套。有些洁净室这道程序是在洁净室中完成的。对于乳胶手套，如果是两只包装的，且手套口边与手术手套相似呈翻卷状的，戴上手套的程序是：打开包装用一只手捏住第一只手套的卷口，并将其从包装中取出来，然后将另一只手伸进手套。再用戴好手套的手的两个手指捏住第二只手套的卷口内侧并将其从包装中取出，将另一只手伸进手套，手指对号入座。然后将手套卷口撑开包住洁净服的袖口。再将第一只手套卷口的卷边撑开，将服装的袖口完全裹住。

手套若包装良好，则打开包装过程中手套表面不会受到污染。但大多数洁净室手套不是两只包装的。两只包装的手套比 50 双或 100 双包装的手套受到污染的机会较少，因为从大包装中取出一副手套又不污染其他手套不是件容易的事。

完成上述程序后，人员进入洁净室，在进入洁净室前，还宜走过地粘垫。

12. 1. 3　离开洁净室的更衣程序

人员离开洁净室时，或者丢弃所有脱下的服装，进入洁净室时再换上一套全新的服装，一般无菌制药洁净室采取这种方法或者丢弃一次性物品，如口罩、手套，而收拾好连体服、大褂等，返回时再次使用。

如果要求重新进入洁净室时全部换新装，则要将一次性的软帽、手套、口罩和套鞋等都放在废弃物专用容器中；不是一次性使用的服装，放入另一容器内，以便送往洁净洗衣房清洗。

返回洁净室时要再次使用的服装，在脱衣时应使其外表所受的污染越少越好。应该在每一条腿跨过换鞋台时，脱下洁净室的专用鞋。然后拉开连体服的拉链，用手从服装里面将服装从肩膀退下并脱至腰部。在人员仍处于坐姿时，从服装中伸出一条腿。此时应抓住服装的空袖子与空裤腿，使之不致触及地面。随后可以脱下另一条裤腿。最后脱下面罩和头罩。

应将返回洁净室时要再次使用的服装保存好，避免其受到污染，要达到此目的有以下几种方法：

（1）将各单件服装卷拢。应使洁净室专用鞋的脏鞋底朝外，单独放在一个格子中。头罩和连体服或帽子和长服放入另一个衣柜中。如必要也可将服装先放入袋中，再放入衣柜格子中。

（2）可以用搭扣或按钮将头罩或帽子附在连体服或长衣服的外面挂起来，若能放在柜中则更好。可以将洁净鞋放在柜子的底部。服装应不触及墙面，也不宜互相接触。在等级较高的洁净室中，常常把服装挂在单向流净化柜中。这种专门设计的柜子可确保服装不受污染。

（3）使用服装袋，各种衣物均放在各自的口袋中。这些服装袋也应定期清洗。

12. 2　洁净服

用服装来减少污染的扩散最早始于医院。19 世纪末，人们懂得了外科医生在医院病房检查病人感染的伤口时，病人带有细菌的脓血粘到了医生的服装上，如果医生进入手术室时不更换清洁的手术服，进行手术患者的伤口就可能被感染。为保护病人的伤口在手术时不受感染，医生要穿上经灭菌处理的手术服。

进一步了解悬浮污染物即惰性粒子和携带有微生物的粒子是如何传播的，洁净服装在减少污染传播的作用又如何，将有助于把握对洁净服装方方面面的要求。

12.2.1 人员散发的污染物来源与传播途径

人员是洁净室悬浮颗粒污染物的重要来源，同时几乎是洁净环境中悬浮微生物的唯一来源。了解人体散发污染物的源头及其传播途径，了解洁净室专用服装在减少人体污染物传播的作用是本节的主要内容。

1. 人体散发的颗粒物及其释放机制

（1）人员散发的颗粒数量因人而异，但都随着人体活动强度的增大，散发的颗粒的数量相应增多。粒子散发的情况还要看所穿着的服装。但所散发颗粒物的数量范围，一般每分钟 ≥ 0.5μm 颗粒物 $10^5 \sim 10^7$ 个。也就是说每天可高达 10^{10} 个，即 10 亿个，表 12-1 给出了日本研究者所测得的不同衣着、不同动作时的人体产尘量。

不同衣着、不同动作时的人体产尘 表 12-1

产尘\状态\衣着	≥ 0.5μm 颗粒数 [（pc/（P·min）]			测试者
	一般工作服	白色无菌工作服	全包式洁净工作服	
静　站	339×10^3	113×10^3	5.6×10^3	栗田守敏
静　坐	302×10^3	112×10^3	7.45×10^3	
腕上下运动	2980×10^3	300×10^3	18.7×10^3	
上身前屈	2240×10^3	540×10^3	24.2×10^3	
腕自由运动	2240×10^3	289×10^3	20.5×10^3	
脱　帽	1310×10^3	—	—	
头上下左右	631×10^3	151×10^3	11.2×10^3	
上身扭动	850×10^3	267×10^3	14.9×10^3	
屈　身	3120×10^3	605×10^3	37.3×10^3	
踏　步	2300×10^3	860×10^3	44.8×10^3	
步　行	2920×10^3	1010×10^3	56×10^3	

表 12-2 是日本著名净化专家早川一也给出的穿着各类手术衣时，人体在不同动作时的产尘量。

衣着、动作不同时的散尘量 表 12-2

动作\粒径\衣着	静　坐		踏　步 踏步（100步/分）		起立·坐下 起立、坐下（12次，7分）		第一套广播体操	
	0.5μm 以上（×10⁸）	5.0μm 以上（×10⁶）	0.5μm 以上（×10⁸）	5.0μm 以上（×10⁶）	0.5μm 以上（×10⁸）	5.0μm 以上（×10⁶）	0.5μm 以上（×10⁸）	5.0μm 以上（×10⁶）
手术衣：棉纱（旧）	0.0060	0.0122	0.4769	0.6665	0.1214	0.2063	0.6351	0.9224
手术衣：棉纱（新）	0.0034	0.0099	0.1498	0.3179	0.0490	0.1572	0.1697	0.3525
手术衣：聚酯	0.0026	0.0012	0.1171	0.1021	0.0767	0.0640	0.1870	0.1243
手术衣：无纺布 C	0.0020	0.0067	0.0803	0.3726	0.0205	0.1124	0.0581	0.3481

续表

动作 粒径 衣着	静　坐		踏　步 踏步（100 步 / 分）		起立・坐下 起立、坐下（12次，7分）		第一套广播体操	
	0.5μm 以上 （×10⁸）	5.0μm 以上 （×10⁶）	0.5μm 以上 （×10⁸）	5.0μm 以上 （×10⁶）	0.5μm 以上 （×10⁸）	5.0μm 以上 （×10⁶）	0.5μm 以上 （×10⁸）	5.0μm 以上 （×10⁶）
手术用内衣	0.0016	0.0041	0.0686	0.2397	0.0209	0.0996	0.0565	0.2846
手术衣： 无纺布 H	0.0010	0.0033	0.0345	0.1259	0.0137	0.0640	0.0221	0.1007
手术衣： 无纺布 H （带手套、 穿套鞋）	0.0012	0.0041	0.0152	0.0678	0.0082	0.0369	0.0184	0.1156
手术衣： 无纺市 S	0.0010	0.0003	0.0131	0.0419	0.0102	0.0600	0.0165	0.0823

（2）人员散发出的粒子来自：皮肤；洁净服内所穿的贴身服装；洁净服；嘴和鼻子。

而粒子则是通过洁净服的下述部位散发出来的：洁净服面料；脖子、脚腕、腰部扎得不够严紧之处；洁净服破损处。

在穿着连体服的情况下，这些粒子的来源与途径如图 12-3 所示。如果穿大褂则腿部与服装下摆间的屏障作用就无从谈起，污染物就从下面自由自在地散发出来。

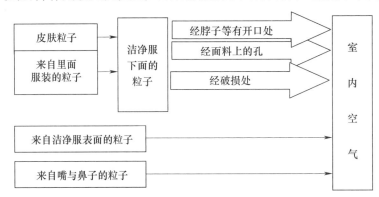

图 12-3　人员散发的粒子及带微生物粒子的来源与途径

（3）皮肤所产生与散发的粒子

人体皮肤每天脱落大约 10^9 个皮肤细胞。皮肤细胞大约为 33μm×44μm 大小，以完整的皮肤细胞或细胞破损碎片的形态脱落。图 12-4 是一张用电子显微镜拍摄的皮肤表面的照片，照片中的线是各个细胞的边缘轮廓，其上的液滴为汗滴，它相当于运动 1h 的出汗量。

人体释放出的一些皮细胞会落入服装中并在洗衣时清洗掉，洗澡时也会洗掉一些皮细胞。但大量的皮细胞会随着人员活动散布到空气中。这些皮肤粒子往往就是洁净室空气中主要的悬浮污染源。

（4）内衣裤所散发的微粒

人们在其洁净服里面穿着的内衣，对人体的粒子散发量也有很大的影响。如果他们里面的服装是用天然纤维制作的，如棉衬衣、棉衬裤、毛衣等，则会有大量粒子散发出来。

其原因在于天然材料的纤维短且易于断裂。

图 12-5 是棉布料构造的照片。从中不难看到一些断裂的纤维，这些碎片会与皮肤粒子相结合并透过外面穿着的洁净服。但如果里面衣服用合成纤维制作，则与天然纤维服装相比，其散发的粒子数量会减少 90% 或更多。如果里面的服装对皮肤粒子有良好的过滤效率，则人体散发的粒子会进一步减少。

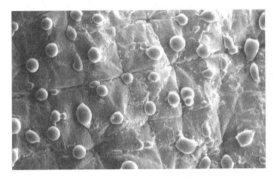 

图 12-4　皮肤表面照片　　　　　　　图 12-5　棉布料的放大照片（放大 100 倍）

（5）洁净服装散发的微粒

洁净室十分重视降低洁净服散发的颗粒物，因而强调面料不会起毛的特性以及服装的原洁净度。棉毛一类的天然纤维容易断裂，所织成的面料散发的粒子数量太大，不宜用于制作洁净服。

目前，洁净服基本上都是用聚酯、尼龙这类的合成纤维制作。用这样的面料制作的洁净服，其纤维不大可能断裂。它们散发出的粒子数量仅占人员散发的全部粒子数量的 5%，其余 95% 的粒子则来自于人员的皮肤和里面所穿的内衣。

图 12-6 是合成纤维洁净服面料的照片。从照片中可以看出，用合成的长丝线纺织的面料与棉纱面料相比表面光洁，所散发的粒子数量相对少许多。

（6）人员的嘴与鼻子散发的微粒

人的嘴和鼻子随着呼吸等过程时时都在散发粒子，打喷嚏、咳嗽、说话时，则有大量微粒散发出来，如图 12-7 所示。

图 12-6　洁净服面料的一般构造　　　　图 12-7　人在打喷嚏时散发的粒子

（7）粒子传播途径

人在活动时，洁净服下就会有压力聚积，面料的气密性越强，压力就会越大。洁净服下的粒子就会从脖子、脚腕、腰部、拉链这些接合部位泄漏出来。因此，这些部位的良好密闭有助于减少粒子的泄漏。尽管这些部位既要尽量扎紧，还要兼顾穿着人员的舒适度。

另一方面，偏于稀疏气密性差的面料，也不宜制作洁净服，不然人员散发的微粒就容易透过洁净服，向外传播，如图 12-8 所示的合成纤维面料，虽然其纤维不易断裂，面料本身散发的粒子很少，但其防止粒子穿透的功能小。该面料纺织线之间的孔隙达到 80～100μm。这种面料所用的单丝直径较大而且面料纺织不密实，这使得皮肤粒子和里面服装散发的粒子可以轻易透过面料，所以这种面料不适合于洁净服使用。

图 12-8　质量不佳的洁净服面料（线间当量孔径间为 80～100μm）

2. 微生物的来源与传播途径

洁净室空气中大多数带有微生物的粒子均来自于人员的呼吸及皮肤。大量的非生物粒子则来自于人员里面所穿着的服装，少量的粒子则来自于洁净服。载有微生物的粒子，其传播途径与前述各种非生物粒子相同。

（1）微生物的来源

人几乎是洁净室中微生物的唯一来源。洁净室空气中的悬浮微生物主要来自于人的皮肤，另外还有些来自嘴和鼻子的呼吸等活动。表 12-3 给出了日本学者石关忠一在其"洁净室技术高级讲座"中引用的数据。这些数据说明了人体是个重要的粒子和细菌散发源。表 12-4 给出了人体表面主要带菌部位及常见的细菌类别。

人体最外层的外皮细胞每 100h 脱落一层，其中有相当一部分散落到洁净室中并带有微生物。微生物在皮肤上生长并分裂，它们在皮肤上以微菌落或单个细胞形态存在。

人体各部位的带菌或粒子数　　　　　　　　表 12-3

	身体部位	细菌或粒子数
细菌	手	100～1000 个 /cm²
	额	10^4～10^5 个 /cm²
	头皮	约 10^6/cm²
	腋下	10^6～10^7 个 /cm²
	鼻液	10^7 个 /g（mL）
	尿液	约 10^8 个 /g（mL）
	粪便	＞10^8 个 /g

	身体部位	细菌或粒子数
粒子	皮肤的面积	约 1.75m²
	皮肤的置换	约每 5d 更新一次
	散发的微粒	> 10⁸/d

人体表面带菌的种类   表 12-4

检出部位	经常检出的细菌种类
眼	葡萄球菌
鼻	葡萄球菌、G⁻、G⁺杆菌棒状杆菌、乳杆菌
口	葡萄球菌、棒状杆菌、链球菌、奈氏球菌
耳	葡萄球菌、棒状杆菌、G⁺、G⁻杆菌、芽孢杆菌
喉	链球菌、葡萄球菌、奈氏球菌、乳杆菌
头	葡萄球菌、棒状杆菌、芽孢杆菌、C⁻杆菌
手	葡萄球菌、链球菌、芽孢杆菌

注：G⁺、G⁻杆菌——格兰氏阳性、阴性杆菌。

图 12-9 是一个皮肤表面微菌落的照片，其中包含有约 30 个细菌。散发到周围环境中的大多数皮细胞不带有微生物，大约在每 10 个散落的皮细胞中平均有 1 个带有微生物，它的上面平均带有 4 个微生物。悬浮在空气中的皮细胞所携带的微生物基本上是细菌，它反映出了皮肤上所带的微生物在种类方面的信息（参看表 12-4）。

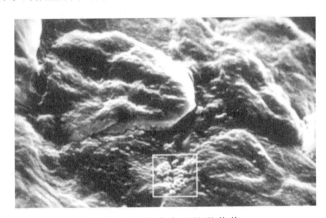

图 12-9　皮肤表面的微菌落

当男人穿着普通的室内服装时，其散发出的带有微生物的悬浮粒子可达每分钟 1000 个。平均也有每分钟 200 个。一般女人散发的带微生物粒子则要少一些。

本书作者之一（涂光备）在 20 世纪 80 年代中期的几年间，指导研究生胡振杰、程秋红等人在专门设计的实验箱体内进行了一系列人体散发细菌量的测试。该实验箱体由粗、中效过滤风机机组、高效过滤水平单向流实验箱体、天圆地方垂直方向偏心收缩接口及圆形采样测量管等组成，如图 12-10 所示。

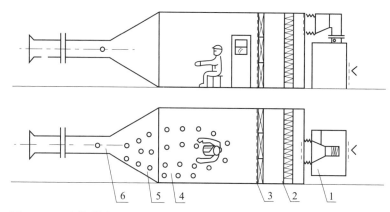

图 12-10　人体散发细菌量测试实验箱侧视（上）与俯视（下）示意图

1—带粗效过滤器的风机箱，风量可调；2—满布中效空气过滤器，兼有整流作用；
3—满布高效空气过滤器，经检漏核查过滤效率达标；4—宽 1.22m、高 1.9m 的实验箱体。小园圈示意采样双碟平皿；
5—偏心天园地方接口，一端接箱体，另一端接采样园风管；6—设有采样孔的采样风管

实验箱体尺寸为 2700mm×1220mm×1900mm，后部为送风静压箱、水平满布的高效过滤器及出风防护网，实验箱体垂直断面上的水平单向流，平均风速为 0.33m/s。气流经过被测人体后，进入天圆地方偏心收缩接口，再进入浮游菌和尘粒采样，及系统风量等气流参数测定的 $\phi500mm$ 数据采集管。考虑到人体散发的细菌可能沉降到人体所在位置的实验箱底部和偏心收缩接管的底部。为此，每组实验箱体底部布置了 26 个 $\phi90mm$ 沉降平皿，在收缩管底部均匀布置了 38 个 $\phi90mm$ 沉降平皿。

实验被测对象为在校学生，年龄在 19～22 岁之间，体重、身高均属正常范围，健康状况良好。参与实验人员事先均经培训，了解本实验的目的及注意事项。实验测试中所做的动作统一，由节拍器指挥动作的频率。被测人员的着装分为三类：不同季节的日常室内着装；经消毒的手术服，包括短袖上衣、长裤、长袖紧口、背后系带的大褂、帽子及口布等，均为棉质，新旧程度一般；洁净服为长丝纤维连体式和上下分开两种形式。

被测人员的规定动作分为踏步（90/min）、站起坐下（20/min）、两臂交替抬起放下（60/min）三种，表 12-5 及表 12-6 给出了上述实验研究的部分数据。表 12-7 列出了国外研究人员在不同实验条件下的一些测试数据。所有这些实测数据都表明了人体是室内环境的重要微生物散发源。

不同衣着、不同动作时的人体散发菌量［单位 CFU/（P·min）］　　表 12-5

服装　　　动作	踏　步	起　坐	抬　臂
普通服装	3309（1706～5845）	1998（1788～2209）	1652（1119～2487）
连体式洁净服	770（631～842）	630（626～634）	—

穿着手术服时的人体散发细菌量　　表 12-6

动作	温度（℃）	湿度（%）	浮游菌落数	沉降菌落数	附着菌落数	人体散散发菌量［CFU/（P·min）］	平均值［CFU/（P·min）］
踏步	29.8	70	1573	509	188	2270	2391
	27.4	85	2753	389	330	3472	

续表

动作	温度 (℃)	湿度 (%)	浮游 菌落数	沉降 菌落数	附着 菌落数	人体散散发菌量 [CFU/(P·min)]	平均值 [CFU/(P·min)]
踏步	25.8	67	1770	407	212	2389	2391
	25.4	84	1750	156	232	2138	
	26.0	65	1376	329	165	1870	
	21.4	30	982	160	118	1260	
	20.0	29	2556	479	306	3341	
起立坐下	26.0	68	1179	182	141	1502	1172
	25.2	63	786	134	94	1014	
	23.4	65	740	84	140	964	
	21.4	31	393	312	47	752	
	20.0	28	1375	86	165	1627	
抬臂	25.2	62	589	63	70	722	681
	25.2	63	408	114	55	577	
	20.0	28	609	76	60	745	

人体的细菌散发量　　　　　　　　　　　　表 12-7

实验者	实验条件	细菌散发量 [个/(P·min)]	
Riemensnider	直径 7 英尺的 不锈钢实验罐	普通服装	3300～62000
		灭菌服	1820～6500
Riemensnider	同上	聚酯纤维灭菌服	230
		棉布灭菌服	780
		棉布大褂带口罩	140～830
		棉布大褂不带口罩	1000～11000
		棉布套装	1400～23000
		合成纤维套装	140～8700
曾田、小林等	诊疗室	平均 3900	
	单人病房	平均 240	
小林、吉泽、本田等	隔音教室	夏季平均 241（1250～20）	
		冬季平均 441（720～200）	
本田	地下街	夏季 9000～13000	
		冬季 1000～5000	
吉泽、管原等	病院入口	680（230～1640）	
正田、吉泽等	实验箱内浮游浓度	干净长袖衬衫及西裤	静止 10～200 步行 600～700 踏步 900～2500

（2）微生物传播途径

微生物通过洁净服的传播途径与非生物粒子相同，即：面料上的微孔；领口、袖口、裤角等扎结不严处；面料破损处，如小洞、裂口等。带有微生物的粒子也从口、鼻子中排出。当人正常呼吸时，排出的微生物数量很少。但说话、咳嗽、打喷嚏时，会有大量微生物排出。如果带有适宜的口罩，就可降低散发量。密织的面料阻挡微生物的效率高于其阻挡非生物粒子的效率。其原因在于，带有微生物的皮细胞的平均粒径大大高于空气中非生物粒子的粒径。洁净室空气中带微生物粒子的粒径范围大约为 1μm 到大于 100μm，平均当量直径为 10～20μm。

12.2.2　洁净服的设计与制作

洁净服的设计、面料的选择与制作直接关系到人员在洁净室中散发尘埃、细菌量的多少，也涉及洁净服的成本及耐久性、清洗便利与否等方面的问题，从前述表 12-1、表 12-5～表 12-7 所列数据可以看出，不同服装、不同面料时，人员散发的粒子与微生物存在很大的差异。

为此精心选择适用于洁净室生产产品或科研工作所需环境的洁净服是保证洁净环境的重要方面。

国家标准 GB/T 25915.5—2010 对洁净服的选择，给出以下一般建议：洁净服的最佳设计是把人全身遮盖，并在腕、颈和脚踝处扎紧。洁净服应按洁净室的等级来选择，洁净度要求较高的洁净室，其标准穿戴是一件式连体服、高腰套靴和带有套边或裙边能塞在衣服立领下面的头罩。对洁净服的技术要求越高，人的受限程度或不适感就越大。所以，应依据房间的洁净度标准选择必要的洁净服。只要洁净度和工艺要求允许，或可使用覆盖率较低的工作服。某些隔离装置（如微环境或隔离器）自带洁净空气系统，此时所需洁净服可简化。

洁净室用服装有 2 大类：一次（或数次）性的；反复使用的。一次或数次性的服装通常用无纺布材料制成，只用一次或几次就废弃。可反复使用的洁净服需定期进行处理，它们通常由致密的合成纤维织物织造。这种织物用不起毛的长丝材料（如聚酯或聚酰胺）织成。用棉等天然纤维制成的织物，易破损并散发污染，一般不用于洁净室。更关键的场合则需采用薄膜屏障技术，这类洁净服既有一次性的，也有反复使用的。

1. 洁净服装设计与面料

国家标准 GB/T 25915.5—2010 对洁净服的设计有以下建议：应根据洁净室的情况选择洁净服的款式。洁净服应有多种可供选择的尺寸，以保证人员穿着舒适。为尽量减少污染物的滞留，不应有口袋、褶、开衩、搭扣带、背褶等。松紧或针织袖口不应吸附或脱落污染物，不应聚积静电。洁净服收紧口处应既紧密又舒适。其他应考虑的设计要点如下：拉链的材料（例如密封塑料拉链）、类型和位置；按扣调节器及束腰的位置和效果；袖子的构造（装袖或插袖）；袖口的密闭性（松紧口、针织口或按扣式）；衣领的形式；洁净服外套各式鞋靴的方便性；头套形式（外露或盖住脸，按扣或套式）；头套的被动或主动调节及合适度；靴子系带的类型和位置。

（1）洁净服的类型

最有效的洁净服是能把人体有效包裹住的洁净服，在腕部、脖子、脚踝处密封良好，而且使用的面料有良好的过滤特性，但这类服装常常也是穿着人员感觉最不舒服和最贵的。

对服装的选择取决于洁净室中的产品及生产工艺。标准较低的洁净室中可以穿着拉链式的长服戴帽子及穿套鞋，如图 12-11（*a*）所示。一般洁净室适合使用分体式洁净服，既有较好的屏障效果，又较便于穿着与清洗，如图 12-11（*b*）所示。

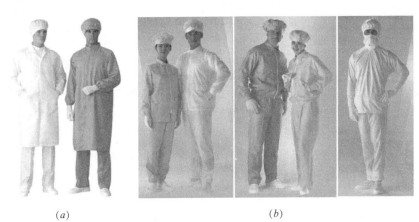

（*a*）　　　　　　　　　　　　（*b*）

图 12-11　一般洁净室常见洁净服样式

在较高标准的洁净室中，一般使用拉链式连体服、齐膝高的长靴及一个套入服装领口的头罩，如图 12-12 所示。这几种常用类型的洁净服有多种不同的设计款式与面料、颜色之分。

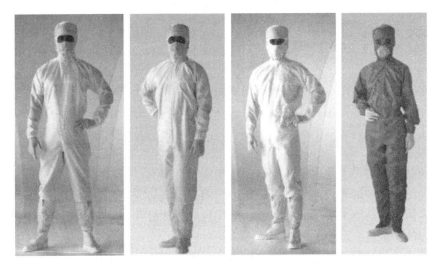

图 12-12　较高级别洁净环境的连体洁净服样式

一些最好的洁净服与最基本的洁净服在价格上可相差达 10 倍。国外的经验表明往往某个公司可以支付几百万美元或上千美万元建造一个供不到 10 个人使用的新的洁净室，但他们常常对洁净服的功能视而不见，不愿意稍微多花费一些钱购买稍贵一些的洁净服。然而这样的洁净服在降低细菌污染和粒子污染效果方面，对于洁净室的运行效果却是至关重要的。

（2）洁净服面料

《洁净室及相关受控环境　第 5 部分：运行》GB/T 25915.5—2010 及 ISO 14644-5：2004 中，对洁净服的面料，提出了如下几方面的要求：

1）屏障特性（Barrier Properties）：洁净服面料应能阻止人体污染物向外散发，可以通过测定织物的透气率、粒子滞留率来评定面料的性能。人在动作时，其衣内的压力随透气率的降低而增大，此时空气容易不经过面料，即未经过滤而携带污染进入洁净室；

2）耐用性；

3）静电特性；

4）其他物理特性，如抗老化等。

选择洁净服时，其面料是一个重要的考核内容。洁净服的面料应不易起毛及破损。而洁净服面料过滤皮肤和内衣所产生的污染的能力，则是一项更重要的特性。测量面料的微孔的孔径、空气透过率及粒子滞留情况，就可以分析其效能。

大多数洁净服是用合成纺织面料制作的，最常用的是聚酯纤维。这种服装在穿用以后，要经洁净室洗衣房处理，然后再穿着。也有用直径更小的微细纤维纺织成的、更为密实的面料，虽然这种面料的过滤效果更好，但在洁净服的脖口、裤角、腰部等部位要封闭得相当严，才足以抗得住面料空气穿透率较低所造成的服装内压力较高的情况。因此，合理权衡上述两个因素才能达到尽可能少地在洁净室内散发尘、菌量，同时穿着较舒适，不至于因身体各处被箍得过紧而妨碍动作，影响工作效率。

一次性的或穿用次数不多的洁净服可以使用高密度无纺合成的聚乙烯纸面料。洁净室的参观者和建造洁净室的建筑工人常常穿着这种服装。美国的制药工业中也采用这样的洁净服。其他种类的无纺面料也成功地用于洁净服制作。

由于人的活动，在服装面料底下就会有气压产生。面料越密实，所产生的压力越高。这时，就会有未经过滤的空气从服装的扎口处挤出来，服装的脖口、袖口、裤脚处必须系牢。

在洁净室中不得使用有孔洞或有破损的服装。如果做不到这一点，来自内衣及皮肤的污染物就会不受阻碍地钻出来。所以，服装在洗涤时以及穿着前必须进行检验。服装在制作时就要注意把孔洞降至最低。

2. 服装制作

服装的制作应遵循下述方法，以确保其制作精良：

（1）为防止面料的布边起毛，可以包边、锁边、烫边或用激光剪裁。

（2）为使污染达到最小，还要包缝。这些包缝使从针孔中渗漏出来的粒子降至最低。

（3）为使污染达到最小，缝线应使用长的合成线。

（4）为使掉落的粒子尽可能最少，拉链、扣子、鞋底不应破碎、断裂或被腐蚀，且要经受得住多次洗涤或消毒。

（5）为防止尘埃的聚集，服装上不得有口袋、折褶、尖褶或尼龙粘扣。

（6）为使污染达到最小，松袖口或紧袖口时都不应容许积存粒子或有粒子从中脱落。

3. 服装的选择

不同洁净室中使用的洁净服种类各有不同。美国环境科学与技术学会（IEST）在其推荐准则（RP-CC003.2）中说明了在不同等级的洁净室内所要穿着的不同种类的洁净服。

表 12-8 和表 12-9 对这个推荐准则作了总结。表 12-8 是对不同等级的洁净室服装类型的建议，表 12-9 是对无菌洁净室服装类型的建议。

IEST-RP-CC-003.2 中各种级别洁净室的服装类型　　　　　表 12-8

服装类型	ISO 7 级与 8 级 （10 万级与万级）	ISO 6 级 （100 级）	ISO 5 级 （100 级）	ISO 4 级与 3 级 （10 级与 1 级）
长服	R	AS	AS（NR*）	NR
两件套	AS	AS	AS	AS
连体服	AS	R	R	R
鞋套	R	AS	AS（NR*）	NR
靴子	AS	R	R	R
专用鞋	AS	AS	AS	AS
发罩	R	R	R	R
头罩	AS	AS	R	R
面罩	AS	AS	R	R
通讯头盔	AS	AS	AS	AS
纺织手套	AS	AS	AS	NR
屏障手套	AS	AS	AS	R
内服	AS	AS	AS	R

注：R—推荐；NR—不推荐；AS—根据具体情况；（NR*）—不推荐用于非单向流。

无菌洁净室服装类型（IEST RP CC-003.2）　　　　　表 12-9

服装类型	ISO 7 级 （1 万级）	ISO 6 级和 5 级 （1000 级和 100 级）	ISO 4 级与 3 级 （10 级与 1 级）
长服	NR	NR	NR
两件套	NR	NR	NR
连体服	R	R	R
鞋套	NR	NR	NR
靴子	R	R	R
专用鞋	AS	AS	AS
发罩	R	R	R
头罩	AS	R	R
面罩	R**	R**	R**
通讯头盔	AS	AS	AS
纺织手套	NR	NR	NR
屏障手套	R	R	R
内服	AS	AS	R

注：R—推荐；NR—不推荐；AS—根据具体情况；R**—建议使用外科口罩。

欧盟 GMP 指南（1997 版）也对药品生产洁净室服装要求做了说明，其对各种级别洁净室的服装要求如下所述：

D 级［约相当于 ISO 8 级（10 万级）］：要盖住头发及胡须，需穿着普通的防护套服、适当的鞋子或套鞋。

C 级［约相当于 ISO 7 级（万级）］：要盖住头发及胡须，穿着高领连体式或两件套服装，在腰部束紧，穿着适当的鞋或套鞋。这些穿戴都不应有纤维或粒子脱落。

A 与 B 级［约相当于 ISO 5 级（百级）］：要穿戴头罩并将头发完全包住，要盖住胡须。头罩要包在服装的领口内。要戴上口罩以防有小液滴溅落。穿戴灭菌无粉尘橡胶手套或塑料手套以及经灭菌或消毒的鞋。裤腿要系在鞋内，袖口要系在手套内。防护服上不得有粒子或纤维脱落，洁净服面料并能滞留住身体上脱落的粒子。

图 12-13 和图 12-14 分别给出了洁净室常用帽子、鞋套及鞋子的示例。

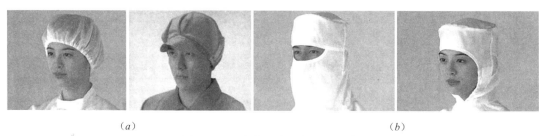

(a)　　　　　　　　　　　　　　　　　　　　　(b)

图 12-13　洁净室常用帽子的示例

(a) 防静电工帽；(b) 防静电披肩帽

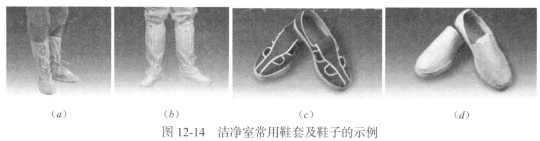

(a)　　　　　　(b)　　　　　　(c)　　　　　　(d)

图 12-14　洁净室常用鞋套及鞋子的示例

(a) 防静电软底靴；(b) 防静电硬底靴；(c) 防静电四眼鞋；(d) 防静电露橡筋鞋

4. 舒适性

穿着洁净室服装时常常会感觉闷热，动作受制，而不舒服。所以在设计、剪裁方面应尽量使服装穿着舒适，同时要有多种尺寸的服装供选择。如果是多次使用的服装，一般宜于量体裁衣。另外，洁净服设计时就要考虑服装的领口、袖口和裤脚及腰部等需要扎紧的部位，既要气密性较好，还要兼顾舒服程度。

鞋套选择时注意以下问题：简单的塑料薄膜鞋套很容易破损、脱落，并可能粘在地板上。质量更好的鞋套，应不会在地板上留下印痕，即使在湿地板上也不滑。还有重要的一点是，系鞋套的方法也要适当，应使鞋套系得牢固又不致影响走动而感觉不舒服。

洁净室服装的热舒适程度，可以用舒适指数来衡量，例如水蒸气穿透率、热值等。虽然这些指数说明了服装的舒适性，但最好还是由人员在洁净室中试穿服装。当然，人员必然会喜欢防护性最差的服装，因为这样的服装一般都较舒服。所以要由管理层来确定服装应具有的污染控制特性，但同时还要考虑到人员舒适性而作适当的平衡。

GB/T 25915.5—2010 及 ISO 14644-5:2004 中更具体的建议，根据环境参数确定对洁净服的舒适要求，具体的做法为：通过测定洁净室工作人员所穿的内衣的"衣着系数"（clo-clothing factor）和在洁净室内"新陈代谢率"（met-metabolic rates）多少为标志的体能活动，再根据洁净室内空气温度、气流速度、紊流强度、平均辐射温度和湿度等，计算出预期平均评价 PMV（Predicted Mean Vote）和预期不满意百分率 PPD（Predicted Percentage of Dissatisfied），从而判定所选洁净服装在洁净室工作环境中的舒适程度。

5. 洁净服的抗静电性能

在有些洁净室，特别是半导体工艺及微电子车间中，服装的抗静电特性十分重要。例如在微电子工业中，静电可以损坏微小的电路。人员在洁净室中动作时，其洁净服会与座椅、工作台以及里面穿着的服装和皮肤产生摩擦，从而在服装上产生静电。这种静电在适当的条件下会释放给集成电路并使其毁坏。ISO 14644-5 还特别指出对于某些产生易燃易爆物质的洁净室，静电有可能成为引发灾害的风险因素。所以，在纺织洁净服面料时，面料内夹有由导电材料做成的连续导线。当洁净室需要选择静电放电最低的洁净服装时，可进行下面的测试：

（1）测量电阻率或导电率；

（2）测量电压的衰减；

（3）测量人员穿着洁净服活动时产生的电压。

测量面料表面电阻率有多种方法。一般来说，电阻越低，面料导电性能越好，因为电阻率越低，则静电更容易传导开。

测量面料抗静电特性的另一个方法是，观察静电在面料上的衰减时间。GB/T 25915.5—2010 及 ISO 14644-5：2004 中特别推荐这种方法，具体做法是向织物施加一个已知电压的静电荷，然后通过测定电压降低到原始电压的某个百分比所需要的时间，以判定洁净服的电耗散性能。这个方法比单纯测量导电率更能说明问题。通常测量该电压降到其原值的 1/2 或 1/10 所需要的时间。该时间可能是小于 0.1s 到大于 10min 不等。时间越短，面料抗静电效果越佳。

英国纺织技术集团对穿着两种面料的服装所产生的静电进行了测量。测量结果见表 12-10。这两种面料所采用的纤维材质、纺织工艺都完全一样，只是其中一个带抗静电导线，面料的电阻率为 10^6，另一个不带抗静电导线，其电阻率为 10^{13}。一名人员分别穿着两种面料制作的服装从椅子上站起来，然后测量其身体的电压。当该人员及椅子与地绝缘时，无导线服装的最高电压为 3210V，带导线服装的最高电压则为 2500V。这两者的差别还不算明显。但如果将椅子接地，人员穿着导电鞋，结果就差别得多。从表 12-10 中可以清楚地看到当人员及椅子与地绝缘时，穿着不防静电面料的洁净服在人员从椅子上站起来时所产生的电压是穿着防静电面料洁净服的 1.28 倍。而人员及椅子与地导电时，穿着无抗静电线面料洁净服则是穿着带抗静电线面料洁净服的 4.75 倍。这个结果说明将椅子、人员、服装接地有多么重要，同时也说明了面料中导线的局限性。若能将服装的各片连通导电的话，其静电传导性能应会大大改观。

面料带与不带抗静电线时的人体电压　　　　　　　　　　　　　表 12-10

	带抗静电线	无抗静电线
面料电阻率（Ω）	10^6	10^{13}
人体服装最高电压–绝缘皮椅	2500V	3210V
人体服装最高电压–接地；皮椅；导电鞋	160V	760V

为了辅助人体耗散静电，工作人员还可佩戴各种接地的腕带和脚带。图 12-15 和图 12-16 分别给出了两种装置的示例。

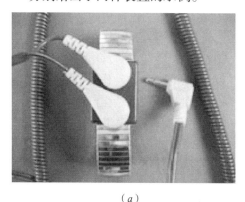
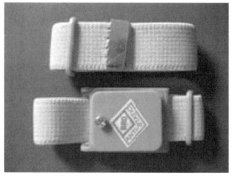

（a）　　　　　　　　　　　　　　（b）

图 12-15　两种防静电腕带示例
（a）金属双回路手腕带；（b）橡筋白纱无线手腕带

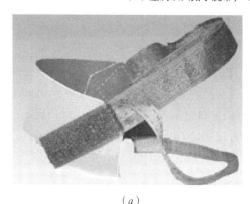
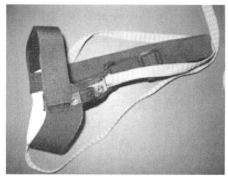

（a）　　　　　　　　　　　　　　（b）

图 12-16　两种防静电脚带示例
（a）防静电脚腕带；（b）防静电脚尖带

12.2.3　洁净室服装的处理与更换

洁净室服装在使用过程中会受到污染，必须定期清洗干净或用新服装替换。一次性的洁净服穿着一次后即扔掉，可重复多次使用的服装必须经过科学的处理才能再次使用。多次使用的服装要在洁净室洗衣房中洗涤。对服装的其他一些处理，例如抗静电处理、消毒或灭菌，也可以在洁净洗衣房中实施。

GB/T 25915.5—2010 及 ISO 14644-5：2004 中有如下原则性规定：洁净服在使用中将被污染，若重复使用就应清洗。在相关文献中刊载有如何清洗的建议。已清洗洁净服的最后处理和封装工序应在洁净室中进行，其条件应与使用该洁净服的洁净室标准相适。洁净服也会被细菌污染，在细菌为关注对象的洁净室穿着的洁净服，其洁净洗衣房的洗衣工艺中还应包括以下各项：消毒；热水处理；灭菌。清洗规程中应包括在洗衣房进行的采样检测，以检测污染的类别和程度。洁净服更换的次数依洁净室的用途而异。工艺对污染越敏感，洁净服的更换和清洗就应越频繁。但增加洁净服的清洗次数会加速织物的破损和增加运行费用。

1. 洁净室服装的清洗

洁净洗衣房是专为洗涤洁净服建造的。图 12-17 就是一个洁净洗衣房的流程图。洁净洗衣房的前部有一"脏衣区",用于接纳脏衣服并对其进行分类,鞋套要挑出来,以使交叉污染的可能降至最小。一些可能沾染上化学品或有毒污染物的洁净室要单独进行处理,以防沾染到其他洁净服或别处。

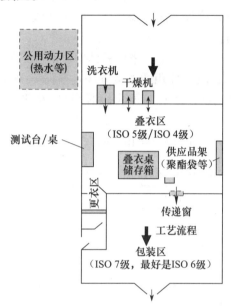

图 12-17　洁净洗衣房流程图

然后就可以将服装送入双侧开门的洗衣机。脏衣服从洗衣机的一侧放入,而洁净的服装就从位于洗衣机另一侧的折叠衣区取出。洗衣机中使用的水是经过处理的纯净水。也有使用干洗的。服装洗好后从洗衣机中取出时,服装就在折叠衣区中。折叠衣区中工作的人员也穿着洁净服。再将洗净的洁净服放入转筒式干燥机,干燥机的送风须经空气过滤器过滤。等待服装干燥之后,就对其进行检验,检查是否有开线或破损之处。然后,将洁净服折叠好放入洁净的袋中。装洁净服的塑料袋经密封后,通过传递窗从折叠衣区进入包装区,准备发放。图 12-18 是一个处在工作状态的洁净洗衣房的照片。

图 12-18　洁净洗衣房
注:图中设备有洗衣机、滚筒干燥机、叠衣桌。

　　如果要求服装不带有微生物，则还必须对服装进行灭菌或消毒。灭菌即杀灭所有的微生物，可通过加热、熏蒸或辐射等方式。但这些方式中没有一个是完全令人满意的。使用压力釜会在服装面料上造成大量皱纹并使服装面料老化加快。而灭菌气体如环氧乙烷对服装的损害较小，但问题是毒性气体会残留在服装中，所以还必须对服装进行脱气处理。

　　伽玛射线是一种常用的灭菌方法，但它会使服装变色，有时也会损坏服装。洗涤服装时加入消毒剂是另一种方法，这种方法比较经济，但某些微生物或其残骸可能会残留在服装上，所以这种方法有时可能不适用。

　　通常是对服装表面的粒子进行计数，来检验洁净服清洗工艺的有效性。一般在折叠洁净服的区域对样品进行测试，其所使用的测试方法是根据美国材料测试学会（ASTM）的 F61 标准或用滚筒式干燥机测试，详见美国环境科学与技术学会推荐准则 IEST RP-CC-003 的说明。

　　表 12-11 给出了洁净服清洗前以及不同清洗方式洗涤后的产尘量比较。

着防静电聚酯全包洁净工作服时的产尘量 $[\geqslant 0.5\mu m$，pc/（P·min）] 　表 12-11

动　作	洗净前	普通水洗	CIC
静止直立	1×10^5	0.73×10^5	0.67×10^5
腕上下运动	38×10^5	2.95×10^5	0.14×10^5
上身前屈	20.5×10^5	1.37×10^5	0.12×10^5
头上下左右	2.4×10^5	0.89×10^5	0.08×10^5
上身扭转	48.5×10^5	3.6×10^5	0.45×10^5
膝屈伸	16.1×10^5	1.54×10^5	0.17×10^5
静坐	1.2×10^5	0.47×10^5	0.47×10^5
起立坐下	14.3×10^5	2.05×10^5	1.08×10^5
踏步	14.7×10^5	1.52×10^5	0.89×10^5

　　注：CIC——Cleaning in Cleanroom，在洁净环境中清洗。

2. 换洗频度

　　洁净服换洗频度各不相同。一般认为，生产工艺对污染越敏感，服装的换洗频度越高。但也并非完全如此。根据生产经验，在技术条件要求较高的半导体工业的洁净室，洁净服可一周换洗一次或一周换洗两次，而不至于对洁净室的洁净度产生不良影响。而对于无菌药品生产区，欧美各国规定人员每次进入时都要换上新洗涤的服装。美国环境科学与技术学会推荐准则 IEST RP-CC-003 对典型洁净室衣服的换洗频度给出了建议，见表 12-12。

美国环境科学技术学会推荐准则 IEST RP-CC-003 所建议的服装换洗频度　表 12-12

洁净度等级	ISO 7 级和 8 级（万级与 10 万级）	ISO 6 级（千级）	ISO5 级（百级）	ISO 4 级（10 级）	ISO 3 级（1 级）
换洗频度	每周 2 次	每周 2~3 次	每日	每次进入洁净室时到每日两次	每次进入洁净室时

任何材质的洁净服都有一个合理的使用寿命,因为洗涤次数过多,面料和服装的缝制处都会因磨损而降低性能,表12-13给出了瑞典理工大学对不同洗涤次数的手术服和洁净服的测试比较结果。从表12-13的数据可以看出,总的趋势是随洗涤次数增加,人员穿着时的尘、菌散发量增大,尤以细菌散发量增多显著,而尘粒量在一定洗涤次数后趋于稳定。

不同洗涤次数下手术服和洁净服测试结果   表 12-13

服装系统	污染物	洗 1 次	洗 25 次	洗 50 次
手术服系统	$\geqslant 0.5\mu m$ 粒子	4060	13875	12207
	$\geqslant 5\mu m$ 粒子	270	535	698
	CFU	1.7	4.2	9.0
高质洁净室服装系统	$\geqslant 0.5\mu m$ 粒子	585	3950	2860
	$\geqslant 5\mu m$ 粒子	9	70	36
	CFU	0.38	0.49	1.14

12.2.4 洁净服测试

研究各种类型的洁净服的污染特性,可在实验室进行。要进行的第一项测试是面料测试,以确定面料的过滤特性。第二项测试是进行整个服装系统的性能测试。这种测试一般是在服装测试箱中进行的。美国环境科学与技术学会推荐准则 IEST RP-CC003 附有更详细的服装测试方法。

1. 面料测试

英国的怀特教授在研究中发现,各种洁净服面料的污染控制特性差别很大,其面料当量孔径从 $17\sim129\mu m$ 不等,空气穿透量从 $0.02\sim25mL/(s \cdot cm^2)$ 不等,对大于或等于 $0.5\mu m$ 的粒子的清除效率从 $5\%\sim99.99\%$ 不等,对大于或等于 $5.0\mu m$ 粒子的清除效率从 $1\%\sim99.99\%$ 不等。洁净服面料污染控制特性的明显差别是提醒洁净室管理人员在选择面料时应该十分慎重。

通过在实验中对面料进行的这种测试,就可能找出成衣性能不错的面料。但对成衣进行真正的比较,应使用人体测试箱,这种测试更贴近服装实际使用的情况。

2. 洁净服装测试箱

图 12-19 是英国怀特教授在 1968 年设计的第一个服装测试箱。测试箱的顶部安装有高效过滤器,所以送风实现了无尘无菌。将箱内的污染吹尽之后,一名志愿者穿着要测试的服装进入服装测试箱。志愿者开始按照节拍器的节奏进行活动。然后对每分钟释放出的粒子和细菌进行计数。这个实验箱出现的时间较早,以现在的技术来看,存在的问题显然较多。譬如地面沉降和壁面附着的细菌在这个狭小的空间中未予考虑,因此测值可能会偏低,所提供的测试数据也说明了这一点。

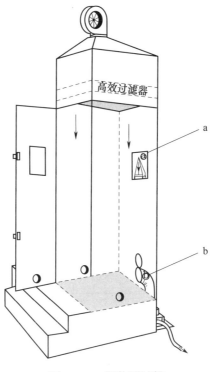

图 12-19　服装测试箱

a—节拍器；b—细菌、粒子采样器

（1）不同服装散发粒子的程度不同

表 12-14 给出了男性志愿者在服装测试箱中平均每分钟散发的细菌数量。志愿者穿着其平时的室内服装，再穿上用相同的高质量合成面料制作的各种不同种类的洁净服进行测试。从表 12-14 的测试结果可以明显看出，服装对人员包覆得越严，结果就越好。在日常服装的外面再穿一件外科手术服式的长服，即可有效降低粒子散发量，但仍无法防止粒子从其下面透出。而上衣加裤子的全套服装效果更好，但带粒子的空气仍会从领口和裤角处溢出。如穿一件连体服，并将帽子扎紧，外加齐膝长靴，则会获得更佳效果。

穿着不同种类的服装的细菌散发量（单位：CFU/min）　　　　　　　表 12-14

自己服装	自己服装上外套洁净服	衬衫领口敞开加上好面料的裤子	连体洁净服
610	180	113.9	7.5

（2）不同面料服装比较

一名男性志愿者穿着其日常室内服装外加洁净服，做服装对比试验。志愿者穿着不同的服装：只穿内衣裤；穿着内衣裤、衬衣、裤子、袜子、靴；穿着各种洁净服，外加头罩、长靴、乳胶手套。各类洁净服，分别由三种面料制作：

1）编织松散的面料，如图 12-8 所示，面料孔径约 100μm；

2）密织的面料，如图 12-6 所示，面料孔径约 50μm；

3）高太克斯（Gore Tex）面料，即聚酯面料中间为高太克斯材料夹层，所测粒径的粒子无法透过。

另外还对带有松紧口的高太克斯面料服装做了专门测试（松紧口是为了减少逃逸的空气量）。

表 12-15 是志愿者穿着不同类型的洁净服时平均每分钟散发的细菌数量。仅仅穿着内衣裤时，散发的粒子最多。再穿上衬衣和裤子，等于增加了一层屏障，降低了粒子的散发量。但该服装必须不太起毛且有良好的过滤特性，否则的话，惰性粒子的计数还不一定会更好。质量差些的面料孔径大，虽可降低细菌的散发量，但密织面料的效果更佳。

不同服装的细菌散发量（单位：CFU/min） 表 12-15

内衣裤	内衣裤加衬衣加裤子	松面料	紧织面料	高太克斯	高太克斯带松紧口
1108	487	103	11	27	0.6

随着面料空气穿透性的降低，从服装紧口处（如袖口、领口）挤出的空气更多。高太克斯服装内的压力比一般纺织面料服装内的压力可高出许多倍。这就是为什么其粒子散发量反倒比预期值高。但当高太克斯服装带有特殊紧口时，则挤出的空气量会降至最小，细菌的散发量亦大大降低。这正如测试所证明，其散发颗粒物量比稀松面料的散发量低了170 倍。

对尘埃粒子也进行了相同的测试，表 12-16 是每分钟的粒子散发量。

不同服装的粒子散发量（单位：pc/min） 表 12-16

	自己服装	松面料	紧织面料	高太克斯	高太克斯带松紧口
≥ 0.5μm 粒子	4.5×10^6	8.5×10^5	5.0×10^5	8.2×10^5	3.5×10^4
≥ 5.0μm 粒子	1.2×10^4	3550	3810	2260	74

洁净服对抑制小粒子（≥ 0.5μm）的扩散一般不那么有效。应当注意到下面这样一个有趣的事实：如果不将带松紧口的高太克斯服装计算在内，洁净室服装对减少大于或等于 0.5μm 粒子的扩散作用不大（仅从 10^6pc/min 降到 10^5pc/min），但同样的洁净服对清除较大粒子（≥ 5.0μm）的效果却好得多。

3. 洗涤与磨损的效果

就粒子过滤效率而言，新服装的效率最高。随着服装变旧，服装的面料会变松，会有更多的粒子透过面料散发出来。原因在于生产洁净服面料时，面料要经过高压滚轧，将面料轧光，以减少其孔径。面料生产时所受挤压越重，在使用和洗涤过程中越可能变松。

国外研究了两件新服装在洗涤之前和洗涤 40 次后的孔径和粒子穿透的变化情况。一件服装用高压滚轧的面料制造，经 40 次洗涤后，孔径从 17.2μm 增加到 25.5μm。而另一个织造相同的面料，只是所受挤压轻些，其孔径从 21.7μm 增加到 24.6μm。从粒子穿透情况来观察，其变化也与之相似。国外某洁净服用户报告说，他们所用的服装经过"几百次洗涤"后，其孔径从洗前的从 18μm 增加到 29μm。毋庸置疑，服装的污染控制特性随服装变旧而退化，不同面料的退化速度各不相等。

服装上因事故磨损造成的孔洞和破损是个值得重视的问题。人员穿着服装前，应对其进行检查。洁净洗衣房也应对所清洗服装进行认真查看，以决定某个服装是否需要采取缝补、密合措施，而某个过于破旧、难于补救的服装，要提出警示，建议报废。

12.3 洁净室用面罩、头盔、手套

洁净室专用的面罩、头盔和手套，是洁净服装的重要配套用品，它们的品质优劣、选用适当与否，直接影响所生产产品的质量，在某种意义上来看比洁净服的危害影响更直接。

12.3.1 洁净面罩与头盔

人在打喷嚏、咳嗽、说话时，从嘴里喷出大量的唾液滴。这些液滴中含有盐分、细菌等，为防止其在洁净室中对产品、环境造成污染，洁净室人员必须戴口罩。

1. 从嘴中扩散的液沫

表 12-17 给出了人在打喷嚏、咳嗽、大声说话时，从嘴里喷出的液滴及带菌粒子的数量，其数量是相当可观的。

人员散发出的液滴和带菌粒子数量 表 12-17

	液滴	带菌粒子
一次喷嚏	1000000	39000
一次咳嗽	5000	700
大声说话（100 个字母）	250	40

嘴喷出的唾液粒子的粒径大小不一，粒径小的约 1μm，大的约 2000μm。其中 2~100μm 粒子及液沫的数量占到全部粒子与液沫的 95%。而每毫升唾液中一般含有不少于 10^7 个细菌，尽管并非喷出的所有唾液飞沫中都含有细菌，但带菌液滴的比例是相当高的。

这些喷出来的液滴的粒径及其与粒径相对应的干燥速率和沉降速率，决定了它们不同的走向。由于重力的原因，大粒子的沉降速率高，在被干燥之前它们将快速地沉降下来；而小粒子则不会很快地降下来，它们会因蒸发干燥而进一步变小，形成液滴核（droplet），并汇入到洁净室的空气循环过程。

含水粒子的重力沉降时间可以计算出来：100μm 的粒子沉降 1m 需要约 3s，而 10μm 粒子就需要 5min。粒子的干燥时间也是可以计算出来的：粒径为 1000μm 的含水粒子，水分蒸发需要 3min，粒径为 200μm 的粒子则仅需要 7s；粒径为 100μm 的粒子仅需 1.6s；而粒径为 50μm 的粒子，仅仅需要 0.4s 就干燥了。由此可以计算出，如果粒子在沉降不到 1m 的过程中其水分就能蒸发掉的话，该粒子的粒径应不会小于 200μm。由此可以推断出，如果不戴口罩的话，有些很大的唾液沫就会降落在产品之上。

由于唾液飞沫中含有少量的溶解物，随着唾液飞沫水分的蒸发，液沫就缩小到其原尺寸的 1/7~1/4。这些干燥后的粒子称为液滴核，如果它们仍然悬浮在空气中，就可能汇入室内的空气循环过程。

如果戴有口罩、面罩，从嘴里喷出的粒子，由于其有足够大的粒径及惯性，就被喷射到面罩或口罩的内表面上。多数面罩或口罩对粒子的捕集效率都大于 95%，因此大部分液粒被阻挡下来。某些口罩效率低，其主要原因是有粒子绕过面罩或口罩，由面罩、口罩与人员面部间的缝隙扩散到空气中，绕过口罩的粒子一般大多数是小于 3μm 的粒子。

为了保证口罩在洁净室中切实起到减少人员由嘴、鼻中散发的污染物扩散到空气中

去，不仅面罩或口罩要选择适宜的材料与形式来制作，而且要按规定的方法戴面罩或口罩，这样才能既满足人员正常呼吸、交流的需要，又可减少污染扩散。

2. 面罩与口罩

GB/T 25915.5—2010 及 ISO 14644-5：2004 对"面罩与口罩"的作用与要求，做了如下说明：面罩、口罩能提供一道屏障，把嘴、鼻、脸散发的污物及唾液（saliva）与周围环境隔开。它们属于被动式屏障（passive barrier）。口罩可以是手术型的，有弹性带和圈。所用材料可以是一次性或可洗的。要认真选择材料与样式，以适应洁净室规避风险的要求，同时还要考虑使用者能否接受。

口罩的设计虽各不相同，但都是用某种透气的材料制作并置于口鼻前。当人说话、打喷嚏、咳嗽或呼粗气时，排出的粒子大部分被口罩的过滤作用所清除。常见的口罩是外科手术式口罩，用无纺布制作，带有系带和环扣，见图 12-20。该口罩可在走出洁净室时予以丢弃。

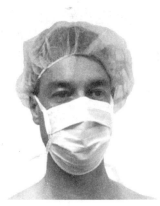

图 12-20　一次性外科口罩

选择口罩面料时，应当考虑其过滤效率与流通阻力的合理组合。尽管市场有一些材料对小粒子也有很高的过滤效率，但同时其流通阻力也较大，不利于呼吸，口罩的过滤效率未必需要那么高，因为人喷出的液滴相对较大，比较容易被过滤掉，反倒是如果流通阻力太大，气流透过口罩时会造成大的压降，迫使某些粒子随着部分气流绕过口罩跑到外面来。面积较大的口罩，有利于减少污染

另一种类型的口罩是"面罩"型或"面纱"型。图 12-21 是该种类型口罩的全形，图 12-22 则是配戴这种口罩的一般方式。面罩可以用按扣按在头罩上，也可永久性地缝在头罩上。

无论是何种口罩，在其与鼻梁面颊接触部位的边缘，都宜带有可随意定形的塑料或金属丝条，以便人员戴上口罩后依据自己的鼻形压紧口罩边缘，使其与面颊密合，以尽可能减少口、鼻污染物穿过口罩与面颊鼻梁两侧的缝隙外溢到空气中。需要注意的是，当选择面罩的材料和形式时，不仅要考虑其对口鼻喷出物的控制程度，也要考虑到不至于使呼吸费劲，能被使用人员所接受。

图 12-21　戴在头罩外面的"面罩"式或"面纱"式口罩

图 12-22　正常穿戴的面罩或面纱式口罩

3. 眼睛与头盔

戴眼镜与护目镜等于增加了一道屏障，它可防止皮肤屑、眉毛、睫毛掉落在关键的表面上，对于生物洁净室，传染性疾病如 SARS COVID 2019 等，则可防止有毒有害、传染性气溶胶侵入眼睛黏膜，造成危害。

GB/T 25915.5—2010 及 ISO 14644-5:2004 对头盔的作用做了如下描述：排风头盔（exhaust headgear）与面罩（face masks）都具有屏障作用，把嘴、鼻、脸散发的污物、唾液（saliva）与产品隔开。面罩属被动式屏障，头盔能以有源方式隔离嘴、鼻和头散发的污染。带兜帽和透明面屏障的头盔配备带过滤的排风系统，既把头发封闭起来，又防止污染扩散到洁净室。

当然，排风头盔也带来操作上的诸多不便，除非证实某些关键工序必须使用这种方式给予保障时，才予以选用。

图 12-23 和图 12-24 给出了呼吸排气面罩排气方式及面罩、头盔式呼吸排气装置的示意图。

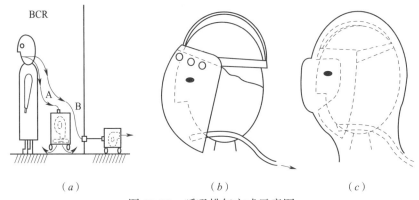

图 12-23　呼吸排气方式示意图

（a）呼吸排气系统的两种方式；（b）面罩式呼吸排气装置；（c）密封护帽式呼吸排气装置

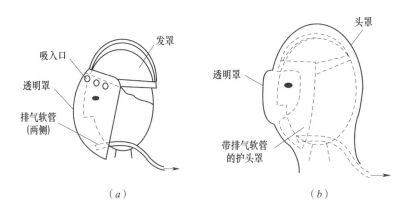

图 12-24　各种带呼气抽吸装置的头罩

（a）面罩式呼气抽吸装置；（b）密闭护帽式呼气抽吸装置

头盔是头与嘴所散发的污染物的屏障，它可以清除从服装领口挤出的污染物。从头盔和面罩所排出的气体，须经过一排风过滤系统。所以，污染物不会泄漏入房间之内。图 12-25 给出了一种排风式头盔的照片，与之连接的排风过滤系统见图 12-23。

图 12-25 一种排风式头盔

12.3.2 洁净室手套

GB/T 25915.5—2010 及 ISO 14644-5:2004 对洁净室用手套给予了如下指导性意见:多数洁净室都要求使用洁净室手套,用手套把人体与产品和关键表面通常最接近的部分覆盖起来,如果确需使用手套,就应考虑其最适用的特性是什么,以及更换、洗涤、消毒的次数。洁净室手套的特性应该考虑洁净室的类型,其中包括表面污染、漏气(outgassing)、消毒、触感、强度、舒适、合适的包装方式等,可以通过各种手套性能的测试,来协助选择适合本洁净室用的手套。

手套制作材料有乳胶、乙烯基,如腈橡胶等其他材料,材料的选择应依手套的使用要求及成本而定。有些工作人员需要使用内衬手套,以免引发或加重接触性皮炎,或者要求戴着更舒适,内衬手套应由棉麻材料制作。

洁净室手套也存在不少的问题。由于洁净室手套通常不是在洁净室内生产的,因此其表面可能会存有污染物。所以在使用手套之前应对其进行清洁。在选择手套时,要注意其表面污染的情况,并根据具体用途,手套上不应有粒子、油脂、化学物质或微生物等。手套在使用过程中可能会有破损,则人员手上的污染物就会穿透而过。例如,手套上 1mm 的小孔,就可能透过大量细菌。根据某项研究,如果是未洗过的手,可透过多达 7000 个细菌;而洗过的手,也能透过 2000 个左右的细菌。因此,选择手套时要选择较厚、较结实的手套。

在有些洁净室中,手套对一些危险化学品,一般是酸或碱溶液要有耐受性,以防其伤害手。例如针对半导体工业湿法刻蚀工序中所使用的酸,所用手套就要有抗酸性。

有些洁净室工作人员对制作手套的材料过敏。乳胶中的催化剂、腈橡胶手套和氯丁橡胶手套、乳胶中的蛋白质,均可能引起皮肤过敏。所以应使用低变应原的手套或带衬里的手套,使皮质过敏反应的可能性降至最小。

选择手套时还要考虑手套的其他特性:化学品耐受性和兼容性、抗静电特性、湿手套的表面离子状况、接触转移特性、手套屏障的完整性、液体的穿透性、耐热性、排气特性等。

人的手掌有成百万个皮肤粒子和细菌,还有油脂和盐分,为防止这些污染物传播到敏感的产品上,就应当戴上手套。洁净室用手套有两种:密织的或编织手套用于较低级别的洁净室,即 ISO 7 级(万级)或级别更低的洁净室,也可把它们作为第一层手套戴在手上;

而大多数洁净室使用的是镀膜手套，即在手套上有一层连续薄膜涂层包覆住整个手套。

1. 手套制作工艺

手套的制作方法一般是将"模型"即一只手型，浸入溶化了的或液态的手套制作材料中，模型一般是用陶瓷或不锈钢制造。当模型从溶化了的液体材料中取出时，上面就会覆有一层材料，形成一只手套。为了使手套顺利地从模子上脱下来又不受损，一般会在模型表面涂上一层脱模剂。脱模剂通常是钙、镁一类无机化合物的粉末，这类粉末对于洁净室是十分不利的，也是一种颗粒污染物。在取下手套时，脱模剂就可能会污染手套的外面。所以洁净室手套与一般手套的不同之处在于，脱模剂的使用要降至最低程度。此外，手套还要进行清洗，以清除脱模剂及其他添加入浸泡介质的添加剂。一般乳胶手套使用硅酸镁作为脱膜剂。如果用碳酸钙代替硅酸镁作为脱模剂，对于洁净室用手套更理想，因为碳酸钙粉末可用一种温和的酸液洗涤掉。对付脱模剂的另一种方法是脱膜处理的方式。当手套从模型下剥下来时，使用把手套翻过来变成"里朝外"的方式，然后再把手套翻过来供使用，这种方法可减少脱模剂的使用。

制作普通手套的材料配方中，含有约 15 种添加剂，很多添加剂会在洁净室中造成污染问题。因此洁净室用手套要求，不用添加剂或将这些化学添加剂的使用量降至最少。

当把手套从模型上脱下来时，乳胶手套是"黏的"。为解决其黏性，手套要经过氯液洗涤。自由氯就会与乳胶中的化学胶粘剂发生反应，使手套表面硬化。这样手套就不会与模型粘在一起。用氯液洗涤也起到了一定的清洁作用。

2. 手套种类

按手套的制作材料来分，洁净室常用手套有以下主要类别：

（1）聚氯乙烯（PVC）手套

这种塑料手套也称为乙烯手套，广泛用于电子工业洁净室中。这种手套的灭菌效果通常不够理想，对生物洁净室不适合。这种手套有长短两种，长度最好能够覆盖住袖口。这种乙烯手套的材料中差不多有一半是增塑剂，为使手套有良好的柔性，这种增塑剂必不可少。而这种增塑剂与测试空气过滤器效率的人工邻苯二甲酸盐（DOP）属同类化学品，现在许多洁净室都认定它是一种化学污染物。而且，它还使手套具有一定的抗静电特性。因此，增塑剂也存在污染洁净室环境的问题以及以接触方式转移污染的问题。

（2）乳胶手套

乳胶手套即外科手术医生所使用的手套，现在洁净室中通常使用的就是"无粒子"型的这类手套。乳胶手套可以在生产工艺过程中避免使用脱模剂，而按"无粒子"型要求制作。完成后并经纯水洗涤的这种手套，可以在 ISO 4 级（10 级）或 ISO 3 级（1 级）洁净室中使用。

乳胶手套有良好的化学品耐受性。对大多数的弱酸、弱碱、酒精及对甲醛和甲酮都有良好的耐受性。乳胶手套比 PVC 手套稍贵一点，但比其他的聚合物手套都便宜。这种手套可以进行高温灭菌，因此也广泛应用于生物洁净室。由于乳胶手套有良好的弹性，可以将手套紧紧地套在服装的袖口上也是其一个重要的优点。

（3）各种聚合物手套

洁净室中使用的还有聚乙烯手套。这种手套无油、无添加剂，不易破损，但对脂肪族溶剂无耐受性。聚乙烯手套的重要缺点是它是由片状材料裁剪制成，接缝处用热压焊接方式，所以手指的灵活性受接缝的影响要稍差一些。

氯丁橡胶手套在化学成分上与乳胶手套接近，但它们对溶剂的耐受性强于乳胶手套，其价格也比乳胶手套贵些。聚氨酯手套很薄而且结实，但灵活性差，价格昂贵。可以使用有微孔聚氨酯材料制作手套，以增加其舒适性。也可在其材料配方中加入碳，使其变成具有导电性。

PVC 聚乙烯醇手套对酸与溶剂有强的耐受性，但它溶于水，其价格也较昂贵。

高太克斯手套的过敏反应低，接缝以焊接方式相接。其带微孔的膜可以透气，但其价格昂贵。

洁净室中还使用特种的隔热或绝缘手套，这些手套一般用硅聚合物或卡夫拉（Kevlar）材料制造。这类手套一般不用于洁净室。如果用于洁净室，则要对手套进行彻底清洁，并将其与污染敏感材料接触的可能降至最低程度。

其他的聚合物，例如丁基橡胶，偶尔也用于洁净室。但在使用这些材料以前，先要对其产品的洁净度进行认真地分析。

图 12-26 给出了一些种类手套的示例，图 12-27 给出了一些种类指套的示例。

3. 手套测试

美国环境科学与技术学会在其推荐准则 RP-CC005 中给出了洁净室用手套需要具备的特性及对手套的测试方法，测试表面洁净度的有：粒子测量、非挥发性残留物测量、离子测量。

进行粒子计数的方法是：将一样品放入一定量的无粒子纯水中，并使用轨道式搅拌器按给定的时间晃动。然后测量水中粒子的含量。可以使用液体粒子计数器，也可以使用显微镜对粒子进行计数。

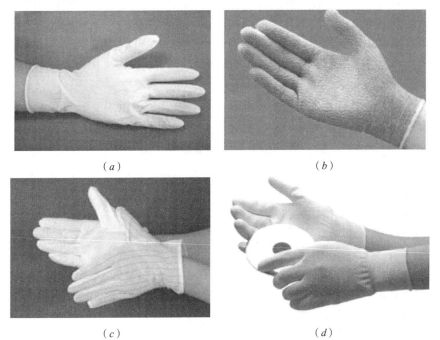

(a)　　　　　　　　　　　　　　(b)

(c)　　　　　　　　　　　　　　(d)

图 12-26　一些种类手套的示例

（a）防静电乳胶手套；（b）尼龙铜纤维导电手套；（c）防静电 PU 涂层手套；（d）防静电 PU 涂掌手套

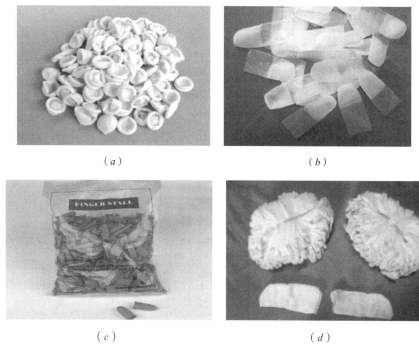

（a）　　　　　　　　　　　　　　　　（b）

（c）　　　　　　　　　　　　　　　　（d）

图 12-27　一些种类指套的示例

（a）普通无尘手指套；（b）防静电切口指套；（c）防滑手指套；（d）纯棉手指套

进行非挥发性残留物的测量时，按给定的温度和给定的时间将一样品放入适当的溶剂中，然后将样本取出，测量溶剂蒸发后残留物的重量。

进行离子测量时，将一样品放入无离子水中一段时间，然后测量水中的离子量。

对手套的其他测试还有：对化学品的耐受性和兼容性实验，屏障材料的强度实验与加速老化实验，静电放电测试，对液体穿透力的耐受实验，经表面接触的转移实验，透气实验，耐热实验等。美国环境科学与技术学会在其推荐准则 IEST-RP-CC005 中有这些测试的详细说明。

手套在使用之后要对其进行检查，看其是否有穿孔。可以用简单的方法检查手套的破损、破洞：手套用过之后将其灌满水，看是否有水漏出来；也可以先向手套内吹气（用嘴即可），再将手套开口处捏紧，然后把手套放在靠近脖子处挤压，如有漏气即可感觉到。

复习思考题

1. 进入洁净室及相关受控环境的工作人员在预更衣或一次更衣区中主要完成哪些任务？

2. 进入洁净室的工作人员在洁净服二次更衣区应如何操作？

3. 几种常见的连体洁净服的穿着方法都是如何操作的？其共同点是什么？

4. 进入洁净室人员在洁净室入口区应注意遵守哪些程序？

5. 洁净室工作人员离开洁净室时，应遵照怎样的更衣程序？

6. 人员是通过何种方式与渠道向洁净室空气传播污染物的？

7. 洁净室中人员散发的尘埃和微生物数量与哪些因素有关？

8. 对洁净服面料和服饰有哪些基本要求？

9. 洁净服清洗应依照哪些准则？

10. 如何检测穿着不同洁净服装的效果？

11. 排风式头罩是如何工作的？

12. 洁净室常用的手套主要有哪些种类？

第13章 进入洁净室及相关受控环境的设备和材料

13.1 洁净室固定设备的进入、安装与维修

对于那些进入洁净室就位后就固定不动或相对固定的大型设备，例如洁净室生产工艺用的自动机械加工设备、隔离性装置、排风罩等，这类固定设备通常处在洁净室关键工序的周围，它们一旦被安装到位，再次移动不仅十分困难，而且对洁净室的环境条件也影响较大。对于这类洁净室的大型设备，首先要求供货商在生产制造时，务必在洁净环境中，而且其包装材料、方法也应符合洁净室的要求。

13.1.1 固定设备进入的程序

为了避免发生大型固定设备进入"动态"洁净室，也就是说出现洁净室已投付正式运行，还要进入大型固定设备的情况，应该在管理计划中尽可能排出。因为在这种特殊情况下，按《洁净室及相关受控环境 第 5 部分：运行》GB/T 25915.5—2010 及《洁净室及相关受控环境 第 2 部分：证明持续符合 GB/T 25915.1—2010 的测试和监测技术条件》GB/T 25915.2—2010 的规定要重新认证洁净室，其工作是相当繁杂的。

正常情况下，通常是在空态或静态条件下将固定设备送入。把设备送入洁净室时，应该关注的问题是：整个过程都不应增加对环境的污染。

解决大型部件运进运出的最好办法，就是设计一个大型物流气闸室。它大得足以将每件设备运进运出洁净室。如果条件允许，设计洁净室时，宜考虑采纳这个方案。

设备进出洁净室的另一设计方案是在洁净室的墙上开一组双门，大得足以容纳机器、大型设备的通行。由于这样的通道有可能直接与外走廊相通，因此必须锁住，只有设备需要进入时才打开。有些类型的墙板模块可以取下来再安装好，又不对墙体造成损坏，这样的话，就不需要另开门洞。

13.1.2 临时气闸室方案

在洁净室内墙的一侧建立一个临时气闸室是一个常用的方案。所有准备进入的设备都要检查在运输中有无损坏，存疑的或有损坏的设备应该在洁净室外隔离保护起来，待供货商修复或另行处理。

运输用的板条箱、硬纸板等应该在邻近洁净室的未受控区内拆封，然后再运进受控环境。如果没有完善的包装，则设备的所有表面都应该予以清洁，然后再运进洁净区。

理想的方法是在设备专用气闸室内进行设备清洁，当设备过大时，宜在气闸或洁净室附近临时专门修建的房间内拆掉最外面的薄膜材料，做进入洁净室前的清洁工作。

GB/T 25915.5—2010 及 ISO 14644-5：2004 推荐的拆包过程如下：

（1）对设备外护层用吸尘设备进行清洁。从顶部开始，向两侧扩展。

（2）用适当的清洁剂擦拭外护层。

（3）从设备外护层的顶部撕开一"工"形或"X"形切口，从顶部向下剥离外护层，见图 13-1。

（4）如果有多层包装，每层包装膜都要按（2）、（3）的程序重复进行。

（5）所有运送设备人员进入气闸前都要穿上适当的洁净服。

（6）所有移动用、搬运用的设备都应在气闸内进行清洁。

（7）在打开气闸靠洁净室一侧的门运入设备前，应先清扫气闸室。

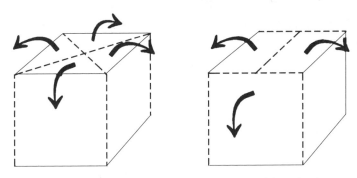

图 13-1　设备外护层从顶部撕开、向下剥离示意图

13.1.3　固定设备运入的机械

如有可能，大型设备应该临时拆卸为其尺寸能保证安全入室的组件，使洁净室设备运入过程的风险降低。因为这些大型装置搬运过程中，与洁净室围护结构表面接触时，可能发生磨损、撞伤，并产生污染。

用于大设备、组件的提升、牵引或定位的专用设备，在进入洁净室前必须彻底清洁。这类设备多数不是专为洁净室使用而设计、制造的，应彻底检验有无膜屑、表面剥落状况或有无不宜进入洁净室的材料。

通常宜用与洁净室级别相适应的塑料薄膜或带子包裹或密封这些设备的外表面。设备如有橡胶轮，宜用洁净室专用塑胶带（cleanroom-compatible plastic tape）包严，以免在地面上遗留下橡胶或塑料微粒。

13.1.4　固定设备的安装程序

最有效的措施是在设备安装阶段，用临时的隔墙或隔断把设备所在位置与洁净室隔离开来。为不妨碍设备安装，在设备周围应留出足够的空间，但同时也要注意隔离区空间适度，不宜过大。

GB/T 25915.5—2010 及 ISO 14644-5：2004 建议的操作程序及其他注意事项如下：

（1）设备应尽可能通过服务通道或其他非关键区（non-critical area）进入隔离区（isolation area），如不可能，则应采取措施尽量减少污染。例如，只有通过相邻的洁净室才能进入隔离区时，工作人员应该采用黏性垫除掉鞋底附着的污染物，进入隔离区后，要求使用一次性靴子或鞋套，以避免污染洁净服。离开隔离区时要脱下这些一次性物品。

（2）该隔离区的气压应相对于周边维持中性或负压。完全封闭的隔离区，则应该截断区内的洁净空调送风，以减少安装时产生的污染物向外扩散。

（3）应该事先制定计划，明确对隔离区和周围区域监控的方法和频率，确保能及时发现污染物由隔离区向外渗透的情况。

（4）设备就位后，在架设各种动力设施，如电、水、气体、真空、压缩空气和排水管道时，应采取措施控制操作过程产生的烟气和残渣，避免污染周围的洁净室，也有助于减轻拆除隔断时的清洁工作量。

（5）在设备安装工作完成后，应采用认可的洁净程序（见本书第 14 章、GB/T 25915.5—2010 及 ISO 14644-5：2004 所推荐的"洁净室的清洁"的相关内容）。清除隔离区内的污染，墙、地面、设备等所有表面都要用真空吸尘器清扫、清理和擦拭。要特别注意设备护板后面和下面区域的清洁。

（6）在隔离区清洁工作完成后，可以进行设备的试运作和设备性能的初步测试，但最后验收的测试，则需要完全具备洁净室的条件方可。

（7）经仔细分析，选定对洁净室内的正常工作干扰最少的时间段拆除隔断墙。在小心拆除隔断墙的同时，隔离区内原被临时阻断的送风口，开始恢复送入洁净空气。此过程中，宜随时监测周边的粒子浓度变化。

（8）隔断清理完，设备所处位置恢复洁净室正常状态，开始对设备内部和关键工序部位（critical processing chambers），进行进一步清洁和做投入使用的准备。

（9）对设备所有内腔和所有与产品接触表面，也包括产品装卸的表面，都要进行擦拭，使之达到要求的洁净度水平。

设备清洁顺序应是从顶到底。如果清洁过程中有颗粒物散出，则较大的粒子在重力作用下将落到设备底部或地面。

（10）再次清洁设备外部，其顺序也是从顶至底。

（11）必要时，应检查产品或工艺要求非常关键区域的表面粒子情况。

13.1.5　固定设备的维护与维修

任何设备都需要定期维护或难免临时维修，GB/T 25915.5—2010 及 ISO 14644-5：2004 对此项工作的指导原则是：无论设备进行维护还是维修时，都不能造成对洁净室的污染。维护、维修工作完成后要清除设备外表面的污染，按工艺要求，必要时还要清除内表面的污染。

上述标准还推荐了"对固定设备进行维护时控制污染的措施及常规程序"：

（1）如有可能，凡要进行维修的设备应先移出洁净室再维修，以减少污染产生的可能性。

（2）如果必要，应将需要维护的固定设备与周围的洁净室隔离开来，再进行主要的维护或维修。或者采取把所有正在制造的产品移往适当位置的措施。

（3）与正在维护、维修设备相邻的洁净室区域，应适当加强监控，以保证有效控制污染。

（4）在隔离区内进行维修、维护的工作人员，不应与洁净室的生产或操作人员发生接触。

（5）进入洁净室的维护或维修设备人员，应遵循该洁净区的规范，包括穿着适当的工作服及维修完成后对该区和设备清洁应达到的水平。

（6）如果技术人员需要躺下或爬到设备下面去维修，应该先确定工作条件是否适宜，应在进行化学品、酸或生物危险品有效中和或适当处理后，再开始维修工作。

（7）应采取措施保护维修人员的洁净服不接触到设备上的润滑油或工艺用化学品等污染物，还应避免洁净服被设备、工作的锐边撕裂、捅破。

（8）进行维护或维修工作用的全部工具、工具箱、小车等，在进入洁净室前，都应彻底地清洁，不允许带入任何锈蚀的工具。如果进入生物洁净室，则可能还要求灭菌或消毒。

（9）维修技术人员应避免把工具、各种零配件、损坏的零部件或清洁用的工具材料等任何物品，放置在产品或工艺材料用的工作表面附近。

（10）维修工作过程中应该注意清洁并随时进行清洁工作。定期更换手套，避免因手套破损，维修人员的皮肤接触设备洁净表面的情况发生。

（11）如果要求使用耐酸、耐热或耐切割型的非洁净室手套，那么这些手套应符合洁净室要求，或另外套一副洁净室手套在内。

（12）如需进行钻、锯作业时，应使用专用的罩盖，把工具和进行钻或锯的区域遮蔽起来，同时使用洁净室真空除尘器，及时吸走扬尘。

（13）在地面、墙面、设备侧板或其他表面钻孔后，留下的缝隙、孔洞，要采取密封措施，如用填料、粘合剂和特殊制造的板堵塞，以防止污染物经孔洞、缝隙扩散到洁净室内。

13.2 材料和便携设备

GB/T 25915.5—2010 及 ISO 14644-5:2004 给出如下原则：易于运进、运出洁净室的物品，如消耗品与一次性物品、生产与清洁用材料、手工工具及便携设备等，在选择、搬运或存储上如有不当，就可能危及洁净室的洁净度。生物洁净室中，还应考虑对重复使用的物料及便携设备的灭菌或消毒能力。

13.2.1 材料

为保护洁净室不受污染，所用材料应具有以下特性：
（1）材料表面和可活动部件应尽量少脱落或产生污染物；
（2）表面清洁、无破裂、无渗透；但也有例外，如洁净室用抹布；
（3）因剥落或切割而产生的污染最少；
（4）有适用于洁净室的包装；
（5）适合于洁净室环境。
依据洁净室的目的及用途而定的其他要求：
（1）不含无需的化学物（如酸、碱、有机物）；
（2）抗静电特性合格；

（3）释放气体量低；

（4）无微生物；

（5）适应生物洁净室的消毒与灭菌处理。

洁净室及相关受控环境的管理人员必须仔细选择并审核洁净室的各种用材，要确保它们不会对室内造成污染。

洁净室内经常使用的材料与设备举例如下：

（1）生产中使用的材料：在微电子工业中使用的硅晶片和工艺化学品；在药品工业中使用的配料及容器；在食品和化妆品工业中使用的各种配料、添加剂、填充剂等；

（2）产品包装材料：如玻璃瓶、塑料瓶、塑料袋、预制成型的盒子等；

（3）工艺设备和机器；对设备和机器进行维修、校准、修理的工具以及转动设备的润滑剂等；

（4）人员服装，如洁净工作服、手套、指套、口罩、头罩等；

（5）洁净室清洁用品，如抹布与拖把等；

（6）消耗性用品，如书写纸张、圆珠笔、标签、棉签等。

根据洁净室内生产产品的不同情况与要求，对生产产品造成危害的主要污染物不外乎以下几类：固态、液态的粒子；微生物；化学品；静电和分子污染。

在大多数洁净室和相关受控环境中，粒子和纤维都是环境污染的主要来源。所以，应避免在生产工艺中使用容易破损或散发粒子的材料。其表面带有粒子和纤维的材料也应避免使用。

医疗、食品、化妆品工业等类生物洁净室中，微生物则是主要防范的污染物。

在半导体工业中，产品表面的化学品和空气环境中的某些气体分子可能形成的化合物，会沉积在半导体的表面上，它们可能影响产品质量，甚至毁坏半导体芯片。

在一些洁净室中，那些无法将静电不断地传导开的材料，可能会因为静电荷的积累和放电，使那些对静电敏感的产品会受到损害。此外，静电还会使材料产生静电吸附效应而吸附粒子，从而造成污染问题。

选择用于洁净室内的生产材料，不仅仅着眼于其适合于生产工艺，而且应关注其是否有可能产生污染。显然对那些既可能构成污染源，又为生产所需的材料和物品，只有在缺之不可的情况下才能使用；或只有在已经充分认识到了这些材料产生污染的问题，并已考虑了其他各种替代材料但又确实都不适合后，才可使用。

以下所列举的部分乃至全部物品，因其会造成洁净室的严重污染，根据产品对污染的敏感性不同，一般宜于禁止在洁净室中使用：

（1）非洁净室专用纸。如果一定要使用普通纸，应将其放入塑料袋内或采用双面热塑。

（2）铅笔与橡皮、墨水、纤维头书写笔或者会划纸的圆珠笔、修改液。

（3）用低碳钢或其他会生锈、会磨蚀、会氧化的材料制成的物品。

（4）用机器加工或处理时会发冒烟或破损的物品。

（5）用木头、橡胶、纸张、皮革、毛、棉及其他天然材料制成的易破损物品。

（6）研磨材料或粉末、产生气溶胶的瓶瓶罐罐。

（7）某些不适合在洁净室中使用的一次性物品，如棉签、胶带、标签等。

（8）洁净室人员不得将个人物品带入洁净室内。

13.2.2　外部供应的物品及其包装

如果物品的供应商对洁净室要求知之甚少，或根本不予关心，那么它所供应的物品在进入洁净室时可能已受到了严重污染。在某些情况下，这可能是造成污染的最重要的一个原因。因此，为解决这类问题应采取一些措施。

1. 外供物品宜在洁净环境中生产

要求供应洁净室的物品在洁净环境中生产，其洁净度标准宜与产品所供应的洁净室相同。如果外部供应物品交付时不能达到适当的清洁水准，则必须在洁净室中对其加以清洁，但这样做的效果可能差些。有越来越多的公司在洁净环境中制造供应洁净室生产所需的零部件，洁净室管理人员应该向本企业采购部门强调，要关注洁净室物品供应商的生产环境。应尽量选择质优价廉，又是在相应洁净环境中生产的洁净室用品，以保证本企业洁净室的洁净度和减少清洁外供物品的耗费。

参观考察供应商的生产设施并检查其生产环境是很必要的。外供物品生产厂家可能并不熟悉洁净室技术，所以，对生产工艺的一些简单建议和改进，就可能产生不错的效果。即使制造厂家不具备洁净生产环境，但只要有较高水平的洁净管理条件、使用洁净室用的手套、抹布、不会起毛的服装，也可大大提高产品的质量。

2. 外供物品的包装材料

应注意产品的存储和包装。如果加工的产品从生产设备上取下后立即用合适的洁净包装方式包装好，周围较差的生产环境对产品的影响就可以降至最小。

外供物品的包装方法和包装材料，必须考虑所供应的洁净室的洁净度等级，包装的尺度、外形均应符合贮藏、运输、开箱过程中防污染的要求，对包装材料的主要要求有以下几点：

（1）包装材料的无污染性：要求包装材料本身不产生粒子、纤维、污染气体及蒸汽等物质，不明显地带静电，不会与包装产品发生化学反应；

（2）包装材料必须是能够清洁到包装物品所要求的洁净度的材料；

（3）材料的强度及耐久性：包装材料应承受温湿度、外部作用力和紫外线等影响，能够保证所要求的密封性，避免运输、存放过程中破损而污染，以致将污染带入洁净室中。

洁净室外供用品的良好包装，不仅可以避免产品在运输途中的损坏，也可以最大限度避免产品受到外部环境的污染。举个例子就可以说明这个问题：如果将部件放在硬纸箱中运送到洁净室中去，那么产品的外面就会被纤维和粒子所污染。即使该物品在放入纸板箱前用洁净的塑料袋包装好了，塑料袋的外面也还是会受到纸纤维和粒子的污染。在这种情况下，打开塑料袋而又不使产品受污染就很难做到。如果使用洁净包装材料并采用多层包装，就可以解决这个问题。

常常使用的塑料材料为塑料薄膜或预制的包装塑料。塑料材料与其他许多材料相比，粒子、纤维、化学污染较少。塑料污染的大小取决于所使用的塑料种类，它的制造方法以及包装方式。所以，对所用塑料包装是否适宜也要进行检验。

有些塑料会产生静电，从而可能损坏产品。如果使用防静电塑料，它对粒子及纤维的吸附作用也较小，因此也更洁净。如果需要控制分子污染的话，则有些塑料包装材料，如

PVC 包装材料，可能就不适用了。

13.2.3　外供物品的包装方式

还要考虑的是需要几层包装。如果洁净室用的物品采用的是多层包装，这样就可以在其运往洁净室的过程中 1 次打开 1 层逐步拆装，这就可以保证物品送至洁净室时是较洁净的。对外包装用真空吸尘器吸扫外表面及用潮湿抹布擦拭有助于保持其清洁，特别是在将产品运往洁净室的开始阶段，尤其如此。随着产品逐步进入洁净室，外包装也变得越来越洁净，相对而言外包装的清洁工作就显得不那么必要了。下面举一个实际的例子说明具体方法。

洁净室用的物品在外供生产厂生产出来后，每个都包装在一个预制塑料包装块中。一定数量的包装块放在一个带盖的塑料箱中，塑料箱由抽真空的塑料薄膜包装。再将其放入一个大的塑料袋内，这个大塑料袋最后放入纸板箱中准备交货。当这些纸箱输送到使用厂家时，会存放在一个无洁净等级的区域，供给最终使用。使用前，将纸箱运至材料传递气闸室外面的一个区域，打开箱子，取出里面的大塑料袋。随即用带刷子头的真空吸尘器对塑料袋进行清洁。再打开塑料袋，取出真空包装的塑料箱，并将其放在小车上。将小车推入材料传递气闸室，在气闸室中，使用湿抹布擦拭箱子的真空外包装。然后切开真空包装袋，将塑料箱放在气闸室中的洁净传递台上。切开真空包装袋的方法要讲究，不能让包装外面的污染粘到里面所包装的洁净物品上。如果是从顶部切开包装袋，切口要成 "X" 形或 "工" 字形，并要从顶角一直切到包装箱的底角。应能够将包装袋复原又不造成污染。

随后，由洁净室的人员从传递台上拿起塑料箱并送入洁净室，然后将这些塑料箱存放在洁净室。当需要一件预制包装中的部件时，打开塑料箱，取出部件，再合上盖子。

包装物品有各种各样的正确方法。不同的物品、不同的用途、材料传递气闸室的不同设计，使得包装方法也有很大区别。所以，洁净室的管理人员必须规定适用的包装材料，规定所需物品在进入洁净室的过程中对包装进行清洁和打开各层包装的规程。

13.3　通过气闸室传递物品和小件设备

任何洁净室都不免要和其他低洁净级别区或非洁净区发生物品传递的情况，减少传递过程中污染的侵入是日常的重要管理工作。

通常使用气闸室、缓冲间以避免洁净室外的空气直接进入洁净室内。在气闸室的两个门均关闭时，从外走廊在开门时侵入的污染以及使用气闸室的人所散发出的污染，均被气闸室的送风所稀释。

材料传递气闸室的两个门如同人身净化的吹淋室，一般都是采用连锁的方式。这样就可以确保一扇门关闭之前另一扇门是不能打开的，可采用电气连锁，也可以是机械连锁。这样就可以防止外部较低洁净级别或非受控区的空气直接进入洁净室。在气闸室入口处安放地粘垫，其作用是防止鞋底或推车轮子上粘附的污染物转移到洁净室内。

气闸室也用来防止将材料表面及其包装上的污染物带入洁净室。以下介绍了两种通过气闸室传递材料的方法。其一是 "有台" 式材料物品传递气闸室；另一个是 "无台" 式材料物品传递气闸室。可根据所传递的材料物品及传递的安全性选用。

13.3.1　带传递操作台的气闸式传递室

"有台"式材料传递气闸室是将供应品安全地传递进洁净室的方法之一。这种方式由"传递台"将气闸室分成"较脏"与"清洁"两个区，这种方法适用于传递较轻、可以由人力搬动的材料和设备。

使用传递操作台传递物品的方法如下：

（1）清洁传递操作台：先将非受控区一侧的门打开，搬运材料或设备的人员从较低洁净级别或非受控区进入气闸室。气闸室地面铺粘垫或粘毯，这样，从外面地板向内转移的污染就可以最少。搬运人员按规定方法对传递操作台进行清洁，必要时对其进行消毒，进行清洁工作时要注意，较长的传递台面被分为两个区域，靠洁净室一侧为"清洁"区，靠较低洁净级别或非受控区一侧为"拆包"区，如图 13-2 所示。

（2）送入传递物品并拆包：完成清洁工作后，搬运人员将带包装的物品送入气闸室。但不得把纸板箱这类的包装材料带入气闸室内，因为它们会散发较多的粒子，易造成交叉污染。将带着塑料包装的物品送入气闸室后，将其放置在传递台的"拆包"区一侧，即所谓的"带包装"侧或"脏"侧。随即对包装进行清洁，然后拆开包装。具体清洁方法根据使用物品的洁净室的标准而定，高级别洁净室要求"精洁净"，一般洁净室要求则略低。然后把物品放置于传递台的另一侧，即所谓的"包装已拆"侧或"洁净侧"。将物品从外部区域送入气闸室内的人员携带装置外包装的容器，关上通往外部区域的门，离开气闸室。

（3）气闸室充分自净：让气闸室处在无人状态下数分钟的时间，以便将污染降至这样的浓度：当洁净室一边的门打开时，洁净室不会受到大的影响。为实现这一目的，可安装内外门的联锁计时装置或指示灯。当洁净室侧门自动打开或指示灯点亮后，洁净室的人员进入气闸室，拿起物品后离开气闸室，如图 13-3 所示。

图 13-2　"有台"式气闸室示意图

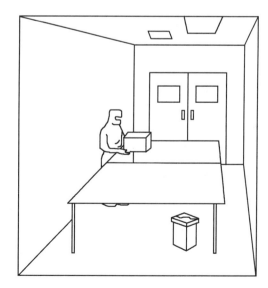

图 13-3　洁净室人员从气闸室将物料搬走

13.3.2 通过传递窗和灭菌器传递材料

除了物流气闸室外，还有其他方法可将材料传递入洁净室内供使用。将小型的物件传进、传出洁净室非常通用的办法，就是使用传递窗。传递窗的尺寸要根据所传递材料的大小确定。图 13-4 所示传递窗的小门的尺寸为 90cm×90cm，深度 40cm。

图 13-4 简易传递窗

传递窗的工作方式与物流气闸室相似。将物品传递入洁净室，大致通过下述的步骤：

（1）在洁净室外面的人员打开传递窗的小门，对传递窗进行清洁；

（2）打开物品的一层包装，将物品放入传递窗内；

（3）关闭传递窗的小门；

（4）在传递窗另一边的人员打开传递窗的内门，取出物品。对取出的物品进行清洁。在污染控制要求更为严格的场合，则再打开物品的另一层包装。

传递窗一般都带有电子或机械的联锁装置，防止两个小门被同时打开，这样可防止外部空气流入洁净室。有时将传递窗建在地面水平，便于较重的物品通过传递窗。

而将材料移出、移入生物洁净室，则要使用高压釜、蒸气炉这类的灭菌装置。这类灭菌器也装备有双门，以提高效率。传递材料时，先将外侧的门打开，将未经灭菌的材料放入灭菌器内。门关闭后，灭菌器开始其灭菌程序。灭菌程序完成后，打开灭菌器位于洁净室一侧的门，将经过灭菌的材料取出。也可以使用灭菌隧道，对自外部进入洁净室内的容器进行灭菌。

13.3.3 无传递操作台的传递区

如果需要将大的重型设备或机器移进移出洁净室，则常常使用不带传递操作台的气闸室。但不带传递操作台的气闸室作为传递区使用时，其安全度一般低于带传递操作台的气闸室。其工作程序如下：

（1）拆除纸箱等好包装的洁净室用品放在清洁的小车上。小车从外部的非受控区推入传递用气闸室，人员随即离开。然后，来自洁净室的人员进入气闸室并取到供应的材料。如果该材料重得无法抬起，那就不得不将小车推入洁净室。在将小车推入洁净室以前，必须在气闸室内对其进行清洁。如果材料不那么重的话，则可将材料转移到从洁净室推过来洁净室专用的材料转运小车上。

（2）采用与本章前几节所述的相似方法，清洁或拆除材料的包装，或先清洁再拆除其包装。然后，将载有材料的洁净小车推入洁净室，洁净室的门随后关闭。如果有物品需要带出，外来的小车可暂时留在气闸室。如果有更多的供应物品需要带入，外来的小车即可离开气闸室。

（3）当把洁净室的小车推入洁净室前，可以考虑用粘垫或粘毯清除小车轮子上的污染物。

复习思考题

1. 选择洁净室中使用的材料时，应注意哪些方面的问题？
2. 对洁净室的外供物品有哪些特殊要求？
3. 供应品通过气闸室经由"传递台"进入洁净室应经过什么程序？
4. 固定设备应通过何种程序进入洁净室？
5. 固定设备安装过程中应注意哪些问题？
6. 在洁净室中维护、维修固定设备时，应采取哪些必要措施？
7. 对进入洁净室的外供物品的包装有什么要求？
8. 需灭菌器材进出洁净室，应采取何种措施？

第14章　洁净室及相关受控环境的清洁工作

洁净室的设计与建造，都尽其可能地防止产生污染，但生产工艺、设备及其维护工作，人员的存在及其活动等，都会产生污染，并在洁净室中散布污染。因此，洁净室及设备所有的表面都应频繁地进行清洁，以防止对生产工艺带来风险。应当制定与洁净室规范相符的方式、程序，对洁净室进行全面、彻底的清洁，这是洁净室正常管理的重要事项。

14.1　洁净室日常清洁的必要性

在电子、制药等很多工业部门中，都利用洁净室技术来保护产品免受污染。设计并建造一个洁净室，往往要花上巨额的资金，花上几年的时间，但不少单位对如何保持洁净室的清洁考虑得不足，对这方面所付出的努力也偏少。

或者我们会问："洁净室为什么还需要清洁？洁净室不是有大量既无粒子也无细菌的送风吗？工人不是穿着特殊的洁净服以防止粒子扩散吗？"如第12章所述，洁净服实际上并不能完全阻止粒子的扩散。穿着洁净服的人，能够散发出超过 10^5 个大于等于 0.5μm 以及超过 10^4 个大于等于 5.0μm 的粒子。机器设备也可能产生并扩散出千百万个粒子。尽管大量送入的洁净空气使房间的污染浓度在生产区域被稀释到要求的洁净度，但并不意味着所产生的粒子污染物都被回风、排风带出洁净室。其中有些较大的粒子由于重力作用，很快就会沉降在水平的表面上。其他较小的粒子，会随着气流运动附着到物体表面上，或以布朗运动，降落在物体表面上。另外，灰尘还可以由脚或设备、工件等带入洁净室内。

正因为如此，洁净室的表面会变脏，所以要经常进行清洁。如果不对洁净室的表面进行清洁，那么，当产品接触被污染的表面时，污染物就会传输到产品上。或者人员触摸了洁净室被污染表面后又接触产品，也可以将污染物传输到产品上。一个看上去相当清净的洁净室，如按照洁净室的要求来衡量，它可能是不合格的。比 50μm 小得多的粒子，人的肉眼是看不到的。当小粒子达到一定浓度并聚集在一起时，肉眼才可能看到。发生这种情况时，洁净室已经早就该进行清洁了。

人体每分钟能够散发出几百个乃至几千个带有细菌的粒子。这些微生物是由表皮细胞或表皮细胞的碎片所携带，其平均当量直径为 10～20μm。这些粒子由于重力作用很容易沉降到室内的表面上。对于医疗卫生、食品、药品行业，则必须对洁净室定期进行清扫及消毒，以杀灭对产品或人体有害的微生物，保障产品安全与质量及人体健康。

此外，洁净室的工艺设备难免需要维护、维修，此项工作过程中必然也会污染洁净室，事后的清洁不可免，第13章已提到此项要求。

再者，洁净室的工艺流程、工艺技术更新的速率一般都较快，特别是电子行业更为突出。工艺变更必然要调整工艺路线、更换某些工艺设备。此项工作过程，也同样会污染洁净室，洁净室也必须在清洁之后，经检测合格方可投入运行。

14.2　表面物理清洁方法

粒子滞留在物体表面的主要作用力是范德瓦尔力，这是一种分子间的作用力。静电也是将带电粒子吸附在表面的一种力。静电力在不同的洁净室其大小也不同，并与洁净室中使用的建筑材料密切相关。第三种作用力是在洁净室采用湿法清洁后出现的。湿法清洁后残留在表面上的粒子会因水分蒸发而干燥，而清洗液干燥之后的残留物质，就会将干燥的粒子粘在物体表面上，变得难以去除。

清洁中如果使用水溶液，则溶于水的粒子就会溶解在水溶液中。如果使用酒精这类溶液，则有机物就可能会被溶解，有机物粒子就一般被溶液所清除。但洁净室中的大部分粒子是难溶于水溶液中的，所以就必须克服将粒子吸附于表面上的粘着力。如果像湿式真空清洁法那样将粒子浸入液体中，或者是用湿擦洗法（scrubbing）、湿拖擦法（mopping）进行清洁，就可以溶解表面干燥后残留下的、将粒子粘在表面的物质。如果使用的是水基清洁剂，就可以把范德瓦尔力与静电力降低或者去除掉。然后就可以通过抹拭、拖擦以及真空吸尘法，将粒子从表面移走。

洁净室常用的清洁方法有：真空吸尘法（湿法或干法）；湿擦拭（拖擦或湿擦拭）；粘轮法。

这些清洁方法的效率与所擦拭表面的实际情况相关。如果表面粗糙或凹凸不平，那么清除这些部位上的粒子就较为困难。所以，如前所述，洁净室的各种设备外表面与围护结构的内表面要光滑，这样既可避免积尘，又便于清洁。

1. 真空吸尘法

洁净室使用的真空吸尘方法有两种类型：湿法和干法。干式真空吸尘器是用真空喷嘴的引射汇流来克服粒子表面的附着力，从而将粒子从表面清走。但一般来说引射的气流速度较小，往往不足以将小粒子也清走。对于真空吸法清除不同粒径粒子的效率，有人曾在一块积尘的玻璃的表面做了一个实验。实验结果如图 14-1 所示。

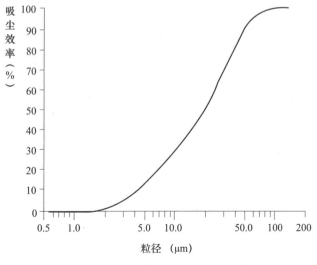

图 14-1　干式真空法的吸尘效率图

图 14-1 的实验结果是在一个布满粒子的玻璃表面，用一个工业真空吸尘器的吸嘴在上面向前推进。由图 14-1 可以看到接近于 100% 的 100μm 以上的大粒子被清除了。但 10μm 的较小粒子仅仅清除掉了 25%。这个实验说明存在于表面上的大多数微小粒子无法用干式真空吸尘器来清除。水与溶剂的黏度比空气要高得多。所以，液体对附着于表面上的粒子的拖拽力大得多。因此，当使用湿法真空系统时，其额外的拖拽力会大大增加抽吸粒子的效率。

2. 湿擦拭法

使用抹布或拖布加上液体对洁净室表面进行湿擦拭，是清洁洁净室表面的一种有效方法。其所使用的液体可以破坏粒子与表面的附着力，从而使粒子脱离开表面。使用表面活性剂时尤其如此。但有很多粒子在使用这类液体后仍然会附着在表面上，所以还必须借助拖布或抹布中的纤维推动粒子，使其与表面分离。粒子从表面被清除掉之后，就滞留在抹布中，湿抹布清除粒子的效率比干抹布高，因为液体溶剂中所产生的拖拽力要大得多。通常采用细纤维材料做成的抹布或拖布比块状固体材料做成的抹布清洁效率更高。

3. 粘轮法

粘轮清除粒子的效率取决于滚轮表面粘力的大小。滚轮表面的粘力越大，清除的粒子越多。其他的一些因素，例如滚轮表面的柔软性，也会影响清除效率。因为良好的表面柔性可使滚轮与粒子表面接触更好，从而提高清洁效率。

14.3　清洁表面和清洁级别的分类

对不同区域及其表面的洁净度，要依据其对洁净室的产品和工艺的影响，划分为不用的级别，对不同级别的表面宜采用不同的清洁方法，GB/T 25915.5—2010 及等同的 ISO 14644-5：2004 特别指出，科学地划分表面清洁级别有助于洁净室清洁工作的合理进行。

14.3.1　所清洁表面的级别

GB/T 25915.5—2010 及等同的 ISO 14644-5：2004 认为，原则上表面清洁级别可划分为：

（1）关键表面（critical surface）：处于生产位置周围的表面，应该保持在最清洁的状态，因为这些表面污染物可直接污染产品和工艺。配置单向流设备，如层流罩或洁净工作台等装置有助于控制关键区表面洁净度。

（2）普通洁净室表面（General Cleanroom Surface）：洁净室内不处在生产关键位置，或被单向流隔离在外的表面，均视为"普通"表面，应进行定期的清洁，以防止把污染传输到关键区。

（3）更衣室和气闸室的表面（Surface of Changing rooms and Airlocks）：更衣室和气闸室等相对于洁净室而言属于"外区"，但这些区域由于人员活动频繁，往往受到高度污染，有必要频繁进行清洁，以降低污染等级，减少污染物传输到洁净室内。

14.3.2　表面清洁级别的分类

按 GB/T 25915.5—2010 及等同的 ISO 14644-5：2004 建议，应该对表面清洁工作划分

等级，不同的表面采取不同的清洁方法与程序。依据清洁工作完成后表面所达到的清洁度可以把清洁工作大致分为三种级别：

（1）粗糙级清洁（Gross Cleaning）：主要清除粒径大于 50μm 的污染粒子，这种粒径的污染物通常是在地面上，也是带入更衣室和气闸室中最典型的粒子。生产作业或工艺过程中，破裂或散落的材料残渣是另一污染源，一般存在于工作台表面和地面。工艺设备、洁净室设施的维护、维修也可能散发大粒子污染。

（2）中等级清洁（Intermediate Cleaning）：清除粒径在 10～50μm 范围的较小污染粒子。中等级清洁的对象是洁净室的一般表面，通常是墙面、工作台和洁净通道。在粗糙级清洁工作之后，这些较小粒径的污染物往往依然存在，而中等级清洁工作则能为这些表面提供较高一级的清洁度。

（3）精细级清洁（Precision Cleaning）：清除粒径在 10μm 以下的剩余微粒污染，一般用于清洁存贮和加工产品的关键表面或附近的表面。

14.3.3 典型清洁方法的适用范围

GB/T 25915.5—2010 及等同的 ISO 14644-5:2004 对真空清洁（Vacuum Cleaning）、湿法清洁（Wet Cleaning）和潮湿清洁（Damp Cleaning）等几种典型的清洁方法的适用性作了如下解释：

（1）真空清洁（Vacuum Cleaning）：可作为普通表面和关键表面的粗放和中等级别清洁的第一步基础工序。真空清洁是拖擦或湿擦（mopping on wet wiping）的前提，而不是选择。真空清洁可有效清除较大的粒子和其他碎屑，如玻璃纤维等。真空作业要单向进行，尽量减少在地面和作业高度产生空气紊流。如果真空清洁系统能允许吸入湿材料，将有助于清除拖擦过程中和过程后产生的过量水分和悬浮粒子，此外，还可以加速拖擦后的干燥过程。

（2）湿法清洁（Wet Cleaning）：各个清洁阶段或级别都可采用湿法清洁。

（3）擦洗（Scrubbing）：属于粗糙级清洁，可采用机械或人工清除污斑或严重的污染区域。洗擦完后，再进行拖擦或湿式真空清洁。要注意控制擦洗时所用设备或材料可能产生的污染。

（4）拖擦（mopping）：在粗糙级和中等级清洁中，是有效清除微粒的方法，湿式真空清洁过程中所溢出的液体遗留残迹可用此法清除。在小的或隔离区域内，如使用拖布不便可用湿的擦拭物如抹布等，大的区域一般用拖布。

使用过滤的去离子水（clean-filtered de-ionized water）或蒸馏水（distilled water）在水桶中清洗拖布，拖布要勤洗，水要勤换，避免再次污染。越关键的表面，拖布要洗得越勤，水要换得越频繁。一般应在操作规程中规定换水之前允许清洁的表面面积数。也可采用两桶或多桶，减少换水的次数。此外，拖擦要采用合理的方法进行，重叠拖擦行程，保证地面得到全面清洁。

必要时还可以添加非离子型洗涤剂（non-ionic detergents）或表面活性剂（Surfactants）增加拖擦清洁效果。

（5）潮湿清洁（damp cleaning）：又常称为半干清洁。这种擦拭技术（wiping techniques）用于普通和关键表面的中等或精细级别的清洁。选择擦拭用品十分关键。用什么清洁液来润湿抹布，取决于要清除污染的类别。擦拭时一定要单向并重叠行程，从高关键区向低级别区进行。擦拭过程中应将抹布折叠起来，每行程仅使用部分面积，新的行程换用未使用的部分。擦拭物要及时、经常更换，避免擦拭在抹布上的污染物又转移到其他表面。

14.4　洁净室用清洁用具及操作方法

洁净室用的清洁器具与家庭或公共场所使用的清洁器虽然相似，但它们之间却有很大区别。例如，市售的干刷子每分钟可产生 5 千万个大于等于 0.5μm 的粒子，所以绝不能用干刷子清扫洁净室。用于一般场所的线拖布也不能用于洁净室，因为它每分钟产生的大于等于 0.5μm 的粒子将近 2 千万个。也就是说，普通的清洁用具对于洁净室来说非但不能有效发挥清洁作用，往往反而是一个污染源。根据洁净室常用的洁净方法，其相应的清洁用具的特点分述如下。

14.4.1　干法真空与湿法真空系统

干法真空吸尘器是一种普遍应用的清洁方式，费用相对较低。但要注意的是，其排气若未经可靠的过滤，则一定不能排在洁净室内，否则等于灰尘搬家，洁净室空气将被污染。要解决这个问题，可以采用一个外置的中央真空源，将抽吸进来的含尘空气排到洁净室以外。或者在真空吸尘系统上安装一个带有高效或超高效过滤器的小型排风处理装置。该过滤器必须安装在发动机的后面，以确保发动机产生的粒子不会扩散到洁净室中。

湿法真空吸尘系统则要同时使用清洁剂，清洁剂可增加对表面附着粒子的拖拽力，所以湿法真空吸尘系统比干法真空吸尘系统效率更高。湿法真空吸尘一般比湿拖布擦拭更为有效，因为使用它清洁后洁净室地板上残留的待干液体更少，所以地板留下的污染物更少。而且地板干燥的时间也更短。但湿法真空吸尘系统常用于清洁紊流洁净室的地面，而不适合于清洁垂直单向流洁净室的那种通风式格栅地板，因为清洁剂可能沿格栅间隙流到回风静压空间。

图 14-2 是正在使用湿法真空吸尘系统对洁净室地板进行清洁的图例。

图 14-2　湿法真空系统正在清洁地面的图例

便携式真空吸尘器一般采用不锈钢或塑料制作，其配用的软管、手柄和各种吸尘头都必须采用与洁净室相容的材料制造，其配用的高效或超高效空气过滤器要定期进行测试和更换，确保其不至于成为洁净室内的一个悬浮污染源。

如果设置中央真空吸尘系统，通常将真空泵放在洁净室外部的服务区，通过塑料管道连接到洁净室各区墙上的快速接口，清洁人员工作时，将吸尘头的软管与真空吸尘系统的接口连上即可。

14.4.2　拖布

家用海绵式或其他类型合成材料制作的拖布，在新的时候污染较少，但易破损，破损后污染显著增加，所以不宜在洁净室使用。

洁净室用的拖布宜采用表面不易破损的材料制造，其制造材料有 PVA、带孔发泡聚乙烯或聚氨酯纤维。这些材料对灭菌剂、消毒剂、溶剂的相容性需要进行检验，以确定其是否合适。此外，根据 GB/T 25915.5—2010 及等同的 ISO 14644-5:2004 的建议，对所用擦拭物还应关注的问题有：对液体的吸附率；湿时与干时的粒子产生情况；有无引起分子污染的可能等方面。

拖布把用玻璃纤维或其他不脱屑的塑料制造。图 14-3 给出了常用于洁净室地面和墙面的两种拖布示例。水桶要用塑料或不锈钢材料制造，不宜使用镀锌铁桶，一般宜配有给水的容器。

（a）　　　　　　　　　（b）

图 14-3　洁净室常见的拖布类型

（a）墙及顶等表面用拖布；（b）地板用拖布

最简易的方法是采用单桶法，即在桶内放入含有清洁剂或消毒剂的水，使用拖布对洁净室进行清洁。但这种方法所能达到的洁净度水平可能满足不了某些洁净室的要求。因为，从地板上清除掉的尘埃会涮入桶中，然后又被拖布带回到地板上。

在使用消毒剂时，特别是氯基消毒剂时，脏污染物会抵消消毒剂的效果。虽然经常更换桶中的溶液，也可以解决这个问题。而采用双桶或三桶方式，则可以在这方面有很大的改进。

图 14-4 是英国怀特教授建议的双桶或三桶方式使用方法的示意图，其步骤如下：

（1）先将拖布浸入活性溶剂中，然后取出。必要的话，可以挤去其中多余的溶剂。然后让液体扩散在地板上，并使用拖布擦拭或消毒；

（2）将拖布中吸入的大部分脏水拧出；

（3）把挤干的拖布浸入洁净水中清洗；

（4）再把拖布多余的水分拧干；

（5）最后把用清水洗净并挤干的拖布又放入活性溶液中，吸附活性溶剂。

至此，又可以重新开始下一轮新的清洁步骤。

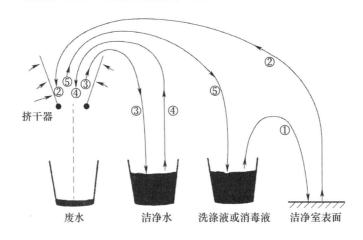

图 14-4　三桶式拖地方法示意图

　　若使用"双桶式"，则在一个桶中放满活性溶剂，另一个桶中放满清洁水。当然，第二个桶也可以用来收集废液。但显然双桶式的效率不如三桶方式好。水桶可以整齐地放在清洁平板车上，随清洁人员推进洁净室进行清洁工作，要注意行进路线，防止清洁平板车的车轮污染已清洁或消毒的地面。图 14-5 给出了带有三桶和双桶的拖地清洁车。

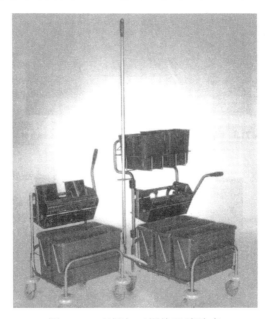

图 14-5　双桶与三桶拖地清洁车

14.4.3　抹布

可用经过洗涤液或消毒液醮湿的抹布，擦拭洁净室的表面以清除污染。抹布也可用来擦去洁净室的产品上所沾的污染物，也可用来擦干溅出来的拖布液。在洁净室中不能使用一般的家用抹布，因为家用抹布所散发的粒子浓度、纤维含量、化学污染都很高，并会残留在其擦拭的表面上。

对抹布的选择要根据洁净室内的污染情况而定。可以清除表面上所有污染的完美抹布是没有的。抹布选择是质量、成本等因素间的一种平衡，洁净室用抹布与拖布的要求相近，选用时主要在以下几个方面予以关注：

1. 吸水性

抹布的吸水性是一个重要指标。抹布常常用来擦去溅洒的液体物质或进行类似的清洁工作，因此必须了解抹布的吸水性。既要了解其吸水量，也要了解其吸水速率。这种特性在污染控制中也是重要的。具有良好吸水性的抹布留在表面的污染物，比吸水性差的抹布少。如果用抹布擦拭洁净室的表面后几乎没有留下什么液体的话，则留下的粒子也会更少。

2. 抹布造成的污染

抹布是洁净室内最脏的物品之一。一块抹布所含的粒子数量，可能是室内全部空气中所含粒子的很多倍。所以，必须要选择粒子散发量低的抹布。另外还应注意抹布的边缘，抹布边缘粗糙易产生纤维和粒子的污染。

在抹布处于湿的状态时，抹布内的可溶物质可能会溶解。能够由水或溶液浸出的物质称为"浸出物"。用抹布擦拭时，这些被"浸出物"物质就有可能转移到所擦拭的表面。在半导体工业中应特别防范的浸出物是金属离子。为此，通过检验抹布中浸出物的数量和类型，就可确定最适合于某项具体工作的抹布。

3. 抹布的其他性能

应予以考虑的抹布的其他性能有：纺织品强度；耐磨性；静电（或抗静电）特性；抗菌性。

上述所有特性，美国环境科学与技术学会的推荐准则 IEST-RP-CC004 都制定有相应方法，可进行测试，以评定其性能。

4. 粘轮及地板擦洗系统

粘轮的大小和形状与家用油漆滚轮相似，不过是在滚轮的外层装有黏性材料。当用滚轮滚过洁净室的表面时，被清洁表面附着的粒子就被粘到滚轮的黏性表层上面，粘轮适合用于清除墙及顶板上附着的污物。

清洁洁净室也可以使用带有旋转刷的地板擦洗机，所用的擦洗机必须是专为洗涤洁净室地面的那种，这种擦洗机刷子的外边有一圈裙边和遮盖罩，内装有带高效过滤的真空泵，擦洗地板时产生的粒子由排风系统抽吸，再经高效过滤器过滤后排出。

GB/T 25915.5—2010 及等同的 ISO 14644-5:2004 特别提示，洁净室在决定采用地板擦洗系统前，对其性能应有充分了解，并作出评估，判定其是否与使用它的洁净室相容。

14.5　洁净室清洁用液体

理想的洁净室用清洁液应具有下述特性：对人无毒性；不燃；易干，但不是过快；对洁净室表面无损伤；不含对产品有害的污染物；可有效地清除有害污染物；价格合理。

具有所有这些特点的清洁液的产品目前还不多。例如，超净水具有很多所期待的特性，但它对某些表面具有腐蚀性。另外，若不添加表面活性剂，其洁净效率相对较低。有些有机溶液也近乎理想，但其可燃、有毒、价格昂贵，例如用乙醇这类溶剂清洁洁净室所造成的毒性、火灾危险及费用都偏高。

清洁介质的选择要看清洁介质的特性及使用要求，同样也存在一种平衡与妥协。为有正确的选择，就必须具有清洁溶液特性方面的知识。

溶剂的供应商可提供各种溶液的毒性、可燃性、沸点等特性指标，这有助于选择合适的溶液。还有就是溶液对材料的影响，其中重要的是清洁洁净室过程中对塑料的影响。因为有些塑料制品对溶剂非常敏感。

由于很多种溶液具有毒性并且可燃，所以往往难以找到一种理想的溶液。以往广泛采用的氟立昂，由于其所引起的破坏大气臭氧层和温室效应等环境问题而逐渐被取代，使得这一问题更显突出。目前经常使用的是乙醇，常常在乙醇中加水来降低其可燃性并提高其消毒效果。清洁中也常常使用含有表面活性的水。但家用清洁媒介常常含有一些化学品，如香料、氯化钠、碳酸钠、硅酸钠、焦磷酸盐四钾、甲醛等，所以不能选择这类表面活性剂。化学反应性较低的清洁媒介对洁净室更适宜。

14.5.1　表面活性剂

表面活性剂是具有驱水（憎水）基与吸水（亲水）基的碳氢化合物。所以，可以将其分成 4 类，这取决于分子憎水的那部分是阴离子的，还是阳离子的，还是两性的，还是非离子的。例如：

（1）阴离子，例如十二烷硫酸钠：

$$CH_3CH_2（CH_2）_9CH_2OSO_3^{(-)}Na^{(+)}$$

（2）阳离子，例如氯杀藻胺：

$$CH_2 \text{——} \overset{CH_3}{\underset{CH_3}{N^{(+)}}} \text{——} C_nH_{2n+1}Cl^{(-)}$$

（3）两性的，例如烷基二甲基三甲胺乙内酯：

$$R \text{——} \overset{CH_3}{\underset{CH_3}{N^{(+)}}} \text{——} CH_2COO^{(-)}$$

（4）无离子的，例如十二烷基乙醇：

$$CH_3（CH_2）_{10}CH_2（OCH_2CH_2）_nOH$$

洁净室清洁用表面活性剂一般都含有金属离子（通常是钠），但也可以用有机基制造阴离子表面活性剂，这样就没有金属离子的问题。但这样的离子化合物仍具有反应性。

最后，必须要考虑的还有粒子污染问题。当清洗液或有机溶液干燥后，不得有不可接受的粒子污染。因此，溶液内不得含有大粒径的粒子。在靠近洁净工作台这种生产关键区，这点尤其重要。生产区外的一般区域，例如墙、门、地面，则要求相对低些。

14.5.2 消毒剂

生物洁净室表面的微生物要使用消毒剂加以杀灭，消毒剂也存在与清洁液相类似的问题。有些杀灭微生物非常有效的消毒剂，但不能用于洁净室。生产出对微生物具有很高毒性而对人体细胞无毒性的消毒剂是极难的，一般来讲消毒剂对微生物的毒性与对人体细胞的毒性总是同时存在的。为数不多的对微生物有效但又无毒的消毒剂，则价格昂贵。对产品所在的关键区附近可以使用昂贵但毒性最小的溶液。而在一般的区域，如地板等位于产品外围的区域，可以使用便宜些的化学品。

表 14-1 是常用的消毒剂性能一览表。从表中可以看出，没有一个消毒剂是完美无缺的。一般而言，苯酚、松木油、含氯化合物因其具有毒性，不太适合于洁净室的关键区，但这仅仅是一般而言。苯酚和含氯化合物在洁净室中都应用得很成功。含氯化合物是个特殊问题，其可以杀死孢子，而一般适用的消毒剂做不到这一点。所以，尽管含氯化物有毒、有腐蚀性，但它还是用于某些生物洁净室中。季铵化合物是毒性和消毒作用组合最优化的合成专有消毒剂，被不少生物洁净室所采用。

消毒剂性能　　　　　　　　　　　　　　　　　　表 14-1

消毒剂类型	杀菌效果				其他性能				
	革兰氏法 ++ve	革兰氏法 −ve	孢子	真菌	腐蚀性	玷污	毒性	土壤中的活性	价格
乙醇	+++	+++	−	++	无	无	无	有	+++
洗必太等专有消毒性	+++	+++	−	+	无	无	无	有	+++
季铵化合物	+++	+++	−	+	有/无	无	无	有	+++
碘递体	+++	+++	+	++	有	有	无	有	++
氯类	+++	+++	+++	+++	有	有	有	无	+
苯酚	++	+	−	−	无	无	有	有	+
松木油	+	+	−	−	无	无	无	有	+

由于乙醇有良好的杀菌特性，且挥发以后几乎不留什么残留物，所以适合于在洁净室中使用。对于生产点，因为希望化学品残留物最小，所以特别推荐使用 60% 或 70% 的乙醇，或者是 70%～100% 的异丙醇。在乙醇中加入洗必太或类似消毒剂，可增加乙醇的杀菌功效。关键区使用的乙醇或含乙醇的专有杀菌剂等消毒剂，应按照其成本和防火要求予以确定。洁净室的其他区域，可以使用季铵化合物的水溶液或者是酚类化合物进行消毒。使用不含消毒剂的简单清洁液清洗硬表面，是清除硬表面上大部分微生物（超过 80%）的有效方法。但在清洁液中添加消毒剂后就可清除表面上超过 90% 的微生物，这也是防止在清洗用具上以及桶中残留的清洁液中有细菌生长所必需的。如果不在清洁液中添加消毒剂，细菌就会通过随后的清洁活动在洁净室内扩散开来。

14.6　典型表面清洁的一些注意事项

洁净室内所有可能被污染的表面都应清洁，对于不同的表面应规定相应的清洁方法，除固定设备的清洁在第 13 章已专门讨论外，以下是 GB/T 25915.5—2010 及等同的 ISO 14644-5:2004 对洁净室的其他一些典型表面清洁方法的建议。

1. 地面和底层地面

先用真空吸尘方法把碎屑、纤维等大颗粒物清除掉。找出有顽固污斑、污痕的地方，用洗擦方法（scrubbing procedures）清除，再按预定的程序湿法拖擦（wet mopping）地面，水或清洁溶液应频繁更换。

地面面积较大时，应划分为若干易于管理的区域，以有序的方式进行清洁，应先清洁关键区，再向一般区域行进。如果洁净级别较高，可重复拖擦程序。

清洁工作进行时，宜用临时警戒线围住工作区，标出临时交通方向，避免粗心的人滑倒。

湿洗 / 擦洗（wet washer/scrubber system）体系清洁后，可用湿法真空清洁（wet vacuum cleaning）清除掉地面的污痕。

地面和底层地面清洁方式如图 14-6 所示。

图 14-6　一边后退，拖把一边"之"字形左右拖地（美那物业供图）

2. 墙、门、回风格栅、窗及垂直表面

裸露产品上风向的表面，绝不能在工作状态下清洁。只有在静态、产品撤出该区、被覆盖后才能进行清洁工作。

应采用擦拭法（wiping methods）或专用的拖辊（roll mops）来清除污染（见图 14-7），应依据要求的清洁度和所需清洁部位的构造来选定清洁方法。

3. 吊顶、散流器和灯具

工作区上风向侧的吊顶和其他装置不应在工作状态下清洁，只能在静态条件下进行。

散流器和吊顶格栅应用潮湿法清洁技术（damp cleaning techniques）擦拭。有些散流器可能需要卸下来进行洗涤。

灯具一般在更换灯管时彻底擦拭。

图 14-7　一干一湿的协同操作，效果较好（美那物业供图）

4. 桌子和其他关键的水平表面

这些关键表面应采用上述的擦拭技术（wiping techniques）进行清洁，宜选用适当的清洁溶液辅助污染的清除，还可以用潮干擦拭物（damp wipers）去除污染。注意采用单向行程，从关键区向低级别区进行。

5. 洁净室的椅子、家具和梯子

从顶到底擦拭这些用品的表面，也包括坐垫、支撑和轮子。

6. 小车和带轮的车

小车、带轮的车都应该仅限于进到洁净室内的一般区域。

其清洁工作不应在任何关键区或气闸室内进行，一般采用真空吸尘器或擦拭方法清洁，或者两者兼用。

用擦拭物和可接受的清洁溶液由顶部向下方进行清洁。

7. 横跨台、服装和用品柜、贮物柜或其他贮物空间的表面

储物空间应定期的腾空，清洁其内部。

横跨台和存物柜等一般先用真空吸尘系统清洁，再擦拭。

8. 垃圾桶和容器

垃圾桶和容器宜于内衬洁净室专用塑料袋，较方便于清除废弃物和保护容器内表面。

垃圾不能堆积过多，要及时清除。装垃圾的塑料袋或容器的衬里不能在临近洁净室关键区处取出。所有垃圾桶都应先移到一般的、非关键区处，再取出扎好口的垃圾袋。

根据实际需要制定更换制度，或在每班结束时清空垃圾。垃圾桶应在清空后清洁、换上新衬里送回原处。

9. 洁净室地垫和黏性地面

洁净室地垫（cleanroom mats）和黏性地面（sticky flooring）在正常工作日应定期清洁和维护，应按生产厂商使用说明的规定进行维护。

可重复使用的地垫，其表面应频繁地清洁。通常是在湿法拖擦后，用橡胶滚轴（rubber squeegee）把污物和水挤压到边沿处，再用拖布擦干，也可用带滚轴头的湿法真空系统来清洁。

可以揭层的黏性地面，当需要更新时，应慢慢剥离受污染的地垫面层的四角，把它朝垫子中央卷过去，直到剥下后取走该层薄膜，露出下一层全新的粘垫层。

10. 表面处理

某些特殊的洁净室要求在清洁工作后，对表面进行表面处理（surface treatments）或饰面（finishes），以提供某些通常不存在的特性。其目的是保护在洁净室中所产生的产品，但这种方法要慎重考虑。因为存在表面处理层随时间而"老化"，对洁净室的清洁度不利的问题。此外，这种表面处理如使用或维护不当，也会给工艺和产品带来风险。如果这种表面处理确有必要，则应对被处理的表面定期检验或测试，确保不会危及洁净室。

在表面上涂覆抗静电材料，以减少静电荷聚积的抗静电处理（anti-static treatment），就是一种比较常见的表面处理。同样用抗静电剂处理表面时，因存在涂层薄厚不均，导致表面抗静电性能不均匀，过薄的涂层还易剥落，以致污染环境，表面清洁时，它的残留物也可能成为洁净室的污染源。因此，通常宜权衡表面处理的利弊，再作选择与决定。譬如说，如果能通过空调系统调节空气的相对湿度，也可达到防静电的效果。

11. 消毒

对于生物洁净室，除了采用彻底清洁的方法控制微生物污染外，某些行业和部门要求生物洁净室还要采取消毒程序（disinfection procedures），以保证产品不受微生物污染。

生物洁净室要根据需要选定合适效能的消毒剂和消毒方法。一般来说，消毒剂灭菌效能是其性能、浓度及与被消毒表面接触时间的函数。值得关注的是，如果消毒剂残留在表面上，不仅可能损伤表面（如氯基化合物类的消毒剂会腐蚀不锈钢），而且消毒剂在表面的沉积物还可能有毒性，对人体有害。因此，比较合理的方法是用消毒水冲洗表面，并把残余物清除干净。

14.7　洁净室日常清洁方法

洁净室的洁净度标准和平面布置不同，其洁净方法也不同。因此，洁净室的清洁方法要"量体裁衣"。国内目前尚未建立相关的标准与法规。下面依据 GB/T 25915.5—2010 及等同的 ISO 14644-5:2004 附录 5 "洁净室的清洁"所建议的内容介绍了一些相关情况。此外，还可查阅美国环境科学与技术学会的推荐准则《洁净室管理　运行和监测程序》IEST RP CC018。

14.7.1　一般要点

制定适用于某个洁净室的清洁方法时，要考虑以下一些要点：

（1）必须让洁净室清洁人员了解清楚，他们所清除的粒子和微生物几乎是看不见的。即使洁净室看上去是清洁的，仍需对它进行系统性的彻底清洁。

（2）对洁净室进行清洁过程中可能会产生很多粒子。为使清洁过程产生的污染最小，空调净化系统要全部开动。

（3）清洁人员应与生产人员穿戴同一标准的服装和手套。

（4）清洁工作比在家里要进行得慢，这样可使清洁过程中粒子的散发与扩散量最低，以保证清洁工作更有效。

（5）所使用的清洁媒介，应用蒸馏水或去离子水或所能得到的最洁净的水在桶中加以稀释。

（6）有些洁净室使用带喷嘴的瓶子来喷洒清洁液或消毒剂，但根据测试，每喷 1 次可释放出的大于等于 0.5μm 的粒子超过 100 万个。所以，最好是在喷洒液体时用抹布遮住喷嘴。

（7）用于"关键"区的清洁介质或消毒剂，应选择那些对产品危害最小，且浓度低但有良好效果的产品。

（8）细菌会在稀释了的清洁液中生长，所以清洁时要使用从浓缩液新配制的新鲜清洁液，并要使其储存时间尽可能少。不应把留有清洁液的容器放置后又加满再用，因为容器中可能会有细菌生长。容器在使用之后应彻底清洗并使之干燥。

14.7.2　不同区域的清洁方法

在制定洁净室的清洁计划时，应当考虑到由于粒子的重力沉降作用，水平表面比垂直表面脏得更快。另外，有人员接触的表面比没有人员接触的表面会更脏。也就是说，墙与顶棚上的粒子比地面和门要少，所以清洁工作较为简易。对门的清洁工作要比墙频繁些、细微些，因为人员与门的接触机会更多。

清洁工作可以分为"关键"区、"普通"区、"外"区等不同范围。其中"关键"区即生产区，在那里污染有机会直接接触产品。对这些关键区的清洁要达到最高的水准。而位于洁净室内的"普通"区中，污染物直接接触产品的机会较低，但污染物却易于转移到"关键区"。对"普通"区的清洁要求的严格性可低些。所谓的"外"区是指材料气闸室、更衣区及其他辅助区。对这里的清洁方法要求相对较低，但由于活动更繁琐，所以对其清洁的频度要更高。

对关键区的清洁要使用最有效的清洁方法，对普通区使用较为有效的方法，对外区则使用效用一般的方法。也就是说，在给定的时间里所能清洁的区域面积，在"关键"区中应最小，在"外"区中则应最大。不同洁净方法的效能之间有所重叠，所以一般而言，洁净效率按下面的顺序逐渐增加：干式真空吸尘器→单桶加拖布→多桶及拖布→湿擦拭法。

干式真空吸尘器一般不宜作为洁净室的清洁方法，但可以用作为预清洁方法。它一般用于外区和普通区以及在工艺产生的纤维或粒子较多的关键区。清洁方法各有不同，但在外区单桶加拖布就可以了。在普通区，可以用多桶及拖布或用清洁小车进行湿清洁。而在关键区，则主要使用湿擦拭。

对"关键"区应经常进行清洁。因此，认为清洁工作只应由指定的清洁人员进行的看法未必妥当。在整个工作日里，可能需要洁净室内的工作人员不时地进行清洁工作，例如新批次产品生产前进行的清洁工作。外区，由于它是距离产品区域最远的地方，其他条件如果相同的话，对它的清洁频度可低些。而更衣区由于其内人员活动频繁及碎屑的积累等，它与洁净室的其他区域相比，必须要更频繁地进行定期清洁。对"普通"区清洁工作的频度应根据洁净室的标准确定，但宜在生产工作开始之前或生产工作刚刚结束之后进行。其清洁工作既可以由室内的工作人员来完成，也可以由合同清洁工来进行。如果工作时间为全天24h的话，清洁工作就不得不在生产进行期间实施了。虽然不希望这样做，但又别无选择。可以在周围的区域停止与生产相关的活动时，设立警戒线后，开始清扫。以防止人员在湿地面上滑倒。

14.7.3 清洁工作顺序

清洁工作开始时，可使用干真空吸尘法，清除"一切"污物。干式真空吸尘器可清除细毛、纤维、玻璃碎片等，但清除不了小的粒子。干式真空吸尘器可清除很多污物，这样就可以降低清洗液的使用浓度。干式真空吸尘器清除不了的大块污物，可以用湿拖布将其收集在一起，然后清除掉。

清洁工作要从距离出口最远的区域开始，这样可以确保表面再受污染的机会最小。在有单向流的关键区，最好是从距送风高效过滤器最近的地方开始，然后向外扩展，进行清洁工作。

要注意清洁用水的洁净度。一般认为，使用单桶对"外"区进行清洁时，桶中的水已明显变脏时就应换水。而如果用双桶或三桶方式对"普通"区进行清洁，就不能凭水的颜色来判断换水时间，而应当在完成了给定面积的表面清洁工作之后就换水。

使用抹布或拖布进行清洁时，每块擦抹过的地方要相互重叠。因为仅凭肉眼来观察，洁净室看上去似乎是清洁的，所以很难保证每块表面都经过了清洁。只能使每下擦过的地方与前下擦过的地方有所重叠，以免留有空白。

当使用湿抹布进行擦拭时，应将其折叠使用。随着洁净工作的进行，应将其再折叠以便使用其洁净的表面。抹布的所有表面都用过后，就该更换了。

要确定出在给定时间中应予清洁的面积。对关键区进行精细清洁时，速度很慢；而对"外"区进行拖擦时，速度可以快一些。

如果使用的是含水的消毒液，必须记住，其消毒作用不是即刻就可完成的。消毒液应大量使用以防干燥过快，应留下至少2min，最好5min的时间使其发挥效用。含或不含杀菌剂的乙醇干燥得很快，但这是可以的，因为乙醇在一定程度上是靠其干燥的过程来杀灭细菌的。

对"关键"区以及对"普通"区进行清洁时，有时候是使用"洁净"水对表面进行最后清洁，以清除残留在表面的表面活性剂或消毒液。这种方法对使用单桶方式进行的清洁很有用。

对关键区进行清洁后，最后可以用真空吸尘器再吸过表面，这样就可以清除掉从抹布或拖布上掉下来的纤维。图14-8是对"外"区和"普通区"进行清洁时建议使用的方法。对"普通"区的清洁，该图建议的是使用单桶方法。但多桶的方法最好。

图14-9是建议用于"关键区"的清洁方法，"关键区"一般不需要使用真空吸尘法，但若生产工艺散布出大量的纤维或大粒子，可以使用真空吸尘器先进行初步清洁。

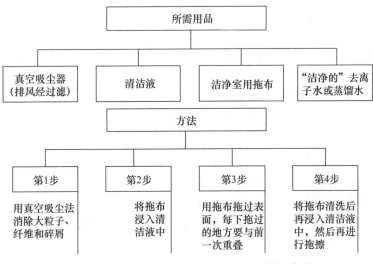

图 14-8 对"外区"与"普通"区的例行清洁

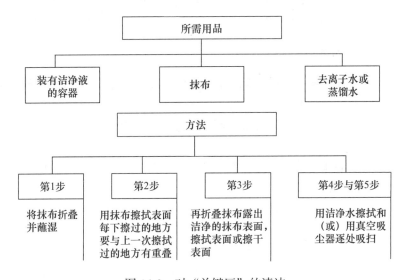

图 14-9 对"关键区"的清洁

14.8 清洁工作的计划与安排

按照 GB/T 25915.5—2010 及等同的 ISO 14644-5:2004 的建议,首先需要对参与清洁工作的所用人员制定一个专门的培训计划,而且清洁计划中的各个部分都要指派专人负责。

目前较通行的方法是由专业化的清洁人员负责洁净室的全面清洁工作,而工作台面、操作部位等,则指派经过适当培训的洁净室操作人员自行清洁他们所使用的范围。

制定清洁计划时应该充分了解不同类型洁净室表面的分类及其受污染的速率,所安排的清洁计划及时间表,应确保洁净室保持所要求的洁净度。应该了解洁净室中的工艺和产品是在当日还是一周或其他时间间隔内完成的,这也影响到清洁计划的制定。进行表面污染的测试和评估有助于清洁计划时间表的制定。

14.8.1　清洁计划的制定

GB/T 25915.5—2010 及等同的 ISO 14644-5:2004 对洁净室清洁计划的确定给出了如下程序性的建议：

（1）将洁净室内的所有表面按关键、一般或其他的表面进行分类。
（2）确定达到相应洁净度级别要求的最佳清洁和表面处理方法。
（3）确定每一种表面维持需要洁净度水平所需清洁的频率（cleaning frequency）。
（4）确定在正常工作时间内可以完成哪种清洁作业。
（5）准备清洁工作日程安排表。
（6）确定安排表中哪些部分由洁净室操作人员完成。
（7）按规定的方法选择正确的材料、设备、清洁液和表面处理方法。
（8）按清洁计划中的不同参与程度，对各种人员进行相应的培训。
（9）为所需用的清洁材料提供适用的存放装置。
（10）决定如何监测清洁的效果，以及对偏差如何处理。
（11）汇总全部相关文件和安排表，以便对清洁工作进行有效的审核和管理。

14.8.2　清洁工作的频率

大部分清洁工作都应按正规的时间安排定期、频繁地进行，只有小部分清洁作业虽按正规的时间安排定期进行，但无需过于频繁。

有些清洁工作是针对污染产生的特殊情况来安排的，而不是按正常的时间表进行的。

总体来说，清洁的频率应符合洁净室的需求，在实践中要根据工艺的风险评定和清洁效果的评估进行必要的调整。

清洁频率可概括为以下几种情况：

1. 每日清洁

一般区域按规定应每日清洁，即至少 24h 清洁一次。如气闸、更衣区至少每日清洁一次，这些场所人员活动高度频繁，易受到较严重的污染，因此，要求清洁的频率高于洁净室。这些地方要按规定方法进行真空吸尘和拖擦等清洁工序，以防止污染物迁移到洁净室。

2. 定期清洁

不是每日清洁的表面应该定期清洁，例如每周一次或两次。清洁时，产品可能需要覆盖或从该区内移走。

风险较小的表面可以安排较少的清洁次数，例如每个月或更长的时间间隔内清洁一次。例如洁净室的某些墙面或吊顶，在清洁日程安排中也应列入计划。

还应该在计划中安排彻底清洁整个洁净室设施的内容，其范围应包括贮存区、服务区、管道和设备这种清扫工作，最好是安排在洁净室较长时间停止生产产品的周末、假日或计划内的生产设施停止期内进行。一般情况下洁净室都是连续运行的，能彻底清洁的次数一年中可能不多，更需要事前安排、计划好，并做好人力与物质的准备，一旦生产设施停运，抓紧时间做好彻底清扫工作。

以 ISO 5 级为例，美国环境科学技术学会（IEST）建议的清洁频次如表 14-2 所列，可供参考。

表面 / 物品	每班	每日	每周	每月	每季
ISO 5 级洁净室清洁频次					表 14-2
垃圾	*				
洁净服	*				
地面	*				
门		*			
窗		*			
设备	*				
家具	*				
墙面			*		
顶棚				*	
高架空间					*

3. 紧急情况时的清洁

除了上述各种常规状态的清洁计划外，还应制定一套应急措施，并配备相应所需的工具、材料，以应对洁净室在特殊意外情况下，突发大量污染时，不至于危及到正在进行的生产、工艺过程和洁净室环境。在这种情况下，可能有风险的区域内，生产应该暂停，直至清洁恢复到可接受的洁净度水平。

可能需要特殊清洁的情况通常包括：

（1）环境事故，如动力故障、主要设备故障、产品破损、生物危害物溢出等；

（2）常规的清洁程序失效，导致洁净室污染达到不可接受的水平；

（3）监控仪器显示洁净室设施发生了不可接受的污染。

在投付运行的洁净室内，进行设施、设备维护、维修或设备更新时，及其工作完成后的清洁，显然对洁净室的生产影响更为直接，一定要按规范要求进行。

14.8.3　监测及检测清洁工作的有效性

洁净室的设备、器具及其他表面，某些要求较高的洁净室可能要求在清洁后进行洁净度测试，由洁净室用户选择适合的洁净度检测、验证方法，由用户确定能保证洁净室的产品和工艺质量的、可接受的洁净度及其限制范围。ISO 14644-5 建议在可能时，应通过实际测量来确定限值。

应该详细规定并实行常规的表面污染检查，以考核和保证清洁工作的有效性。

通常可以用目检技术（Visual Inspection Techniques）来判定表面洁净度。表面目视清洁，证明没有不用放大镜就能看到的污点。进行目检时，是否使用高强度白光或紫外光源由用户自行决定。

用清洁的擦拭物擦拭被检测表面，依据粘附在擦拭物表面的污染状况来判断表面清洁度，也是一种常用的检验方法。国外市场上供应有各种彩色擦拭物，针对性地用于检测某些类型的污染，也十分有效。

此外，其他可以考虑的检测表面粒子的方法还有：

（1）粘胶带法（tape lift method）：采用黏性胶带与被测表面接触，将粘附上被测表面粒子的胶带用生物显微镜测值的方法。美国测试材料协会（ASTM）标准 E 1216-87 对此方法有详细的规定。

（2）表面粒子检测法（surface particle detector method）：采用表面粒子计数器来检测被测表面上的粒子尺寸与数量。此方法的仪器不仅价格昂贵，而且现场使用时受到放置平面等条件的限制，在某些工艺对表面粒子敏感的洁净室使用。

检测生物洁净室表面微生物污染的方法也有多种，最为通用的方法是：

（1）接触板法（contact plates method）：用于平整表面的采样，浸渍有微生物培养基、富有弹性的圆形接触板，与被测表面充分接触后，再将接触板上粘附的微生物冲刷至培养基上，经 48h、37℃恒温条件培养后计数，所得菌落生成单位（CFU），即为相应于圆形接触板面积的微生物密度。

（2）表面擦拭法（surface swabbing method）：用于不平整表面的采样，用湿润的无菌棉签、棉球擦拭被测凹凸表面，再将棉签、棉球置于培养液中，再涂于培养基上，经 48h、37℃恒温条件培养后所生成的菌落，即为所擦拭范围的微生物密度。

14.8.4　施工或维护期间及其后的清洁

洁净室施工期间进行有效的清洁，对竣工后洁净室的污染控制成效有重大影响，必须做到边施工边清洁，而不能竣工后再清洁。但至今尚有部分洁净室施工过程的管理方式有待改进。目前国内已有一些参照国外经验组建的专业洁净公司，在这方面取得了成效，积累了经验。通常在工程施工初期，就与甲方、施工方签订了合同、协议。配合施工进度及时跟进，随时进行清洁工作，可取得事半功倍的效果。不仅有助于洁净室施工质量和进度，同时保证竣工验收工作及早顺利完成。这些专业洁净公司多数在洁净室正式投入运行后，往往继续跟进，长期承担洁净室客户的保洁及相关管理工作。他们在施工过程的清洁工作中已熟悉了洁净室围护结构和各种设施，包括吊顶空间、架高地板空间等隐蔽工程，并积累了所服务洁净室清洁的经验，因此工效更高，有利于保障洁净室的正常运行。这是值得推广的经验。苏州美那物业公司、天津龙川净化公司、深圳吉隆洁净公司等，都有多年洁净室及相关受控环境保洁、运行服务等方面的工作经验。各有不同的特色，分别在电子、制药与医疗、精密制造等领域占有较大市场，走在行业的前列。

GB/T 25915.5—2010 及等同的 ISO 14644-5：2004 推荐了一个按建设过程，分为十个阶段的清洁计划，如表 14-3 所列。

与各建设阶段相关的清洁计划　　　　　　　　　　　　　　　　表 14-3

阶段	目的	责任	方法	标准
第 1 阶段 拆迁／设计期间的清洁	防止不必要的污垢积聚在某些地方，给后期建设中的清洁工作进入而带来困难	承包商。如果承包商在洁净室的清洁方面没有经验，建议雇用专业的洁净室清洁承包商	完工时真空清洁	目检清洁

续表

阶段	目的	责任	方法	标准
第2阶段 动力设施安装期间的清洁	清除由于安装电、气、水等而造成的污染	安装工程师	完工时真空清洁；用潮湿的擦拭物擦拭管道和固定器具。有必要使用真空清洁和/或其他清洁材料	目检清洁
第3阶段 时期建设时的清洁	建设和安装完工后应该清除掉吊顶、墙、地面、（过滤器装置）等上面的可见污染物	清洁承包商	真空清洁；用潮湿的擦拭物擦拭管道和固定器具。必要时可在地面上铺保护性密封材料	目检清洁
第4阶段 准备安装空调管道	安装前，用真空吸尘器和擦拭物把管道上的所有污垢都清除掉。同时，洁净室内要引入正压	安装工程师和清洁承包商	真空清洁；用潮湿的擦拭物擦拭	擦拭清洁
第5阶段 把空气过滤器安装到系统中之前的清洁	清除掉吊顶、墙和地面上沉积的或固定的污垢	清洁承包商	用潮湿的擦拭物擦拭	擦拭清洁
第6阶段 把（HEPA/ULPA）过滤器安装到空气系统中	清除由于安装作业可能带来的污染	有洁净室HVAC过滤器技术的技术人员	清洁各个面上的所有表面边沿	擦拭清洁
第7阶段 调节空调设备	清除气流中的悬浮污染，创建正压设施，包括过滤器	有洁净室HVAC过滤器技术的技术人员	空调空气冲洗作业	擦拭清洁
第8阶段 把房间升级到规定的级别	清除各表面上沉积的和附着的污垢（顺序：吊顶、墙、设备、地面）	专业的洁净室清洁人员，经过在规程、常规和行为方面的特殊指导	用潮湿的擦拭物擦拭	擦拭清洁
第9阶段 鉴定	按规定的设计技术规格书检验洁净室。由用户验收	安装工程师和清洁工程师	监测悬浮的和表面的粒子、空气速度、温度和湿度	擦拭清洁。结果要与商定的设计标准相符
第10阶段 每日和定期的清洁	保持洁净室与设计的级别长期的一致性。生物洁净室开始进行微生物清洁和测试	洁净室经理/清洁承包商	GB/T 25915.5—2010附录F.1~F.8中的方法	考虑生产工艺和用户的特定要求而制定的清洁计划。常规测试关键作业的参数

注：1. 第4~10阶段，所有高效和超高效纯度的部件，如过滤器、管道等都应在两端由塑料或箔保护的状态下就位，只有在即将使用时才可除掉盖罩。

2. 第6~10阶段，所有活动都应穿着规定的洁净服进行。

　　图 14-10～图 14-15 是从事电子行业洁净室清洁工作与服务的美那物业公司，依据多年经验提供的部分图片，供读者参考。

图 14-10　上夹层的管道清洁

图 14-11　系有安全带的操作人员进行高架地板的骨架清洁

图 14-12　操作人员进行地下线槽清洁

图 14-13　有序翻起高架地板，逐个进行 6 面清洁后有序复位

图 14-14　洁净室清洁初期，大面积地面采用多台全自动洗地机反复清洗

图 14-15　清扫后期，多人一字排开的清扫，有利于防止疏漏

复习思考题

1. 洁净室有必要经常进行清扫吗?

2. 洁净室常用的表面物理清洁方法主要有哪几种?

3. 洁净室表面清洁级别如何分类?

4. 洁净室几种典型的清洁方法各适用于什么场合?

5. 三桶式拖地法的工作程序是怎样的?

6. 对洁净室用的抹布有哪些性能要求?

7. 洁净室清洁用液体应符合哪些要求?

8. 洁净室常用消毒剂有哪些? 各有何特点?

9. 洁净室关键区如何进行清洁工作为宜?

10. 洁净室表面清洁级别及其相应的清洁类型通常分为几类?

11. 不同区域的清洁方法有何不同?

12. 洁净室的清洁计划主要包含哪些内容?

13. 洁净室清洁工作的频率有何规定?

14. 各建设阶段应有何相关的清洁计划?

15. 常见的洁净室检测表面粒子的方法有哪几种?

16. 在洁净室及相关受控环境的空调净化系统施工阶段, 适时跟进清洁工作有何益处?

附录　洁净室及相关受控环境系列标准的术语

附录 1　ISO 14644，ISO 14698 系列标准按英文字母排序的"术语与定义"[①]

1. 6months　6 个月［GB/T 25915.2/ISO 14644-2］

在整个使用运行期，平均间隔不超过 183 天，最长间隔不超过 190 天的监测。

2. 12months　12 个月［GB/T 25915.2/ISO 14644-2］

在整个使用运行期间，平均间隔不超过 366 天，最长间隔不超过 400 天的监测。

3. 24months　24 个月［GB/T 25915.2/ISO 14644-2］

在整个使用运行期间，平均间隔不超过 731 天，最长间隔不超过 800 天的监测。

4. access device　操作装置［GB/T 25915.7/ISO 14644-7］

操纵在隔离性围护物内的工艺、工具或产品的装置。

5. acid　酸［GB/T 25915.8/ISO 14644-8］

以接受电子对并建立新化学键为化学反应特性的物质。

6. action level　动作级［GB/T 25915.7/ISO 14644-7］

用户在受控环境内设定的等级。

注：超过动作级时，要求立即随动，并进行调查和采取纠正行动。

action level　动作值［GB/T 25916.1/ISO 14698-1］

由用户设定的受控环境中的微生物水平。当超过这个水平时，需立即进行干预，并要求探查原因及采取纠正措施。

action level（s）　行动值［GB/T 25916.2//ISO 14698-2］

由用户设定的受控环境中的微生物水平。

注：当超过行动值时，需立即进行跟踪和探查，并随之采取纠正措施。

action level（Microbiological）　微生物干预值［GB/T 25915.6/ISO 14644-6］

用户在受控环境中设定的微生物量值。超过该值时，需立即进行干预，包括查明原因及纠正行动。

7. aero biocontamination　空气生物污染［GB/T 25916.2/ISO 14698-2］

空气或气体中活粒子造成的污染。

8. aerosol challenge　气溶胶测试［GB/T 25915.3/ISO 14644-3］

用测试气溶胶检测过滤器或已安装好的过滤器系统。

注：使用光度计测定已安装好的过滤器系统的完整性时，所规定粒径分布的粒子浓度，是以单位气体容积的粒子质量为量纲的。当使用离散式或粒子计数器测定已安装好的过滤器系统的完整性时，高于

---

① GB/T 25915 系列标准与 ISO 14644 等同；GB/T 25916 系列标准与 ISO 14698 等同。

或低于最易穿透粒径的粒子浓度，是以单位气体容积的粒子数量计量的。

9. aerosol generator　气溶胶发生器［GB/T 25915.3/ISO 14644-3］

以恒定的浓度，在适当的粒径范围内（例如：0.05～2μm）产生粒子物质的设备。其生成手段可以是加热的、液压的、声音的或是静电的。

10. aerosol photometer　气溶胶光度计［GB/T 25915.3/ISO 14644-3］

光散射悬浮粒子质量浓度测量仪器，该仪器使用前散射光学腔室进行测量。

11. air exchange rate　空气换气次数［GB/T 25915.3/ISO 14644-3］

以单位时间空气换气数的值表示的空气换气量，其计算方法是用单位时间的送风量除以空间体积。

12. airborne molecular contamination（AMC）　空气分子污染［GB/T 25915.8/ISO 14644-8］

以气态或蒸汽态存在于洁净室及相关受控环境中，可危害产品、工艺、设备的分子（化学的、非颗粒）物质。

注：本定义不包含生物大分子，将其归为粒子。

13. airborne particle　悬浮粒子［GB/T 25915.3/ISO 14644-3］

悬浮在空气中，粒径一般在1μm到1mm的、固态的或液态的、活性的或非活性的物质。

注：阀值粒径大于或等于0.1μm和小于或等于5μm的粒子是验证洁净室或洁净区级别，用以测量的粒子。小于0.1μm的粒子称为超微粒子，其测量以U描述符表示，大于5μm的粒子称为宏粒子，其测量以M描述符表示。

14. airlock　气闸［GB/T 25915.5/ISO 14644-5］

用于尽量减少悬浮污染物从一个区传播到另一个区的中间室或区，通常有通风。

15. alert level　告警级［GB/T 25915.7/ISO 14644-7］

由用户为受控环境确立的等级，对可能偏离正常的异常情况，给出早期警报。

注：超过告警级时应该进行检查，以确保工艺和环境处于受控状态。

alert level　告警值［GB/T 25916.1/ISO 14698-1］

由用户设定的受控环境中的微生物水平，对偏离正常的潜在趋势给出早期告警。

注：当超过告警值时，需对工艺过程给予更严密的注意。

alert level（s）　告警值［GB/T 25916.2/ISO 14698-2］

由用户设定的受控环境中的微生物水平，对偏离正常的潜在趋势给出早期告警。

注：当超过告警值时，应进行探查，保证工艺和（或）环境受控。

alert level（Microbiological）　预警值［GB/T 25915.6/ISO 14644-6］

用户在受控环境中设定的微生物量值，对可能偏离正常的状况给出早期报警。

注：当超出预警值时，应加强对工艺的关注。

16. anisokinetic sampling　非等速采样［GB/T 25915.3/ISO 14644-3］

进入采样管入口的平均风速与该位置上单向流的平均风速显著不同的采样条件。

17. as-built　空态［GB/T 25915.1/ISO 14644-1］

全部建成且设施齐备的洁净室，其所有动力均接通并在运行，仅无生产设备、材料及人员。

18. at-rest 静态　［GB/T 25915.1/ISO 14644-1］

在全部建成且设施齐备的洁净室中，已安装好的生产设备按用户和供应商约定的方式运行,但场内没有人员。

19. audit trail 文件索引［GB/T 25915.6/ISO 14644-6］

相关文件链或文档条目,可以据此追溯相关信息。

20. average air flow rate 平均风量［GB/T 25915.6/ISO 14644-6］

单位时间内通过的平均空气容积,可据此确定洁净室或洁净区的换气次数。

21. average airflow volume 平均风量［GB/T 25915.3/ISO 14644-3］

单位时间截面平均风量,用以计算洁净室或洁净区换气次数,以 m^3/h 表示。

22. background noise count 背景噪声值［GB/T 25915.3/ISO 14644-3］

当不存在粒子时,离散粒子计数器由于内部或外部的干扰而产生的计数。

23. barrier techniques 屏障技术［GB/T 25915.7/ISO 14644-7］

形成隔离单元所采用的手段。

24. barrier 屏障［GB/T 25915.7/ISO 14644-7］

达到隔离所采用的手段。

25. base 碱［GB/T 25915.8/ISO 14644-8］

以给出电子对并建立新化学键为化学反应特性的物质。

26. bioaerosol 生物气溶胶［GB/T 25916.1/ISO 14698-1］

分散布于气态环境中的生物介质(诸如活粒子、过敏原、毒素或源于微生物的生物活性混合物)。

bioaerosol 生物气溶胶［GB/T 25916.2/ISO 14698-2］

散布于气状态环境中的生物介质(诸如活粒子、过敏原、毒素或源于微生物的生物活性混合物),其呈现的重力沉降微不足道。

27. biocleanroom 生物洁净室［GB/T 25915.5/ISO 14644-5］

用于产品或工艺对微生物污染敏感的洁净室。

28. biocontamination 生物污染［GB/T 25916.1/ISO 14698-1,GB/T 25916.2/ISO 14698-2］

活性粒子对材料、装置、个人、表面、液体、气体或空气的污染。

29. biofilm 生物膜［ISO 14698-3］

粘附于某个表面上、通常是在多孔聚合物上形成的微生物菌落。

注:在非无菌条件下生物膜生长于处理有机物质的房间、设备和机器的湿表面上(例如药品、化妆品、食品厂、医院、厨房、水管、风管等)。

30. biotoxic 生物毒素［GB/T 25915.8/ISO 14644-8］

危害生物、微生物、生物组织或细胞个体的生长与存活的污染物。

31. breach velocity 孔隙速度［GB/T 25915.7/ISO 14644-7］

空气流经某个孔隙的速度,该速度大到足以阻止悬浮粒子向气流反方向运动。

32. cascade impactor 梯次撞击器［GB/T 25915.3/ISO 14644-3］

采用撞击原理从一系列采集器表面采集气溶胶粒子的采样设备。在各接续的采集器表面气溶胶的流经速度较前一级采集器表面更快,由此可采集到比前一级更小的粒子。

33. changing room 更衣室［GB/T 25915.4/ISO 14644-4］

供洁净室人员更换进出洁净工作服的房间。

changing room 更衣室［GB/T 25915.5/ISO 14644-5］

进出洁净室的人员穿、脱洁净工作服的房间。

34. classification　等级［GB/T 25915.1/ISO 14644–1］

以 ISO 等级数 N 表示的洁净室或洁净区的悬浮粒子浓度（或规定和确定浓度的步骤），它表示了所选定粒径的最大允许浓度值（每立方米空气粒子数量）。

注1　按公式 $C_n = 10^N \left[\dfrac{0.1}{D}\right]^{2.08}$ 计算浓度。

其中　C_n——大于或等于所考虑粒子粒径的最大允许浓度（以每立方米空气中粒子的个数表示）。

C_n 的有效数字从高位算起不超过 3 个（其余写为 0），并要四舍五入至最接近的整数。

N——ISO 等级 N 的最大值为 9，中间范围的等级之最小允许级差是 0.1。

D——以微米表示的所选粒径。

0.1——常数，为微米的因数。

注2　本国际标准等级限定于 ISO 1 级至 ISO 9 级。

注3　本国际标准等级粒径（较低限值）范围为 0.1~5μm。在粒径限值范围之外的粒子浓度可 U 描述符或 M 描述符加以规定和说明（但不是分级）。

注4　ISO 等级档次的最小允许递增值为 0.1，即处于 ISO 中间的等级可定为 ISO 1.1 级至 ISO 8.9 级。

注5　可按 3 种占用状态规定等级。

35. clean air device　洁净空气设施［GB/T 25915.4/ISO 14644–4］

为达到规定的环境条件用以处理和分配洁净空气的独立设备。

36. clean air hood　洁净空气罩［GB/T 25915.7/ISO 14644–7］

一种行业专用的隔离围护物。

37. clean zone　洁净区［GB/T 25915.1/ISO 14644–1，GB/T 25915.3/ISO 14644–3，GB/T 25915.6/ISO 14644–6］

悬浮粒子浓度受控的专门空间，其建造和使用方式，使得区内被带入的、产生的和滞留的粒子最少，区内温度、湿度和压力等相关参数可按要求受控。

注：洁净区可以是开放的或封闭的；在也可不在洁净室内。

38. cleaning　清洁［ISO 14698–3］

从某个表面上将污斑清除、溶解或使之散开的作用。

注：可以用下述一种或多种方式实施清洁：物理化学的（洗剂作用），化学的（如氢氧化钠），生化的（如酶），物理的（如刷洗或以软管冲洗所形成的切力）。清洁效率也取决于作用的时间与温度等。

39. cleanliness　洁净度［GB/T 25915.6/ISO 14644–6］

产品、表面、装置、气体、流体等有明确污染程度的状况。

注：污染可以是粒子的、非粒子的、生物的、分子的或其他类型的。

40. cleanroom　洁净室［GB/T 25915.1/ISO 14644–1，GB/T 25915.3/ISO 14644–3］

悬浮粒子浓度受控的房间，该房间的建造和使用方式，使得室内内进入的、产生的和滞留的粒子最少，且室内温度、湿度和压力等相关参数按要求受控。

cleanroom　洁净室［GB/T 25916.1/ISO 14698–1，GB/T 25916.2/ISO 14698–2］

悬浮粒子浓度受控的房间，其建造和使用方式使得室内引入、产生、滞留的粒子达到最少，其温度、湿度、压力等其他参数按要求受控。

41. commissioning　试车〔GB/T 25915.4/ISO 14644-4〕
按照计划和文件系统地进行的一系列检验、调节和测试，按规定把设施设定在正确的技术运行状态。

42. condensable　可凝聚物〔GB/T 25915.6/ISO 14644-6，GB/T 25915.8/ISO 14644-8〕
可在洁净室运行状态下因凝聚而沉积在表面上的物质。

43. condensation nucleus counter CNC　凝结核计数器（CNC）〔GB/T 25915.3/ISO 14644-3〕
能够通过异相成核扩大超微粒子，以便使用光学粒子计数方法进行顺序计数的仪器。

44. contact device　接触装置〔GB/T 25916.1/ISO 14698-1，GB/T 25916.2/ISO 14698-2〕
表面采样专门装置，含有适当的、可触及的无菌培养基。

45. contact plate　接触盘〔GB/T 25916.1/ISO 14698-1，GB/T 25916.2/ISO 14698-2〕
以硬盘子作容器的接触装置。

46. containment　隔离〔GB/T 25915.7/ISO 14644-7〕
由隔离性围护物把操作人员和作业高度分隔开的状态。

47. contaminant　污染物〔GB/T 25915.4/ISO 14644-4〕
任何对产品或工艺过程有不利影响的微粒的、非微粒的和生物的物质。

48. contamination category　污染物类别〔GB/T 25915.8/ISO 14644-8〕
沉积在关注表面时有特定和类似危害结果的一组化合物的统称。

49. continuous　连续的〔GB/T 25915.2/ISO 14644-2〕
一直不停的监测。

50. control point　控制点〔GB/T 25916.1/ISO 14698-1〕
受控环境内实施生物污染控制的点，该点的生物污染危害能够予以防止、消除，或减少到允许值。

control point　控制点〔GB/T 25916.2/ISO 14698-2〕
受控环境内实施生物污染控制的点，该点的生物污染危害能够予以避免、消除，或减少到允许值。

51. controlled environment　受控环境〔GB/T 25916.1/ISO 14698-1〕
按规定方法控制污染源的限定区域。

52. corrective action（s）　纠正措施〔GB/T 25916.1/ISO 14698-1，GB/T 25916.2/ISO 14698-2〕
当生物污染监测所显示的结果超过告警值或行动值时，需要采取的措施。

53. corrosive 腐蚀剂　〔GB/T 25915.8/ISO 14644-8〕
使表面产生破坏性化学变化的物质。

54. count median particle diameter　数量中值粒径〔GB/T 25915.6/ISO 14644-6〕CMD
按粒径排列粒子时，处于中位数的粒子的粒径值。
注：占一半数量的粒子其粒径小于数量中值粒径，占另一半数量的粒子其粒径大于该数量中值粒径。

55. counting efficiency 计数效率　〔GB/T 25915.3/ISO 14644-3〕
对给定粒径范围所报出的粒子浓度与该粒子实际浓度之比。

56. cross-over bench　横跨台〔GB/T 25915.5/ISO 14644-5〕
辅助更换洁净服的长凳，同时形成了一个隔离地面污染踪迹的屏障。

57. customer　用户［GB/T 25915.1/ISO 14644-1］

对洁净室或洁净区提出相关要求的组织或其代理。

58. data stratification　数据分组［GB/T 25915.6/ISO 14644-6］

为便于看出并理解重要趋势和偏差而对数据进行的重新组合。

59. decontamination　除污［GB/T 25915.7/ISO 14644-7］

把不需要的物质减少到规定的程度。

60. descriptor for specific particle size ranges　特定粒径范围描述符［GB/T 25915.9/ISO 14644-9］

区分特定粒径范围SCP水平的描述符。

注：此描述符可用于特别关注的或在分级体系之外的粒径范围，并可单独说明或作为SCP等级的补充。

61. designated leak　规定泄漏［GB/T 25915.3/ISO 14644-3］

由用户和供应商协商一致所确定的，穿过泄漏点的最大允许穿透率，用离散粒子计数器或气溶胶光度计对设施进行扫描测定。

62. differential mobility analyzer DMA　微分迁移率分析仪 DMA［GB/T 25915.3/ISO 14644-3］

根据粒子的电子迁移率测量粒径分布的仪器。

63. diffusion battery element　散射套件元件［GB/T 25915.3/ISO 14644-3］

利用散射原理可从气溶胶流中消除较小粒子的多级粒径屏蔽装置的单个部件。

64. dilution system　稀释系统［GB/T 25915.3/ISO 14644-3］

按已知容积比将气溶胶与洁净空气混合，以降低浓度的系统。

65. direct measurement method　直接测量法［GB/T 25915.9/ISO 14644-9］

没有任何中间步骤的测量污染方法。

66. discharge time　放电时间［GB/T 25915.3/ISO 14644-3］

将绝缘导电监测板上的电压降至其初始所充正电压或负电压电位所需的时间。

67. discrete-particle counter　离散粒子计数器［GB/T 25915.3/ISO 14644-3］

具有显示和记录确定的风量中离散粒子的数量与粒径（具有粒径辨别力）的测量仪器。

68. disinfection　消毒［GB/T 25915.5/ISO 14644-5］

清除、消灭物体或表面上的微生物或去除其活性。

69. dopant　掺杂物［GB/T 25915.8/ISO 14644-8］

经产品本体吸收或（和）经扩散后，与本体合为一体，即使为微量亦可改变材料特性的物质。

70. efficiency　效率［ISO 14698-3］

清洁、消毒或包含有一个或多个这类作用的效率，示踪剂初始和终了的数量和浓度比值的以10为底的对数来表示。

注：效率为非有效数字，是数量降低的某个值。即示踪剂数量和浓度以10为底的对数值，建议不使用对数周期数或对数。

举例：a）若微生物初始浓度（生物膜以克计，表面以 cm^2 计）为 10^7，最后浓度为 10^3，则效率为：

$$E = \lg\left(10^7/10^3\right) = \lg\left(10\right)^4 = 4$$

　　b）若污斑的初始量为 300mg/cm^2，最终量为 20mg/cm^2，则效率为：

$$E = \lg\,(\,300/20\,) = \lg\,(\,15\,) = 1.2$$

71. estimate　估算值［GB/T 25916.2/ISO 14698–2］

从估算结果所获得的估算值（ISO 3534-1：1993）。

72. estimation　估算［GB/T 25916.2/ISO 14698–2］

依据从采样样品的观察结果，进行分配运算，选择此分布参数值作为采样样品的总体统计模型。

73. estimator　估算量［GB/T 25916.2/ISO 14698–2］

用来估算总体参数的统计量。

74. evaluation　评价［GB/T 25916.2/ISO 14698–2］

判断数据内涵的过程。

75. false count　虚计数［GB/T 25915.3/ISO 14644–3］

当不存在粒子时，离散粒子计数器由于内部或外部的干扰而产生的计数。

76. fiber　纤维［GB/T 25915.1/ISO 14644–1］

长宽比大于或等于 10 的粒子。

fiber　纤维［GB/T 25915.5/ISO 14644–5］

纵横比（长—宽比）大于或等于 10 的粒子。

77. filter system　过滤系统［GB/T 25915.6/ISO 14644–6］

由过滤器、安装架及其他支撑装置或箱体组成的系统。

78. final filter　终端过滤器［GB/T 25915.3/ISO 14644–3］

一般由纤维性的、具有扩展面积的过滤介质密封在一个结实的框架内所构成，用于捕集悬浮于空气中的颗粒物质的设备。以对亚微米粒子的最小捕集效率来界定。

注：在 ISO 14644 这部分中终端过滤器的术语包括所有适用于这一目的过滤器（例如：安装在空气进入洁净室前的终端位置上的高效过滤器或超高效过滤器）。

79. flowhood with flowmeter　带风量计的风罩［GB/T 25915.3/ISO 14644–3］

附有仪器的一种围挡物，在完全罩上过滤器或散流器时，可直接测量设施中终端过滤器或散流器的风量。

80. formal system　控制体系［GB/T 25916.1/ISO 14698–1］

按既定文件中的程序控制生物污染的体系。

81. frequent　频繁的［GB/T 25915.2/ISO 14644–2］

在运行期间，不超过 60min 间隔的监测。

82. gauntlet　长手套［GB/T 25915.7/ISO 14644–7］

全臂长一件式手套。

83. glove box　手套箱［GB/T 25915.7/ISO 14644–7］

一种行业专用的隔离性围护物。

84. glove port　手套口［GB/T 25915.7/ISO 14644–7］

手套、套袖和长手套的固定位置。

85. glove sleeve system　手套套袖系统［GB/T 25915.7/ISO 14644–7］

当要替换连接袖口和手套的套袖时，能保持有效的屏障作用的进入装置的多个部件。

86. glove 手套［GB/T 25915.7/ISO 14644-7］

当操作人员把手伸进隔离围护物的封闭空间时，能保持有效屏障作用的一种进入装置的部件。

87. half-suit 半身套服［GB/T 25915.7/ISO 14644-7］

当操作人员要把头、躯干和手臂进入到隔离性围护物的工作空间内时，能保持有效的屏障作用的进入装置。

88. hazard 危害［GB/T 25916.1/ISO 14698-1］

对个人、环境、工艺、产品产生不良影响的生物、化学、物理的元素或成分。

hazard（Microbiological） 危害（微生物）［GB/T 25916.2/ISO 14698-2］

对人员、环境、工艺、产品产生有害影响的生物的、化学的、物理的成分或要素。

89. hourly leak rate 每小时泄漏率［GB/T 25915.7/ISO 14644-7］

在隔离围护物正常工作条件（压力和温度）下，它的每小时泄漏量 F 与其体积 V 之比的倒数所表示的比值。

90. impact sampler 撞击采样器［GB/T 25916.1/ISO 14698-1］

通过空气中或气体中活粒子对固体表面的碰撞方式进行采样的装置。

91. impact 撞击［GB/T 25916.2/ISO 14698-2］

活粒子与固体表面的碰撞。

92. impingement sampler 冲击采样器［GB/T 25916.1/ISO 14698-1］

使空气或气体中的活粒子冲击液体培养基，并使其进入液体的采样的装置。

93. impingement 冲击［GB/T 25916.2/ISO 14698-2］

见 liquid trapping 液体捕获。

94. indirect measurement method 间接测量法［GB/T 25915.9/ISO 14644-9］

带有中间步骤的测量污染物的方法。

95. installation 设施［GB/T 25915.1/ISO 14644-1，GB/T 25915.3/ISO 14644-3］

包括所有相关构筑物、空气处理系统、动力和公用设施在内的洁净室，或一个或多个这样的洁净区。

96. installed filter leakage test 过滤器安装后检漏［GB/T 25915.3/ISO 14644-3］

为确认终端过滤器安装良好所进行的测试。测试时要先验证设施没有泄漏，过滤器与安装支撑系统没有缺陷和泄漏。

97. installed filter system 安装好的过滤器系统［GB/T 25915.3/ISO 14644-3］

由过滤器及安装支撑系统或安装在吊顶、墙壁、设备或管道中的其他构架共同组成的系统。

98. iso-axial sampling 同向采样［GB/T 25915.3/ISO 14644-3］

气流进入采样管进风口的方向与所采样的单向流的方向相同的采样条件。

99. isokinetic sampling 等速采样［GB/T 25915.3/ISO 14644-3］

进入采样管进风口的平均风速与该位置上单向流的平均风速相同的采样条件。

100. isolator 隔离器［GB/T 25915.7/ISO 14644-7］

行业特定的一种隔离性围护物。

101. leak（of air filter system） （空气过滤器系统的）泄漏［GB/T 25915.3/ISO 14644-3］

因完整性不佳或有缺陷所引起的下风向浓度超过预期值的污染穿透。

102. leak（of separative enclosures）　（隔离围护物的）泄漏［GB/T 25915.7/ISO 14644-7］

修正大气条件后，因压力变化而显现的缺陷。

103. light-scattering, discrete-particle counter　光散射离散粒子计数器［GB/T 25915.3/ISO 14644-3］

光学粒子计数器 optical particle counter（OPC），同离散粒子计数器 discrete-particle counter。

104. liquid trapping; impingement　液体捕获；冲击［GB/T 25916.2/ISO 14698-2］

活粒子冲击液体表面并随之进入液体。

105. macroparticle　宏粒子［GB/T 25915.1/ISO 14644-1，GB/T 25915.3/ISO 14644-3］

当量直径大于 5μm 的粒子。

106. mass median particle diameter　MMD 质量中值粒径［GB/T 25915.3/ISO 14644-3］

根据粒子质量测量粒径中值。所谓质量中值经其全部粒子的半数是由小于质量中值粒径的粒子组成的，另一半是由大于质量中值粒径的粒子组成。

107. M-descriptor　M 描述符［GB/T 25915.1/ISO 14644-1］

每立方米空气中测量或规定的、以当量直径表示的宏粒子浓度。该当量直径体现出所用测量方法的特性。

108. measuring plane　测量平面［GB/T 25915.3/ISO 14644-3］

用于测量如风速等性能参数的横断面。

109. minienvironment　微环境［GB/T 25915.7/ISO 14644-7］

行业特定的一种隔离性空间。

110. Molecular contamination　分子污染［GB/T 25915.8/ISO 14644-8］

危害产品、工艺、设备的分子（化学的、非颗粒）物质。

111. monitoring　监测［GB/T 25915.2/ISO 14644-2］

为证明洁净室的性能，按照规定的方法和计划，对洁净室进行监视测量。

注：其信息可用于探测动态条件下的趋势，掌握工艺情况。

112. non-unidirectional airflow　非单向流［GB/T 25915.3/ISO 14644-3］

送风进入洁净区与其内部空气相混合的空气分布方式。

non-unidirectional airflow　非单向流［GB/T 25915.4/ISO 14644-4］

进入洁净区的送风通过诱导作用与内部的空气混合的空气分布形式。

113. offset voltage　初始电压［GB/T 25915.3/ISO 14644-3］

被绝缘的未充电导电板暴露在电离空气环境中，其上所积累的电压。

114. operational　动态［GB/T 25915.1/ISO 14644-1］

全部建成，设施齐备的洁净室，正在以规定的模式运行，且现场有规定数量的人员正以商定的方式工作。

115. operator　操作员［GB/T 25915.5/ISO 14644-5］

在洁净室内进行生产工作或执行工艺程序的人。

116. organic　有机物［GB/T 25915.8/ISO 14644-8］

以碳为基本元素，含氢、含或不含氧、氮等其他元素的物质。

117. outgassing　释放气体［GB/T 25915.8/ISO 14644-8］

从材料中释放汽态或蒸汽态分子物质。

118. oxidant   氧化剂［GB/T 25915.8/ISO 14644-8］
沉积在关注表面或产品上后，形成氧化物（O_2/O_3）或参与氧化还原反应的物质。

119. particle concentration   粒子浓度［GB/T 25915.1/ISO 14644-1］
单位体积空气中各个粒子的总数。

120. particle size cutoff device   粒径屏蔽器［GB/T 25915.3/ISO 14644-3］
附于离散粒子计数器或凝结核粒子计数器采样口上、能将小于所考虑粒径的粒子清除掉的装置。

121. particle size distribution   粒径分布［GB/T 25915.1/ISO 14644-1，GB/T 25915.3/ISO 14644-3］
以粒径为函数的粒子浓度累积分布。

122. particle size   粒径［GB/T 25915.1/ISO 14644-1，GB/T 25915.3/ISO 14644-3］
被测粒子在粒径测定仪上产生的响应量与某球形粒子的响应量等同时，所对应的直径。

123. particle   粒子［GB/T 25915.1/ISO 14644-1］
为空气洁净度分级所需粒径阈值（较低限）在 0.1~5μm 范围内呈累积分布的固体的或液体的物质。

particle   粒子［GB/T 25915.4/ISO 14644-4，GB/T 25915.5/ISO 14644-5］
有规定的物理界限的微小物质。
注：关于等级的划分见 ISO 14644-1。

particle（general）   粒子（普通）［GB/T 25915.6/ISO 14644-6］
有明确物理边界的微小物质。

particle（classification）   粒子（洁净度等级）［GB/T 25915.6/ISO 14644-6］
在 0.1μm～5μm 的粒径阈值（下限）范围上累计的固体或液体物质。

124. personnel   人员［GB/T 25915.5/ISO 14644-5］
以任何目的进入洁净室的人员。

125. pre-filter   预过滤器［GB/T 25915.4/ISO 14644-4］
装在另一个过滤器的上流侧，以减少对该过滤器的过滤负荷的空气过滤器。

126. pressure integrity   压力维持度［GB/T 25915.6/ISO 14644-6］
提供检测条件下可再现的压力泄漏率的能力。

127. pressure   压力完善性［GB/T 25915.7/ISO 14644-7］
在可重复的测试条件下，提供量化的压力泄漏率的能力。

128. process core   工艺核心区［GB/T 25915.4/ISO 14644-4］
环境与工艺发生相互作用工艺所处的位置。

129. process   工序［ISO 14698-3］
为达到某规定结果所组合的或按顺序排列的系统作用。
注：本标准对含有一个或多个以下活动的工序做评定：洗涤、清洁、消毒、清洁加消毒、生化作用及机械作用。

130. qualification   认证［GB/T 25916.1/ISO 14698-1，GB/T 25916.2/ISO 14698-2］
证实一个事物能否达到规定要求的过程（事物：活动或工艺过程、产品、机械或它们任意组合）。

131. requalification　再认证［GB/T 25915.2/ISO 14644-2］

按照规定的测试顺序，对洁净室进行测试，以证明其符合 ISO 14644-1 的相应等级。这其中包括对预测试条件的验证。

132. rinsing　洗涤［ISO 14698-3］

通常用水等液体来清除或在某些情况下溶解污斑的活动。

133. risk zone　危险区［GB/T 25916.1/ISO 14698-1］

个人、产品、材料特别易于受到生物污染的界定空间。

zone at risk　危险区［GB/T 25916.2/ISO 14698-2］

限定的区域性空间，其中的人员、产品或材料（或其任意组合）易于受到生物污染。

134. risk　危险［GB/T 25916.1/ISO 14698-1，GB/T 25916.2/ISO 14698-2］

判定危害物产生某种有害结果的可能性。

135. scanning　扫描［GB/T 25915.3/ISO 14644-3］

使用气溶胶光度计或离散粒子计数器用行程相互重叠的方式扫描过测试区，以探查机组泄漏的方法。

136. separation descriptor，［Aa:Bb］ 隔离简要说明［Aa:Bb］［GB/T 25915.7/ISO 14644-7］

概要说明在规定的测试条件下由一个隔离性围护物确保的两个区域洁净度等级的差别的缩写符号，其中：A—内部 ISO 洁净度等级；a—测量 A 用的粒径；B—外部洁净度等级；b—测量 B 用的粒径。

137. separative device　隔离装置［GB/T 25915.3/ISO 14644-3］

运用结构和动力学方法，在规定的容积内外之间形成所规定水平的隔离。

138. separative enclosure　隔离性围护物［GB/T 25915.7/ISO 14644-7］

运用结构和动力学方法，创造并确保所规定体积内外之间隔离的设备。

139. settle plate　沉降盘［GB/T 25916.1/ISO 14698-1］

尺寸适当、装有已灭菌培养基的容器（如 Petri 培养皿）。用于将其在空气中暴露某规定的时间，以采集沉降的活性粒子。

settle plate　沉降盘［GB/T 25916.2/ISO 14698-2］

适当的容器（如含有适当的灭菌培养基的、尺寸合适的培养皿），在一段规定的时间里，将其暴露于空气中。

140. soiling　污斑［ISO 14698-3］

在某惰性的即非生物的表面形成沉积的、由有机质和／或矿物质组成的物质。

注：含在污斑中的有机质仅在有水介入时构成微生物的营养基质。水的介入微生物才能够繁殖。本标准仅考虑湿污斑。

141. solid surface　固体表面［GB/T 25915.9/ISO 14644-9］

固体与另一相之间的界面。

142. standard leak penetration　标准泄漏穿透率［GB/T 25915.3/ISO 14644-3］

使用离散粒子计数器或气溶胶光度计将采样管置于泄漏上方以标准采样流量所探测的泄漏穿透率。

注：穿透率是指过滤器下风向粒子浓度与上风向粒子浓度的比值。

143. start-up　启动［GB/T 25915.4/ISO 14644-4］

准备并使所有设施、系统处于工作状态的行动。

144. static-dissipative property　防静电特性［GB/T 25915.3/ISO 14644-3］

利用传导或其他机理将工作表面或产品表面的静电荷降低到规定值或额定零电荷的能力。

145. stratification　层次［GB/T 25916.1/ISO 14698-2］

将某给定总体划分为分体或层，使所研究的特性更为一致。

146. supplier　供应商［GB/T 25915.1/ISO 14644-1］

实现洁净室或洁净区相关要求的单位。

147. supply airflow volume　送风量［GB/T 25915.3/ISO 14644-3］

单位时间从终端过滤器或风管送入设施的风量，以 m^3/h 表示。

148. surface cleanliness by particle concentration class　表面洁净度等级［GB/T 25915.9/ISO 14644-9］

SCP Class SCP 等级

每平方米表面关注粒径粒子浓度最大允许值的级别（SCP 级至 8 级）。

149. surface cleanliness by particle concentration classification　表面洁净度分级［GB/T 25915.9/ISO 14644-9］

SCP classification，SCP 分级

以 ISO SCP N 级表示的代表每平方米中关注粒径的表面粒子最大允许浓度（或测定水平的过程）。

150. surface cleanliness by particle concentration SCP　表面洁净度［GB/T 25915.9/ISO 14644-9］

表面粒子浓度方面的状况。

注：表面洁净度是由材料与型式特点、各种应力负荷（作用于表面上负荷的复杂性）以及起主导作用的环境条件和其他因素所决定的。

151. surface molecular contamination（SMC）　表面分子污染［GB/T 25915.8/ISO 14644-8］

在洁净室或受控环境中以吸附态存在的，对产品或关注表面有不良影响的分子（化学的、非颗粒）物质。

152. surface particle concentration　表面粒子浓度［GB/T 25915.9/ISO 14644-9］

关注的表面区域单位面积离散粒子的数目。

153. surface particle　表面粒子［GB/T 25915.9/ISO 14644-9］

离散分布并粘附在所关注表面上的固体或液体物质，不包括覆盖整个表面的薄膜类物质。

注：表面粒子是通过化学和（或）物理相互作用而粘附的粒子。

154. surface voltage level　表面电压［GB/T 25915.3/ISO 14644-3］

存在于工作表面或产品表面上的正或负的静电压，可用适当的仪器显示出来。

155. swab　棉签［GB/T 25916.1/ISO 14698-1，GB/T 25916.2/ISO 14698-2］

带有适量特殊基质的擦拭器，是一种对所采集的微生物无毒无抑制作用的已灭菌的采集工具。

156. swabbing 擦拭采样 ［GB/T 25916.2/ISO 14698-2］
用适当的萃取液（洗脱液）蘸湿的棉签，擦拭规定区域表面以进行表面采样。

157. target level（s） 目标值 ［GB/T 25916.1/ISO 14698-1, GB/T 25916.2/ISO 14698-2］
由用户根据自己的要求自行设定的，用以界定的微生物含量的值。

target level（general） 目标值（普通） ［GB/T 25915.6/ISO 14644-6］
用户按自己的目的为日常运行目标设定的值。

target level（microbiological） 目标值（微生物） ［GB/T 25915.6/ISO 14644-6］
用户按自己目的所设定的微生物量值。

158. test aerosol 测试气溶胶 ［GB/T 25915.3/ISO 14644-3］
呈气态悬浮的固体或液体的粒子，其粒径分布和浓度已知且受控。

159. test 测试 ［GB/T 25915.2/ISO 14644-2］
为确定洁净室或其一部分的性能、按照规定的方法所实施的程序。

160. threshold size 阈值粒径 ［GB/T 25915.3/ISO 14644-3］
所确定的最小粒径，据此以测量等于或大于该粒径的粒子浓度。
注：离散粒子计数器对选定的阈值粒径应有大约 50%±20% 的计数效率。

161. time-of-flight particle measurement 飞行时间粒子测量 ［GB/T 25915.3/ISO 14644-3］
依据测量点风速与粒子速度的关系测出的粒径。

162. total airflow volume 总风量 ［GB/T 25915.3/ISO 14644-3］
单位时间内通过设施截面的风量，以 m^3/h 表示。

163. tracer 示踪剂 ［ISO 14698-3］
用以测量污斑增量的某种物质或微生物。
注1：为测量某个工序的效率，在污斑中繁殖的微生物，不论其是否形成或未形成生物膜，可以作为示踪剂使用。
注2：清洁、洗涤及生化作用或机械作用一类的活动，起到清除污斑和生物膜的作用。而根据消毒的定义，消毒的目的是将微生物破坏或灭活。因此，可能希望测出某个工序整体效率中其清除作用是由谁造成的，以便将其与杀灭（破坏性的）作用造成的结果分开。为此，可以选择一个或多个在污斑中自然存在的或添加进去的、不易被破坏的辅助示踪剂。

164. transfer device 传递装置 ［GB/T 25915.7/ISO 14644-7］
使材料能够进出隔离性围护物，同时又能尽量减少不需要的物质进出的机构。

165. U-descriptor U 描述符 ［GB/T 25915.1/ISO 14644-1, GB/T 25915.3/ISO 14644-3］
包括超微粒子在内的每立方米空气中所测量的或规定的粒子浓度。
注：可将 U 描述符视为采样点平均值上限（或置信度上限），该上限根据采样点数目决定。依采样点测量结果判定洁净室或洁净区的特性，U 描述符不能用来规定悬浮粒子洁净度等级，但可以与悬浮粒子洁净度等级一并引用或者是单独引用。

166. ultrafine particle 超微粒子 ［GB/T 25915.1/ISO 14644-1, GB/T 25915.3/ISO 14644-3］
当量直径小于 0.1μm 的粒子。

167. unidirectional airflow 单向流 ［GB/T 25915.3/ISO 14644-3］
通过洁净区整个横断面的受控气流，其风速稳定、流线大体平行。
注：这种类型的气流可将粒子直接排出洁净区。

unidirectional airflow　单向流［GB/T 25915.4/ISO 14644-4］

流经一整个洁净剖面的受控气流，速度稳定，流向大致平行。

注：这种空气流会从洁净区直接传输粒子。

unidirectional airflow　单向流［GB/T 25915.5/ISO 14644-5］

受控的气流，以稳定的速度和近似平行的气流流经洁净区的整个剖面。

注：这种气流会定向地从洁净区把粒子运走。

168. uniformity of airflow　气流均匀性［GB/T 25915.3/ISO 14644-3］

各点的风速测值处在平均风速某规定的比例内的单向流型。

169. validation　验证［GB/T 25916.1/ISO 14698-1］

提供客观证据以证明已经达到所规定的使用或应用的要求。

validation　验证［GB/T 25916.2/ISO 14698-2］

检验并提供客观证据证明预计的使用或应用之具体要求已经达到（ISO 8402）。

170. verification　鉴定［GB/T 25916.1/ISO 14698-1］

提供客观证据证明规定的要求已经达到。

注：监测检验方法、程序与测试，包括随机采样与分析，可用于对控制体系的鉴定。

171. viable particle　活粒子［GB/T 25916.1/ISO 14698-1］

含有至少一个活性微生物的粒子。

viable particle　活粒子［GB/T 25916.2/ISO 14698-2］

孤立的、自然发生的或积累的、能够繁殖显示出其生长的微生物。

172. viable unit　活性单位（VU）［GB/T 25916.1/ISO 14698-1］

不少于一个、计为一个单位的活性粒子。当把活性单位计为琼脂培养基上的菌落时，常称其为菌落数（CFU）。

viable unit　（VU）活性单位（VU）［GB/T 25916.2/ISO 14698-2］

一个或更多个聚集在一起、可计为一个单位的活粒子。当把活单位计为琼脂培养基上的菌落时，常称其为菌落数（CFU）。

173. virtual impactor　虚拟冲撞器［GB/T 25915.3/ISO 14644-3］

分离气溶胶中较大和较小粒子的采样装置，它借助于高速气溶胶流直接旁流通道朝着的低速气流运动，以诱导带有许多小粒子的更多主流，并将其携入旁流中。

174. witness plate　测量板［GB/T 25915.3/ISO 14644-3］

具有规定表面积的污染敏感材料，用以替代不易接近或因过于敏感而无法处置的表面的测定。测量板应尽量接近能表明污染沉积特征的表面放置。

175. zero count　零计数［GB/T 25915.3/ISO 14644-3］

当不存在粒子时，离散粒子计数器由于内部或外部的干扰而产生的计数。

附录2　ISO 14644，ISO 14698系列标准按序号排序的"术语与定义"

《洁净室及相关受控环境　第1部分：空气洁净度等级》(GB/T 25915.1—2010/ISO 14644-1 : 1999)

1. 通用

1.1　洁净室　cleanroom

空气悬浮粒子浓度受控的房间，其建造和使用方式使房间内进入的、产生的、滞留的粒子最少，房间内温度、湿度、压力等其他相关参数按要求受控。

1.2　洁净区　clean zone

空气悬浮粒子浓度受控的专用空间，其建造和使用方式使区内进入的、产生的、滞留的粒子最少，区内温度、湿度、压力等其他相关参数按要求受控。

注：洁净区可以是开放的或封闭的；在也可不在洁净室内。

1.3　设施　installation

所有相关构筑物、空气处理系统以及服务、公用系统集合而成的洁净室，或一个或数个这样的洁净区。

1.4　洁净度等级　classification

以 ISO N 级表示的、洁净室或洁净区内按空气悬浮粒子浓度划分的洁净度水平（或规定、确定该水平的过程）。洁净度等级代表关注粒径粒子的最大允许浓度（表示为每立方米空气中的粒子个数）。

注1：浓度计算见第3.2条的式（1）。

注2：按照本标准进行分级的范围限于 ISO 1 级至 ISO 9 级。

注3：按本标准进行分级的关注粒径限于 0.1μm 至 5μm 范围（较低阈值）指定阈值粒径超出此范围的空气洁净度，可以用 U 描述符和 M 描述符（见 2.3.1 和 2.3.2）描述和说明（但不分级）。

注4：ISO 等级可带小数，最小增量为 0.1，即 ISO 1.1 级至 ISO 8.9 级。

注5：洁净度等级可适用于所有 3 种占用状态（见 2.4）。

2. 空气悬浮粒子

2.1　粒子　particle

在 0.1μm 至 5μm 的粒径阈值（下限）范围上累计的固体或液体物质。

2.2　粒径　particle size

给定粒径测量仪器显示的、与被测粒子的响应量相当的球形体直径。

注：离散粒子计数器给出的是当量光学直径。

2.3　粒子浓度　particle concentration

单位体积空气中粒子的个数。

2.4　粒径分布　particle size distribution

按粒径累计得出的粒子浓度。

2.5　超微粒子　ultrafine particle

当量直径小于 0.1μm 的粒子。

2.6　大粒子　macroparticle

当量直径大于 5μm 的粒子。

2.7　纤维　fiber

长宽比不小于 10 的粒子。

3. 描述符

3.1　U 描述符　U descriptor

包括超微粒子在内的、每立方米空气粒子的实测或规定浓度。

注：U 描述符可以作为采样点平均浓度的上限（或置信上限，该置信上限依洁净室或洁净区性能评定采样点数量而定）不能用 U 描述符确定空气洁净度等级，但可将其单独或随洁净度等级引述。

3.2　M 描述符　M descriptor

每立方米空气中大粒子的实测或规定浓度。M 描述符中的当量粒径与测量方法有关。

注：M 描述符可以作为采样点平均浓度上限（或置信上限，该置信上限依洁净室或洁净区性能评定采样点数量而定）不能用 U 描述符确定空气洁净度等级，但可将其单独或随洁净度等级引述。

4. 占用状态

4.1　空态　as-built

设施已建成并运行，但没有生产设备、材料和人员的状态。

4.2　静态　at-rest

设施已建成，生产设备已安装好并按需方与供方议定的条件运行，但没有人员的状态。

4.3　动态　operational

设施按规定方式运行，其内规定数量的人员按议定方式工作的状态。

5. 有关各方

5.1　需方　customer

规定洁净室或洁净区具体要求的机构或其代理。

5.2　供方　supplier

使洁净室或洁净区达到规定要求的机构。

6. 等级

6.1　占用状态

洁净室或洁净区的洁净度等级，须按一种或几种占用状态确定，即："空态""静态""动态"。

注："空态"检测适用于新建成或新改造的洁净室或洁净区。完成了"空态"检测后，须进行"静态"或"动态"或这两者的达级检测。

6.2　等级编号

空气洁净度等级以等级编号 N 表示。每种关注粒径 D 的最大允许粒子浓度 C_n 由式（1）

确定：

$$C_{\mathrm{n}}=10^{N}\times\left(\frac{10}{D}\right)^{2.08} \tag{1}$$

式中　C_{n}——大于等于关注粒径的粒子最大允许浓度（以每立方米空气中粒子的个数表示）。将 C_{n} 修约为不超过 3 位有效数字的整数；

　　　　N——ISO 等级的数字编号，最大不超过 9，N 的各整数等级之间可以设定最小增量为 0.1 的中间等级；

　　　　D——关注粒径，μm；

　　　　0.1——常数，μm。

表 1 给出空气洁净度的整数级别及其对应的关注粒径及以上的粒子允许浓度。出现争议时，须以式（1）计算出的浓度 C_{n} 为准。

洁净室及洁净区空气洁净度整数等级　　　　表 1

ISO 等级（N）	大于等于关注粒径的粒子最大浓度限值（pc/m³）					
	0.1μm	0.2μm	0.3μm	0.5μm	1μm	5μm
ISO 1 级	10	2				
ISO 2 级	100	24	10	4		
ISO 3 级	1000	237	102	35	8	
ISO 4 级	10000	2370	1020	352	83	
ISO 5 级	100000	23700	10200	3520	832	29
ISO 6 级	1000000	237000	102000	35200	8320	293
ISO 7 级				352000	83200	2930
ISO 8 级				3520000	832000	29300
ISO 9 级				35200000	8320000	293000

注：按测量方法相关的不确定度要求，确定等级水平的浓度数据的有效数字不超过 3 位。

6.3　等级的表达

表述洁净室及洁净区空气的洁净度，须包含以下内容：

a）以 ISO N 级表示的等级；

b）等级相应的占用状态；

c）等级的关注粒径以及由式（1）确定的相应浓度，且每个关注阈值粒径均在 0.1μm～5μm 范围内。

实例：ISO 4 级；动态；关注粒径：0.2μm（2370pc/m³）；1μm（83pc/m³）。需方与供方双方须商定浓度测量中所用的一个或多个关注粒径。如果测量的关注粒径不只一个，则相邻两粒径中的大者（如 D_2）与小者（如 D_1）之比不得小于 1.5 倍，即 $D_2 \geqslant 1.5 \times D_1$。

《洁净室及相关受控环境　第 2 部分：证明持续符合 GB/T 25915.1—2010 的检测与监测技术条件》（GB/T 25915.2—2010/ISO 14644-2：2000）

1. 一般术语

1.1 再查验　requalification

按照规定的检测顺序对设施进行检测，包括对所选定的预检测条件的验证，以证明设施符合 GB/T 25915.1 的洁净度等级。

1.2 检测　test

为确定设施或其某部分的性能而按规定方法所实施的规程。

1.3 监测　monitoring

为检验设施的性能而按照规定的方法和计划实施的测试。

注：该信息可用来发现动态条件下的趋势，并为工艺提供支持。

2. 检测周期术语

2.1 连续监测　continuous

不间断的监测。

2.2 频繁监测　frequent

运行中间隔时间不超过 60min 的监测。

2.3 6 个月　6months

整个动态运行期间，定期复检的平均间隔不超过 183 天，最长间隔不超过 190 天的周期。

2.4 12 个月　12months

整个动态运行期间，定期复检的平均间隔不超过 366 天，最长间隔不超过 400 天的周期。

2.5 24 个月　24months

整个动态运行期间，定期复检的平均间隔不超过 731 天，最长间隔不超过 800 天的周期。

《洁净室及相关受控环境　第 3 部分：检测方法》（GB/T 25915.3—2010/ISO 14644-3:2005）

1. 一般术语

1.1 洁净室　cleanroom

空气悬浮粒子浓度受控的房间，其建造和使用方式使房间内进入的、产生的、滞留的粒子最少，房间内温度、湿度、压力等其他相关参数按要求受控。

1.2 洁净区　clean zone

空气悬浮粒子浓度受控的专用空间，其建造和使用方式使区内进入的、产生的、滞留的粒子最少，区内温度、湿度、压力等其他相关参数按要求受控。

注：洁净区可以是开放的或封闭的；在也可不在洁净室内。

1.3 设施 installation

所有相关构筑物、空气处理系统以及服务、公用系统集合而成的洁净室，或一个或数个这样的洁净区。

1.4 隔离装置 separative device

利用构造和动力学方法在确定的容积内外创建可靠隔离水平的设备。

注：各种行业用的隔离装置有：洁净风罩、隔离箱、手套箱、隔离器、微环境。

2. 空气悬浮粒子测量

2.1 气溶胶发生器 aerosol generator

能以加热、液压、气动、超声波、静电等方式生成浓度恒定、粒径范围适当的（例如 $0.05\mu m$ 至 $2\mu m$）微粒物质的器具。

2.2 空气悬浮粒子 airborne particle

悬浮在空气中、活或非活、固体或液体、粒径（对 GB/T 25915 本部分而言）1nm～100μm 的粒子。

注：用于洁净度等级的，参见 GB/T 25915.1—2010，2.2.1。

2.3 数量中值粒径 count median particle diameter CMD

按粒径排列粒子时，处于中位数的粒子的粒径值。

注：占一半数量的粒子其粒径小于数量中值粒径，占另一半数量的粒子其粒径大于该数量中值粒径。

2.4 大粒子 macroparticle

当量直径大于 $5\mu m$ 的粒子。

2.5 M 描述符 M descriptor

每立方米空气中大粒子的实测或规定浓度。M 描述符中的当量粒径与测量方法有关。

注：M 描述符可作为采样点平均浓度的上限（或置信上限，该值受洁净室/区性能测定用采样点数量的影响）不能用 M 描述符规定悬浮粒子洁净度等级，但可将其单独或随洁净度等级引述。

2.6 质量中值粒径 mass median particle diameter MMD

按质量排列粒子时，处于中位数的粒子的粒径值。

注：占全部粒子质量一半的粒子其粒径小于质量中值粒径，占另一半质量的粒子其粒径大于该中值粒径。

2.7 粒子浓度 particle concentration

单位体积空气中粒子的个数。

2.8 粒径 particle size

给定粒径测量仪器所显示的、与被测粒子的响应量相当的球形体直径。

注：离散粒子计数器给出的是当量光学粒径。

2.9 粒径分布 particle size distribution

按粒径累计粒子得出的粒子浓度。

2.10 测试气溶胶 test aerosol

具有已知并受控的粒径分布及浓度的、固体和（或）液体粒子的气态悬浮物。

2.11　U 描述符　U descriptor

包括超微粒子在内的、每立方米空气粒子的实测或规定浓度。

注：U 描述符可作为采样点平均浓度的上限（或置信上限，该置信上限依洁净室或洁净区性能评定采样点数量而定）。不能用 U 描述符确定空气洁净度等级，但可将其单独或随洁净度等级引述。

2.12　超微粒子　ultrafine particle

当量直径小于 0.1μm 的粒子。

3. 空气过滤器和过滤系统

3.1　气溶胶发尘　aerosol challenge

对过滤器和已装过滤系统施用检测气溶胶的过程。

3.2　渗漏限值　designated leak

需方与供方商定的、可用离散粒子计数器或气溶胶光度计扫描测出的设施渗漏最大允许透过率。

3.3　稀释装置　dilution system

按已知容积比将气溶胶与无粒子稀释空气混合，以降低气溶胶浓度的装置。

3.4　过滤系统　filter system

由过滤器、安装架及其他支撑装置或箱体组成的系统。

3.5　末端过滤器　final filter

空气进入洁净室之前最末端位置上的过滤器。

3.6　已装过滤系统　installed filter system

已安装在顶棚、侧墙、装置、风管上的过滤系统。

3.7　已装过滤系统检漏　installed filter system leakage test

为确认过滤器安装良好，向设施内无旁路渗漏，过滤器及其安装框架均无缺陷和渗漏而进行的检测。

3.8　（过滤系统）渗漏　leak

因密封性欠佳或缺陷使污染物漏出，造成下风向浓度超过预期值。

3.9　扫描　scanning

让气溶胶光度计或离散粒子计数器的采样口覆盖面，以略有重叠的往复行程移过规定的检测区来查找过滤器及其他部件的渗漏的方法。

3.10　标准渗漏透过率　standard leak penetration

离散粒子计数器或气溶胶光度计的采样头停顿在渗漏处，以标准采样流量测得的渗漏透过率。

注：透过率为过滤器下风向与上风向粒子浓度之比。

4. 气流

4.1　换气次数　air exchange rate

单位时间的换气值，以单位时间送入的空气体积除以空间的体积计算。

4.2　平均风量　average air flow rate

单位时间内通过的平均空气容积，可据此确定洁净室或洁净区的换气次数。

注：风量的单位为立方米每小时（m³/h）。

4.3　测量平面　measuring plane

用来检测或测量风速等性能参数的横断面。

4.4　非单向流　non-unidirectional airflow

送入洁净区的空气以诱导方式与区内空气混合的一种气流分布。

4.5　送风量　supply airflow rate

单位时间内从末端过滤器或风管送入设施的体积空气量。

4.6　总风量　total air flow rate

单位时间内通过设施某断面的体积空气量。

4.7　单向流　unidirectional airflow

通过洁净区整个断面、风速稳定、大致平行的受控气流。

注：这种气流可定向清除洁净区的粒子。

4.8　气流均匀度　uniformity of airflow

各点风速值处于平均风速限定百分率以内的单向流形式。

5. 静电测量

5.1　放电时间　discharge time

绝缘导电监测板上的电压（正或负）降至初始电压的百分率所需的时间。

5.2　补偿电压　offset voltage

将未充电绝缘导电板置于电离空气中时其上积累的电压。

5.3　静电耗散特性　static-dissipative property

以传导等机理将工作表面或产品表面的静电荷降至某规定值或标称零电荷的能力。

5.4　表面电压　surface voltage level

用适用仪器在工作面或产品表面所测出的或正或负的静电电压。

6. 测量器具和测量条件

6.1　气溶胶光度计　aerosol photometer

利用光散射原理、以前散射光腔测量空气悬浮粒子质量浓度的仪器。

6.2　非等动力采样　anisokinetic sampling

采样口进气平均风速与该位置单向流的平均风速明显不同的采样条件。

6.3　串级撞击采样器　cascade impactor

利用撞击原理在串联的采集表面上采集气溶胶粒子的采样装置。

注：气溶胶气流速度逐级升高，使后一个采集表面采集的粒子比前一个小。

6.4　凝聚核计数器　condensation nucleus counter CNC

以凝聚方式使超微粒子增大，再用光学方法对粒子计数的仪器。

6.5　计数效率　counting efficiency

给定粒径范围内读出的粒子浓度与实际粒子浓度之比。

6.6　微分迁移率分析仪　differential mobility analyzer DMA

按粒子的电迁移率测量粒径分布的仪器。

6.7　扩散元件　diffusion battery element

多级粒径限制器的专用部件，它利用扩散机理去除气溶胶流中的小粒子。

6.8　离散粒子计数器，粒子计数器　discrete-particle counter　DPC

可显示并记录确定体积空气中离散粒子数量和直径（可辨别粒径）的仪器。

6.9　伪计数、背景噪声计数、空白计数　false count，background noise count，zero count

不存在粒子时，因仪器内外多余电信号造成的离散粒子计数器的误计。

6.10　风量罩　flowhood with flowmeter

可分别将设施的各个末端过滤器或散流器完全罩住并直接测量其风量的装置。

6.11　同轴采样　iso-axial sampling

采样口进气气流方向与被采样单向流气流方向一致的采样条件。

6.12　等动力采样　isokinetic sampling

采样口进气气流的平均风速与该位置上单向流的平均风速相等的采样条件。

6.13　粒径限制器　particle size cutoff device

连接在离散粒子计数器或凝聚核计数器采样口、能够将小于关注粒径的粒子清除的装置。

6.14　阈值粒径　threshold size

选定的最小粒径，以测量大于等于该粒径粒子的浓度。

6.15　飞行时间粒径测量　time-of-flight particle size measurement

以粒子飞越两固定平面间距离所需的时间，测定其空气动力学直径。

注：依据粒子被诱导至与其速度不同的流场中产生的速度漂移测量粒径。

6.16　虚拟撞击器　virtual impactor

令粒子以惯性力撞击假设（虚拟）表面而分离不同粒径粒子的仪器。

注：大粒子穿越表面进入一个容积空间停滞，小粒子在该表面随主气流偏转。

6.17　代测板　witness plate

当特定表面无法接近或对处置太敏感而无法直接进行测量时，作为被测表面替代物的、具有规定表面积的污染敏感材料。

7. 占用状态

7.1　空态　as-built

设施已建成并运行，但没有生产设备、材料和人员的状态。

7.2　静态　at-rest

设施已建成，生产设备已安装好并按需方与供方议定的条件运行，但没有人员的状态。

7.3　动态　operational

设施按规定方式运行，规定数量的人员按议定方式工作的状态。

《洁净室及相关受控环境　第 4 部分：设计、建造、启动》（ GB/T 25915.4—2010/ ISO 14644-4：2004 ）

1. 更衣室　changing room

人员出入洁净室时穿、脱洁净服的房间。

2. 空气净化装置 clean air device

对空气进行净化处理及分配、使环境达到规定条件的独立设备。

3. 洁净度 cleanliness

产品、表面、装置、气体、流体等有明确污染程度的状况。

注：污染可以是粒子的、非粒子的、生物的、分子的或其他类型的。

4. 调试 commissioning

为使设施达到规定的正常运行技术条件而按计划实施并有文字记录的系列检验、调节、检测。

5. 污染物 contaminant

对产品和工艺有不良影响的颗粒物、非颗粒物、分子或生物体。

6. 非单向流 non-unidirectional airflow

送入洁净区的空气以诱导方式与区内空气混合的一种空气分布。

7. 粒子，颗粒物 particle

有明确物理边界的微小物质。

注：洁净度等级划分的见 GB/T 25915.1。

8. 预过滤器 pre-filter

为减轻某过滤器的负荷而另装在其上风向的空气过滤器。

9. 工艺核心区 process core

与环境产生相互影响的工艺位置。

10. 启动 start up

使设施及其所有系统准备就绪并开始实际运行的行为。

注：系统可包括规程、培训要求、基础设施、服务设施、法规要求等。

11. 单向流 unidirectional airflow

通过洁净区整个断面、风速稳定、大致平行的受控气流。

注：这种气流可定向清除洁净区的粒子。

《洁净室及相关受控环境 第5部分：运行》(GB/T 25915.5—2010/ISO 14644-5：2004)

1. 一般术语

1.1 生物洁净室 biocleanroom
产品和工艺对微生物污染敏感时所使用的洁净室。

1.2 更衣室 changing room
人员进出洁净室时穿、脱洁净服的房间。

注：改自 GB/T25915.4。

1.3 跨檩 cross-over bench
更换洁净室服装用的辅助长凳，也是隔开地面污染的屏障。

1.4 消毒 disinfection
将物体或表面的微生物清除、破坏或灭活。

1.5　纤维　fiber

长宽比不小于 10 的粒子。

1.6　操作者　operator

在洁净室内从事生产工作或执行工艺程序的人员。

1.7　粒子（普通）　particle

有明确物理边界的微小物质。

1.8　人员　personnel

进入洁静室的任何人。

1.9　隔离装置　separative device

采用构造与动力学方法在确定的容积内外创建可靠隔离水平的设备。

注：各种行业用隔离装置有：洁净风罩、隔离箱、手套箱、隔离器、微环境。

1.10　隔离装置　separative device

采用构造与动力学方法在确定的容积内外创建可靠隔离水平的设备。

注：各种行业用隔离装置有：洁净风罩、隔离箱、手套箱、隔离器、微环境。

1.11　单向流　unidirectional airflow

通过洁净区整个断面、风速稳定、大致平行的受控气流。

注：这种气流可定向清除洁净区的粒子。

2. 占用状态

2.1　空态　as-built

设施已建成并运行，但没有生产设备、材料和人员的状态。

2.2　静态　at-rest

设施已建成，生产设备已安装好并按需方与供方议定的条件运行，但没有人员的状态。

2.3　动态　operational

设施按规定方式运行，其内规定数量的人员按议定方式工作的状态。

《洁净室及相关受控环境　第 6 部分：词汇》（GB/T 25915.6—2010/ISO 14644-6：2007）

1. 6 个月　6months

整个动态运行期间，定期复检的平均间隔不超过 183 天，最长间隔不超过 190 天的周期。[GB/T 25915.2—2010，3.2.3]

2. 12 个月　12months

整个动态运行期间，定期复检的平均间隔不超过 366 天，最长间隔不超过 400 天的周期。[GB/T 25915.2—2010，3.2.4]

3. 24 个月　24months

整个动态运行期间，定期复检的平均间隔不超过 731 天，最长间隔不超过 800 天的周期。[GB/T 25915.2—2010，3.2.5]

4. 介入器具　access device

操作隔离装置内工艺、工器具或产品的用具。[GB/T 25915.7—2010，3.1]

5. 酸　acid

以接受电子对并建立新化学键为化学反应特性的物质。［GB/T 25915.8—2010，3.2.1］

6. 干预值（普通）　action level（general）

用户在受控环境中设定的量值。超过该值时，需立即进行干预，包括查明原因及纠正行动。［GB/T 25915.7—2010，3.2；GB/T25915.1—2010，3.1.1］

7. 干预值（微生物）　action level（microbiological）

用户在受控环境中设定的微生物量值。超过该值时，需立即进行干预，包括查明原因及纠正行动。［GB/T 25915.2—2010，3.1］

8. 气溶胶发尘　aerosol challenge

对过滤器和已装过滤系统施用检测气溶胶的过程。［GB/T 25915.3—2010，3.3.1］

9. 气溶胶发生器　aerosol generator

能以加热、液压、气动、超声波、静电等方式生成浓度恒定、粒径范围适当的（例如 0.05μm 至 2μm）微粒物质的器具。［GB/T 25915.3—2010，3.2.1］

10. 气溶胶光度计　aerosol photometer

利用光散射原理、以前散射光腔测量空气悬浮粒子质量浓度的仪器。［GB/T 25915.3—2010，3.6.1］

11. 换气次数　air exchange rate

单位时间的换气值，以单位时间送入的空气体积除以空间的体积计算。［GB/T 25915.3—2010，3.4.1］

12. 分子污染　airborne molecular contamination AMC

以气态或汽态存在于洁净室或相关受控环境中，可危害洁净室或相关受控环境中产品、工艺或设备的分子（化学的、非颗粒的）物质。

注 1　本定义不包含生物大分子，将其归为粒子。

注 2　引自 GB/T 25915.8—2010，3.1.2。

13. 空气悬浮粒子　airborne particle

悬浮在空气中、活或非活、固体或液体、粒径 1nm～100μm 的粒子。

注 1　用于 GB/T 25915.3；用于洁净度等级的见 2.103。

注 2　引自 GB/T 25915.3—2010，3.2.2。

14. 预警值（普通）　alert level（general）

用户在受控环境中设定的量值，对可能偏离正常的状况给出早期报警，超过此值时应加强对工艺的关注。［GB/T 25915.7—2010，3.3；GB/T 25915.1—2010，3.1.2］

15. 预警值（微生物）　alert level（microbiological）

用户在受控环境中设定的微生物量值，对可能偏离正常的状况给出早期报警。［GB/T 25915.2—2010，3.2］

注：当超出预警值时，应加强对工艺的关注。

16. 非等动力采样　anisokinetic sampling

采样口进气平均风速与该位置单向流的平均风速明显不同的采样条件。［GB/T 25915.3—2010，3.6.2］

17. 空态　as—built

设施已建成并运行，但没有生产设备、材料和人员的状态。[GB/T 25915.1—2010，2.4.1；GB/T 25915.3—2010，3.7.1；GB/T 25915.5—2010，3.2.1；GB/T 25915.1—2010，3.2.1]

18. 静态　at—rest

设施已建成，生产设备已安装好并按需方与供方议定的条件运行，但没有人员的状态。[GB/T 25915.1—2010，2.4.2；GB/T 25915.3—2010，3.7.2；GB/T 25915.5—2010，3.2.2；GB/T 25915.1—2010，3.2.2]

19. 文件索引　audit trail

相关文件链或文档条目，可以据此追溯相关信息。[GB/T 25915.2—2010，3.3]

20. 平均风量　average air flow rate

单位时间内通过的平均空气容积，可据此确定洁净室或洁净区的换气次数。[GB/T 25915.3—2010，3.4.2]

注：风量的单位为立方米每小时（m^3/h）。

21. 屏障　barrier

实现隔离的各种手段。[GB/T 25915.7—2010，3.4]

22. 碱　base

以给出电子对并建立新化学键为化学反应特性的物质。[GB/T 25915.8—2010，3.2.2]

23. 生物气溶胶　bioaerosol

悬浮在气态环境中的生物微粒。[GB/T 25915.1—2010，3.1.3]

24. 生物洁净室　biocleanroom

产品和工艺对微生物污染敏感时所使用的洁净室。[GB/T 25915.1—2010，3.1.1]

25. 生物污染　biocontamination

活粒子对物料、装置、人员、表面、液体、气体或空气的污染。[GB/T 25915.1—2010，3.1.4；GB/T 25915.2—2010，3.4]

26. 生物毒素　biotoxic

危害生物、微生物、生物组织或细胞个体的生长与存活的污染物。[GB/T 25915.8—2010，3.2.3]

27. 缝隙风速　breach velocity

缝隙处能有效阻止物质逆流运动的风速。[GB/T 25915.7—2010，3.5]

28. 串级撞击采样器　cascade impactor

利用撞击原理在串联的采集表面上采集气溶胶粒子的采样装置。[GB/T 25915.3—2010，3.6.3]

注：气溶胶气流速度逐级升高，使后一个采集表面采集的粒子比前一个小。

29. 更衣室　changing room

人员出入洁净室时穿、脱洁净服的房间。[GB/T 25915.4—2010，3.1；GB/T 25915.1—2010，3.1.2]。

30. 洁净度等级　classification

以 ISO *N* 级所表示的、洁净室或洁净区内按空气悬浮粒子浓度划分的洁净度水平（或规定、确定该水平的过程）。洁净度等级代表关注粒径粒子的最大允许浓度（表示为每立方米空气中的粒子个数）。

> 注1　浓度计算见 GB/T 25915.1—2010，3.2 中的式（1）。
>
> 注2　GB/T 25915 本部分的分级范围限于 ISO 1 级至 ISO 9 级。
>
> 注3　GB/T 25915 本部分的分级，选定粒径限于 0.1μm 至 5μm 范围（较低阈值）。指定粒径阈值超出此范围的空气洁净度，可以用 U 描述符或 M 描述符描述和说明（但不分级）。
>
> 注4　ISO 等级可带小数，最小增量为 0.1，即 ISO 1.1 级至 ISO 8.9 级。
>
> 注5　洁净度等级可适用于所有 3 种占用状态。
>
> 注6　摘自 GB/T 25915.1—2010，2.1.4。

31. 空气净化装置　clean air device

对空气进行净化处理及分配、使环境达到规定条件的独立设备。［GB/T 25915.4—2010，3.2］

32. 洁净度　cleanliness

产品、表面、装置、气体、流体等有明确污染程度的状况。［GB/T 25915.4—2010，3.3］

> 注：污染可以是粒子的、非粒子的、生物的、分子的或其他类型的。

33. 洁净室　cleanroom

空气悬浮粒子浓度受控的房间，其建造和使用方式使房间内进入的、产生的、滞留的粒子最少，房间内温度、湿度、压力等其他相关参数按要求受控。［GB/T 25915.1—2010，2.1.1；GB/T 25915.3—2010，3.1.1；GB/T 25915.1—2010，3.1.5；GB/T 25915.2—2010，3.5］

34. 洁净区　clean zone

空气悬浮粒子浓度受控的专用空间，其建造和使用方式使区内进入的、产生的、滞留的粒子最少，区内温度、湿度、压力等其他相关参数按要求受控。

> 注1　洁净区可以是开放的或封闭的；在也可不在洁净室（2.33）内。
>
> 注2　引自 GB/T 25915.1—2010，2.1.2；GB/T 25915.3—2010，3.1.3。

35. 调试　commissioning

为使设施达到规定的正常运行技术条件而按计划实施并有文字记录的系列检验、调节、检测。［GB/T 25915.4—2010，3.4］

36. 可凝聚物　condensable

可在洁净室运行状态下因凝聚而沉积在表面上的物质。［GB/T 25915.8—2010，3.2.4］

37. 凝聚核计数器　condensation nucleus counter CNC

以凝聚方式使超微粒子增大，再用光学方法对粒子计数的仪器。［GB/T 25915.3—2010，3.6.4］

38. 接触装置　contact device

专门设计的、装有适当无菌培养基、其表面易于与被测表面接触以采样的装置。［GB/T 25915.1—2010，3.1.6］

39. 接触盘　contact plate

以刚性盘为容器的接触装置。［GB/T 25915.1—2010，3.1.7］

40. 隔离　containment

用隔离装置实现的操作人员与其作业之间的高度分隔状态。［GB/T 25915.7—2010，3.6］

41. 污染物　contaminant

对产品或工艺有不良影响的颗粒物、非颗粒物、分子或生物体。［GB/T 25915.4—

2010，3.5]

42. 污染物类别 contaminant category

沉积在关注表面时有特定和类似危害结果的一组化合物的统称。[GB/T 25915.8—2010，3.1.4]

43. 连续监测 continuous

不间断的监测。[GB/T 25915.2—2010，3.2.1]

44. 控制点 control point

受控环境中的点，在该点实施控制，以防止危害的发生，或是将其消除或降至允许程度。[GB/T 25915.1—2010，3.1.8]

45. 受控环境 controlled environment

以规定方法对污染源进行控制的特定区域。[GB/T 25915.1—2010，3.1.9]

46. 纠正行动 corrective action

当监测结果表明预警值或干预值已被超过时，需要采取的行动。[GB/T 25915.1—2010，3.1.10]

47. 腐蚀物 corrosive

使表面产生破坏性化学变化的物质。[GB/T 25915.8—2010，3.2.5]

48. 数量中值粒径 count median particle diameter CMD

按粒径排列粒子时，处于中位数的粒子的粒径值。[GB/T 25915.3—2010，3.2.3]

注：占一半数量的粒子其粒径小于数量中值粒径，占另一半数量的粒子其粒径大于该数量中值粒径。

49. 计数效率 counting efficiency

给定粒径范围内读出的粒子浓度与实际粒子浓度之比。[GB/T 25915.3—2010，3.6.5]

50. 跨模 cross—over bench

更换洁净室服装用的辅助长凳，也是隔开地面污染的屏障。[GB/T 25915.5—2010，3.1.3]

51. 需方 customer

规定洁净室或洁净区具体要求的机构或其代理。[GB/T 25915.1—2010，2.5.1]

52. 数据分组 data stratification

为便于看出并理解重要趋势和偏差而对数据进行的重新组合。[GB/T 25915.2—2010，3.6]

53. 去污 decontamination

将无需的物质降至规定的水平。[GB/T 25915.7—2010，3.7]

54. 渗漏限值 designated leak

需方与供方商定的、可用离散粒子计数器或气溶胶光度计扫描测出的设施渗漏最大允许透过率。[GB/T 25915.3—2010，3.3.2]

55. 微分迁移率分析仪 differential mobility analyzer DMA

按粒子的电迁移率测量粒径分布的仪器。[GB/T 25915.3—2010，3.6.6]

56. 扩散元件 diffusion battery element

多级粒径限制器的专用部件，它利用扩散机理去除气溶胶流中较小的粒子。[GB/T 25915.3—2010，3.6.7]

57. 稀释装置 dilution system

按已知容积比将气溶胶与无粒子稀释空气混合，以降低气溶胶浓度的装置。[GB/T 25915.3—2010，3.3.3]

58. 放电时间 discharge time
绝缘导电监测板上的电压（正或负）降至初始电压的百分率所需的时间。[GB/T 25915.3—2010，3.5.1]

59. 离散粒子计数器（粒子计数器） discrete—particle counter DPC
可显示并记录确定体积空气中离散粒子数量和直径（可辨别粒径）的仪器。[GB/T 25915.3—2010，3.6.8]

60. 消毒 disinfection
将物体或表面的微生物清除、破坏或灭活。[GB/T 25915.3—2010，3.1.4]

61. 掺杂物 dopant
经产品本体吸收或（和）经扩散后，与本体合为一体，即使为微量亦可改变材料特性的物质。[GB/T 25915.8—2010，3.2.6]

62. 估计值 estimate
根据样本估计（2.63）结果获得的估计量（2.64）的值。[GB/T 25915.2—2010，3.7]

63. 估计 estimation
根据样本推断总体分布的未知成分，例如参数。[GB/T 25915.2—2010，3.8]

64. 估计量 estimator
用于估计总体分布未知量的统计量。[GB/T 25915.2—2010，3.9]

65. 伪计数、背景噪声计数、空白计数 false count, background noise count, zero count
不存在粒子时，因仪器内外多余电信号造成的离散粒子计数器的误计。[GB/T 25915.3—2010，3.6.9]

66. 纤维 fiber
长宽比不小于10的粒子。[GB/T 25915.1—2010，2.2.7]

67. 过滤系统 filter system
由过滤器、安装架及其他支撑装置或箱体组成的系统。[GB/T 25915.3—2010，3.3.4]

68. 末端过滤器 final filter
空气进入洁净室之前最末端位置上的过滤器。[GB/T 25915.3—2010，3.3.5]

69. 风量罩 flowhood with flowmeter
可分别将设施的各个末端过滤器或散流器完全罩住并直接测量其风量的装置。[GB/T 25915.3—2010，3.6.10]

70. 正规体系 formal system
带有既定书面规程的生物污染控制体系。[GB/T 25915.1—2010，3.11]

71. 频繁监测 frequent
运行中间隔时间不超过60min的监测。[GB/T 25915.2—2010，3.2.2]

72. 长手套 gauntlet
可套住整个臂长的手套。[GB/T 25915.7—2010，3.8]

73. 手套（隔离装置） glove
介入器具的构成部分，当操作人员的手伸入隔离装置的封闭空间时维持屏障有效。[GB/T 25915.7—2010，3.9]

74. 手套口　glove port

用于连接手套、套袖及长手套的部位。[GB/T 25915.7—2010, 3.10]

75. 手套套袖系统　glove sleeve system

多部件介入器具,当更换套袖、连接封套及手套时,维持屏障有效。[GB/T 25915.7—2010, 3.11]

76. 半身装　half suit

可在操作人员的头、躯干、手探入隔离装置的工作空间时,维持屏障有效的一种介入器具。[GB/T 25915.7—2010, 3.12]

77.（普通）危害　hazard

潜在的有害源。[GB/T 25915.1—2010, 3.1.12]

78.（微生物）危害　hazard

对人员、环境、工艺或产品有不良影响的生物、化学或物理的因素。[GB/T 25915.2—2010, 3.10]

79. 每小时泄漏率（R_h）　hourly leak rate

在正常工作条件（压力和温度）下隔离空间每小时的泄漏量 q 与该隔离空间的体积 V 之比。[GB/T 25915.7—2010, 3.13]

注：以小时的倒数表示（h^{-1}）

80. 撞击采样器　impact sampler

令空气或气体撞击固体表面以采集其所携粒子的装置。[GB/T 25915.1—2010, 3.1.13]

81. 冲击采样器　impingement sampler

令空气或气体冲击并进入液体以采集其所携粒子的装置。[GB/T 25915.1—2010, 3.1.14]

82. 设施　installation

所有相关构筑物、空气处理系统以及服务、公用系统集合而成的洁净室,或一个或数个这样的洁净区。[GB/T 25915.1—2010, 2.1.3; GB/T 25915.3—2010, 3.1.3]

83. 已装过滤系统　installed filter system

已安装在顶棚、侧墙、装置、风管上的过滤系统。[GB/T 25915.3—2010, 3.3.6]

84. 已装过滤系统检漏　installed filter system leakage test

为确认过滤器安装良好,向设施内无旁路渗漏,过滤器及其安装框架均无缺陷和渗漏而进行的检测。[GB/T 25915.3—2010, 3.3.7]

85. 同轴采样　iso—axial sampling

采样口进气气流方向与被采样单向流气流方向一致的采样条件。[GB/T 25915.3—2010, 3.6.11]

86. 等动力采样　isokinetic sampling

采样口进气气流的平均风速与该位置上单向流的平均风速相等的采样条件。[GB/T 25915.3—2010, 3.6.12]

87.（过滤系统（2.67））渗漏　leak

因密封性欠佳或缺陷使污染物漏出,造成下风向浓度超过预期值。[GB/T 25915.3—2010, 3.3.8]

88. 隔离装置泄漏 leak

压差检测按大气状况修正后所发现的缺陷。[GB/T 25915.7—2010，3.14]

89. M 描述符 M descriptor

每立方米空气中大粒子的实测或规定浓度。M 描述符中的当量粒径与测量方法有关。[GB/T 25915.1—2010，2.3.2；GB/T 25915.3—2010，3.2.5]

注：M 描述符可作为采样点平均浓度上限（或置信上限，该置信上限依洁净室或洁净区性能评定采样点数量而定）。不能用 U 描述符确定空气洁净度等级，但可将其单独或随洁净度等级引述。

90. 大粒子 macroparticle

当量直径大于5μm的粒子。[GB/T 25915.1—2010，2.2.6；GB/T 25915.3—2010，3.2.4]

91. 质量中值粒径 mass median particle diameter MMD

按质量排列粒子时，处于中位数的粒子的粒径值。[GB/T 25915.3—2010，3.2.6]

注：占全部质量一半的粒子其粒径小于质量中值粒径，占另一半质量的粒子其粒径大于该质量中值粒径。

92. 测量平面 measuring plane

用来检测或测量风速等性能参数的横断面。[GB/T 25915.3—2010，3.4.3]

93. 分子污染 molecular contamination

危害产品、工艺、设备的分子（化学的、非颗粒）物质。[GB/T 25915.8—2010，3.1.1]

94. 监测 monitoring

为检验设施的性能而按照确定的方法和计划实施的测试。[GB/T 25915.2—2010，3.1.3]

注：该信息可用来发现动态状况下的趋势，并为工艺提供支持。

95. 非单向流 non—unidirectional airflow

送入洁净区的空气以诱导方式与区内空气混合的一种空气分布。[GB/T 25915.4—2010，3.6；GB/T 25915.3—2010，3.4.4]

96. 补偿电压 offset voltage

将未充电绝缘导电板置于电离空气中时其上积累的电压。[GB/T 25915.3—2010，3.5.2]

97. 动态 operational

设施按规定方式运行，其内规定数量的人员按议定方式工作的状态。[GB/T 25915.1—2010，2.4.3；GB/T 25915.3—2010，3.7.3；GB/T 25915.5—2010，3.2.3；GB/T 25915.1—2010，3.2.3]

98. 操作人员 operator

在洁净室内从事生产工作或执行工艺程序的人员。[GB/T 25915.5—2010，3.1.6]

99. 有机质 organic

以碳为基本元素，含氢，含或不含氧、氮等其他元素的物质。[GB/T25915.8—2010，3.2.7]

100. 释放气体 outgassing

从材料中释放出气态或蒸气态分子物质。[GB/T 25915.8—2010，3.1.5]

101. 氧化剂 oxidant

沉积在关注表面或产品上后，形成氧化物（O_2/O_3）或参与氧化还原反应的物质。[GB/T 25915.8—2010，3.2.8]

102. 粒子（普通）　particle

有明确物理边界的微小物质。［GB/T 25915.4—2010，3.7；GB/T 25915.5—2010，3.1.7］

103. 粒子（洁净度等级）particle

在 0.1μm 至 5μm 的粒径阈值（下限）范围上累计的固体或液体物质。［GB/T 25915.1—2010，2.2.1］

104. 粒子浓度　particle concentration

单位体积空气中粒子的个数。［GB/T 25915.1—2010，2.2.3；GB/T 25915.3—2010，3.2.7］

105. 粒径　particle size

给定粒径测量仪器所显示的、与被测粒子的响应量相当的球形体直径。［GB/T 25915.1—2010，2.2.2；GB/T 25915.3—2010，3.2.8］

注：离散粒子计数器给出的是当量光学粒径。

106. 粒径限制器　particle size cutoff device

连接在离散粒子计数器或凝聚核计数器采样口、能够将小于选定粒径的粒子清除的装置。［GB/T 25915.3—2010，3.6.13］

107. 粒径分布　particle size distribution

按粒径累计粒子得出的粒子浓度。［GB/T 25915.1—2010，2.2.4；GB/T 25915.3—2010，3.2.9］

108. 人员　personnel

进入洁净室的任何人。［GB/T 25915.5—2010，3.1.8］

109. 预过滤器　pre—filter

为减轻某过滤器的负荷而另装在其上风向的空气过滤器。［GB/T 25915.4—2010，3.8］

110. 压力维持度　pressure integrity

提供检测条件下可再现的压力泄漏率的能力。［GB/T 25915.7—2010，3.15］

111. 工艺核心区　process core

与环境产生相互影响的工艺位置。［GB/T 25915.4—2010，3.9］

112. 查验　qualification

证实一个对象（作业、工艺、产品、组织或其任何组合）是否能够满足规定要求的过程。［GB/T 25915.1—2010，3.1.15］

113. 再查验　requalification

按照规定的检测顺序对设施进行检测，包括对所选定的预检测条件的验证，以证明设施符合 GB/T 25915.1 的洁净度等级。［GB/T 25915.2—2010，3.1.1］

114. 风险　risk

危害发生的可能性及其严重性。［GB/T 25915.1—2010，3.1.16；GB/T 25915.2—2010，3.11］

115. 风险区　risk zone

人员、产品或材料特别易受污染的界定空间。［GB/T 25915.1—2010，3.1.17］

注：GB/T 25915.2 中亦采用本术语的定义。

116. 扫描　scanning

让气溶胶光度计或离散粒子计数器的采样口覆盖面，以略有重叠的往复行程移过规定的检测区来查找过滤器及其他部件的渗漏的方法。［GB/T 25915.3—2010，3.3.9］

117. 隔离描述符〔A_a：B_b〕　separation descriptor

在规定的检测条件下，隔离装置内外洁净度等级差异的简要数字表达。

其中：A——装置内部的 ISO 等级；a——测量 A 时所用粒径；B——装置外部的 ISO 等级；b——测量 B 时所用粒径。〔GB/T 25915.7—2010，3.16〕

118. 隔离装置　separative device

利用构造与动力学方法在确定的容积内外创建可靠隔离水平的设备。〔GB/T 25915.3—2010，3.1.4；GB/T 25915.5—2010，3.1.9；GB/T 25915.7—2010，3.17〕

注：各种行业用的隔离装置有：洁净风罩、隔离箱、手套箱、隔离器、微环境。

119. 落菌盘　settle plate

具有一定尺寸并放置有适当无菌培养基的容器（如培养皿）。将其敞开后放置某规定的时间，以收集空气中沉降的活粒子。〔GB/T 25915.1—2010，3.1.18〕

120. 标准渗漏透过率　standard leak penetration

离散粒子计数器或气溶胶光度计的采样头停顿在渗漏处，以标准采样流量测得的渗漏透过率。〔GB/T 25915.3—2010，3.3.10〕

注：透过率为过滤器下风向与上风向粒子浓度之比。

121. 启动　start up

使设施及其所有系统准备就绪并开始实际运行的行为。〔GB/T 25915.4—2010，3.10〕

注：系统可包括规程、培训要求、基础设施、服务设施、法规要求等。

122. 静电耗散特性　static—dissipative property

以传导等机理将工作表面或产品表面的静电荷降至某规定值或标称零电荷的能力。〔GB/T 25915.3—2010，3.5.3〕

123. 供方　supplier

使洁净室或洁净区达到规定要求的机构。〔GB/T 25915.1—2010，2.5.2〕

124. 送风量　supply airflow rate

单位时间内从末端过滤器或风管送入设施的体积空气量。〔GB/T 25915.3—2010，3.4.5〕

125. 表面分子污染　surface molecular contamination SMC

在洁净室或受控环境中以吸附状态存在的、对产品或关注表面有不良影响的分子（化学的、非颗粒）物质。〔GB/T 25915.8—2010，3.1.3〕

126. 表面电压　surface voltage level

用适用仪器在工作表面或产品表面所测出的或正或负的静电电压。〔GB/T 25915.3—2010，3.5.4〕

127. 拭子　swab

对被采集微生物无抑制作用的无菌无毒、带适当尺寸基底物的小棒。〔GB/T 25915.1—2010，3.1.19〕

128.（普通）目标值　target level

用户按自己的目的为日常运行目标设定的值。〔GB/T 25915.1—2010，3.1.20〕

129.（微生物）目标值　target level

用户按自己目的所设定的微生物量值。〔GB/T 25915.2—2010，3.13〕

130. 检测　test

为确定设施或其某部分的性能而按规定方法所实施的规程。［GB/T 25915.2—2010，3.1.2］

131. 检测气溶胶　test aerosol

具有已知并受控的粒径分布及浓度的、固体和（或）液体粒子的气态悬浮物。［GB/T 25915.3—2010，3.2.10］

132. 阈值粒径—threshold size

选定的最小粒径，以测量大于或等于该粒径粒子的浓度。［GB/T 25915.3—2010，3.6.14］

133. 飞行时间粒径测量　time—of—flight particle size measurement

以粒子飞越两固定平面间距离所需的时间，测定其空气动力学直径。［GB/T 25915.3—2010，3.6.15］

注：依据粒子被诱导至与其速度不同的流场中产生的速度漂移测量粒径。

134. 总风量　total air flow rate

单位时间内通过设施某断面的体积空气量。［GB/T 25915.3—2010，3.4.6］

135. 传递装置　transfer device

保证物料进出隔离装置时最大限度限制无关物质出入的装置。［GB/T 25915.7—2010，3.18］

136. U 描述符　U descriptor

包括超微粒子在内的、每立方米空气粒子的实测或规定浓度。［GB/T 25915.1—2010，2.3.1；GB/T 25915.3—2010，3.2.11］

注：U 描述符可以作为采样点平均浓度的上限（或置信上限，该置信上限依洁净室或洁净区性能评定采样点数量而定）不能用 U 描述符确定空气洁净度等级，但可将其单独或随洁净度等级引述。

137. 超微粒子　ultrafine particle

当量直径小于 0.1μm 的粒子。［GB/T 25915.1—2010，2.2.5；GB/T 25915.3—2010，3.2.12］

138. 单向流　unidirectional airflow

通过洁净区整个断面、风速稳定、大致平行的受控气流。［GB/T 25915.5—2010，3.1.10］

注 1　这种气流可定向清除洁净区的粒子。

注 2　GB/T 25915.3 和 GB/T 25915.4 采用了本术语的定义。

139. 气流均匀性　uniformity of airflow

各点风速值处于平均风速限定百分率以内的单向流形式。［GB/T 25915.3—2010，3.4.8］

140. 确认　validation

提供客观证据认定特定的预期用途或应用要求已得到满足。［GB/T 25915.1—2010，3.1.2；GB/T 25915.2—2010，3.14］

141. 验证　verification

提供客观证据认定，规定要求已得到满足。［GB/T 25915.1—2010，3.1.22］

注：对正规体系进行验证，可用监测和检查的方法，规程和检测，包括随机采样和分析。

142. 活粒子　viable particle

携带一个或多个活微生物或其本身就是活微生物的粒子。［GB/T 25915.1—2010，3.1.23；GB/T 25915.2—2010，3.15］

143. 活单元　viable unit VU

计为一个单元的一个或多个活粒子。［GB/T 25915.1—2010，3.1.24；GB/T 25915.2—

2010，3.16〕

注：将琼脂上的菌落计为活单元时，一般称之为菌落单元（CFU）。一个CFU可含一个或多个活单元。

144. 虚拟冲撞器　virtual impactor

令粒子以惯性力撞击假设（虚拟）表面而分离不同粒径粒子的仪器。〔GB/T 25915.3—2010，3.6.16〕

注：大粒子穿越该表面进入一个容积空间停滞，小粒子在该表面随主气流偏转。

145. 代测板　witness plate

当特定表面无法接近或对处置太敏感而无法直接进行测量时，作为被测表面替代物的、具有规定表面积的污染敏感材料。〔GB/T 25915.3—2010，3.6.17〕

《洁净室及相关受控环境　第7部分：隔离装置》（洁净风罩、手套箱、隔离器、微环境）（GB/T 25915.7—2010/ISO 14644-7：2004）

1. 介入器具　access device

操作隔离装置内工艺、工器具或产品的用具。

2. （普通）干预值　3（general）

用户在受控环境中设定的量值。超过该值时，需立即干预，包括查明原因及采取纠正行动。

3. （普通）预警值　alert level（general）

用户在受控环境中设定的量值，对可能偏离正常的状况给出早期报警，超过此值时应加强对工艺的关注。

4. 屏障　barrier

实现隔离的各种手段。

5. 缝隙风速　breach velocity

缝隙处能有效阻止物质逆流运动的风速。

6. 隔离　containment

用隔离装置实现的操作人员与其作业之间的高度分隔状态。

7. 去污　decontamination

将无需的物质降至规定的水平。

8. 长手套　gauntlet

可套住整个臂长的手套。

9. 手套　glove

介入器具的构成部分，当操作人员的手伸入隔离装置的封闭空间时维持屏障有效。

10. 手套口　glove port

用于连接手套、套袖及长手套的部位。

11. 手套套袖系统　glove sleeve system

多部件介入器具，当更换套袖、连接封套及手套时，维持屏障有效。

12. 半身装　half-suit

可在操作人员的头、躯干、手探入隔离装置的工作空间时，维持屏障有效的一种介入器具。

13. 小时泄漏率（R_h）　hourly leak rate

正常工作条件（压力和温度）下隔离空间每小时的泄漏量q与该隔离空间的容积V之比。

注：以小时的倒数表示（h^{-1}）[ISO 10648-2:1994]

14.（隔离装置）泄漏 leak

压差检测按大气状况进行修正后所发现的缺陷。

15. 压力维持度 pressure integrity

提供检测条件下可再现的压力泄漏率的能力。

16. 隔离描述符 [$A_a:B_b$] separation descriptor

在规定的检测条件下，隔离装置内外洁净度等级差异的简要数字表达。

其中：A——装置内部的 ISO 等级；a——测量 A 时所用粒径；B——装置外部的 ISO 等级；b——测量 B 时所用粒径。

17. 隔离装置 separative device

利用构造与动力学方法在确定容积内外创建可靠隔离水平的设备。

注：各种行业用的隔离装置有：洁净风罩、隔离箱、手套箱、隔离器、微环境。

18. 传递装置 transfer device

保证物料进出隔离装置时最大程度限制无关物质出入的装置。

《洁净室及相关受控环境 第 8 部分：空气分子污染分级》（GB/T 25915.8—2010/ISO 14644-8:2006）

1. 一般术语

1.1 分子污染 molecular contamination

危害产品、工艺、设备的分子（化学的、非颗粒）物质。

1.2 空气分子污染 airborne molecular contamination AMC

以气态或蒸气态存在于洁净室及相关受控环境中，可危害产品、工艺、设备的分子（化学的、非颗粒）物质。

注：本定义不包含生物大分子，将其归为粒子。

1.3 表面分子污染 surface molecular contamination SMC

在洁净室或受控环境中以吸附态存在的、对产品或关注表面有不良影响的分子（化学的、非颗粒）物质。

1.4 污染物类别 contaminant category

沉积在关注表面时有特定和类似危害结果的一组化合物的统称。

1.5 释放气体 outgassing

从材料中释放气态或蒸气态分子物质。

2. 污染物类别

2.1 酸 acid

以接受电子对并建立新化学键为化学反应特性的物质。

2.2 碱 base

以给出电子对并建立新化学键为化学反应特性的物质。

2.3 生物毒素 biotoxic

危害生物、微生物、生物组织或细胞个体的生长与存活的污染物。

2.4 可凝聚物 condensable

可在洁净室运行状态下因凝聚而沉积在表面上的物质。

2.5 腐蚀剂 corrosive

使表面产生破坏性化学变化的物质。

2.6 掺杂物 dopant

经产品本体吸收或（和）经扩散后，与本体合为一体，即使为微量亦可改变材料特性的物质。

2.7 有机物 organic

以碳为基本元素，含氢，含或不含氧、氮等其他元素的物质。

2.8 氧化剂 oxidant

沉积在关注表面或产品上后，形成氧化物（O_2/O_3）或参与氧化还原反应的物质。

《洁净室及相关受控环境 生物污染控制 第1部分：一般原理和方法》(GB/T 25916.1—2010/ISO 14698-1：2003)

1. 一般术语

1.1 干预值 action level

用户在受控环境中设定的微生物量值。超过该值时，需立即进行干预，包括查明原因及纠正行动。

1.2 预警值 alert level

用户在受控环境中设定的微生物量值，对可能偏离正常的状况给出早期报警，超过此值时应加强对工艺的关注。

1.3 生物气溶胶 bioaerosol

悬浮在气态环境中的生物微粒。

1.4 生物污染 biocontamination

活粒子对物料、装置、人员、表面、液体、气体或空气的污染。

1.5 洁净室 cleanroom

空气悬浮粒子浓度受控的房间，其建造和使用方式使房间内进入的、产生的、滞留的粒子最少，房间内温度、湿度、压力等其他相关参数按要求受控。〔GB/T 25915.1—2010，2.1.1〕

1.6 接触器 contact device

专门设计的、装有适当无菌培养基、其表面易于与被测表面接触以采样的装置。

1.7 接触盘 contact plate

以刚性盘为容器的接触器。

1.8 控制点 control point

受控环境中的点，在该点实施控制以防止危害的发生，或是将其消除或降至允许程度。

1.9　受控环境　controlled environment

以规定方法对污染源进行控制的特定区域。

1.10　纠正行动　corrective action

当监测结果表明预警值或干预值已被超过时，需要采取的行动。

1.11　正规体系　formal system

带有既定书面规程的生物污染控制体系。

1.12　危害　hazard

潜在的有害源。

1.13　撞击采样器　impact sampler

令空气或气体撞击固体表面以采集其所携粒子的装置。

1.14　冲击采样器　impingement sampler

令空气或气体冲击并进入液体以采集其所携粒子的装置。

1.15　查验　qualification

证实一个对象（作业、工艺、产品、组织或其任何组合）是否能够满足规定要求的过程。

1.16　风险　risk

危害发生的可能性及其严重性。

1.17　风险区　risk zone

人员、产品或材料极易受污染的界定空间。

1.18　落菌盘　settle plate

具有一定尺寸并放置有适当无菌培养基的容器（如培养皿）。将其敞开后放置某规定时间，以收集空气中沉降的活粒子。

1.19　拭子　swab

对被采集微生物无抑制作用的无菌无毒、带适当尺寸基底物的小棒。

1.20　目标值　target level

用户按自己的目的为日常运行目标设定的值。

1.21　确认　validation

提供客观证据认定特定的预期用途或应用要求已得到满足。［GB/T 19000—2000，3.8.5］

1.22　验证　verification

提供客观证据认定，规定要求已得到满足。［GB/T 19000—2000，3.8.4］

注：对正规体系进行验证，可用监测和检查的方法，规程和检测，包括随机采样和分析。

1.23　活粒子　viable particle

携带一个或多个活微生物或其本身就是活微生物的粒子。

1.24　活单元　viable unit VU

计为一个单元的一个或多个活粒子。

注：将琼脂上的菌落计为活单元时，一般称之为菌落单元（CFU）。一个 CFU 可含一个或多个活单元。

2. 占用状态

2.1　空态　as-built

设施已建成并运行，但没有生产设备、材料和人员的状态。［GB/T—25915.1—2010，2.4.1］

2.2　静态　at-rest

设施已建成,生产设备已安装好并按需方与供方议定的条件运行,但没有人员的状态。［GB/T 25915.1—2010,2.4.2］

2.3　动态　operational

设施按规定方式运行,规定数量的人员按议定方式工作的状态。［GB/T 25915.1—2010,2.4.3］

《洁净室及相关受控环境　生物污染控制　第2部分：生物污染数据的评估与分析》(GB/T 25916.2—2010/ISO 14698-2：2003)

1. 干预值　action level

用户在受控环境中设定的微生物量值。超过该值时,需立即进行干预,包括查明原因及纠正行动。

2. 预警值　alert level

用户在受控环境中设定的微生物量值,对可能偏离正常的状况给出早期报警。

注：当超出预警值时,应加强对工艺的关注。

3. 文件索引　audit trail

相关文件链或文档条目,可以据此追溯相关信息。

4. 生物污染　biocontamination

活粒子对物料、装置、人员、表面、液体、气体或空气的污染。

5. 洁净室　Cleanroom

空气悬浮粒子浓度受控的房间,其建造和使用方式使房间内进入的、产生的、滞留的粒子最少,房间内温度、湿度、压力等其他相关参数按要求受控。［GB/T 25915.1—2010,2.1.1］

6. 数据分组　data stratification

为便于看出并理解重要趋势和偏差而对数据进行的重新组合。

7. 估计值　estimate

根据样本估计结果获得的估计量的值。［ISO 3534-1：1993,2.51］

8. 估计　estimation

根据样本推断总体分布的未知成分,例如参数。［ISO 3534-1：1993,2.49］

9. 估计量　estimator

用于估计总体分布未知量的统计量。［ISO 3534-1：1993,2.50］

10. 危害　hazard

对人员、环境、工艺或产品有不良影响的生物、化学或物理的因素。

11. 风险　risk

危害发生的可能性及其严重性。［ISO/IEC 51 指南：1999,3.2］

12. 风险区　risk zone

人员、产品或材料特别易受污染的界定空间。

13. 目标值　target level

用户按自己目的所设定的微生物量值。

14. 确认　validation

提供客观证据认定特定的预期用途或应用要求已得到满足。[GB/T 19000—2000，3.8.5/ISO 9000：2000，3.8.5]

15. 活粒子　viable particle

携带一个或多个活微生物或其本身就是活微生物的粒子。

16. 活单元　viable unit VU

计为一个单元的一个或多个活粒子。

注：将琼脂上的菌落计为活单元时，一般称之为菌落单元（CFU）。一个 CFU 可含一个或多个活单元。

参 考 文 献

［1］全国洁净室及相关受控环境标准化技术委员会．洁净室及相关受控环境　第1部分：空气洁净度等级．GB/T 25915.1—2010．北京：中国标准出版社，2011．

［2］全国洁净室及相关受控环境标准化技术委员会．洁净室及相关受控环境　第2部分：证明持续符合 GB/T 25915.1 的检测和监测技术条件．GB/T 25915.2—2010．北京：中国标准出版社，2011．

［3］全国洁净室及相关受控环境标准化技术委员会．洁净室及相关受控环境　第3部分：检测方法．GB/T 25915.3—2010．北京：中国标准出版社，2011．

［4］全国洁净室及相关受控环境标准化技术委员会．洁净室及相关受控环境 - 检测技术分析与应用．GB/T 36066—2018．北京：中国标准出版社，2011．

［5］全国洁净室及相关受控环境标准化技术委员会．洁净室及相关受控环境　第4部分：设计、建造、启动．GB/T 25915.4—2010．北京：中国标准出版社，2011．

［6］全国洁净室及相关受控环境标准化技术委员会．洁净室及相关受控环境　第5部分：运行．GB/T 25915.5—2010．北京：中国标准出版社，2011．

［7］全国洁净室及相关受控环境标准化技术委员会．洁净室及相关受控环境　空气过滤器应用指南．GB/T 36370—2018．北京：中国标准出版社，2018．

［8］全国洁净室及相关受控环境标准化技术委员会．洁净室及相关受控环境　第6部分：词汇．GB/T 25915.6—2010．北京：中国标准出版社，2011．

［9］全国洁净室及相关受控环境标准化技术委员会．洁净室及相关受控环境　第7部分：隔离装置（洁净风罩、手套箱、隔离器、微环境）．GB/T 25915.7—2010．北京：中国标准出版社，2011．

［10］全国洁净室及相关受控环境标准化技术委员会．洁净室及相关受控环境　第8部分：空气分子污染分级．GB/T 25915.8—2010．北京：中国标准出版社，2011．

［11］全国洁净室及相关受控环境标准化技术委员会．洁净室及相关受控环境　空气化学污染控制指南．GB/T 36306—2018．北京：中国标准出版社，2018．

［12］全国洁净室及相关受控环境标准化技术委员会．洁净室及相关受控环境　第9部分：按粒子浓度划分表面洁净度等级．GB/T 25915.9—2018．北京：中国标准出版社，2018．

［13］全国洁净室及相关受控环境标准化技术委员会．洁净室及相关受控环境　生物污染控制　第1部分：般原理与方法．GB/T 25916.1—2010．北京：中国标准出版社，2011．

［14］全国洁净室及相关受控环境标准化技术委员会．洁净室及相关受控环境　生物污染控制　第2部分：生物污染数据的评估与分析．GB/T 25916.2—2010．北京：中国标准出版社，2011．

［15］全国洁净室及相关受控环境标准化技术委员会．洁净室及相关受控环境　性能及合理性评价．GB/T 29469—2012．北京：中国标准出版社，2012．

［16］全国洁净室及相关受控环境标准化技术委员会．医院负压隔离病房环境控制要求．GB/T 35428—2017．北京：中国标准出版社，2017．

［17］中国电力工程设计院．洁净厂房设计规范．GB 50073—2013．北京：中国计划出版社，

2013.

［18］中国建筑科学研究院．洁净室施工及验收规范．GB 50591—2010. 北京：中国建筑工业出版社，2011.

［19］中国电子工程设计院．洁净厂房施工质量验收规范．GB 51110—2015. 北京：中国计划出版社，2016.

［20］全国洁净室及相关受控环境标准化技术委员会．医院洁净室及相关受控环境 - 应用规范第 1 部分：总则．GB/T 33556.1—2017. 北京：中国标准出版社，2017.

［21］中国建筑科学研究院．生物安全实验室建筑技术规范．GB 50346—2011. 北京：中国建筑工业出版社，2012.

［22］上海市安装工程集团有限公司．通风与空调工程施工质量验收规范．GB 50243—2016. 北京：中国计划出版社，2017.

［23］卫生部《药品生产质量管理规范》（2010 修订）

［24］上海市食品药品包装材料测试所．医药工业洁净室（区）- 悬浮粒子的测试方法 GB/T 16292—2010. 北京：中国标准出版社，2011.

［25］上海市食品药品包装材料测试所．医药工业洁净室（区）浮游菌的测试方法 GB/T 16293—2010. 北京：中国标准出版社，2011.

［26］上海市食品药品包装材料测试所．医药工业洁净室（区）沉降菌的测试方法．GB/T 16294—2010. 北京：中国标准出版社，2011.

［27］中国建筑科学研究院．医院洁净手术部建筑技术规范．GB 50333—2013. 北京：中国计划出版社，2014.

［28］ISO 14644-3：2005. Cleanrooms and association controlled environments –Part 3 Test method.

［29］ISO 14644-1：2015. Cleanroom and associated controlled environment-Part 1 Classification of air cleanliness by particle concentration.

［30］ISO 14644-2：2015. Cleanroom and associated controlled environment-Part 2 Monitoring to provide evidence of cleanroom performance related to air cleanliness by particle concentration.

［31］ISO 14644-9：2012. Cleanroom and associated controlled environment-Part 9 Classification of surface cleanliness by particle concentration.

［32］ISO 14644-3：2019. Cleanroom and associated controlled environment-Part 3 Test method（Second edition，2019-08）.

［33］ISO 14698-1：2003. Cleanrooms and associated controlled environments－ General principles and methods.

［34］ISO 14698-2：2003. Cleanrooms and associated controlled environments－Evaluation and interpretation of biocontamination data.

［35］ISO 14644-7：2004. Cleanrooms and association controlled environments –Part 7 Separative devices（clean air hoods，gloveboxes，isolators and minienvironments）.

［36］ISO14644-8：2006（E）. Cleanrooms and associated controlled environments-Part 8: Classification of airborne molecular contamination.

［37］IEST-RP-CC012.2：2007. Consideration in Cleanroom Design.

［38］IEST-RP-CC006.3：2004. Cleanroom Testing.

［39］IEST-G-CC1003. Measurement of Airborne Macroparticles.

［40］IEST-G-CC1001. Counting Airborne Particles for Classification and Monitoring Cleanroom and Clean Zones.

［41］IEST-RP-CC034.2:2005. HEPA and ULPA Filter Leak Tests.

［42］IEST-RP-CC014.2:2006. Calibration and Characterization of Optical Airborne Particle Counters.

［43］IEST-RP-CC005.3：2003. Gloves and Finger Cots Used in Cleanrooms and Other Controlled Environments.

［44］IEST-RP-CC0028:2002. Institute of Environmental Sciences and Technology，Rolling Meadows，Illinois.

［45］IEST-RP-CC026.2. Cleanroom Operations.

［46］IEST-RP-CC018.4. Cleanroom Housekeeping: Operating and Monitoring Procedure.

［47］IEST-RP-CC027.2. Personnel Practices and Procedures in Cleanrooms and Controlled Environment.

［48］IEST- RP- CC018.4. Clanroom Housekeeping: Operating and Monitoring Procedures.

［49］IEST-RP-CC026.2. Cleanroom Operations.

［50］IEST-RP-CC04.3. Evaluating Wiping Materials Used in Cleanroom and Other Controlled Environments.

［51］IEST-G-CCO 35.1. Design Considerations for Airborne Molecular Contamination filtration Systems in Cleanrooms and other Controlled Environments.

［52］ASTM F312-08.Standard Test Methods for Microscopical Sizing and Counting Particles fromAerospace Fluids on Membrane Filters. Philadelphia，Pennsylvania.

［53］ASTM F24-09. Standard Method for Measuring and Counting Particles Contamination on Surfaces.

［54］ASHRAE. ASHRAE HANDBOOK HVAC，Applications. Atlanta：ASHRAE，2011.

［55］ASHRAE. ASHRAE HANDBOOK HVAC Systems and Equipment. Atlanta：ASHRAE，1992.

［56］ANSI/ASHRAE Standard 145.1:2008. Laboratory Test Method for Assessing the Performance of Gas-Phase Air-Cleaning Systems: Loose Granular Media. Atlanta：ASHRAE，2008.

［57］SEMI Standard F21-1012. Classification of Airborne Molecular Contaminant Levels in Clean Environments and Materials International，Mountain View，CA，2002.

［58］JACA No. 14C Guidance for Operation of Clean Room . 日本空気清净协会 .

［59］JIS B 9901:19797（E）. Gas removal-method of test for performance of gas-removal filters. Japanese Standards Association，Tokyo.

［60］S. fujii，K. Yussa. Measurement of the Voc generated from the human body.//Proceedings of 15th ICCCS International Symposium and 31st R3-Nordic Symposium on Contamination Control. Copenhagen，2000.

［61］Bayer C.W.，R.J. Hendry. Field test methods to measure contamination removal effectiveness of gas phase air filtration equipment. ASHRAE Transactions，2005，111（2）: 285-298.

［62］Toshikatsu A.. Characterization of Removal-behavior on Airborne-Molecular Contaminants （AMC）from Various Chemical Air Filter Media.//Proceedings of 15th ICCCS International Symposium and 31st R^3-Nordic Symposium on Contamination Control.Copenhagen，2000.

［63］日本空気清浄協会．空気清浄ハンドブック．オーム社．

［64］奥山喜久夫．微粒子の性質と挙動．クリ-ンル-ムテクノロジー上級講座．日本空気清浄協会．

［65］日本空気清浄協会．バイオロジカルクリ-ン技術体系調査専門委員会報告，1993.

［66］鈴木道夫．粒子の計測とモニタリンゲ．クリ-ンル-ムテクノロジー初級講座．

［67］藤井修二．クリ-ンル-ムの管理クリ-ンル-ムテクノロジー基礎講座．

［68］吉沢晋等．日本エア-テック株式会社．Clean room technology，Technical Report. 空調建筑内の微生物汚染　各種じルにおける測定結果．空気清浄，1986，23（3）.

［69］管原文子．空気浮游微生物粒子の粒径分布．第8回空気清浄とユンタミネ-シヨンユントロ-ル研究大会，1992.

［70］石関忠一．薬事関連制品におけるクリ-ン化技術．クリ-ンル-ムテクノロジ-上級講座．

［71］日本エア-テック株式会社．Biologically Clean and Bio-hazard Technologies. Technical Report.

［72］日本空気清浄協会．バイオロジカルクリ-ン施設の現状調査結果．バイオロジカルクリ-ン技術体系調査専門委員会報告，1993.

［73］浅田敏胜．クリ-ンル-ム用衣服の着衣システムにっゐての研究．第10回空気清浄とコンタミネ-シヨンコントロ-ル研究大会．

［74］日本環境管理学会．病院における清潔管理に関ねるアンク-ト調査報告書．

［75］Klaus Kuemmerle. Airborne Contamination Control in Cleanrooms. //Proceedings of 17th International Symposium in Contamination Control，2004.

［76］Nonaka T.，Takeda K. Evaluation of outgas from cleanroom materials under actual conditions. // Proceedings of 15th ICCCS International Symposium and 31st R^3-Nordic Symposium on Contamination Control，2000.

［77］C. Muller. Comparison of Chemical Filter for the Control airborne molecular. //Proceedings of 17th International Symposium in Contamination Control，2004.

［78］C. Gallet，C. Ecob，M. Forslund. Recent advances in standardization.//Proceedings of 17th International Symposium in Contamination Control，2004.

［79］S. fujii，K. Yussa. Measurement of the Voc generated from the human body［C］. // Proceedings of 15th ICCCS International Symposium and 31st R^3-Nordic Symposium on Contamination Control，2000.

［80］Bayer C.W.，R.J. Hendry. Field test methods to measure contamination removal effectiveness of gas phase air filtration equipment. ASHRAE Transactions，2005，111（2）：285-298.

［81］Kim Y.，Harrison R.. Concentrations and sources of VOCs in urban domestic and public micro-environments. Environment Science and Technology，2001，36（6）：997-1004.

［82］Brown S.K.. Volatile organic pollutants in new and established buildings in Melbourne of Australia. Indoor Air，2002，12（1）:55-63.

［83］Wolkoff. Trends in Europe to reduce the indoor air pollution of VOCs. Indoor Air，2003，13（6）:5-11.

［84］Nicolas L.，Gilbert. Housing characteristics and indoor concentrations of nitrogen dioxide and formaldehyde in Quebec City，Canada. Environmental Research，2006，102:1-8.

［85］Chris Muller. Specifically AMC: Guidelines for specification of AMC control. Cleanroom

Technology Magazine. 2004，4.

　　［86］涂光备著．洁净室及相关受控环境 - 理论与实践．北京：中国建筑工业出版社，2014.

　　［87］涂光备编著．制药工业的洁净与空调．第 2 版．北京：中国建筑工业出版社，2006.

　　［88］涂光备等编著．医院建筑空调净化与设备．北京：中国建筑工业出版社，2005.

　　［89］涂光备等编著．供热计量技术．北京：中国建筑工业出版社，2003.

　　［90］方修睦主编．建筑环境测试技术．北京：中国建筑工业出版社，2002.

　　［91］涂光备，涂有，刘冰等．细颗粒物（PM2.5）室外设计浓度的相关问题．暖通空调，2016，46（10）：70-74.

　　［92］涂有，涂光备，张鑫．通风用空气过滤器的细颗粒物（PM2.5）过滤效率研究．暖通空调，2016，46（5）：49-54.

　　［93］涂有，涂光备．美国医院手术室空调通风标准的演变．中国医用工程与装备，2011，3（1）：24-29.

　　［94］涂光备，涂有．医院洁净手术室技术措施探讨．暖通空调，2010，40（5）：57-63.

　　［95］涂有，涂光备．洁净手术室的空气净化要求．中国医用建筑与装备，2010，11（2）：62-65.

　　［96］涂光备，涂有，张鑫．《药品生产质量管理规范》（2010 年修定）的若干问题．暖通空调，2011，41（2）：29-31.

　　［97］涂有，涂光备．关于一般通风用空气过滤器国际新标准 ISO 16890：2016 的探讨．暖通空调，2017，47（12）：15-19.

　　［98］涂有，涂光备，赵策．试解读《一般通风用空气过滤器》国际新标准．洁净与空调技术，2018，No.3（总 99）：1-5.

　　［99］涂有，涂光备，刘冰等．再议一般通风用空气过滤器国际新标准．暖通空调，2018，48（5）：27-32.

　　［100］涂有，涂光备．三议 ISO 16890：2016 标准的一些相关问题．暖通空调，2018，48（10）：1-7.

　　［101］涂有，涂光备，张鑫．国内外通风用空气过滤器的测试、分级及比照．暖通空调，2015，45（8）：53-6.

　　［102］涂光备，周文忠，周志华，等．洁净室散发的 VOC 特性与测量．洁净与空调，2002，（1）：37-42.

　　［103］E. Tu You，Chau C K，TuGuangbei.Evaluating the Effectiveness of Air Pollution Abatement Policy of Hong Kong. Transaction of Tianjin University，2007，（1）：70-78.

　　［104］李涛，涂光备，于振峰，等．室内空气品质的改善与净化技术的应用．洁净与空调技术，2004，（1）：122-127.

　　［105］涂有，涂光备，等．居住环境室内空气污染物接触量的研究．冷冻与空调，2003，20：106-113.

　　［106］王莱，涂光备．Koch 法测值与浮游细菌的关系．洁净技术，1990，1：27-30.

　　［107］涂光备，王莱．空气中细菌密度と降下法测值．第 8 回空气清净とコンタミネ - シヨンコントロル研究大会，1992.

　　［108］Tu Guangbei et.al.Study on the Downstream Uniformity of HEPA Filter. Swiss Contamination Control.

　　［109］涂有，涂光备，王晨．公共建筑空调通风系统应对雾霾天气的过滤措施探讨［J］，暖通空调，2020，50（1）：55-63.

［110］涂有，涂光备，王晨等．述评 Eurovent 4/23-2018 一般通风中按 EN ISO 16890 评级的空气过滤器之选用［J］，暖通空调，2019，49（9）：1-6.

［111］付正芳，等．中空活性碳纤维概述．高科技纤维与应用，2003，5：32-35.

［112］赵丽宁等．粒状活性碳过滤器与活性碳纤维过滤器的性能比较．洁净与空调技术，2004，2：17-20.

［113］田世爱，李启东．空调用化学过滤器概述．洁净与空调技术，2003，4：30-34.

［114］全国洁净室及相关受控环境标准技术委员会．洁净室及相关受控环境——空气化学污染控制技术应用指南（草案）．2012.

［115］怀特．洁净室技术—设计、测试和运行的基本知识——中国洁净室工程师资格认证专用培训教材．中国电子学会洁净技术分会译，王大千译，王尧校，2004.

［116］苏州市华宇净化设备有限公司产品样本．

［117］上海斐而瑞机电科技有限公司技术方案说明书（2019 0321 V1.），（2019 1015 V1）.

［118］上海斐而瑞机电科技有限公司产品样本．

［119］苏州美那物业公司文宣材料．

［120］新加坡 Cesstech 私人有限公司资料．